Breuer/de Bartha

Deutsch-Französische Geschäftsbeziehungen erfolgreich managen

Breuer/de Bartha

Deutsch-Französische Geschäftsbeziehungen erfolgreich managen

Spielregeln für die Zusammenarbeit auf Führungs- und Fachebene

2. Auflage

Deutscher Wirtschaftsdienst

Bibliografische Information Der Deutschen Bibliothek

Die Deutsche Bibliothek verzeichnet diese Publikation in der Deutschen Nationalbibliografie; detaillierte bibliografische Daten sind im Internet über http://dnb.ddb.de abrufbar.

ISBN 3-87156-604-7

Produktmanagement: Annett Mohnert

Deutscher Wirtschaftsdienst
Schönhauser Str. 64, 50968 Köln
Telefon (02 21) 9 37 63-0, Telefax (02 21)9 37 63-91
Internet: http://www.dwd-verlag.de, E-Mail: box@dwd-verlag.de

Umschlaggestaltung: GrafikDesign Weber, Geretsried
Satz: Becker Werbeproduktion, Laufen
Druck: Wilhelm & Adam, Heusenstamm

Inhaltsverzeichnis

Teil II Anwendungen: Analysen, Lösungen, Checklisten

Vorwort zur 2. Auflage

Deutsche und Franzosen sind sich in den letzten zwei Jahren näher gekommen. Sowohl in der Außenpolitik als auch innerhalb der Europäischen Gemeinschaft wird mehr miteinander, denn gegeneinander gearbeitet. Der Grund: es gibt ein gemeinsames „Feindbild", man hat also nicht ein rationales, sondern ein emotionales Bündnis. Das gleiche gilt jedoch nicht in der Wirtschaft: EADS ist das einzige verbliebene große Gemeinschaftsunternehmen. Und auch dieses würde heute nicht existieren ohne den politischen – und emotionalen – Willen der Staatsoberhäupter beider Länder.

Für Emotionen ist jedoch kein Platz in der Privatwirtschaft. Zudem beschleichen deutsche Manager bei dem Wort „Feindbild" ungute Gefühle und viele Franzosen werden zu kühl berechnenden Strategen, wenn sie mit den „kalten" und „organisierten" Deutschen zusammenarbeiten (müssen). Ohne gemeinsame emotionale Basis scheitert jedoch jede deutsch-französische Kooperation, oder wird zum permanenten Frusterlebnis. Was in der – rationalen – Theorie schlüssig und machbar erscheint, scheitert in der Praxis an einer abwesenden emotionalen Basis. Die fehlende gegenseitige Wertschätzung bietet geradezu ein ideales Terrain, auf dem sich „Misstrauensviren" verbreiten können. Genährt werden diese Viren durch permanente Missverständnisse aufgrund vollkommen unterschiedlicher Businesskulturen: der Deutsche denkt eben in „Geld-Einheiten", der Franzose in „Macht-Einheiten".

Diese Unterschiede werden zu unüberbrückbaren Barrieren, je mehr sich die Misstrauensviren ausbreiten. Trotzdem zeigt unsere Beratungspraxis, dass die Unterschiede der Businesskulturen in einer Kooperation nie das Hauptproblem sind. Sie bieten allerdings einen optimalen Einstieg, um Emotionen in den harten Businessalltag mit einzubeziehen und Manager und Ingenieure an den wirklichen Brennpunkt heranzuführen: die Verteilung von Macht und Geld. Und siehe da: wenn diese Tabuthemen professionell behandelt werden, entdecken Deutsche und Franzosen, dass sie im Prinzip hervorragend zusammenarbeiten können und sich gegenseitig ideal ergänzen. Wenn beide an einem Strang ziehen, sind sie unschlagbar. Um dahin zu kommen, ist ein gemeinsames Feindbild oft der beste Auslöser.

Wie man das schafft, das erfahren Sie, lieber Leser, unter anderem in diesem Handbuch. Wir freuen uns natürlich über das sehr positive Feedback, das jetzt zu dieser 2. Auflage führt. Dieser Erfolg bestärkt uns darin, unsere Vision weiterzuverfolgen: Business is human!

Jochen Peter Breuer Pierre de Bartha

Paris/La Rochette, im Januar 2005

Vorwort zur 1. Auflage

Das Leben eines Mediators zwischen den deutsch-französischen Welten ist manchmal zum Verzweifeln: Seit 1984, damals als absoluter Vorreiter, weisen wir darauf hin, dass es nicht ausreicht, ein Ausbildungsseminar zum „interkulturellen Umgang mit Franzosen“ zu veranstalten. Trotzdem verbringen wir auch heute noch einen Großteil unserer Beratungstätigkeit damit, als „Feuerwehr“ in kurz vor dem Scheitern stehenden Kooperationen und Fusionen „emotionale Brandherde“ zu löschen. Viele dieser Kunden hatten vorher interkulturelle Seminare veranstaltet. Wo lag das Problem? In reinen interkulturellen Seminaren werden zwar die Unterschiede analysiert und „How-to“-Tipps gegeben, aber nicht an der Akzeptanz der Unterschiede gearbeitet! Die Folge: Man weiß zwar, dass Franzosen einen anderen Zeitbegriff haben, wenn aber die dringend gebrauchte Information nicht kommt, so übernehmen durch Stress und Ängste verursachte „emotionale Viren“ das Kommando und bestimmen den weiteren Verlauf, manchmal bis zur „K.-o.-Operation“.

Feuerwehr für emotionale Brandherde

Für einige unserer Kunden arbeiten wir inzwischen seit Jahren, denn sie haben erkannt, wie wichtig es ist, regelmäßig Beziehungs-Check-ups durchzuführen und Topmanager in interkulturellem Umfeld zu coachen und zu supervidieren. Daher waren wir inzwischen der Meinung, dass Unternehmen in den Bereich der interkulturellen Kooperation genauso Energien und Mittel zu investieren beginnen, wie sie das selbstverständlicherweise für Rechtsberatung, IT-Consulting, Marktstudien und Steuerberatung tun.

Und jetzt, im Mai 2002, also 18 Jahre nach Gründung unserer Unternehmensberatung, dieses niederschmetternde Mail eines großen und bekannten deutschen Unternehmens, das Investitionen in Höhe von 30 Mio. € in Frankreich vornehmen will. Wir werden um ein Angebot für ein Eintagesseminar gebeten, denn man wolle „auch die interkulturellen Aspekte nicht vernachlässigen“. Der gewünschte Themenkreis enthält nicht weniger als 22 (!) „interkulturelle Fragen“ und 21 (!) „absatzorientierte Fragen“. Geht man von sechs effektiven Seminarstunden aus, so macht das genau acht Minuten pro Frage. Abgehakt, und jetzt ab nach Frankreich …

Alle acht Minuten eine Frage abhaken

Typisch deutsch? Ja und (leider) auch nein! Ja, weil das „typisch deutsche“ Effizienzdenken davon ausgeht, es genüge, die „Sach“-Fragen vorzubereiten und „abzuhaken“. Nein, weil wir auch im 3. Jahrtausend immer noch dazu neigen, komplexe Beziehungs-, Mentalitäts- und Kooperationsaspekte mit der Werkzeugkiste des Mittelalters anzugehen. Mit anderen Worten: Wir sind in allen Bereichen professionell, außer in der Kooperation, wir sind sozusagen „kooperative Analphabeten“!

Mit dem vorliegenden Handbuch wollen wir dazu beitragen, das Bewusstsein um die Bedeutung der „immateriellen Faktoren“ und insbesondere der Kooperationskompetenz zu fördern. Es enthält in konzentrierter Form die Frucht aus unserer Arbeit seit 1984 mit über 10.000 deutschen und französischen Managern, aber auch an uns selbst. Unser Beruf und unsere Leidenschaft ist die Erleichterung und die Förderung der Kooperation, d.h. des zwischenmenschlichen Zusammenwirkens. So ist auch dieses Handbuch das Ergebnis einer Kooperation zwischen Menschen, die ihre Unterschiede, ihre Kompetenzen und ihren Enthusiasmus eingebracht haben, um eine Idee in die Wirklichkeit umzusetzen.

Manchen Leser mag unser Gebrauch des Wortes „Kooperation“ verwirren. Daher möchten wir von vornherein klarstellen, dass aus unserer Sicht alles zwischenmenschliche Handeln „Kooperation“ ist. In diesem Sinne kooperieren also auch die Mitarbeiter einer Firma miteinander und eine deutsche Muttergesellschaft mit ihrer Niederlassung in Frankreich. Im seltensten Fall ist Kooperation Zusammenwirken und führt zur Synergie, nämlich zu mehr als der Summe aller eingesetzten Kräfte, Fähigkeiten und Ressourcen. Im häufigsten Fall ist sie im wahrsten Sinne des Wortes Zusammen-Arbeit, in dem Sinne, dass jede Seite das Gefühl hat, es alleine genauso gut oder gar besser machen zu können. Man kooperiert eigentlich nur, weil der „Partner“ über Ressourcen (Geld, Kunden, Know-how usw.) verfügt, die man selbst zur Erreichung der eigenen Ziele braucht. Ein Ergebnis 1+1=2 wird meist nach außen hin als großer Erfolg gefeiert. Im schlimmsten – und leider gar nicht so seltenen – Fall wird, wie bereits gesagt, aus der Kooperation eine K.-o.-Operation, indem sich letztlich der Stärkere durchsetzt oder sogar beide auf der Strecke bleiben.

Aus unserer Sicht ist alles zwischenmenschliche Handeln „Kooperation“.

So nimmt wider besseres Wissen das allgemeine Miteinander ab und das Gegeneinander zu. Uns Menschen generell, und speziell dem Management, fehlt verständliches Grundwissen über zwischenmenschliche Kommunikation und über die gesetzmäßigen Abläufe des Zusammenwirkens. Während wir unsere technischen

Wir sind in der Kooperationstechnik auf dem Stand des Mittelalters stehen geblieben.

Erkenntnisse und Möglichkeiten so weit getrieben haben, dass wir Computer und Maschinen die meisten Arbeiten übernehmen lassen könnten, sind wir in der Kooperations- und Kommunikationstechnik über den „Prototypen“ nicht hinausgekommen.

Intelligent ist nicht, wer mehr weiß, sondern wer fähig ist, seine Kräfte, Energien und Talente synergetisch mit denen anderer zu verbinden. Die Qualität des Zusammenwirkens entscheidet über die Qualität der Ergebnisse am Markt. Alles, was dazu beiträgt, aufzuklären, Tabus und Vorurteile abzubauen und letztlich dem Menschen sein unerschöpfliches (Synergie-) Potenzial erkenntlich macht, muss daher so schnell wie möglich verbreitet werden. Wenn dieses Handbuch ein bisschen dazu beiträgt, ist unser Ziel erreicht.

Die Qualität des Zusammenwirkens entscheidet über die Qualität der Ergebnisse am Markt.

Das ganze JPB-Team hat an seiner Erstellung mitgewirkt. Ein spezielles „Merci“ an die deutsch-französische Industrie- und Handelskammer, mit der uns seit Jahren einen vorbildliche Kooperation verbindet. Viele Kunden und Freunde unseres Hauses haben uns mit Rat und Tat zur Seite gestanden. Hier sei insbesondere den Testlesern und Testleserinnen gedankt, die uns mit ihrer konstruktiven Kritik darin bestärkt haben, unser Know-how so praxisnah und anregend wie möglich in dieses Handbuch einzubringen.

Danke an alle, die dazu beitragen, Tabus abzubauen und Synergiepotenziale aufzuzeigen.

Sie halten also ein Know-how-Paket in der Hand, das sozusagen seine „Feuerprobe“ bestanden hat und daraus gewissermaßen noch stärker hervorgegangen ist. Sie werden sehen, es geht weit über das reine Verständnis der deutsch-französischen Zusammenarbeit hinaus. Inwieweit Sie dieses Wissen intelligent nutzen, kann nur einer bestimmen: Sie selbst! Viel Erfolg und vor allem Spaß dabei!

Jochen Peter Breuer Pierre de Bartha

Paris/La Rochette, im Mai 2002

Einleitung
oder der Fahrplan durch Ihr Handbuch

Wenn Sie noch wenig Erfahrungen im Umgang mit Franzosen haben, können Sie sich Know-how und Erfahrungen aneignen, für das viele heute im Umgang mit Franzosen erfolgreiche deutsche Manager 20 Jahre und mehr gebraucht haben. Mit anderen Worten: Sie haben die Möglichkeit, einen langwierigen und oft frustrierenden Lernprozess entscheidend abzukürzen. Zwar wird Sie dieses Wissen auch nicht vor einigen enttäuschenden Erfahrungen bewahren können, aber Sie werden mit Sicherheit einen entscheidenden Vorteil gegenüber denjenigen haben, die sich nicht wie Sie in das Studium dieses Handbuchs vertiefen: Sie werden den gleichen Fehler nicht zweimal machen!

Wenn Sie bereits langjährige Erfahrungen im Umgang mit Franzosen haben, so werden Sie viel selbst Erlebtes und Analysiertes so strukturiert wiederfinden, dass Sie Ihre Fähigkeiten noch effizienter einsetzen können. Diese „Aha-Effekte“ werden Ihnen einen bewussteren Umgang mit Ihrer eigenen Erfahrung ermöglichen.

Und noch einen weiteren, vielleicht den entscheidendsten Vorteil wollen wir Ihnen nicht vorenthalten: Sie erfahren eine ganze Menge über sich selbst und können diese Selbst-Erkenntnis auch im Umgang mit Menschen der eigenen Kultur nutzen! In der Tat beweist unsere langjährige Erfahrung: Wer die Grundlagen des deutsch-französischen Spannungsfeldes verstanden hat, wird insgesamt, auch im heimischen beruflichen und privaten Umfeld, effizienter kommunizieren.

Wie Sie bereits merken, ist dieses Handbuch kein normales Buch. Wir haben es so konzipiert, dass es selbst ein lebendiges Beispiel für deutsch-französische Synergie darstellt, so wie wir sie erleben und empfinden:

Jeder Absatz enthält eine Zusammenfassung.

- Franzosen wollen immer zunächst einen globalen Überblick erhalten, bevor sie eine Tätigkeit beginnen. Daher enthält jedes Kapitel am Anfang und am Ende und sogar nahezu jeder Absatz Zusammenfassungen, die einen schnellen Überblick ermoglichen.

- Deutsche wollen gerne einzelne Aspekte verdichten und ausdiskutieren. Dieses Bedürfnis erfüllen wir durch gesonderte Abschnitte zur Vertiefung. Da auch diese zusätzlichen Ausführungen kaum ausreichen, einen komplexen Sachverhalt abzuhandeln (über manche Abschnitte könnte man ein komplettes Buch schreiben), geben wir zahlreiche Literaturhinweise.

- Franzosen lieben das Ausgefallene und Originelle. So werden Sie des Öfteren auf überraschende Fragen und ungewöhnliche Bemerkungen und Anweisungen stoßen.
- Deutsche haben es gerne sehr konkret und praxisbezogen. Deshalb enthält dieses Handbuch viele anschauliche Fallbeispiele sowie zahlreiche erprobte und damit umsetzbare Empfehlungen.

Wenn Sie sich wirklich ernsthaft mit der Materie auseinander setzen und Ihr Handbuch so durcharbeiten, wie wir es nachfolgend als dritte Anwendungsmöglichkeit vorschlagen, so werden Sie die optimale Ergänzung zwischen deutscher und französischer Denk- und Arbeitsweise ganz konkret erleben und davon profitieren. Denn beides zusammen ergibt ganzheitliches und gehirngerechtes Denken und Handeln, so wie es von führenden Wissenschaftlern gefordert und von immer mehr Managern in aller Welt gefördert wird. Nehmen Sie sich die Zeit, und gönnen Sie sich vor allem die empfohlenen Entspannungszeiten und das Vergnügen, zu lernen. Wir garantieren Ihnen: Das ist die beste Investition, die Sie tätigen können!

Sie werden die optimale Ergänzung zwischen deutscher und französischer Denk- und Arbeitsweise ganz konkret erleben.

Sie haben drei Anwendungsmöglichkeiten

Wir haben das Handbuch so aufgebaut, dass Sie es auf drei verschiedene Weisen nutzen können. Jede hat ihre Vor- und Nachteile. Wir lassen Ihnen die Wahl, sich das JPB-Praxiswissen so anzueignen, wie es Ihren persönlichen Vorstellungen und Gewohnheiten entspricht. Allerdings ist es oft ratsam, seine Gewohnheiten zu ändern, und sogar unabdinglich, wenn es darum geht, Verhaltensänderungen zu erreichen!

1. Lesen wie ein Buch

Sie können die einzelnen Kapitel nacheinander, wie in einem Buch, lesen.

- **Vorteil:**
  keine besondere Anstrengung nötig; unterhaltsam; schnelles Erreichen der Sie besonders interessierenden Passagen
- **Nachteil:**
  höchstens 15 bis 20 Prozent Erinnerungswert; Verständnis für die grundsätzlichen Zusammenhänge leidet; Nutzwert eingeschränkt

2. Nutzen als Nachschlagewerk

Jedes Kapitel ist eine in sich abgeschlossene Einheit. Obwohl sehr oft auf die anderen Kapitel Bezug genommen wird, ist jede Einheit auch für sich verständlich. Sie können sich daher einfach einzelne Passagen herausgreifen und für die Lösung eines anstehenden Problems nutzen. Insbesondere die Checklisten in Teil II sind für diesen Fall konzipiert.

Jedes Kapitel ist eine in sich abgeschlossene Einheit.

- **Vorteil:**
  Möglichkeit, schnell Erklärungen für die Ursachen spezifischer Probleme zu erhalten
- **Nachteil:**
  nur Einzelaspekte werden erfasst; Gefahr nicht authentischen Handelns[1]

3. Durcharbeiten im Selbststudium

Das Durcharbeiten des Handbuchs ist, wie bereits gesagt, die effizienteste Anwendungsmöglichkeit. Sie erfordert allerdings eine gewisse Selbstdisziplin. Sie haben damit Ihr ganz persönliches Seminar vor sich, das Sie nach Ihrem eigenem Rhythmus gestalten können. In diesem Fall können Sie sich eine reale Basis schaffen, um Ihre interkulturelle Kompetenz zu erweitern und insbesondere um Ihre Zusammenarbeit mit Franzosen zu optimieren.

Ihr ganz persönliches Seminar

- **Vorteil:**
  konkrete Grundlagenerarbeitung; Möglichkeit des besseren Verständnisses für die Zusammenhänge; hoher Erinnerungswert; kann *anschließend* optimal als Nachschlagewerk genutzt werden
- **Nachteil:**
  höherer Zeitaufwand, Selbstdisziplin erforderlich

Ganzheitlich in jeder Hinsicht

Das Handbuch ist Ihr persönlicher JPB-Berater, der Ihnen jederzeit zur Verfügung steht. So, wie es uns Spaß gemacht hat, unser Wissen und unsere Erfahrungen für Sie aufzuschreiben und zu strukturieren, so soll es Ihnen Spaß machen, diese faszinierende Materie zu entdecken oder zu vertiefen. Deshalb sprechen wir Sie persönlich an, sozusagen *live* wie im Coaching, und schreiben, wie wir sind: konkret, humorvoll und zuweilen provokativ.

Ihr persönlicher JPB-Berater

Wir haben dieses Handbuch in jeder Hinsicht ganzheitlich konzipiert:

[1] Siehe Kapitel 1 „Das interkulturelle Spannungsfeld“: Der fundamentale Irrturm bei der Vermittlung von interkulturellem Wissen, S. 34 ff.

Ganzheitlicher Ansatz

Dieses Handbuch ist die erste deutsch-französische Publikation, die sowohl die Aspekte des Kooperationsmanagements als auch die des interkulturellen und des Selbstmanagements erfasst.

Kooperationsmanagement, interkulturelles Management und Selbstmanagement

Durch die Berücksichtigung und das ständige Verweisen auf die Interdependenz dieser Aspekte wollen wir einerseits die Komplexität bei der Analyse und Beurteilung zwischenmenschlichen Verhaltens verdeutlichen und andererseits Allgemeinplätze und Tipps nach der „How-to"-Methode vermeiden.

Konkret gesagt: Wir können Ihnen zwar vermitteln, wie ein französischer Geschäftspartner in einer bestimmten Situation denkt und handelt (= interkulturelles Management). Wenn er sich allerdings zu der Kooperation gezwungen fühlt, wird er sich in der gleichen Situation ganz anders verhalten, als wenn er freiwillig kooperiert (= Kooperationsmanagement). Unser Hinweis an Sie, wie Sie sich in einer bestimmten Situation verhalten sollten, kann ein Schlag ins Wasser sein, wenn Sie nicht erkennen, dass Sie selbst gerade gestresst sind oder Gefahr laufen, sich nicht autentisch zu verhalten (= Selbstmanagement).

Ganzheitliche Aufbereitung

In diesem Fall steht ganzheitlich für die gehirngerechte Darstellung der Materie. Es ist inzwischen ja allgemein bekannt, dass der Mensch wesentlich besser lernt und arbeitet, wenn er nicht nur seine rationale linke Gehirnhälfte fordert, sondern auch die emotionale rechte Seite. Während nämlich links nur sachlich, logisch und linear (ver-)arbeitet, denkt rechts in Bildern, Mustern und Strukturen. In unseren westlichen Kulturen (wir gehen noch ausführlich darauf ein) lassen wir allerdings die rechte Gehirnhälfte regelrecht verkümmern. Hier weiß die „Linke nicht, was die Rechte tut"! Ein großer (vielleicht der größte !?) Teil unseres Potenzials liegt brach.

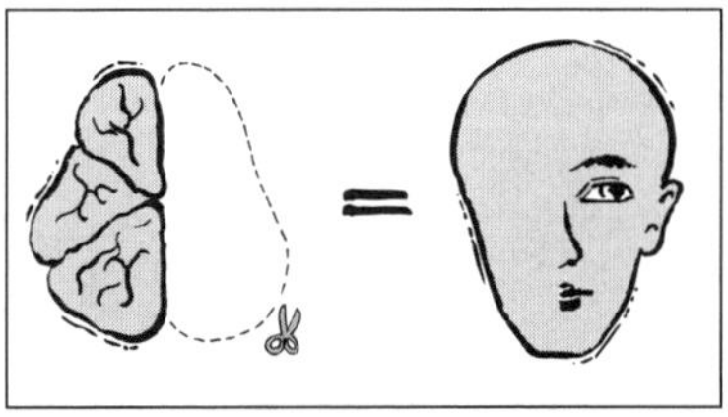

Viele Menschen nutzen nicht einmal die Hälfte ihres Potenzials

Wenn Sie dieses Thema in leicht verdaulicher Weise vertiefen wollen, so empfehlen wir Ihnen zum Einstieg die spritzig geschriebenen Bücher von Deutschlands bekanntester Managementtrainerin Vera F. Birkenbihl, insbesondere „Stroh im Kopf" und „Erfolgstraining"[2].

[2] mvg-Verlag.

Wir beziehen Ihre bessere Hälfte mit ein.

Kurz gesagt: Wenn Sie dieses Handbuch nur mit *links* durchlesen (Anwendungsmöglichkeit 1), so ist das, als ob Sie einen Berg ersteigen wollen, ohne Ihre Hände zu benutzen: Erstens werden Sie nicht weit kommen, und zweitens riskieren Sie abzustürzen, wenn Sie sich zu weit vorwagen. Wenn Sie sich darauf einlassen, entdecken Sie vielleicht ganz neue Seiten an sich. In jedem Fall werden Sie mehr Informationen aufnehmen und verarbeiten, mehr behalten und vor allem: mehr Spaß haben! Und hier sind sie:

Die einzelnen Rubriken, die insbesondere Ihre „Rechte" fordern werden

TIPP

Es ist sehr wichtig, dass Sie sich beim Lesen auch Zeit zum Nachdenken lassen, um das Gelesene mit Situationen aus Ihrem eigenen Alltag in Verbindung zu bringen und sich setzen zu lassen. Nur so sind Sie in späteren konkreten Situationen in der Lage, dieses Wissen wirklich anwenden zu können.

- zur Klarstellung eines Sachverhaltes oder um diesen besonders hervorzuheben
- Verhaltenstipps in konkreten Situationen

FAZIT

- ganzheitlicher Ansatz bei:
  - Kooperationsmanagement
  - interkulturellem Management
  - Selbstmanagement
- ganzheitlich aufbereitet
- gehirngerecht: mit Spaß zur Sache
- Anwendungsmöglichkeiten als Buch/Nachschlagewerk/Studienunterlage

Diese Rubrik fasst jedes Kapitel zusammen und stellt das Wesentliche auf einen Blick dar. So können Sie sich schnell einen Überblick schaffen und das Gelesene festigen.

Faustregel
Deutsche wollen überzeugt – Franzosen verführt werden!
Allgemein gültige Aussagen, die Sie sich unbedingt merken sollten und am besten so lange als Post-it an Ihren Arbeitsplatz aufhängen, bis Sie sie verinnerlicht haben.

Musik-Tipp

ENYA: „Watermark". Weltbestseller, gehört in jede CD-Sammlung. Romantisch mystische Musik zum Entspannen, lernen und ... verführen!

Arbeiten Sie mit Musik! Entdecken Sie unseren CD-Tipp zum Durcharbeiten des Kapitels. Oder legen Sie einfach Ihre Lieblingsmusik auf. Musik entspannt und erleichtert die Aufnahme sowie das Verarbeiten von Informationen und bringt uns in positive Stimmung. Nicht umsonst tönt heute in jedem Supermarkt diskrete Hintergrundmusik, um uns in die richtige Kaufstimmung zu versetzen.

Checkliste

Einige Grundlagen für den Umgang (nicht nur) mit Franzosen

- Sorgen Sie dafür, selbst möglichst entspannt zu sein: Heute ist der erste Tag vom Rest meines Lebens!
- Seien Sie positiv: Lassen Sie sich überraschen!
- Denken Sie global: Lassen Sie sich von dem Zukunftspotenzial motivieren und nicht von dem Risikopotenzial abschrecken.
- Bleiben Sie gelassen: Es kommt immer anders als geplant!
- Bringen Sie Ihre Gesprächspartner in eine positive Grundhaltung: Ich bin nicht Ihr Feind, aber das Problem muss vom Tisch!
- Wechseln Sie die Perspektive: Wie sieht mein Gegenüber die Situation?
- Seien Sie einfühlsam: Welche Gefühle und Ängste stecken hinter dieser Reaktion?
  Wo liegt sein/ihr größtes Problem?
- Hinterfragen Sie: Wie und unter welchen Umständen ist die Situation entstanden?
  Was sind die Konsequenzen?
- Bauen Sie Vertrautheit auf: Zeigen Sie Verständnis, und stellen Sie Ihre Sachzwänge dar, ohne diese aufzubauschen.
- Hören Sie zu, nutzen Sie die Pause: Öffnet sich mein Gesprächspartner? Wie reagiert er? Welche Worte benutzt er, um seine Situation zu beschreiben?
- Seien Sie wachsam: Lernen Sie, Inhalts- und Beziehungsebene zu unterscheiden.
- Sprechen Sie auf dem gleichen Lautstärkelevel oder leiser: Wenn Sie französisch sprechen, seien Sie sich bewusst, dass Ihr Akzent, verbunden mit lauter Aussprache, sehr barsch ankommen kann.

- Benutzen Sie Ihre Intelligenz positiv: Sprechen Sie von Lösungen, anstatt die negativen Konsequenzen der Probleme auszumalen.
- Zeigen Sie, dass Sie Mensch sind: LACHEN SIE MAL!

Monsieur Positif
„Wir haben alle Voraussetzungen für die Schaffung einer neuen Welt in der Hand: Auch die erste ist aus dem Chaos entstanden."
Monsieur Positif taucht auf, um ein bisschen Auflockerung zu bringen. Er wird Sie immer an die wichtigste Voraussetzung für den konstruktiven Umgang mit anderen Menschen und Kulturen erinnern: eine positive Grundstimmung, lachen und auch sich selbst nicht zu ernst nehmen!

Praxisbeispiel

Ein typisch deutsch-französischer Konflikt während einer Besprechung spielt sich denn auch wie folgt ab:

Franzose: „Ich habe eine Idee: Sollten wir nicht einmal versuchen ..."

Deutscher: (unterbricht) „Lassen Sie uns bitte erst unsere Tagesordnung durchbringen!"
Freundlicher, aber deutlicher Hinweis auf Fauxpas

Franzose: „Aber wir könnten doch mal etwas ganz Neues machen!"
Gibt zu verstehen, dass er sich angegriffen fühlt

Deutscher: (ärgerlich) „Wir haben schon genug Verspätung. Für Ihre Utopien haben wir jetzt keine Zeit!"
Maßregelung

Franzose: „Schade, aber wie Sie wollen."

Die Besprechung geht weiter, ohne dass der Franzose sich beteiligt. Nach drei Minuten:

Franzose: „Entschuldigen Sie mich bitte kurz!" Geht aus dem Raum heraus und kommt erst zehn Minuten später wieder.
Kein Respekt mehr

Wie Sie sich das Praxiswissen in diesem Handbuch optimal aneignen

Für das Studium Ihres Handbuches empfehlen wir Ihnen folgendes Vorgehen:

- Legen Sie eine Musik auf, die Sie entspannt und in eine positive Grundstimmung bringt bzw. diese noch weiter steigert.
- Machen Sie zunächst einen Helikopter-Rundflug: Überfliegen Sie jedes Kapitel anhand der Zusammenfassungen. Damit schaffen Sie sich einen

Überblick und setzen Ihre rechte Gehirnhälfte ins Bild. Sie wissen jetzt, worum es global geht, und können vertiefen, indem Sie ins Detail gehen.

- Legen Sie sich beim Lesen ein Mind Map an: Schreiben Sie die für sich wichtigsten Aussagen heraus, und strukturieren Sie diese wie Äste eines Baumes um den Stamm (= Themenbereich) herum. Seien sie kreativ, machen Sie ruhig auch Zeichnungen. Bilder prägen sich noch besser ein und haben einen höheren Erinnerungswert. Unser Mind Map unten fasst diese Empfehlungen zusammen. Sie sehen: Ein Mind Map sagt mehr als 1.000 Worte!
- Nehmen Sie sich Zeit für das Durcharbeiten des Buches. Gestatten Sie sich ruhig auch einmal abzuschweifen. Machen Sie Entspannungsübungen, gehen Sie joggen, tun Sie etwas, was Ihnen Spaß macht. Je entspannter Sie sind, umso besser lernen Sie.
- Arbeiten Sie mit einem Markierstift, um die Ihnen wichtig erscheinenden Passagen hervorzuheben.
- Lassen Sie die Informationen und eventuell auftauchenden Fragen sacken, wenn Sie zu müde werden.
- Sprechen und diskutieren Sie mit interessierten oder interessanten Personen über das Gelesene. Indem Sie etwas anderen erklären, lernen Sie selbst am besten.
- Lesen Sie später das Kapitel nochmals durch. Sie werden mit Sicherheit einen Perspektivenwechsel an sich feststellen können und neue Aspekte entdecken.
- Legen Sie sich eine Ideenkartei an: Beim Durcharbeiten des Handbuches werden Ihnen viele Erkenntnisse und Ideen kommen, die es festzuhalten lohnt. Schreiben Sie sie auf, und legen Sie diese im Computer (es gibt inzwischen gute Mind-Map-Programme[3]) oder auf Karteikarten ab.

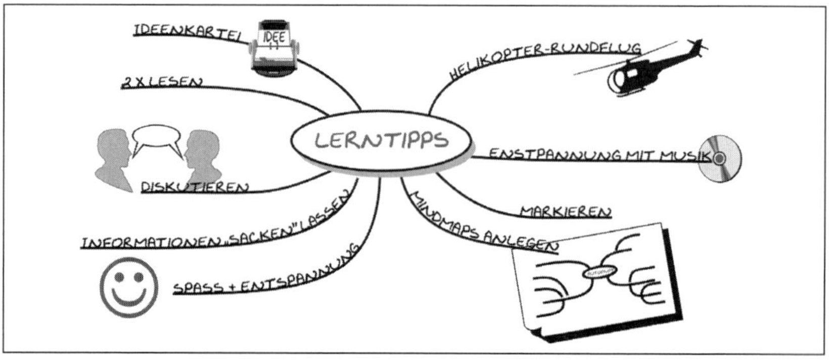

Mind Map über die optimalen Lernbedingungen

[3] Z.B.: Info Map, zu beziehen in Deutschland bei Team Success Consulting AG, Raisdorf/Kiel.

Teil I

Grundlagen: Interkulturelle Kommunikation, Sozialverhalten, Motivation

„Das größte Produktivitätspotenzial liegt nicht in der Optimierung der Produktionsabläufe, sondern in der des zwischenmenschlichen Miteinanders.

Die Gewinner der Zukunft werden Unternehmen sein, die ihre Produktivität durch ein professionelles Beziehungsmanagement und damit unter Achtung der Menschenwürde optimieren."

Jochen Peter Breuer & Pierre de Bartha

Was dich am anderen stört,
ist in dir selbst nicht klar.

Weisheit

1 Das interkulturelle Spannungsfeld

Die Fähigkeit, Synergie zwischen Mitarbeitern und Führungskräften zu erzeugen, wird einer der entscheidenden Faktoren für den Unternehmenserfolg in der Zukunft sein.

Die Beherrschung des interkulturellen Managements, d.h. die Fähigkeit, Synergien zwischen Mitarbeitern und Führungskräften unterschiedlicher Kulturen zu erzeugen, wird ein entscheidender Faktor für den unternehmerischen Erfolg in den nächsten Jahrzehnten sein. Obwohl die interkulturelle Kommunikation bereits seit vielen Jahren, insbesondere von der amerikanischen Wissenschaft, erforscht wird, herrscht Konfusion bei der – meist zu wissenschaftlichen – Definition interkultureller Konflikte und deren Behandlung.

Wir schlagen Ihnen in diesem einführenden Kapitel einen praxisorientierten Weg vor, der eingefahrene Gleise und Modelldenken verlässt und mit einigen, aus unserer Sicht, fundamentalen Irrtümern aufräumt. Bitte arbeiten Sie das Kapitel sorgfältig durch, denn die folgenden Darlegungen bauen darauf auf. Sie erfahren,

- was interkulturelle Konflikte sind,
- auf welchen Ebenen sie auftreten,
- warum bei der Vermittlung von interkulturellem Wissen fundamentale Irrtümer begangen werden,
- warum reines Effizienzdenken gefährlich ist,
- wie ein Quantensprung in der Produktivität erreicht werden könnte.

1.1 Was sind interkulturelle Missverständnisse?

Erhalten Sie gerne Ohrfeigen?

Oder teilen Sie lieber welche aus? Vermutlich weder noch. Wenn Sie aber mit Franzosen effizient zusammenwirken wollen, dann sollten Sie zunächst einmal aufhören, Ihre französischen Partner dauernd zu ohrfei-

Interkulturelle Missverständnisse sind „virtuelle Ohrfeigen"

gen! Wie bitte? Sie sind sich dessen gar nicht bewusst? Wir können Sie beruhigen: Das ist genau das Kennzeichen eines interkulturellen Missverständnisses.

Zu dessen Darstellung eignet sich trefflich ein viel zitiertes Beispiel aus der Tierwelt: Ein Hund sieht eine Katze, die mit dem Schwanz wedelt. Freudig erwidert er den vermeintlichen Gruß, nicht wissend, dass die Katze dieses Signal als Warnung versteht: „Stopp, nicht weiter, sonst zeig ich dir die Krallen!" Das Ende der Geschichte kennt jeder: Die Katze kratzt, und der Hund beißt... und die Erbfeindschaft nimmt ihren Lauf.

Interkulturelle Missverständnisse entstehen nicht aus bösem Willen heraus.

Interkulturelle Missverständnisse entstehen nicht aus bösem Willen heraus, sondern aus für die Beteiligten zunächst unerfindlichen Gründen. Sie werden ausgelöst durch Fehlinterpretationen von Signalen und Verhaltensweisen, die in der eigenen Kultur als effizient, freundlich, feindlich usw. gelten. Um es ganz plastisch auszudrücken:

Ein interkulturelles Missverständnis wirkt dergestalt, dass der eine sich ungerechtfertigterweise geohrfeigt fühlt, während der andere gar nicht merkt, dass er eine Ohrfeige ausgeteilt hat!

Das macht sie gerade so heimtückisch: Interkulturelle Missverständnisse schlagen voll auf die emotionale Ebene durch und bilden den Humus für „emotionale Viren" (Angst, Vorurteile, persönlicher Stolz usw.) Da den Beteiligten überhaupt nicht bewusst ist, was abläuft, breiten sich die emotionalen Viren ungehindert aus und „infizieren" die Beziehung mit Misstrauen und Revanchegelüsten: Der „virtuell" Geohrfeigte wird sich natürlich revanchieren wollen, womit aus dem Missverständnis ein Konflikt wird, der sich kettenreaktionsartig ausweiten kann und eine negative Synergiespirale in Gang setzt (siehe Kapitel 2.2 „Die Grenzen des Autopiloten", S. 72 ff).

„Emotionale Viren" infizieren die Beziehung.

Die Reaktionen auf diese vermeintliche Aggression sind je nach Business-Kultur vollkommen unterschiedlich. Wir unterscheiden zwischen der direkten und der indirekten Reaktion, innerhalb derer wir jeweils drei Stufen, je nach Intensität der provozierten Emotion, differenzieren:

	Direkte Reaktion	Indirekte Reaktion
1. Stufe:	Der „Aggressor" wird auf den Fauxpas *deutlich hingewiesen.*	Dem „Agressor" wird *indirekt* zu verstehen gegeben, dass er einen Fauxpas begangen hat.
2. Stufe:	Der „Aggressor" wird *gemaßregelt.*	Verzögerte Revanche: Der „Angegriffene" bleibt offensichtlich höflich, schluckt seinen Ärger herunter, um sich zu einem *späteren* Zeitpunkt zu revanchieren.
3. Stufe:	Es werden sofortige *Revanchemaßnahmen* ergriffen.	Der „Aggressor" wird nicht mehr respektiert: Man versucht, ihn laufend *aus dem Konzept zu bringen.*

Abb. I.1: Direkte Reaktion/Indirekte Reaktion im interkulturellen Spannungsfeld

Global gesehen sind die Reaktionen in den skandinavischen Ländern, Amerika und Deutschland eher direkt und in romanischen, lateinamerikanischen und ostasiatischen Ländern eher indirekt. Wenn Sie bereits Frankreicherfahrung haben, dann dürften Ihnen einige typische indirekte Reaktionen Ihrer französischen Partner vor Augen stehen.

Praxisbeispiel

Ein typisch deutsch-französischer Konflikt während einer Besprechung spielt sich denn auch wie folgt ab:

Franzose: „Ich habe eine Idee: Sollten wir nicht einmal versuchen ..."

Deutscher: (unterbricht) „Lassen Sie uns bitte erst unsere Tagesordnung durchbringen!"
Freundlicher, aber deutlicher Hinweis auf Fauxpas

Franzose: „Aber wir könnten doch mal etwas ganz Neues machen!"
Gibt zu verstehen, dass er sich angegriffen fühlt

Deutscher: (ärgerlich) „Wir haben schon genug Verspätung. Für Ihre Utopien haben wir jetzt keine Zeit!"
Maßregelung

Franzose: „Schade, aber wie Sie wollen."

Die Besprechung geht weiter, ohne dass der Franzose sich beteiligt. Nach drei Minuten:

Franzose: „Entschuldigen Sie mich bitte kurz!" Geht aus dem Raum heraus und kommt erst zehn Minuten später wieder.
Kein Respekt mehr

Wir könnten diesen Dialog natürlich noch bis zur Eskalation fortsetzen. Wichtig ist festzustellen, dass beide Seiten zunächst gutwillig in diese Besprechung hineingingen, aber durch – kulturell bedingt – unterschiedliche Vorstellungen über Sinn und Ablauf einer solchen Besprechung ungewollt in einen interkulturellen Konflikt hineingeschlittert sind.

Ebenen für interkulturelle Missverständnisse

Interkulturelle Missverständnisse spielen sich auf vielen Ebenen ab, von denen wir die drei wichtigsten nachfolgend mit Beispielen belegen wollen:

1. Körpersprache: Gestik, Zeichen, Körperhaltungen
2. Sprache: Wortbedeutung und Art der Übermittlung
3. Einstellung: Werte, Normen und die daraus folgenden Motivationen und Zielsetzungen

Beispiele für interkulturelle Missverständnisse im Bereich Körpersprache

Das Missverständnis zwischen Hund und Katze siedelt sich eindeutig im Bereich der Körpersprache an. Zwischen Personen unterschiedlicher Kulturen laufen genau dieselben Schemata ab:

Ausweichender Blick

- Bei Lateinamerikanern und auch bei Japanern gilt es z.B. als unhöflich, sich in die Augen zu schauen, da dies ein Eindringen in die Intimsphäre darstellt. Wir Europäer interpretieren dies als Ausweichen und sind sogar der Meinung, dass der andere uns etwas verbirgt.

Interessierter Blick

- Amerikaner schauen fremde Personen sehr viel länger an als Europäer. So beklagte sich eine Amerikanerin, dass sie in der Pariser Metro laufend belästigt würde. Europäische Männer hatten den offenen und langen Blick der Amerikanerin ganz einfach als Interesse interpretiert.

Mit dem Finger an die Stirn tippen: „Aha" oder „Der spinnt"

- Wenn Franzosen sich an die Stirn tippen, dann bedeutet das normalerweise: „Ich hab's!" Bei uns Deutschen kann diese Geste leicht mit: „Der spinnt!" verwechselt werden.

Beispiele für interkulturelle Missverständnisse im Bereich Sprache
In diesem Bereich geschehen wohl die erstaunlichsten Missverständnisse, geht doch jeder davon aus, dass mit der Beherrschung der Sprache das Haupthindernis zum gegenseitigen Verständnis beseitigt ist. Zumal Englisch sich als gemeinsame Sprache in der internationalen Zusammenarbeit fest etabliert hat. Ein gewaltiger Irrtum, wie sich immer wieder herausstellt. Denn die Besetzung der Worte ist oft nicht die gleiche, und die Art der Übermittlung der sprachlichen Botschaft variiert von Kultur zu Kultur. Im Vertiefungsteil „Drei grundsätzliche Irrtümer über interkulturelle Kompetenz“[1] erfahren Sie, warum gute Sprachkenntnisse gegebenenfalls sogar ein Hindernis sein können.

Praxisbeispiele

- Ein französisches Unternehmen hat einen Preis im Rahmen eines brancheninternen Wettbewerbs (franz. *concours*) gewonnen. Auf einer Ausstellung in Deutschland verkündete das Unternehmen mit großen Lettern stolz: „Wir haben den Konkurs gewonnen!“
- Ein deutsches Unternehmen namens Computer Unterstütztes Lernen, kurz „CUL“, stellte auf einer französischen Messe aus. Erstaunt über die amüsierten Gesichter französischer Besucher musste man lernen, dass „*cul*“ ein umgangsprachlicher Ausdruck für Hinterteil ist.
- Eine deutsche Delegation ist zu Besuch bei einem französischen High-Tech-Unternehmen. Ein französischer Ingenieur zeigt stolz, wie man besonders sperrige Teile für die Luftfahrtindustrie nach dem Lackieren trocknet. Anstatt eine komplizierte Hängevorrichtung zu benutzen, verwenden die Franzosen einfach alte LKW-Reifenschläuche, auf denen die Teile zum Trocknen in der Werkhalle stehen. Auch bei anderen Problemen hatten die Franzosen einfache, aber wirksame Lösungen gefunden. Der deutsche Delegationsleiter äußerte spontan seine Anerkennung: „*I am very impressed!*“ Freundlich lächelnd bedankte sich der Ingenieur: „*Thank you for the compliment!*“ Worauf der deutsche Delegationsleiter versicherte: „*No, Sir, I am really impressed!*“ Der französische Ingenieur reagierte sehr verwirrt auf diesen Hinweis, denn er konnte nicht wissen, dass man mit Komplimenten in Deutschland leicht in den Ruch der Schmeichelei gerät.

Ein ehrliches Kompliment

- Welche Verwirrung unterschiedliche Arten der Übermittlung und Austausch sprachlicher Botschaften hervorrufen können, zeigt dieses Beispiel: Ein schwedischer Delegationsleiter ist ganz aufgebracht: „Die Franzosen haben keinen Respekt. Sie lassen uns nicht ausreden. Mitten in der Präsentation fallen sie uns immer wieder ins Wort.“ In Frank-

[1] Vgl. Seite 46.

Respektlose Franzosen

reich lernt man dagegen, dass Zwischenfragen und Unterbrechungen ein Signal für Interesse des Gesprächspartners sind. Für einen Franzosen ist also nichts schlimmer als ein Gegenüber, das nur zuhört.

- Was ist effizient für einen Deutschen und was für einen Franzosen? Bei Ersterem kann eine Störung während einer Sitzung bereits Wutausbrüche hervorrufen, während sie bei Letzterem eine willkommene Abwechslung bedeutet. „Das ist doch nicht effizient, wir müssen die Tagesordnung durchziehen!“, wird der Deutsche poltern und hat damit Recht ... aus seiner Sicht. Denn: Die Tagesordnung ist für einen Franzosen nur ein Anhaltspunkt, deren methodisches Abhaken er verabscheut. (Wir gehen übrigens auf das Thema Effizienz einige Seiten weiter ausführlich ein.)

Beispiele für interkulturelle Missverständnisse im Bereich Einstellung

Nur selten sind interkulturelle Missverständnisse, insbesondere zwischen Deutschen und Franzosen, rein (körper-) sprachlicher Natur. Wie bei „*compliment*“ und Kompliment sind mit den sprachlichen Ausdrücken Denk- und Handlungsweisen verknüpft, die über das rein Sprachliche hinausgehen (Wann, warum und wem gegenüber macht man Komplimente oder gerade nicht? Der Unterschied zwischen Lob und Kompliment usw.). Die schwerwiegendsten und kostspieligsten interkulturellen Missverständnisse entstehen aus den unterschiedlichen Einstellungen der Partner. Die folgenden Beispiele mögen dies illustrieren:

- Die Topmanager von Disney haben geglaubt, auch in Europa ihre Erfolgsrezepte implementieren zu können. Mit der Disney-Maxime „glücklich sein und es zeigen“ tat sich das europäische Personal jedoch schwer: 1.000 Kündigungen in nur zwei Monaten musste man bei Eurodisney in der Anfangsphase verkraften. Nach zwei Jahren musste das gesamte Management ausgewechselt und Umschuldungsverhandlungen aufgenommen werden. Man hatte das amerikanische Erfolgskonzept einfach auf Europa übertragen wollen.

aus „Courrier International“

- Renault und Volvo wollten eine Traumhochzeit feiern: Durch die Zusammenlegung der beiden Konzerne wäre man zu einem der größten Automobilunternehmen der Welt aufgestiegen. Die Verlobung konnte sich sehen lassen: Unzählige Arbeitsgruppen wurden gebildet, gemeinsame Einkaufsorganisationen gegründet, Ingenieure beider Seiten ausgebildet, Kapital ausgetauscht und Millioneninvestitionen getätigt. Kurz vor der Hochzeit platzte der Traum: Die schwedischen Aktionäre hatten Angst bekommen vor dem Machtstreben der Manager des – damals noch – 100-prozentigen Staatsunternehmens Renault.

Geplatzte Traumhochzeit

- Mit der Modernisierung einer gerade in Frankreich erworbenen Filiale war die Stilllegung einer Produktionseinheit verbunden. Im deutschen Mutterhaus rechneten die Manager mit monatelangen Diskussionen. Verblüfft stellten sie jedoch fest, dass die Franzosen nach der Vorstellung des Konzeptes „*Eh bien oui, si vous voulez*" („Also ja, wenn Sie meinen") sagten. Auch der gut gemeinte Ratschlag, das ganze erst mal zu überschlafen, um dann die Angelegenheit nochmals zu diskutieren, führte anschließend zu keiner Reaktion. Als es jedoch daran ging, die Stilllegung konkret anzugehen, stellten die deutschen Manager mit Schrecken fest, dass die Franzosen keine der vor Monaten beschlossenen Maßnahmen angegangen waren: Weder der Sozialplan war ausgearbeitet noch waren die Mitarbeiter informiert worden. Zur Rede gestellt, antwortete der französische Chef lediglich: „Wir haben nicht geglaubt, dass es wirklich so weit kommt!"[2]

Konzeptlose Franzosen

Der gemeinsame Nenner aller interkulturellen Missverständnisse

Interkulturelle Missverständnisse haben, egal, auf welcher Ebene sie sich ereignen, immer wieder die gleiche Folge: Im besten Fall verzögern sie, meist jedoch verhindern sie den Aufbau einer Vertrauensbasis. Denn Menschen, die kulturell andere Denk- und Verhaltensweisen haben, verunsichern uns zunächst oder können gar als Gefahr für das Zusammenleben und damit den Fortbestand einer Gruppe wahrgenommen werden. Sie werden bezeichnenderweise Fremde genannt.

Interkulturelle Missverständnisse verhindern den Aufbau einer Vertrauensbasis.

Unterschiede in der Art und Weise, wie wir uns begrüßen, können bereits Misstrauen auslösen und negative Folgen haben. Ein Japaner beispielsweise, der sich lächelnd verbeugt, anstatt die Hand zu geben, bringt den Ablauf unseres westeuropäischen Begrüßungsmusters durcheinander und ruft dadurch Verunsicherung hervor. Der so wichtige Aufbau des Vertrauens ist bereits in der ersten Phase des Kennenlernens abrupt

In unserer Kultur untypisches Verhalten signalisiert Gefahr.

[2] Analyse siehe Teil II/ 11.4 „Strategie: Vereinbarungen werden nicht respektiert"!, S. 368 ff.

gestoppt, denn dieses in unserer Kultur untypische Verhalten signalisiert Gefahr („Was heißt das?"; „Wie soll ich mich jetzt verhalten?").

Interkulturelle Missverständnisse lassen Vorsicht in Misstrauen umschlagen.

Interkulturelle Missverständnisse verstärken demnach unser Sicherheitsbedürfnis um ein Vielfaches: Sie lassen die natürliche Vorsicht in Misstrauen umschlagen. Je mehr wir jedoch misstrauen, umso mehr sinkt unsere Bereitschaft, Unterschiede zu verstehen und zu tolerieren. Die Folge: Entweder gibt es Streit und der Mächtigere setzt sich unter enormem Zeit- und Energieaufwand durch, oder die Kontakte werden gar nicht erst fortgeführt.

So stellte ein japanischer Topmanager schon in den 80er Jahren ganz richtig fest:

> „Wir Japaner sind einfach schneller, weil Ihr Europäer zu viel Zeit für den Aufbau einer Vertrauensbasis benötigt!"

Wer die ganze Bedeutung dieser Erkenntnis richtig erfasst, dem wird sogleich klar, welch immense Chancen in der Vermeidung interkultureller Konflikte und der Nutzung komplementärer Unterschiede liegen.[3]

Der fundamentale Irrtum bei der Vermittlung von interkulturellem Wissen

Körpersprache und Sprache sind nur der wahrnehmbare Teil der Kommunikation, nämlich wie wir etwas übermitteln. Daher spielen sich viele Anekdoten, die über andere Kulturen erzählt werden, auch auf dieser Ebene ab. Diese ist relativ schnell erfass- und erlernbar und kann in Form von Kommunikationstechniken zusammengefasst werden. Warum verlaufen aber die meisten Ausbildungsmaßnahmen im Sande? Eben weil nur nach dem „How-to"-Muster schnelle Lösungen und Techniken vermittelt werden. In der Praxis angewandt, wirkt ein solches Vorgehen nach Checklisten prompt unglaubwürdig. Denn reine Technik wird als Manipulation wahrgenommen. Zu wissen wie nutzt überhaupt nichts, wenn man selbst nicht hinter diesem Wissen steht und dies glaubwürdig in sein eigenes Verhalten integriert.

Die reine Anwendung einer Technik wird als Manipulation wahrgenommen.

[3] Siehe dazu das Kapitel 1.2: „Der Quantensprung", S. 44.

> *Nur der Bewegte bewegt, nur der Ergriffene ergreift.*
>
> Otto Buchinger

So weiß jeder deutsche Manager, dass in Frankreich die Uhren anders gehen. Trotz dieses Wissens ist er gestresst, wenn die Besprechung wieder mal mit 20 Minuten Verspätung anfängt, da er diese Arbeitsweise für uneffizient hält. Entsprechend wirkt sein vermeintlich verständnisvolles Lächeln auf die französischen Partner eher gequält. Denn diese spüren sehr genau den Stress und den versteckten Vorwurf hinter der lächelnden Maske. Wer glaubwürdig sein will, muss zunächst seine innere Einstellung ändern. Das fängt damit an, nicht mehr zu bewerten und im Wissen darum, dass es so kommen kann, die notwendigen Vorkehrungen[4] zu treffen, dass man gelassen bleibt.

Glaubwürdigkeit fängt damit an, nicht mehr zu bewerten.

Als interkulturelle Berater können wir auf zwei unterschiedliche Weisen erklären: wie man „virtuelle" Ohrfeigen auszuteilen und einzufangen vermeidet oder warum man „virtuelle" Ohrfeigen verteilt bzw. einfängt.

Im ersten Fall (vermeiden, virtuelle Ohrfeigen auszuteilen oder einzufangen) wird das vermittelte Wissen defensiv eingesetzt, um eigene Ziele zu erreichen, ohne sich mit den Bedürfnissen, Wünschen und Erwartungen des Partners näher zu befassen oder gar zu identifizieren. Das eigene kulturelle Überlegenheitsgefühl bleibt intakt, der Partner wird nur als Mittel zum Zweck benutzt.

Wissen, WIE man Ohrfeigen auszuteilen und einzufangen vermeidet	**Wissen, WARUM man Ohrfeigen verteilt/einfängt**
◆ defensive Haltung ◆ kulturelles Überlegenheitsgefühl bleibt ◆ Erreichung *eigener* Ziele ◆ bloße Verhaltensrezepte ◆ Manipulation des anderen ◆ kurzfristiger Erfolg ◆ provoziert Revancheverhalten	◆ aktive Haltung ◆ Toleranzgrenze steigt überproportional ◆ Erreichung der Ziele *beider* ◆ Anderssein wird respektiert ◆ Fauxpas kann sogar sympathisch wirken ◆ langfristiger Erfolg

Abb. I.2: Interkulturelle Ohrfeigen: Konsequenzen aus unterschiedlichen Herangehensweisen

[4] Vorschläge für entsprechende Vorkehrungen finden Sie im Teil II, Kapitel 9.3 „Chaotische, konzeptlose Besprechungen ohne konkrete Ergebnisse", S. 298 ff.

Nicht zu wissen wie ist wichtig, sondern warum!

Wer händeringend fragt „Wie kann ich sicherstellen, dass der Franzose auch tut, was er sagt?“ oder „Wie setze ich meine Vorstellungen bei Franzosen durch?“, der sucht nur nach Rezepten, wie Verhalten möglichst so zu beeinflussen ist, dass es seinen eigenen Vorstellungen entspricht. Jeder Mensch spürt indes bewusst oder unbewusst, dass er manipuliert wird. Mit solchem Vorgehen erzielte Erfolge sind daher nur kurzfristig und können sogar ins Gegenteil umschlagen, wenn der Manipulierte sich revanchiert.

Jeder Mensch spürt bewusst oder unbewusst, dass er manipuliert wird.

Verstehe und nachvollziehe ich aber, warum meine Partner in bestimmten Situationen so reagieren, kann ich offen und locker in die Situation hineingehen. Ich werde sie (mit-)erleben und (mit-) gestalten, anstatt sie zu fürchten und sie mit Vermeidungstaktiken anzugehen. Mein Partner fühlt, dass er in seinem Anderssein respektiert wird, und öffnet sich ebenfalls. Das Kuriose daran ist, dass die Toleranzgrenze überproportional steigt: Selbst wenn er nicht die Gepflogenheiten meiner Businesskultur kennt, wird er meine Fauxpas nicht mehr als Ohrfeigen empfinden, sondern vielleicht sogar sympathisch!

Es klingt wie eine Binsenweisheit, aber es ist eine der wichtigsten interkulturellen Faustregeln:

> Je mehr ich den anderen in seinem Anderssein respektiere, umso mehr respektiert er mich.
> *oder*
> Warum den anderen ändern, wo er ja schon anders ist!

Kommunikationstechniken wirken immer aufgesetzt, wenn sie nicht mit Respekt und Integrität angewandt werden. Reinhard K. Sprenger beschreibt in seinem Bestseller „Mythos Motivation“ das gleiche Phänomen:

> „Alle Führungstechnik bleibt auf der instrumentalen Ebene und wird eben als Technik sehr schnell durchschaut und konterkariert.“

Körpersprache, Sitten und Sprache, die durch Techniken erfasst und gelernt werden können, sind nur die sichtbare Spitze des Eisberges. Wer wirklich interkulturelle Kompetenz erlangen will, der muss in die Niederungen des Warum (Reinhold K. Sprenger) einsteigen, in die verhaltensökologischen Zusammenhänge, die hinter den Einstellungen stehen. Dieser weitaus bedeutendere Teil ist allerdings auch der verborgene Teil des Eisbergs.

Die verhaltensökologischen Zusammenhänge, die hinter den Einstellungen stehen, erfassen

Sich hiermit zu befassen bedingt einen Faktor, hinter dem die ganze westliche Welt herläuft: ZEIT! Mal ehrlich: Sind Sie nicht auch versucht, direkt in den Praxisteil dieses Handbuchs einzusteigen? Hoffen Sie nicht insgeheim, dass es nicht notwendig sein wird, das ganze Handbuch durchzuarbeiten, um eine Lösung für Ihr Problem zu finden? Das uns eingebläute Effizienzdenken treibt uns eben immer wieder dazu, eher in die „How-to"-Kiste zu greifen, als die Zusammenhänge grundlegend zu verstehen und zu verinnerlichen. Unsere Herausforderung besteht darin, Ihnen so viel Erkenntnisse und Nutzen zu liefern, dass Sie sich die Chance geben, zum einen selbst Lösungsansätze für viele andere Situationen als im Teil II erwähnt zu erarbeiten und zum anderen zu entdecken, dass sich Ihnen ganz neue Perspektiven eröffnen, nicht nur für den Umgang mit Franzosen!

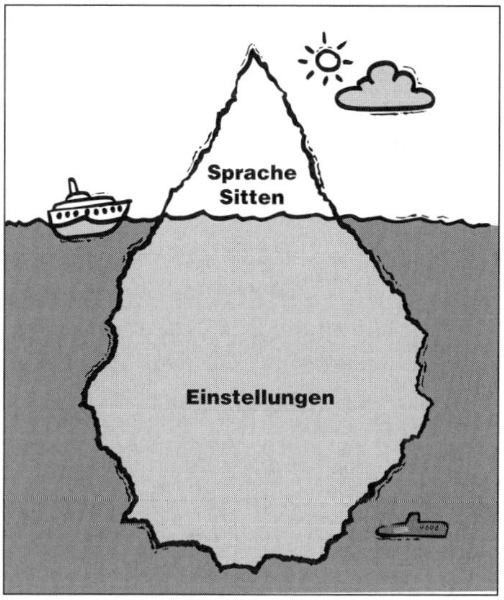

Der verborgene Teil des Eisbergs

Wie viel komplexer dieser verborgene Teil des Eisbergs ist, erkennen wir sofort, wenn wir uns einmal die folgenden Fragen stellen:

- Welches sind meine eigenen Wünsche, Ziele, Freuden und Ängste im Leben?
- Was ist der Sinn des Lebens für die Menschen dieser anderen Kultur? Was sind ihre Freuden, was sind ihre Ängste?
- Wie kann ich meine eigenen Wünsche, Ziele, Freuden und Vorstellungen in oder mit diesem fremden Kulturkreis verwirklichen?
- Wie kann ich vermeiden, dass ich dem anderen Angst einjage, bzw. dass ich selbst sein Verhalten als bedrohlich empfinde?

Hand aufs Herz: Die wenigsten von uns befassen sich wirklich eingehend mit diesen Fragen, sei es, weil wir die Antworten zumindest oberflächlich zu kennen scheinen oder weil uns der Zeitaufwand hierfür unangemessen scheint. (So viel anders wird es ja nicht sein! ...) Erst, wenn wir nicht mehr mit gewissen Situationen fertig werden und diese immer wieder auftreten, wenn der Leidensprozess immer stärker wird, investieren wir die Zeit und die Mittel, um uns tiefer gehende Fragen zu stellen. Ein bekanntes Managersyndrom ist ja, bis zum Herzinfarkt durchzuhalten und erst dann mit dem Nachdenken anzufangen, was man an seiner Lebens- und Arbeitsweise ändern könnte.

Erst wenn die Schmerzgrenze erreicht wird, werden tiefer gehende Maßnahmen ergriffen.

Das Drama der interkulturellen Konflikte liegt in dem gleichen Mechanismus: Wir glauben, mit dem Aufnehmen von Wissen (ein kurzes Seminar, Lesen dieses Buches – anstatt es durchzuarbeiten), dem Erlernen von Sprachen und Kommunikationstechniken das Nötigste getan zu haben, um effizient miteinander umgehen zu können. Womit wir optimal den Boden vorbereiten, auf dem interkulturelle Konflikte gedeihen können. Wenn die Schmerzgrenze der Konflikte und der Uneffizienz erreicht wird, werden tiefer gehende Maßnahmen ergriffen. Entsprechend werden wir JPB-Berater auch meistens erst zum Brandlöschen gerufen anstatt zum Ergreifen vorbeugender Brandschutzmaßnahmen. Stellen Sie sich doch bitte einmal folgende Frage: Wäre ich ein Ausländer, was müsste ich tun, um mich in der deutschen Businesskultur zurechtzufinden und im Geschäftsleben akzeptiert zu werden?

Es wäre ein Armutszeugnis für die deutsche Kultur, ja geradezu naiv, zu behaupten, dass es reicht, ein Buch zu lesen und ein kurzes Seminar zu besuchen. Haben wir nicht selbst Jahre gebraucht, um unsere eigenen kulturellen Verhaltensmuster zu verstehen und zu erlernen? Die Frage ist eben, ob wir uns derer überhaupt bewusst sind und deren Sinn verstanden haben.

YANNI: „Keys to Imagination" und „Live at the Acropolis". Generell können wir Ihnen alle CDs von Yanni empfehlen! Insbesondere die letzte gehört jedoch in jede CD-Sammlung! Mystische Musik, peppig vertont, mal viel Rhythmus, mal romantisch verträumt, die ideale Musik für kreatives Arbeiten. Wenn Ihnen dieses Handbuch gefällt, so hat Yanni einen großen Anteil daran: Er hat nämlich sehr oft unsere rechte Gehirnhälfte inspiriert...

FAZIT

Interkulturelle Missverständnisse

- werden ausgelöst durch Fehlinterpretationen von Signalen und Verhaltensweisen, die in der eigenen Kultur als effizient, freundlich, feindlich, positiv, negativ usw. gelten,
- wirken wie ungerechtfertigt erhaltene „virtuelle Ohrfeigen" und erzeugen „emotionale Viren",
- provozieren direkte oder indirekte Revanchehandlungen,
- entstehen auf drei Ebenen: Körpersprache, Sprache (wahrnehmbare Ebene) und Einstellungen (nicht wahrnehmbare Ebene),
- steigern das Sicherheitsbedürfnis und verhindern so den Aufbau einer Vertrauensbasis,
- können nicht über das reine Wissen und das Erlernen von Sprachen und Kommunikationstechniken vermieden oder gelöst werden,
- sind nur lösbar, wenn auch die Ebene der Einstellungen tief greifend verstanden und integriert wird.

1.2 Wie viel kosten interkulturelle Konflikte?

Verborgene Kosten

Um diese Frage zu beantworten, wollen wir zunächst einmal die verborgenen Kosten (ohne Opportunitätskosten) einer eintägigen Besprechung beispielhaft durchrechnen. Denn, obwohl der berühmte Ausspruch „Zeit ist Geld" jedem Manager in Fleisch und Blut übergangen ist, haben die wenigsten eine konkrete Vorstellung davon, wie viel eine Besprechung wirklich kostet.

Kostenaufstellung für eine Besprechung: Vor- und Nachbereitung sowie externe Dienstleistungen können die Kosten ohne weiteres auf über 20.000 € schnellen lassen.

Jeder erfahrene Manager weiß, dass diese Zahlen nicht zu hoch gegriffen sind. Im Gegenteil: Je höher die hierarchische Position, je weiter die Entfernungen und je mehr Teilnehmer, umso schneller potenzieren sich die verborgenen Kosten. Einer unserer Kunden aus der Luftfahrttechnik hat

Kosten einer eintägigen Besprechung mit vier Führungskräften des Topmanagements (Kosten eines Topmanagers: min. € 1.500,– / Manntag)

◆ *Vorbereitung: 2 Manntage (4 x à 4 Std.)*	€	3.000,–
◆ *Besprechung: 4 Manntage*	€	6.000,–
◆ *Reisekosten + Spesen für 2 Führungskräfte*	€	2.000,–
◆ *Zeitaufwand nach den Besprechungen:* ◆ Berichterstattungen ◆ Miteinbeziehen von Kollegen ◆ telefonische Rückfragen, Fax usw. ◆ Entwicklung neuer Konzepte		
= *4 x 1/2 Manntage*	€	3.000,–
Gesamt	**€**	**14.000,–**
+ evtl. externe Dienstleistungen € 2.000,– bis 4.000,– (z.B. Rechtsanwalt, Dolmetscher usw.)		

Abb. I.3: Die verborgenen Kosten einer Besprechung

für routinemäßige Besprechungen zwischen deutschen und französischen Managern einen Aufwand von über 30.000 € pro Tag errechnet! Somit ist der finanzielle Aufwand für aufgrund interkultureller Missverständnisse missglückte Besprechungen leicht nachvollziehbar: Die Kosten gehen in die Hunderttausende, denn eine Besprechung ohne Ergebnis zieht zwangsläufig weitere nach sich, so lange bis die Beteiligten zu einem – oft frustrierenden – Kompromiss kommen. Es ist sicher nicht übertrieben, wenn wir hierfür fünf bis zehn Besprechungen ansetzen. Hier werden meist unbefriedigendere Ergebnisse erzielt als in einer einzigen Besprechung, die syntonisch verläuft, d.h., in welcher die Beteiligten auf der gleichen Wellenlänge kommunizieren.

Die Besprechungen enden oft in frustrierenden Kompromissen.

Und wie hoch soll der Aufwand durch die Demotivation der Mitarbeiter beziffert werden, der durch Frust und Ärger entsteht? Wie viel kostet ein dringendes Fax, welches aus purer Revanchelust einfach liegen gelassen wird? Wie teuer ist der Abgang eines wertvollen Mitarbeiters, der mit den Franzosen oder den Deutschen einfach nicht zurechtkommt? Welche Auswirkungen hat ein aufgrund interkultureller Fehlinterpretationen nicht zustande gekommener Vertrag auf den Umsatz und die Entwicklung eines Unter-

Interkulturelle Missverständnisse kosten Millionen und können sogar existenzbedrohend werden.

nehmens? Kurzum: Aufs Jahr gesehen kosten die durch interkulturelle Missverständnisse verursachten emotionalen Viren ein Unternehmen schlicht und einfach Millionen und können in letzter Konsequenz sogar dessen Existenz bedrohen!

Der Unterschied zwischen Effizienz und Effektivität

Diese drastische und einigen vielleicht überzogen erscheinende Feststellung halten wir nicht nur für richtig, sondern auch für notwendig. Wir kleben heute immer noch an einem längst widerlegten materialistisch-mechanistischen Weltbild fest, nach dem die ganzen Anstrengungen und Überlegungen auf die Optimierung der sichtbaren, materiellen Verhältnisse gerichtet werden. So muss beispielsweise ein Manager unbedingt mit einem sichtbaren Ergebnis von seiner Besprechung in Paris zurückkommen und kann die Zeit nicht einfach, falls notwendig, zur Optimierung der – immateriellen – Beziehungsebene nutzen. Denn in diesem Falle bekommt er zu hören: „Außer Spesen nichts gewesen!“

Die Ergebnisorientierung ist rein auf die materiellen und mechanischen Vorgänge ausgerichtet.

Der deutsche Zeitmanagementpapst Lothar Seiwert verdeutlicht den Unterschied zwischen Effizienz und Effektivität an einem sehr anschaulichen Beispiel: Er wirft ein Bündel mit vielen Zehn-Mark-Scheinen in die Höhe, in dem auch drei Fünfhundert-Mark-Scheine enthalten sind. Diejenigen, die sich hastig darauf stürzen und viele Scheine zusammenraffen, sind effizient. Derjenige aber, der sich Zeit nimmt und genau hinsieht und sich die Fünfhundert-Mark-Scheine herausgreift, ist effektiv!
Um in diesem Sinne, gerade im interkulturellen Bereich, effektive Ergebnisse zu erzielen, ist es wichtiger, Zeit zu investieren, um zunächst einmal Einstellungen und Motivationen seiner Geschäftspartner kennen zu lernen. Das folgende Beispiel macht die fatalen und kostspieligen Folgen der Missachtung dieser Denkweise deutlich:

Praxisbeispiel

Der zuständige Vorstand, sein Landesbereichsleiter und der Chefjustiziar eines deutschen Lebensmittelkonzerns fliegen zwecks Übernahmeverhandlungen einer Filiale eines französischen Konzerns der gleichen Branche nach Paris. In der deutschen Zentrale erwartet man, dass diese konkrete Informationen und Bilanzzahlen mitbringen. Als die um den Aufbau einer guten Verhandlungsatmosphäre bemühten Franzosen es für deutsche Begriffe zu gemütlich angehen lassen, drängen die deutschen Manager mit konkreten Fragen. Die Franzosen reagieren darauf mit ausweichenden und vagen Antworten. Beim Mittagessen bestellen die immer nervöser werdenden Deutschen bewusst keine Vor- und Nachspeise, um

Zeit zu gewinnen. Da sie auch nach dem Essen keine befriedigenden Antworten erhalten und stattdessen immer wieder nur die hervorragenden Perspektiven der zum Verkauf stehenden Filiale aufgezeigt bekommen, fordern sie die Franzosen kurzerhand zur Übergabe der Bilanzzahlen auf. Daraufhin tuscheln die französischen Manager untereinander, bis einer hinausgeht, um seiner Sekretärin eine Anweisung zu geben. Letztere kommt auch tatsächlich zehn Minuten später und händigt den Deutschen eine Kopie mit Bilanzzahlen aus. Diese fahren erleichtert nach Hause, können sie doch zumindest ein handfestes (= effizientes) Ergebnis vorweisen.

Als die Franzosen es zu gemütlich angehen lassen, drängen die deutschen Manager mit konkreten Fragen.

Sie setzen die hausinternen Analytiker auf die Bilanz an, konsultieren Spezialisten bezüglich der rechtlichen und steuerlichen Besonderheiten und erstellen eine erste Entscheidungsgrundlage für Vorstand und Aufsichtsrat. Der Vorstand trifft drei Wochen später zusammen, um das weitere Vorgehen für die vier Tage später anstehende nächste Verhandlung zu besprechen. Mitten in die Besprechung platzt ein dringendes Fax der Franzosen: Die neue Sekretärin habe irrtümlicherweise die Bilanzzahlen einer anderen Filiale kopiert. Man entschuldige sich für dieses Versehen und habe die richtigen Zahlen per Eilkurier nach Deutschland geschickt. In aller Hektik werden die neuen Zahlen aufbereitet, vorbereitete Konzepte umgeschmissen und neue Verhandlungsstrategien erarbeitet. Da trifft am Vorabend des Verhandlungstermins ein weiteres Fax aus Frankreich ein: Der Vorstandsvorsitzende müsse dringend zu einem unvorhergesehenen Termin nach New York und bitte um Verschiebung auf nächste Woche. Drei Tage später erfahren die deutschen Manager aus der Presse, dass die Franzosen ihre Filiale an einen amerikanischen Konzern verkauft haben ...

Alles muss umgeschmissen und neue Verhandlungsstrategien erarbeitet werden.

Bilanz: Vier Wochen harte Arbeit vieler hoch bezahlter Spezialisten für die Katz, Stress in den letzten Tagen und noch dazu mit dem Ergebnis, dass sich die Konkurrenz auf einem bedeutenden Markt wichtige Marktanteile gesichert hat. Fazit: Wer seinem französischen Gegenüber eine Zusage oder einen Kompromiss abringt (oder aufzwingt), nur um nachzuweisen, dass er effizient war, kann sein blaues Wunder erleben. Effizient in der Besprechung zu sein heißt noch lange nicht, effektive Ergebnisse in der Umsetzung zu erreichen!

Wer effizient ist, ist noch lange nicht effektiv.

Das Eisberg-Syndrom

Der Trend in der Wirtschaft geht – wie bereits gesagt – dahin, alle Energien und Mittel in die materiellen, die so genannten Sachaspekte, wie z.B. Marketing, Sprache, Organisation, Steuerfragen usw. zu investieren. Wir wollen dieses Handeln auf der materiellen Ebene im folgenden als Streben nach Sach-Effizienz (SE) bezeichnen. Die unserer Erfahrung nach weitaus bedeutendere immaterielle, also verborgene und damit wenig fassbare Ebene beinhaltet neudeutsch genannte „Soft Facts“, also weiche Faktoren wie die Einstellungen, Hoffnungen und Ängste, Kooperationsvergangenheit etc. Diese weichen Faktoren beeinflussen entscheidend die Qualität und damit die Effizienz der Beziehungen (nachfolgend Beziehungs-Effizienz [BE] genannt). Diese Feststellung ist inzwischen durch mehrere wissenschaftliche Untersuchungen von Kooperationen bestätigt worden[5].

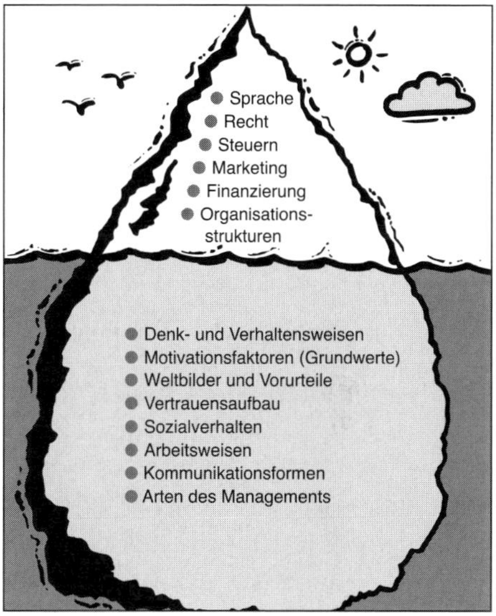

Abb. I.4: Der Eisberg: Nur ein kleiner Teil ist sichtbar

Die Beraterpraxis zeigt immer wieder: Besteht die Beziehungseffizienz (BE) nicht, so kostet die Lösung und Überwindung der Probleme auf der Sachebene unverhältnismäßig viel Zeit und Energie. Unsere Formel lautet daher kurz und knapp:

Die immaterielle Realität beeinflusst entscheidend die Qualität und damit die Effizienz der Beziehungen.

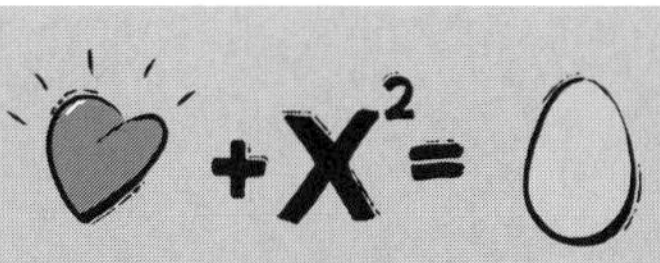

BE + SE - EE

Beziehungs-Effizienz + Sach-Effizienz = Effektives Ergebnis

[5] Rosabeth Moss-Kanter: „Unternehmenspartnerschaften: Langsam zueinander finden“, Harvard Business Manager; II/1995.

Praxisbeispiele

- In einem deutsch-französischen Joint Venture benötigte man durchschnittlich zehn Besprechungen, um letztlich zu einem Kompromiss zu kommen. Es „hakte“ immer wieder an Detailfragen und Sachproblemen. Das eingeleitete Beratungsprojekt brachte ans Tageslicht, dass die so genannten Sachprobleme nur vorgeschoben wurden, um Zeit zu gewinnen und das aus der Historie entstandene Misstrauen abzubauen. Effektives Ergebnis: Nach Bereinigung und unter ständiger Einbeziehung der Aspekte der Beziehungsebene wurden 40 Prozent(!) der Besprechungen eingespart. Nebenprodukt: Schnellere und bessere Lösungen, Freude an der Zusammenarbeit und gar Enthusiasmus kamen auf.[6]

- Ein deutscher Manager klagte über Informationsmangel von französischer Seite. Wir rieten ihm, etwas Zeit zu investieren, um seine französischen Kollegen besser kennen zu lernen und um ihre Probleme zu verstehen. Er baute innerhalb eines Monats eine Vertrauensbasis mit zwei Franzosen auf. Effektives Ergebnis: Er erhält alle gewünschten Informationen jetzt per Telefon und erfährt darüber hinaus sogar noch die neuesten Nachrichten aus der Gerüchteküche. Die investierte Zeit hatte er nach eigener Einschätzung nach drei Monaten bei weitem wieder herausgeholt.

- In dem vorangegangenen Fallbeispiel (Verkaufsverhandlungen eines Lebensmittelkonzerns) hätte die Miteinbeziehung der Beziehungsebene mit Sicherheit zu einer konstruktiveren Verhandlung geführt. Effektives Ergebnis: Das angestrebte Ziel (mehr Marktanteil und Vorsprung vor der Konkurrenz) wäre erreicht worden. Das deutsche Unternehmen wurde übrigens nach einem Jahr selbst von dem amerikanischen Konkurrenten aufgekauft ...

Wir vertreten natürlich nicht die These, alle Sachaspekte außen vor zu lassen und sich nur noch auf die Beziehungseffizienz zu konzentrieren. Viel wäre schon erreicht, wenn beide Effizienzebenen gleichberechtigt nebeneinander stünden. Denn unsere Formel lautet ja: BE plus SE = EE!

Der Quantensprung

Ein Quantensprung in der Produktivität

Mit diesem Beispiel wird die ganze Dimension des interkulturellen Managements deutlich: Würde die internationale Wirtschaft anstatt in die Optimierung der Arbeits- und Produktionsabläufe die gleichen Mittel in die Verbesserung der immateriellen Zusammenhänge und insbesondere des zwischenmenschlichen Miteinanders investieren, so könnte ein Quantensprung in der Produktivität erreicht werden!

[6] Hans Raffée/Jürgen Eisele: „Joint Ventures – Nur die Hälfte floriert“, Harvard Business Manager; III/1994.

Warum sollte es nicht auch einen ROT geben: Return on TIME?

Wer nur auf den ROI sieht, verliert. Warum sollte nicht parallel dazu ein ROT existieren: Return on TIME ? Wir müssen lernen, Zeit zu verlieren, um Zeit zu gewinnen! Solange die in die Beziehungseffizienz investierte Zeit immer noch als Luxus abgetan wird, sind wir noch weit von diesem Quantensprung entfernt. Wenn wir hingegen anfangen, diese Zeit gezielt als Investment anzusehen und professionell für die Verbesserung der Beziehungseffizienz einzusetzen, so können nahezu unvorstellbare Zeitgewinne aufgrund des besseren Zusammenwirkens erzielt werden.

Erkennen Sie, welche Chance sich Ihnen bietet? Mit der Verbesserung Ihrer interkulturellen Kompetenz können Sie leichter, sicherer und um ein Vielfaches erfolgreicher werden, als wenn Sie die gleichen Anstrengungen in die Verbesserung Ihrer Sachkompetenz stecken!

FAZIT

- Interkulturelle Missverständnisse verursachen Millionenschäden und können existenzbedrohend werden.
- Effizientes Handeln bringt noch lange keine effektiven Ergebnisse.
- Wer sich auf das Erreichen von mehr Beziehungseffizienz konzentriert, wird auch automatisch die Sacheffizienz steigern.
- BE + SE = EE
  Beziehungs-Effizienz + Sach-Effizienz = Effektives Ergebnis.
- Würden die gleichen Mittel in die Optimierung der Beziehungseffizienz wie zur Steigerung der Sacheffizienz investiert, könnten wir einen Quantensprung in der Produktivität erreichen.

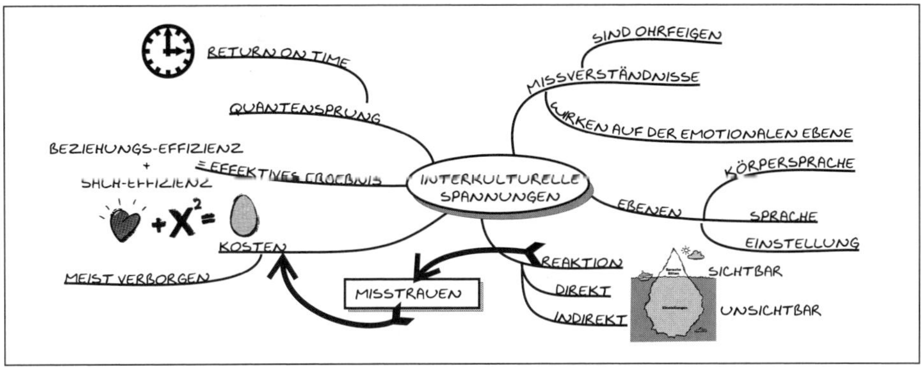

Abb. I.5: Einflussfaktoren interkultureller Spannungen

1.3 Drei grundsätzliche Irrtümer über interkulturelle Kompetenz

Irrtum Nr. 1: „Das Sprachproblem ist das größte Hindernis für das gute Verständnis zwischen unterschiedlichen Kulturen."

Wer ist sich noch nicht wie ein Idiot vorgekommen, weil er im fremden Land nicht mal nach dem Weg fragen konnte? Daher das Gefühl, dass die Beherrschung der Sprache die meisten Schwierigkeiten beheben könnte. Wie das gespannte Verhältnis zwischen Ost- und Westdeutschen zeigt, ist dies ein großer Irrtum. Auch Schweizer und Österreicher haben bekanntermaßen große Schwierigkeiten im Umgang mit ihren deutschen Nachbarn, vor allem im Wirtschaftsleben (und umgekehrt natürlich auch). Sprachkenntnisse sind zwar empfehlenswert, aber, wie bereits erläutert, bei weitem nicht ausreichend. Auch der Kompromiss Englisch birgt große Gefahren in sich: Was bedeutet *efficiency* oder *quality* für einen Deutschen und was für einen Franzosen? Beide verwenden zwar die gleiche Vokabel, aber deren Bedeutung ist vollkommen unterschiedlich besetzt! Gerade Franzosen nutzen ihre Sprache oft, um Botschaften zwischen den Zeilen zu übermitteln. In vielen Fällen ist das Nichtgesagte somit wichtiger als das Gesagte. Daher wirkt die germanische Direktheit oftmals plump und gar brüskierend, und dies umso mehr, wenn der deutsche Manager französisch spricht. Die Missverständnisse verstärken sich paradoxerweise gerade dann, wenn man die Landessprache beherrscht. Denn unbewusst schließt ein französischer Partner, dass sein deutsches Gegenüber nicht nur die Sprache, sondern auch die Einstellungen kennt. Wendet dieser nur seine Sprachkenntnisse an, so kann eine Inkongruenz zwischen dem Gesagten und dem Verhalten entstehen, was zu Unglaubwürdigkeit und damit zu Zurückweisung führt. Anders ausgedrückt:

Man kann zwar das Richtige sagen, aber das Falsche auslösen!

FAZIT

Sprachkenntnisse sind zwar als Werkzeug notwendig, um Informationen zu übermitteln und auszutauschen, stellen aber noch lange keine interkulturelle Kompetenz dar. Deutschlands Rekordaußenminister Hans-Dietrich Genscher, dessen größte Stärke wohl seine interkulturelle Kompetenz war, demonstriert dies sehr deutlich: Fremdsprachen waren bekanntermaßen nicht gerade seine Stärke.

Irrtum Nr. 2: „Interkulturelle Kompetenz ist hauptsächlich außerhalb Europas vonnöten."

Fliegt ein deutscher Manager nach Japan, so ist er bereits auf der Hut, weil die Geschäftspartner dort anders aussehen und scheinbar ständig lächeln. Trifft derselbe Manager jedoch auf einen gleich aussehenden europäischen Kollegen, so geht er davon aus, dass auch dessen Denk- und Handlungsweisen in etwa gleich sind. Also verhält er sich drauflos wie zu Hause, denn Business ist Business. Und dann fällt er aus allen Wolken, weil der Franzose feste Zusagen nicht einhält und der Italiener zwei Tage später seine Vertragsunterschrift einfach für nichtig erklärt.

Die Ent-Täuschung schlägt dann schnell in Wut um, weil unser Manager dahinter Absicht vermutet. Ein Vergleich mit der Computerwelt erläutert das Dilemma: Zwei hardwaremäßig identische PCs können nur dann miteinander kommunizieren, wenn die Software darauf abgestimmt ist. In der zwischenmenschlichen Kommunikation verhält es sich ähnlich: Das Äußere des Menschen ist eben nur die Hardware, Kultur hingegen die für das Verständnis wichtige Software, die durch die jeweilige Business-Kultur geprägt ist. Sie steuert die im Unterbewusstsein ablaufenden Denk- und Verhaltensweisen! So beinhaltet die Business-Kultur der Franzosen im Vergleich zu der deutschen zum Beispiel geradezu entgegengesetzte Grundwerte, sowohl was die Zielsetzung anbetrifft, als auch die Wege und Mittel, um die Ziele zu erreichen.

Da diese Erkenntnisse sich bis heute immer noch nicht durchgesetzt haben, investieren die Unternehmen zwar in interkulturelle Ausbildungsmaßnahmen für asiatische, afrikanische und orientalische Länder (was ein begrüßenswerter Fortschritt ist), halten derartige Programme für europäische Länder aber immer noch für überflüssig.

Irrtum Nr. 3: „Mit der jungen Generation nimmt das Problem ab!"

Die Grenzen haben sich geöffnet. Kontakte und die Mobilität der jüngeren Generation haben in ungeahntem Maße zugenommen und Gemeinsamkeiten gefördert. Diese erweisen sich allerdings sehr schnell als oberflächlich, wenn es darum geht, gemeinsam zu arbeiten: Es ist nämlich ein großer Unterschied, ob ein Deutscher und ein Franzose sich privat gut verstehen oder im beruflichen Umfeld miteinander arbeiten müssen.

Gerade ein junger Deutscher startet mit einem schwerwiegenden Handicap, dem Feierabendsyndrom: Er hat in seiner Business-Kultur gelernt, genau zwischen Privat- und Geschäftsleben zu unterscheiden und sein Verhalten entsprechend auszurichten. So kann er sich in der Freizeit locker und jovial geben und im Geschäftsleben ernst und unflexibel. Viele

Franzosen berichten von diesen für sie unverständlichen Verhaltensänderungen ihrer jungen deutschen Kollegen, die sie als sehr störend, wenn nicht sogar als heuchlerisch empfinden.

Ein weiteres Beispiel: Ein Franzose arbeitet seit jüngster Kindheit mehr als ein Erwachsener, um durchschnittlich mit 23 Jahren das Diplom möglichst einer Eliteschule zu ergattern. Seine berufliche Karriere ist damit vorgezeichnet und quasi gesichert. Deutsche Jungmanager gehen durchschnittlich erst mit 29 Jahren(!) von der Uni ab und müssen dann zunächst ihr fachliches Können unter Beweis stellen, um Karriere zu machen. Wenn beide zusammenarbeiten, prallen also zwei Welten aufeinander: der junge Franzose, der aufgrund seines Diploms bereits ein entsprechendes Ansehen genießt und meist auch schon gut verdient, gegen den jungen Deutschen, der sich erst noch einen Platz an der Sonne erkämpfen muss.[7]

Kulturstandards deutscher Studenten
Auch die Untersuchung von Markus Molz (Universität Regensburg) im Rahmen seiner Diplomarbeit untermauert diese Beobachtung:

Aus Gesprächen mit französischen Austauschstudenten wurden Schilderungen von Begegnungen mit Deutschen extrahiert. Anhand dieser Auszüge begründeten deutsche Studenten die deutschen Verhaltensweisen, die in den Augen der Franzosen als „seltsam, bemerkenswert oder unverständlich“ erschienen. Aus diesen Daten wurden in der Analyse insgesamt acht deutsche Kulturstandards herausgearbeitet, die im Folgenden stichpunktartig aufgeführt sind:

1. Regel- und Stabilitätsorientierung
- Die Regeln für die soziale Ordnung in der Öffentlichkeit müssen klar und verbindlich sein.
- Rechte und Pflichten sozialer Interaktionen müssen „klar ersichtlich“ sein.
- Materielle Stabilität wird positiv, Abwechslung als Selbstzweck eher negativ bewertet.

2. Systematische Aufgabengliederung
Aufgaben werden mit „starkem methodischen Geist“ angegangen, bei detaillierter Planung und präziser Ausführung.

3. Sachorientierung
- „Besitz und Eigentum werden besonders respektiert.“
- Sachinformationen haben Vorrang vor Emotionen.

---

[7] Siehe dazu auch Kapitel 4 „Der grundlegende Unterschied im Sozialverhalten“, S. 106 ff.

4. Explizite, direkte Kommunikation
- Der Kommunikationsstil ist „direkt, offen und ehrlich".
- Implizite Informationen werden nicht berücksichtigt.
- Hinter dem Gesagten wird „kein Hintersinn" vermutet.

5. Selbststeuerung
- „Persönliche Autonomie und Selbstbestimmung" werden groß geschrieben.
- Es gilt strikt das Verursacherprinzip.

6. Gemeinsinn
- In Gruppen gibt es „schnell ein Wir-Gefühl".
- Gruppenzugehörigkeit gilt als Wert an sich.

7. Interpersonale Distanzdifferenzierung
- Es wird zwischen Fremden und Bekannten, „Berufs- und Privatleben" getrennt.
- Man bleibt eher distanziert, aber für die „guten Freunde macht man wirklich alles".

8. Gleichheitsstreben
- im Verhalten zwischen Frauen und Männern
- Aufgeschlossenheit für Personen unterschiedlicher Herkunft
- ausgeglichene soziale Beziehungen

Die junge Generation hat sicherlich den unschätzbaren Vorteil, schneller und unkomplizierter miteinander kommunizieren zu können. Offenheit und Toleranz sind ebenfalls gewachsen. Aus einer guten privaten Beziehung abzuleiten, dass diese sich auch automatisch auf das Geschäftsleben überträgt, ist allerdings gefährlich. Hier kommen nämlich die vollkommen unterschiedlichen Business-Kulturmuster zum Tragen, auf deren Bedeutung und Tragweite keiner der angehenden Jungmanager bisher vorbereitet wurde. Und bekanntlich „hört beim Geld die Freundschaft auf"!

FAZIT

Das Training on the Job bringt mehr Frust als Lust, denn es fehlen elementare Grundkenntnisse und damit Verständnis für die Denk- und Verhaltensweisen des kulturellen Alter Egos! Viel Verdruss, Ärger und Stress könnten vermieden werden, wenn die in Europa tätigen Manager außer Sprachen zu pauken auch den Umgang mit Geschäftspartnern des Gastlandes trainierten. Rolf Berth, der für die Kienbaum-Akademie die Gründe für die brachliegende Innovationskraft der deutschen Unternehmen erforscht hat, bringt es auf den Punkt:

> „Während wir die Computer der vierten Generation in Betrieb nehmen, hat unser menschliches Miteinander noch nicht einmal das Niveau der ersten erreicht!"
>
> *Rolf Berth*

„Die bedeutendste Phase in der Weiterentwicklung des Menschen ist der Schritt von der unbewussten zur bewussten Kontrolle des eigenen Geistes und des Körpers."

F. M. Alexander

2 Der Autopilot

„Nicht wenige Führungskräfte sind kommunikative Analphabeten!", sagt Reinhard K. Sprenger provokativ, aber durchaus mit Recht. Wer sollte es ihnen jedoch verdenken? Wer hat uns denn richtiges Kommunizieren gelehrt? „Das lehrt das Leben!" ist auch heute noch eine weit verbreitete Meinung. Wer sich allerdings bewusst ist, wie viel Frust, Aggression und Stress täglich entsteht, weil in Schule und Ausbildung nicht einmal Basiskenntnisse über Wesen und Ablauf der Kommunikation vermittelt werden, der kann mit dieser Schutzbehauptung nicht mehr länger leben. Ja, Schutzbehauptung, weil wir wohl alle intuitiv spüren, welcher Zündstoff hinter dem Erkennen der Bedeutung der Kommunikationsabläufe steckt: Vielleicht müssten wir zugeben, dass wir selbst für viele missliche Situationen die Verantwortung tragen, die sich aus „sachlicher" Sicht so schön auf andere abwälzen lässt.

Schlechte Kommunikation ist die Ur-Sache vieler „Sach"-Probleme.

Interkulturelles Verständnis und Kommunikation sind eng verbunden, da sich Kultur nur durch Interaktion vermitteln lässt. In diesem Kapitel befassen wir uns daher sowohl mit den prinzipiellen Mechanismen der Kommunikation sowie mit der bedeutenden Rolle des Unterbewusstseins bei interkulturellen Kontakten. Wir werden untersuchen,

- warum die Qualität der Beziehung die Inhaltsebene dominiert,
- wie das Unterbewusstsein unsere Wahrnehmung beeinflusst,
- warum Kultur uns gleichzeitig effizient und uneffizient macht,
- welche Wege es gibt, um Kultur- und Kommunikationsmechanismen in den Griff zu bekommen.

2.1 Wie wirklich ist die Wirklichkeit?

„Ist Wahr-Nehmung wirklich wahr?", könnten wir uns auch fragen. Wie komplex diese Frage ist, zeigt die folgende Aussage:

Zwischen dem, was ich denke,
was ich sagen will,
was ich glaube zu sagen,
was ich sage,
was Sie hören,
was Sie hören wollen,
was Sie glauben zu verstehen,
was Sie verstehen wollen,
und was Sie verstehen,
gibt es mindestens neun Möglichkeiten,
sich misszuverstehen.

Unsere Wahrnehmung wird einerseits gesteuert durch Einflüsse aus der Vergangenheit, wie z.B. familiäres und soziales Umfeld, Ausbildung, Erfahrungen, Meinungen und Weltbilder. Andererseits wird sie beeinflusst durch unseren augenblicklichen emotionalen Zustand. Ängste, Hoffnungen und Wünsche der Gegenwart und der Zukunft haben eine ganz entscheidende Bedeutung für die Art, wie wir kommunizieren: Sind wir glücklich und zufrieden, so sehen wir alles durch die berühmte „rosarote Brille". Wir sind tolerant („Lass die Kinder doch ruhig rumtoben!") und sehen vornehmlich das Positive und Angenehme. Sind wir jedoch angespannt, ängstlich oder einfach nur gestresst, so nehmen wir die gleichen Situationen ganz anders wahr („Können die Kinder nicht endlich mal ruhig sein!!!").

Das können Sie mit einer ganz einfachen Übung genau jetzt an sich selbst feststellen. Nehmen Sie sich dazu bitte ein paar Minuten Zeit. Horchen Sie einmal in sich hinein, und stellen Sie sich folgende drei Fragen:

- In welchem emotionalen Zustand befinde ich mich gerade?
- Welche Auswirkungen hat dieser Zustand auf meine gegenwärtige Wahrnehmung?
- Was würde ich wahrscheinlich wahrnehmen, wenn ich in einem anderen oder sogar dem gegenteiligen Zustand wäre?

Hat Sie diese Unterbrechung jetzt gestört? Wenn ja, dann fragen Sie sich doch einmal, warum. Mit welchen Erwartungen haben Sie diese Seite aufgeschlagen? Was wollten Sie in diesem Augenblick „wahrnehmen", also annehmen, dass es wahr ist? Nun, wir werden Ihnen helfen, denn wenn Sie die Aufgabe gestört hat, sind Sie ja gerade nicht in einem emotionalen Zustand, um diese Fragen zu beantworten! Hier sind wir an dem vielleicht wichtigsten Punkt der Kommunikation angekommen:

Was wollen Sie denn „wahr"-nehmen?

> Das beste Argument oder die interessanteste Information ist nutzlos, wenn das Gegenüber emotional nicht bereit ist, darauf einzugehen.

Dies wollen wir uns am Beispiel dieser Übung einmal verdeutlichen. In welchem emotionalen Zustand befanden Sie sich bei der Übung?

Zustand A: z.B. entspannt, erwartungsvoll, neugierig
Zustand B: z.B. müde und Entspannung suchend
Zustand C: z.B. wütend und genervt, Ablenkung oder eine Lösung suchend

Welche Konsequenz hatte dieser Zustand auf Ihre Wahrnehmung?

Möglichkeit A: Jetzt wird mir klar, warum der Nachbar eben so unfreundlich war. Ich war heute Morgen so in Gedanken versunken, dass ich ihn nicht gegrüßt habe. Ich war also selbst unfreundlich!
Oder: Viel bringen wird's wahrscheinlich nicht, aber was soll's? Ich probier's einfach mal. Vielleicht kommt doch etwas dabei heraus!

Möglichkeit B: Ich habe überhaupt keine Lust, jetzt irgendwelche Aufgaben zu machen. Ich hol's später nach.
Oder: Das bringt ja doch nichts! Ich überspring's einfach!

Möglichkeit C: Was soll das! Steht in diesem verfl... Kapitel nicht auch mal was Vernünftiges!?

Und nun zur dritten Frage: Nehmen wir jetzt einmal an, Sie wären in einem anderen, vielleicht sogar dem gegenteiligen Zustand gewesen. Was hätten Sie dann wahrgenommen? Nun, ganz einfach: Wenn Sie entspannt, erwartungsvoll und neugierig sind, anstatt wütend und genervt, nehmen Sie eher die positiven Aspekte wahr, und sind Sie wütend oder müde, nervt jede Kleinigkeit. Natürlich ist das absolut nichts Neues, aber dahinter verbirgt sich eine ganz wesentliche Erkenntnis, für unsere Art zu kommunizieren:

> Unsere Wahr-Nehmung hängt in starkem Maße von unserem emotionalen und körperlichen Zustand ab!

Einfach, aber einleuchtend! Hier haben wir die Erklärung für die Schwierigkeit, Wissen in schriftlicher Form zu vermitteln: Selbst wenn der Inhalt interessant und fundiert ist, kommt es immer auch auf den emotionalen Zustand des Lernenden und dessen Erwartungshaltung an, ob die Information so ankommt, wie vom Autor beabsichtigt. Ist z.B. Ihr Gegenüber gestresst, weil sein Sohn nach einem Unfall ins Krankenhaus eingeliefert wurde und er auf einen Telefonanruf wartet, so wird er für die besten Argumente kaum aufnahmefähig sein. In einem Seminar, wo lebendige, also spontane und direkte Kommunikation möglich ist, kann eine Botschaft spezifisch angepasst bzw. erläutert werden, in einem Text natürlich nicht. Daher legen wir Ihnen ans Herz, dieses Handbuch in entspanntem Zustand und möglichst mehrmals zu verschiedenen Zeiten durchzuarbeiten. Es ist immer wieder erstaunlich, wie viele neue Dinge einem beim zweiten oder dritten Durchlesen auffallen, als hätten sie beim ersten Durcharbeiten gar nicht dagestanden!

Die Botschaft kommt nur dann an, wenn der Empfänger empfangsbereit ist.

Wir sehen immer nur Teile der „Wahr-Heit", nämlich Wahr-Einheiten. Es reicht schon, den Standpunkt oder den Filter zu wechseln, um die Wahr-Einheiten des anderen wahrzunehmen

Mit diesen drei anscheinend so einfachen Fragen können wir uns also den komplizierten Prozess der Kommunikation bewusster machen. Was folgt daraus? Wir sehen unsere Umwelt, Situationen und Informationen durch einen emotionalen Filter, der unsere Sicht der Wirklichkeit beeinflusst: Wir nehmen nur bestimmte Wahr-Heiten, also Einheiten von Wahrheit, wahr. Andere Wahr-Einheiten, die genauso sichtbar oder spürbar sind, jedoch nicht. Die nebenstehende Grafik verdeutlicht dies sehr plastisch.

Je nach Standpunkt sieht man eine sechs oder eine Neun. Wer hat Recht, d.h., wer nimmt die Wahrheit wahr? Natürlich beide! Welche Wahr-Einheiten ins Bewusstsein vordringen, ist oft nur eine Frage des Standpunktes. Ein Perspektivenwechsel bringt schon eine ganz neue Sicht der Dinge, eine andere Wahr-Einheit! Deshalb eine weitere wichtige Faustregel bei interkulturellen Konflikten:

Bei einem interkulturellen Konflikt hat immer jede Seite Recht!

Noch komplizierter wird das interkulturelle Miteinander durch die Vielzahl der Filter, die wir unabhängig von unserem Standpunkt vorschalten, bevor eine Wahr-Einheit in unser Bewusstsein vordringt: Tabufilter (So etwas kann/will ich nicht ansehen), Erziehungsfilter (Der/die benimmt sich aber wirklich daneben!), Erfahrungsfilter (Der sieht genauso aus wie der Kollege, der mich immer vor allen anderen bloßstellt!) usw. Mit diesen Filtern werden wir uns noch eingehend befassen, denn sie sind Bestandteil des Kulturfilters, dessen wir uns ja gerade bewusst werden wollen.

Aus diesem Grund kann es auch keine „absolute" Wahrheit geben, denn Wahrheit ist immer nur ein Teilaspekt eines Ganzen, von dem jeder Mensch ganz unterschiedliche Teile wahrnimmt. Für viele Deutsche ist diese These wahrscheinlich nicht annehmbar, denn die Suche nach der „absoluten Wahrheit" ist ja eine bekannte Charakteristik der deutschen Kultur und für manche gar ein Lebensziel. So macht auch gerade die Neigung der Deutschen, alles nur schwarz oder weiß zu sehen, nicht nur den Franzosen, sondern auch anderen Völkern Angst: Wird in Deutschland etwas als „wahr" angenommen, so schaltet man einen „Wahrheitsfilter" ein, der nur noch Wahr-Einheiten durchlässt, welche die „absolute" Wahrheit bestätigen. Motto: „Solange uns keiner das Gegenteil beweist, haben wir Recht!" Haben die Deutschen Recht, geschehen (Wirtschafts-)„Wunder", ist die „absolute" Wahrheit jedoch falsch, geschehen Katastrophen, deren trauriger Höhepunkt uns allen leider noch plastisch vor Augen steht. Wir sprechen hier schon ein sehr heiklen Punkt an, der auch im Geschäftsleben zu den größten Konflikten zwischen deutschen und französischen Managern führt.

Wahrheit ist relativ. Darum kann es keine „absolute" Wahrheit geben.

Dies ist die ideale Stelle für eine weitere ...

> Die wissenschaftlichen Wahrheiten von heute
> sind die Irrtümer von morgen!

„*Nous sommes sautés du coq à l'âne*" („Wir sind vom Hahn zum Esel gesprungen") oder Wir haben gerade eine „*parenthèse*" gemacht. So umschreiben die Franzosen eine ihrer Lieblings-(un)tugenden: Anstatt bei einem Thema zu bleiben, schweift man in Diskussionen einmal kurz zu einem interessanten Nebenaspekt ab, der sich durch die Assoziation ergeben hat. Zum Leidwesen vieler Deutscher wird dieser Neben-

***Sauter du coq à l'âne*: eine Lieblings(un)tugend der Franzosen**

aspekt dann schnell zum Hauptthema ..., bis sich wieder ein neuer „Nebenaspekt“ ergibt und am Ende keiner mehr an das ursprüngliche Hauptthema denkt. Außerdem werden insbesondere „heiße“ Themen selten – wie in Deutschland – ausdiskutiert, um der „absoluten“ Wahrheit möglichst nahe zu kommen, sondern nur gestreift. Deutsche empfinden daher oft einen gewissen Frust: nicht nur vom Thema abgekommen, sondern auch noch oberflächlich geblieben!

TIPP Wenn das „*Sauter-du-coq-à-l'âne*“-Syndrom auftaucht, sollten Sie das Spiel zunächst mitmachen – möglichst indem Sie selbst daran Spaß haben –, und dann behutsam zu Ihrem Thema zurückkommen. Je mehr Sie auf den Tisch hauen und „zurück zum Thema“ wollen, umso weniger werden Franzosen Ihr Thema konstruktiv besprechen!

Nun, erinnern Sie sich noch an unser derzeitiges Hauptthema? Wir sprachen davon, dass die Schwierigkeit der Kommunikation bereits mit der eigenen Wahr-Nehmung anfängt: Die Tatsache, ob man etwas als wahr oder falsch, positiv oder negativ wahrnimmt, hängt also oft nur von dem emotionalen Zustand ab, in dem man sich gerade befindet bzw. in den man sich hineinsteigert. Eine berühmte Geschichte des amerikanischen Kommunikationspapstes Paul Watzlawik[1] beschreibt dies sehr treffend:

> Ein Mann will ein Bild aufhängen. Den Nagel hat er, nicht aber den Hammer. Der Nachbar hat einen. Also beschließt der Mann, hinüberzugehen und ihn auszuborgen. Doch da kommen ihm Zweifel: „Was, wenn der Nachbar mir den Hammer nicht leihen will? Gestern schon grüßte er mich nur so flüchtig. Vielleicht war er in Eile. Aber vielleicht war die Eile nur vorgeschützt, und er hat etwas gegen mich. Dabei habe ich ihm gar nichts getan; der bildet sich etwas ein. Wenn jemand von mir ein Werkzeug borgen wollte, ich gäbe es ihm sofort. Und warum er nicht? Wie kann man einem Mitmenschen einen so einfachen Gefallen abschlagen? Leute wie dieser Kerl vergiften einem das Leben. Und dann bildet er sich noch ein, ich sei auf ihn angewiesen. Bloß weil er einen Hammer hat. Jetzt reicht's mir aber wirklich!" Sprach's, stürmt hinüber und läutet. Der Nachbar öffnet, doch noch bevor dieser überhaupt den Mund aufmachen kann, schreit ihn unser Mann an: „Behalten Sie Ihren Hammer doch selbst, Sie Rüpel!"

Damit Ihnen solche Situationen möglichst erspart bleiben, wollen wir Ihnen an dieser Stelle eine unserer wichtigsten Faustregeln ans Herz legen:

[1] Paul Watzlawik: Anleitung zum Unglücklichsein, Piper.

> Es ist nicht wichtig, zu wissen, ob der andere so ist, sondern warum man ihn so wahr-nimmt!

Unser emotionaler Zustand wird allerdings nicht nur von unseren eigenen Hoffnungen, Ängsten und Projektionen (das, was man ohne Hinzutun anderer von diesen denkt und annimmt) beeinflusst, sondern auch – und in noch viel stärkerem Maße – von unserer Beziehung zu anderen Menschen, also im Berufsleben zu unseren Kollegen und Geschäftspartnern!

Der amerikanische Kommunikationsexperte Michael Grinder – der Bruder des NLP-Schöpfers John Grinder – symbolisiert die Interaktion zwischen Menschen mit einer Wippe, auf der abwechselnd die Inhaltsebene und die Prozessebene die Kommunikation bestimmen.[2]

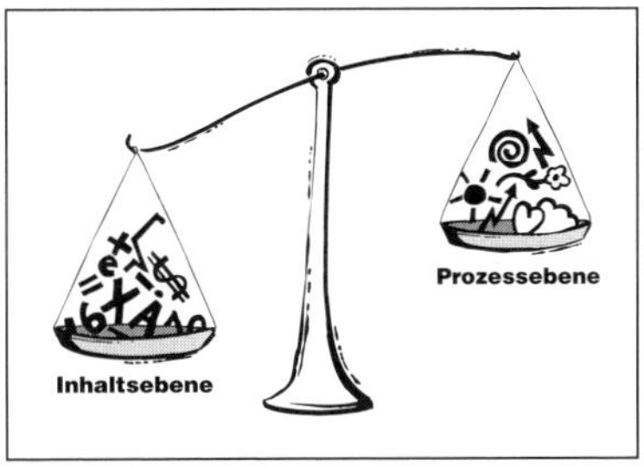

Stimmt die Beziehungsebene, kann die Aufmerksamkeit sich dem Inhalt zuwenden, stimmt sie nicht, ist der Ablauf der Interaktion (Prozess) wichtiger als das Gesagte

Während die Inhaltsebene die verbale, sachliche Information – das Was – enthält, spielt sich auf der Prozessebene die Art und Weise ab, wie wir etwas übermitteln, z.B. durch Gestik, Emotionen und Verhalten. Die Qualität der Kommunikation hängt in hohem Maße von der Qualität der Beziehung zwischen den beteiligten Personen ab. Stimmt die Beziehung (Vertrauen, Offenheit), stimmen auch Inhalts- und Prozessebene überein. Mit anderen Worten: Das verbal Übermittelte, der Inhalt, wird durch übereinstimmende Signale auf der Prozessebene als authentisch wahrgenommen. Die Wellenlänge stimmt, und effiziente Kommunikation ist somit möglich. Deshalb ist das Bestreben aller Menschen weltweit, zuallererst die Beziehung zu optimieren.[3] Kulturelle Gebräuche helfen dabei, diesen Prozess zu beschleunigen.

Die Qualität der Kommunikation hängt in hohem Maße von der Qualität der Beziehung ab.

Ein einfaches Beispiel dafür ist der Händedruck. Über unsere Kulturfilter nehmen wir bestimmte Inhalte mit den dazugehörenden Prozessen wahr, die unbedingt übereinstimmen müssen. So sollte in Deutschland der Händedruck (Inhalt: „Ich grüße dich, du

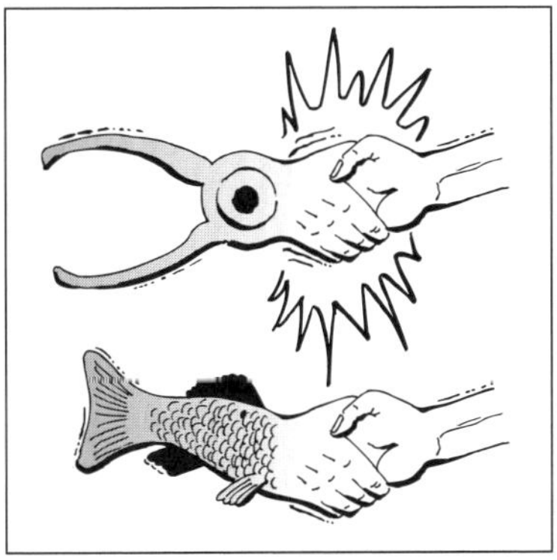

Ein Händedruck – zwei Wahr-Nehmungen: „der ‚brutale' Deutsche" (oben) / „der 'nicht fassbare' Franzose" (unten)

[2] Buchtipp: Michael Grinder: „Ohne viel Worte", VAK Verlag.

[3] Dies gilt für alle Kulturen, ist aber in Deutschland weniger ausgeprägt als in den romanischen Ländern.

kannst mir vertrauen") mit dem Ablauf „fest" und „aufrechter Blick in die Augen" verbunden sein („handfest" = gut!). Ist dies nicht der Fall, sei es, die Hand wird nicht gegeben, der Händedruck ist nicht fest genug oder der Augenkontakt zu kurz, reagiert man mit Irritation bis hin zu offenem Misstrauen, denn Inhalt und Prozess stimmen nicht mit dem überein, was wir gelernt haben, bzw. mit dem, was bei uns „üblich" ist.

In Frankreich ist (Sie werden sich langsam aber sicher daran gewöhnen) natürlich das Gegenteil „üblich": Der Händedruck ist meist kurz und locker,[4] der Blickkontakt kürzer als in Deutschland. Aus deutscher Sicht stimmen somit Inhalt und Botschaft nicht überein, was in der Aussage eines deutschen Managers gipfelte: „Wenn ich Franzosen die Hand gebe, habe ich den Eindruck, einen toten Fisch in der Hand zu haben!" Von da bis zum „nicht fassbaren Franzosen" ist es nicht mehr weit: Der Franzose interpretiert den Deutschen bestenfalls als „unkultiviert" und schlimmstenfalls als Bedrohung („Brutaler Deutscher!").[5]

Ein fester „deutscher" Händedruck löst bei vielen Franzosen Misstrauen aus.

Der Aufbau einer optimalen Beziehungsebene wird daher schon durch die unterschiedliche Art der Begrüßung verhindert oder zumindest verlangsamt. Je mehr wir jedoch Misstrauen oder gar Angst empfinden, desto mehr werden wir uns verschließen und unsere Wahr-Nehmung sich auf Gefahrensignale richten. Der Inhalt wird oft sogar vollkommen zweitrangig, sozusagen ein „Alibi", um die wahren Gefühle und Abläufe (Prozesse) zu verdecken.

In Frankreich ist nicht der Inhalt wichtig, sondern die Art, wie das Gesagte übermittelt wird.

Hier sprechen wir eines der größten Probleme deutscher Manager mit Franzosen an: Franzosen bauen durch ihre kulturelle Prägung Beziehungen zuerst über die Prozessebene auf. Der Inhalt ist nicht so wichtig, sondern die Art, wie das Gesagte übermittelt wird. Das verwirrt natürlich Deutsche, die – wie sollte es anders sein – Beziehungen mehr über den Inhalt aufbauen, die berühmte „Sachlichkeit"! Da ein Franzose aus der Wahr-Nehmung eines deutschen Managers nicht übereinstimmend zwischen Inhalt und Prozessebene kommuniziert, kann er gar nicht anders, als argwöhnisch werden. Tatsache aber ist: Wie etwas gesagt wird, hat in Frankreich eine wesentlich größere Bedeutung als das, was gesagt wird. Wir nennen dies das „Was-steckt-dahinter?"-Syndrom: „*Qu'est-ce que ça cache?*", fragen sich die Franzosen dauernd, um ganz sicher zu sein, ob das Gesagte auch tatsächlich die wirkliche Botschaft ist. Um es einmal ganz krass auszudrücken:

---

[4] Dafür gibt man sich öfter die Hand, wir kommen darauf noch später zu sprechen.

[5] Siehe Kapitel 3 „Der Einfluss von Vorurteilen auf die Zusammenarbeit", S. 80 ff.

> Oft glauben Franzosen nicht einmal im Traum daran, dass das, was der deutsche Kollege gesagt hat, auch wirklich das war, was er meinte!

Der folgende Witz verdeutlicht dies auf überspitzte Weise:

> **Monsieur Positif**
> Ein deutscher Manager kreuzt einen französischen Kollegen auf dem Flur. Freundlich sagt er: „Bonjour, Monsieur Dupont!" Dupont antwortet ebenso freundlich „Bonjour!", denkt aber gleichzeitig: „Meint der das jetzt politisch oder sexuell...?"

Spaß beiseite, falls die beiden sich noch nicht gut kennen oder es einen Interessenkonflikt zwischen beiden gibt, wird sich der Franzose – je nachdem, wie der Deutsche es gesagt hat – denken: „Will er mich in die Tasche stecken, sich einschmeicheln, will er etwas von mir?"

Praxisbeispiel

Mutter 1: „Unser Jürgen kann schon lesen! Er wird wahrscheinlich schon ein Jahr früher eingeschult!"

Mutter 2: „Oh, dass ist ja toll! Aber hoffentlich wird er nicht zu sehr unter seinen Klassenkameraden leiden, da er doch eher ein Einzelgänger ist!"

Wer nur die Inhaltsebene analysiert, könnte meinen, dass sich hier zwei Mütter angeregt und freundlich über ihre Sprösslinge unterhalten. In Wirklichkeit verdeckt dieser „freundliche" Dialog einen Konkurrenzkampf, der sich gewaschen hat! Hier der gleiche Dialog, wie er auf der Prozessebene ablief:

Mutter 1: „Unser Jürgen ist der Intelligenteste. Er wird schon ein Jahr früher als Ihr Sohn eingeschult!"

Mutter 2: „Was Sie nicht sagen! Ihr kleiner arroganter Fratz wird hoffentlich von seinen Klassenkameraden schön die Hucke voll kriegen!"

Natürlich hat jede der beiden Mütter gemerkt, was in Wirklichkeit ablief, und die Qualität der Beziehung hat entsprechend gelitten. Ein konstruktiver Dialog wird zwischen diesen beiden ohne Klärung der Beziehung nicht möglich sein.

Trainieren Sie also unbedingt die Wahrnehmung der Prozessabläufe! Wenn schon im angeblich so „sachlichen" Deutschland solche Dialoge in allen Bereichen des Lebens gang und gäbe sind, so können Sie deren Ausmaß in Frankreich, wie in allen südlichen Ländern, bedenkenlos mit zehn potenzieren! Franzosen lernen, ihre Botschaft auf der Prozessebene, also indirekt zu übermitteln. Deutschen hingegen lehrt man, sich so schnörkellos und direkt wie möglich auszudrücken, da Förmlichkeit als uneffizient gilt!

> Deutsche sagen „Nein!", Franzosen „Ja, aber..." („Oui, mais...")

Für Sie kann das nur eine Konsequenz haben: Werden Sie sich täglich, möglichst sogar stündlich und öfter bewusst, auf welche Art Ihnen jemand eine Botschaft übermittelt, aber auch wie Sie selbst auf der Prozessebene kommunizieren (auch im eigenen kulturellen Umfeld). Machen Sie sich z.B. Post-its ins Notizbuch und an andere Stellen, auf die Sie oft schauen mit einem „Smiley“ drauf oder einem Stichwort wie „STOP!“. Das ermöglicht Ihnen, einmal innezuhalten und bewusst wahrzunehmen, wie Sie sich gerade fühlen, wie Sie kommunizieren und andere mit Ihnen kommunizieren. Nur durch bewussteres Kommunizieren werden Sie in der Lage sein, überhaupt wahrzunehmen, was Ihnen Ihre französischen Kollegen und Partner mitteilen wollen. Mit diesem Schlüssel können Sie Ihre Beziehung zu diesen optimieren und damit auch sachliche Inhalte mit geringstem Streuverlust übermitteln. Bitte halten Sie sich in diesem Zusammenhang immer folgende Faustregel vor Augen:

> Die „Bauch"-Kommunikation dominiert immer die Inhaltsebene!

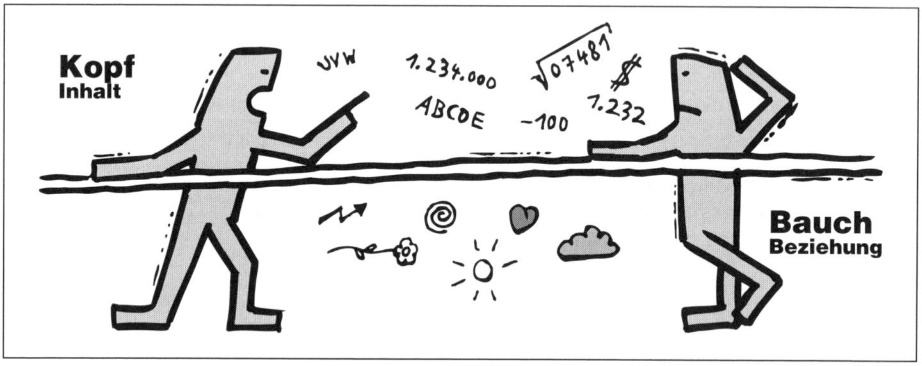

Die über die Qualität der Beziehung ausgelösten Gefühle – oder die „Bauch"-Kommunikation – dominiert die Inhaltsebene. Stimmt sie nicht, so werden die inhaltlichen Signale durch die Beziehungsstörungen gefiltert oder gar völlig deformiert

Stimmt die Wellenlänge nicht, dann fängt der „Beziehungs“-Filter im Bauch alle positiven Signale ab und lässt die Beteiligten nur noch Signale wahrnehmen, welche die Beziehung noch (weiter) verschlechtern! „Das hat der immer noch nicht kapiert, obwohl ich es ihm schon tausendmal erklärt habe!“ heißt oft nichts anderes, als dass der Betroffene tausendmal nicht kapieren wollte! Ist der Franzose misstrauisch gegenüber einem deutschen Partner, so kann bereits ein aus seinem Empfinden zu fester Händedruck für ihn signalisieren: „Der bedroht mich ja schon körperlich!“ Bei vielen Franzosen werden dadurch schlimme Erinnerungen wach frei nach dem Motto: „Er verhält sich wie in erobertem Gebiet.“ Im wahrsten Sinne des Wortes eine schlechter Ein-Druck!

Wie erhält man die „Erlaubnis"?

Michael Grinder bringt die Schwierigkeit der richtigen Kommunikation auf einen ganz einfachen Punkt. Und wenn Sie diese Botschaft so „filterfrei“ wie möglich wahrnehmen, dann können Sie einen Quantensprung in Ihrer Kommunikation mit anderen Menschen, sowohl beruflich wie privat, machen:

> „Bevor wir jemandem eine Botschaft vermitteln, sollten wir uns immer fragen, ob wir von dem Betreffenden auch die ERLAUBNIS erhalten haben, dies zu tun!"
>
> *M. Grinder*

Warum hat dieser scheinbar einfache Satz für unser Thema eine so große Bedeutung? Weil sich die Qualität unserer Beziehungen und damit auch die Lebensqualität und die Qualität der Zusammenarbeit bedeutend verbessern würden, wenn wir diese Faustregel verinnerlicht hätten. Wenn wir uns zunächst fragen, ob der andere überhaupt bereit ist, die Botschaft (Information, Tadel, Lob usw.) wahrzunehmen, können wir eine Unmenge Ärger, Frust und Zeit sparen!

Denn wenn ich nicht bereit bin, mir „etwas sagen zu lassen“, also dem anderen nicht die Erlaubnis dazu gebe, dieser aber trotzdem losschießt, fühle ich mich angegriffen und werde zurückschießen! Sofort und direkt, wenn ich die Macht habe, dies meinem kulturellen Umfeld und/oder meiner Persönlichkeitsstruktur entspricht, oder indirekt und später. Natürlich setzt sich der Mächtigere zunächst durch, aber um den Preis der Demotivation und hohen Aufwandes für Druck und Kon-

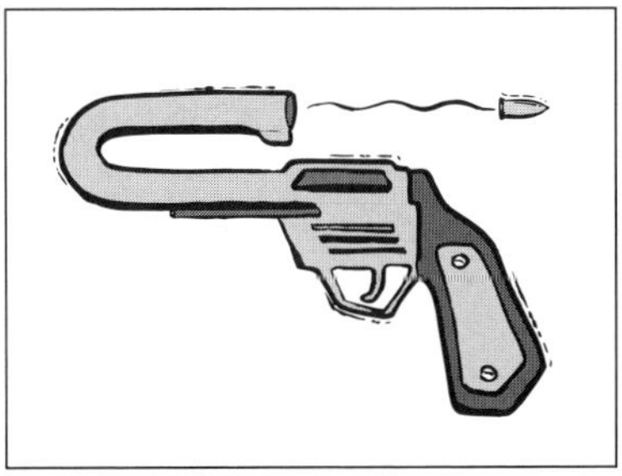
Wer einfach losschießt, wird meist selbst abgeschossen!

trolle! Der Unterlegene wird sich bei nächster Gelegenheit revanchieren (z.B.: „Tut mir Leid. Ich würde Ihnen ja gerne helfen, aber heute muss ich wirklich pünktlich nach Hause, weil ...")

Nur wer die Erlaubnis hat, hat auch die Chance, das Gewollte auszulösen

Wer sich als „Sender" einer Botschaft zunächst darauf konzentriert, die Erlaubnis zu senden zu erhalten, wird allein schon aufgrund dieses rücksichtsvolleren Verhaltens eine Öffnung bei dem oder der Betreffenden erreichen. Denn dieses Vorgehen zwingt automatisch dazu, sich auf die Beziehungsebene zu konzentrieren. Und erst wenn diese stimmt, kann, wie bereits gesagt, der Inhalt störungsfrei übermittelt werden. Es wird damit weniger wichtig, seine Botschaft auf Teufel komm raus rüberzubringen, sondern überhaupt die Möglichkeit zu erhalten, dass die Botschaft das auslösen kann, was sie beabsichtigen soll. „Ich habe dir doch schon hundertmal gesagt ... !" oder „Wie oft soll ich dir eigentlich noch sagen, dass ...!" heißt nichts anderes, als dass ich hundertmal nicht die Erlaubnis hatte, etwas zu sagen und damit auch nicht die Möglichkeit, das Beabsichtigte, z.B. eine Verhaltensänderung, zu bewirken! So formuliert der Anthropologe und Vater der interkulturellen Kommunikation, E.T. Hall, auch kurz und knapp:

Es kommt nicht darauf an, das Richtige zu sagen, sondern das Richtige auszulösen.

Nehmen Sie sich bitte ein paar Minuten Zeit:

Wir erbitten jetzt von Ihnen die Erlaubnis, Ihnen in Ihrem eigenen Interesse eine Pause vorschlagen zu dürfen. Gehen Sie etwas spazieren, genehmigen Sie sich einen Kaffee oder ein gutes Glas Wein, und stellen Sie sich bitte folgende Fragen:

- Wie erteilen mir andere, vor allem nahe stehende Personen (Lebenspartner, Kinder, Eltern, Freunde usw.), Erlaubnis, ihnen etwas zu sagen? Achte ich darauf, oder schieße ich einfach los? Welche Konsequenzen hat das für mich?
- Wie erteile ich selbst anderen Erlaubnis? Wie verhalte ich mich selbst, wenn ein anderer ohne meine Erlaubnis einfach losschießt? Welche Konsequenzen hat das für den anderen?

Je mehr Sie sich selbst bewusst sind, wie Sie selbst Erlaubnis erteilen, werden sie andere verstehen und sich in diese einfühlen können. Selbst am ganz konkreten Beispiel dieses Handbuches können wir Ihnen den Mechanismus der „Erlaubnis“ und dessen Konsequenzen aufzeigen:

Stimmt Ihre Beziehung zu diesem Handbuch und damit zu uns (den Autoren), werden Sie einen sehr großen Nutzen aus diesen Informationen ziehen können. Stimmt sie nicht, so werden auch die von uns konstruktiv gemeinten Hinweise und Ratschläge nicht ankommen! Denn da Sie uns nicht die Erlaubnis erteilen, werden Sie nicht wahrnehmen, was wir gerne möchten. Jetzt gibt es mindestens drei Möglichkeiten:

1. Ihr derzeitiger emotionaler Zustand verhindert, dass wir uns verstehen. Dann geben Sie sich und uns bitte eine Chance, und lesen das Kapitel zu einem späteren Zeitpunkt nochmals durch.
2. Der Inhalt entspricht nicht Ihren Erwartungen, auch nachdem Sie ihn nochmals in einem ruhigen und entspannten Moment gelesen haben. Wir sind dann wahrscheinlich nicht der gleichen Meinung. Schreiben Sie uns bitte, wir lernen gerne aus den Meinungen anderer.
3. Wir drücken uns unverständlich, zu kompliziert, zu einfach usw. aus (auf der Inhaltsebene) und können von Ihnen auch trotz Erlaubnis nicht verstanden werden. Auch oder gerade dann schreiben Sie uns bitte, denn wir brauchen gerade ein solches Feedback, um uns immer weiter zu verbessern.

Gute Kommunikation heißt, sowohl die eigene als auch die Wahr-Nehmung der Kommunikationspartner zu erkennen und die eigene Inhalts- und Prozessebene entsprechend anzupassen. Das bedingt, konstruktive Kritik annehmen zu können. Wir freuen uns über jedes Feedback von Ihnen und natürlich ganz besonders, wenn wir auf Ihrer Wellenlänge sind!

TIPP

Bitte lesen Sie dieses Kapitel auf jeden Fall noch mindestens einmal durch. Je öfter, umso tief greifender werden Ihre Erkenntnisse sein!
Womöglich dachten Sie schon bei der Darstellung von inhalts- und prozessbezogener Kommunikation: „Was sollen diese allgemeinen Kommunikationsregeln ... wann kommen die Autoren endlich zum Thema?“ Aber gerade das Verständnis dieses Unterschieds stellt eines der größten Probleme in der Verständigung zwischen Deutschen und Franzosen dar.

FAZIT

- Wahr-Nehmung ist das, von dem wir annehmen, dass es wahr ist.
- Unser emotionaler Zustand beeinflusst unsere Wahrnehmung entscheidend.
- Es gibt keine absolute Wahrheit, lediglich Wahr-Einheiten, die wir je nach Standpunkt und emotionalem Zustand sehen.
- Kommunikation besteht aus verbalen Inhalten (dem „Was") und nonverbalen Prozessen (dem „Wie").
- Die Qualität der Kommunikation hängt von der Qualität der Beziehung ab.
- Kulturelle Gewohnheiten beschleunigen die Optimierung der Beziehungsebene.
- Franzosen kommunizieren eher auf der Prozessebene, Deutsche mit Vorliebe auf der Inhaltsebene.
- Wer keine Erlaubnis hat, kann seine Botschaft nicht vermitteln oder nur durch Macht aufdrücken.
- Gute Kommunikation heißt, sowohl die eigene als auch die Wahr-Nehmung der Kommunikationspartner zu erkennen und die eigene Inhalts- und Prozessebene entsprechend anzupassen.

2.2 Der Autopilot: Freund und Feind zugleich!

Was ist Kultur?

Da wir von Ihnen anscheinend die Erlaubnis bekommen, weitergelesen zu werden, worüber wir uns natürlich sehr freuen, wollen wir uns jetzt mit der Definition von „Kultur" befassen. Was ist Kultur? Wozu dient sie?

Kultur ist die kollektive Programmierung des Unterbewusstseins.

Kultur kennzeichnet sich dadurch, dass sie – größtenteils unbewusste – Anhaltspunkte für Denk-, Verhaltensweisen und Werte beinhaltet, die von einer Gruppe von Menschen geteilt werden. Anders ausgedrückt: Kultur ist die kollektive Programmierung des Unterbewusstseins.

Diese programmierten Denk- und Verhaltensmuster ermöglichen erst das gemeinschaftliche und geregelte Zusammenleben, denn sie erleichtern zum Beispiel die kollektive Aufnahme der gleichen Wahr-Einheiten durch Benutzung des gleichen Kulturfilters.

Durch Erziehung in Form von Vorleben und ständigem Einüben („Wie oft habe ich dir gesagt, dass du die rechte Hand zur Begrüßung geben sollst!") werden Einstellungen aus Werten, Verhaltensmustern und Ritua-

Kultur vermittelt Sicherheit – interkulturelle Unterschiede beunruhigen.

len geprägt, die sich über Generationen hinweg verwurzeln. In ihrer Gesamtheit geben sie einem Individuum die Identität, „Franzose", „Deutscher", „Bayer" oder „Kölner" zu sein – sich also zu einem bestimmten Personenkreis zugehörig zu fühlen und direkt zu erkennen, wer ebenfalls dazugehört und wer nicht. Kultur verleiht also Stabilität, Orientierung und somit Sicherheit. Aus diesem Grunde empfinden wir häufig Menschen anderer Kulturen mit Gewohnheiten und Ritualen, die sich von unseren Wahr-Einheiten unterscheiden, als beunruhigend, wenn nicht sogar als bedrohlich.

- Kultur ist nicht angeboren und deren Muster daher veränderbar bzw. „entlernbar".
- Jeder Mensch und jede Kultur ist einzigartig, daher unterschiedlich und komplementär.

Kultur: eine Software!

Die Signale auf der Prozessebene (Gestik, Tonlage, Körperhaltung, Hautrötung, Augenstellung usw.) werden in Millisekunden verarbeitet und analysiert, daher ist uns der mit Abstand größte Teil der Abläufe nicht bewusst. So hat die SEL-Stiftung[6] in Stuttgart im Rahmen ihrer Forschungsarbeiten zur Kommunikation herausgefunden, dass zwei Personen in einem 30-minütigen Gespräch mehr als 400.000 (!) Signale austauschen, analysieren und verarbeiten. Um eine so enorme Aufgabe bewältigen zu können, rufen wir unser Unterbewusstsein zu Hilfe.

Unser Unterbewusstsein arbeitet wie ein Autopilot. Es empfängt, analysiert und deutet alle eingehenden Signale.

Unser Unterbewusstsein arbeitet wie der Autopilot eines Flugzeuges: Ohne dass wir uns dessen bewusst sind, empfängt, analysiert und deutet er alle eingehenden Signale mit Hilfe eines ihm eingegebenen Softwareprogramms, welches alle Kulturebenen beinhaltet. Die „Basisversion" dieses Softwareprogramms ist die im Laufe der Erziehung angeeignete Kultur, also die Gesamtheit tradierter Lebensgewohnheiten und Verhaltensweisen einer Gesellschaft. Die Sozialisation macht uns zu Angehörigen dieser Kultur, in der wir eine gemeinsame Sprache, Zeichen, Werte und Verhaltensweisen teilen.

Im vertrauten kulturellen Umfeld hat unser Autopilot genügend Orientierungspunkte, um uns effizient durch den Alltag zu manövrieren. Er erkennt Inhalt und Prozessabläufe und prüft, ob diese mit den eingegebe-

[6] S. Frey: Die nonverbale Kommunikation, SEL-Stiftung.

nen (= „üblichen“) Regeln übereinstimmen. Sodann veranlasst er die entsprechend gelernten und antrainierten Reaktionen, um uns sicher ans Ziel zu bringen. Sei dies beim Verhalten im Straßenverkehr, auf einer Cocktailparty oder bei einer geschäftlichen Besprechung. Wir nehmen Signale auf, verarbeiten und interpretieren diese, ohne dass wir uns darüber groß Gedanken machen. Wir selbst, als Pilot, haben den Überblick am Steuerknüppel und können jederzeit helfend bzw. kreativ eingreifen.

Kultur macht uns effizient

Die vorhergehende Übung verdeutlicht auf anschauliche Weise die Funktionsweise des Autopiloten: Wir nehmen bewusst das Wesentliche wahr, und sobald der Autopilot etwas Gespeichertes erkennt (z.B. „Den Letzten bei...“), ergänzt er automatisch („...ßen die Hunde“), d.h. ohne unser bewusstes Zutun. So können wir in Sekundenschnelle das Wesentliche erfassen und brauchen uns um Details nicht zu mehr zu kümmern (... und nehmen diese ergo auch nicht mehr wahr!).

Die Prozesse sind oftmals so andersartig, dass wir viel Zeit mit der Analyse von Prozessen und Inhalt verbringen müssen.

Bei der Zusammenarbeit mit Angehörigen bestimmter Kulturen mit ähnlichen sozialen Verhaltensweisen und typisch dominanten Werten funktioniert der Autopilot zuverlässig, und wir kommen nicht vom Weg ab. Das macht uns effizient: Der Autopilot ist unser Freund, denn er filtert alle Störfaktoren heraus. Wir verlieren keine Zeit, um Inhalte bis ins Detail zu analysieren und abzustimmen, und erkennen bereits am Prozess, worum es geht und wie der weitere Verlauf der Kommunikation sein wird. Dabei läuft die Steuerung praktisch vollständig über den Autopiloten, also im Unterbewusstsein, ab. Bei einer Besprechung in Deutschland ist z.B. jedem Teilnehmer klar, dass man so schnell wie möglich zur Sache kommt, die Tagesordnung eingehalten wird und die Besprechung zur geplanten Zeit zu Ende sein sollte.

In fremden Kulturen hingegen wird der Autopilot zu unserem Feind: Er vermittelt uns laufend das Gefühl, uneffizient zu sein! Da Abläufe und Inhalt nicht mehr mit den Programmierungen übereinstimmen, übermittelt er uns Warnsignale, die direkt die Qualität der Beziehung beeinflussen. In der Folge werden wir uns zurückhaltender und misstrauischer verhalten, anstatt die warnenden Signale zunächst zu hinterfragen („Was nehme ich wahr?“).

In fremden Kulturen wird der Autopilot zum Feind: Er vermittelt uns laufend das Gefühl, ineffizient zu sein!

Viele Manager machen es sich vermeintlich noch einfacher: Um weitere Zeitverluste zu vermeiden, nutzen sie schlicht ihre Machtposition aus und verlangen von ihren Partnern, die eigene Software zu übernehmen. Was zunächst wie effizientes Vorgehen wirkt – es lassen sich so schnell konkrete, und damit „effiziente" Ergebnisse vorweisen –, schlägt wie ein Bumerang zurück. Bei nächster Gelegenheit wird der „Geohrfeigte" sich revanchieren. So kommt es dann zu Besprechungen, die nur Vorwand sind, um Beziehungskonflikte auszutragen.

Eine Entscheidung, die aus der Macht kommt, erhöht bestenfalls die Passivität und führt schlimmstenfalls zur Sabotage!

Monsieur Positif

Mit der Zeit verbessert sich alles:
„Aber nur, wenn man pünktlich ist!!"

Unser Autopilot speichert freilich nicht nur nationale Kulturfilter (Landeskultur). Unsere Denk- und Verhaltensweisen sind ebenso durch die Zugehörigkeit zu Branchen oder Unternehmen geprägt (Branchen- und Unternehmenskultur), die uns weitere Filter vorsetzen. Ein Unternehmer schaut in seiner Bilanz zunächst auf Umsatz und Gewinn (Filter: Wachstum, Gewinnerzielung), dessen Bankier zunächst auf die Eigenkapitalquote und den Verschuldungsgrad (Filter: Sicherheit). Der Unternehmer will mehr Kreditlinien im Hinblick auf zukünftige Perspektiven, der Banker streicht selbige, wenn die für ihn relevanten Parameter nicht mehr stimmen. Wir haben es hier ebenfalls mit einem „interkulturellen" Konflikt zu tun, der aus dem branchenbezogenen Denken und Handeln kommt. Obwohl beide aus demselben Kulturkreis kommen und die gleiche Sprache sprechen, riskieren beide spannungsgeladene Beziehungen, wenn die Zielkonflikte aufeinander prallen.

Kulturelle Unterschiede gibt es auch zwischen Branchen und Unternehmen und zwischen Frauen und Männern.

Schließlich muss bei jedem Versuch, interkulturelle Missverständnisse und Konflikte aufzuarbeiten, berücksichtigt werden, dass von Person zu Person, und von Frau zu Mann, erhebliche Unterschiede in der Persönlichkeit bestehen können (Persönlichkeitsstruktur bzw. „-kultur"). Frauen erleben interkulturelle Konflikte ganz anders als Männer. Wir müssen also die Ebenen Landeskultur, Unternehmenskultur und Persönlichkeitskultur sorgfältig voneinander unterscheiden, wenn wir Probleme lösen und interkulturelle Synergien kreieren wollen. Mit anderen Worten:

TIPP Interkulturelle Konflikte können bereits entstehen, wenn zwei Personen mit unterschiedlichen Persönlichkeits-"Kulturen" aufeinander treffen!

Die vier Einflussfaktoren der Zusammenarbeit

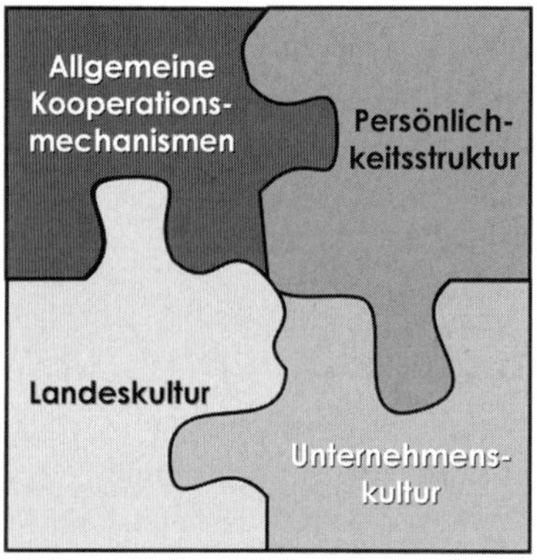

Abb. I.6: Einflussfaktoren der Zusammenarbeit

Die nebenstehende Abbildung verdeutlicht bildhaft die unterschiedlichen Kultureinflüsse, die auf Interaktionen einwirken.
„Typisch französisch, typisch Banker oder Firma Meier – oder etwa typisch Monsieur Durand?" Selbstverständlich sind Denk- und Verhaltensweisen sowie deren Wahrnehmung nicht allein von der Zugehörigkeit zu einer Landeskultur abhängig. Unsere individuelle Persönlichkeit und die in unserem Unternehmen gelebten Werte haben großen Einfluss darauf, wie wir unser Gegenüber einschätzen und darauf reagieren. Wenn es darum geht, sich der Verhaltensmuster bewusst zu werden und ihren Ursprung zu erklären, muss man voneinander unterscheiden, was wir im Weiteren die vier Einflussfaktoren nennen wollen: die allgemeinen Kooperationsmechanismen, die Landeskultur, Unternehmenskultur und Persönlichkeitskultur (oder -struktur).

Die Einflussfaktoren im Einzelnen

Die allgemeinen Kooperationsmechanismen

Warum raufen sich Löwen um ein Stück Fleisch und jagen zusammen, wenn es darum geht, ein Zebra zu reißen? Wie in der Tierwelt, so gibt es auch bei uns Menschen Mechanismen, die wir alle, gleich welcher Kultur, teilen, wenn wir kooperieren wollen. Französische Wissenschaftler der Universität Compiègne fassen diese Mechanismen unter der Abkürzung AVA zusammen:

A wie Angst vor dem zukünftigen Partner: Ist er zuverlässig? Kann ich ihm vertrauen? Ist er mächtiger oder nicht? Ist er zu mächtig? usw.
V wie Versuchung: Ich bin mächtiger, gerissener, intelligenter. Wenn ich es richtig anstelle, kann ich einen größeren Teil des Kuchens erhalten.
A wie Anziehung: Es wäre phantastisch, zu kooperieren. Gemeinsam könnten wir Marktführer werden, unsere Ziele schneller erreichen, endlich die Kapitalkraft haben, um ein Produkt zu entwickeln, einen Konkurrenten aus dem Feld schlagen usw.

In jeder Beratung gehen wir sehr eingehend auf diesen AVA-Mechanismus ein. Es ist nämlich sehr leicht, Schwierigkeiten auf kulturelle Hindernisse abzuschieben, obwohl in Wahrheit die auf der ganzen Welt gültigen Kooperationsmechanismen im Wege stehen. Als Beispiel sei das „*Not-invented-here*"-Syndrom (alles, was nicht hier erfunden wurde, ist schlecht) genannt.

Landes- und Business-Kultur
Die Landeskultur legt sich wie ein Ring um die Unternehmenskultur und die Persönlichkeitsstruktur. Sie umfasst global alle Verhaltensweisen, Besonderheiten und Glaubensmuster, mit denen sich die Bewohner eines Landes identifizieren.

Die Landeskultur prägt natürlich entscheidend die Business-Kultur und folglich die Art des Managements eines Landes. Es ist daher bis heute nicht gelungen, weltweit gültige Maßstäbe der Unternehmensführung aufzustellen. Denn Management ist ein kreativer Prozess, der stark von der Kultur und den jeweiligen nationalen Eigenarten eines Landes geprägt wird, und kann nicht nur nach präzisen Regeln und Gesetzmäßigkeiten der Wirtschaftswissenschaften funktionieren. Um das Potenzial der Mitarbeiter auszuschöpfen, ist es daher unabdinglich, sich über nationale Eigenarten bewusst zu sein und diese im Management zu berücksichtigen.

Gilt es, Kenntnisse über eine spezifische, etwa die französische, Landeskultur zu vermitteln, muss notgedrungen pauschalisiert werden, um mindestens den größten gemeinsamen Nenner „der Franzosen" zu finden. Die Landeskultur, wie sie uns vor allem durch die Medien vermittelt wird, ist leider allzu oft ein reduziertes oder veraltetes „Bild" des anderen Landes und trägt häufig dazu bei, bestehende Klischees zu verstärken. Allzu schnell setzt sich dann in den Köpfen der Beteiligten das fest, was sie schon immer über „die" Franzosen oder „die" Deutschen dachten – und die Betroffenen fühlen sich über einen Kamm geschoren. Es ist deshalb wichtig, bei der Betrachtung interkultureller Konflikte nicht nur bei der

Landeskulturebene zu verharren, da leicht die Gefahr besteht, Klischees zu verstärken und zu kultivieren.

Da es kaum möglich ist, eine Landeskultur vollständig zu vermitteln, haben wir uns auf einige zentrale Grundwerte der deutschen und französischen Business-Kultur beschränkt, die wir im fünften Kapitel dieses Buches darstellen. Noch ein Wort zur Terminologie: Da wir die Landeskultur ausschließlich unter dem Gesichtspunkt des Managements in beiden Ländern betrachten, soll nachfolgend jeweils von der deutschen und der französischen Business-Kultur gesprochen werden.

Unternehmens- und Branchenkultur
Auf einer weiteren, tiefer gehenden Ebene siedeln wir die Unternehmenskultur an. Die Unternehmenskultur, die von der jeweiligen Firmengeschichte und -philosophie geprägt ist, verleiht dem Unternehmen seine ihm eigene „Handschrift“ und prägt die Verhaltensweisen seiner Mitarbeiter. Besonders in amerikanischen Unternehmen manifestiert sich die Unternehmenskultur in schriftlich festgehaltenen Grundsätzen und Werten. Nationale Unternehmenszusammenschlüsse in Form von „Elefantenhochzeiten“, wie etwa zwischen Siemens und Nixdorf, Viacom und Paramount, Karstadt und Hertie oder aber die Eingliederung von Elektronik- und Luftfahrtunternehmen in den Daimler-Benz-Konzern, zeigen deutlich die Problematik: Verschiedene Unternehmenskulturen mit unterschiedlichen und bisher getrennten Unternehmenszielen und Managementstilen prallen aufeinander. Besonders bei grenzüberschreitenden Kooperationen und Mergers & Akquisitions kann das plötzliche Aufeinandertreffen verschiedener Unternehmenskulturen zu Problemen führen. Kauft ein deutsches Unternehmen ein französisches, so ergeben sich interkulturelle Konflikte allein aufgrund unterschiedlicher Unternehmensgeschichten, Führungsstile oder Marktbeziehungen, die nun auf einmal nahtlos zusammenpassen sollen. Die Praxis zeigt aber, dass es zur erfolgreichen Zusammenarbeit zweier Unternehmen einer intensiven wechselseitigen Vermittlung zwischen den Unternehmenskulturen bedarf, die in letzter Konsequenz in die Schaffung einer neuen gemeinsamen Identität münden muss.

Persönlichkeits-"Kultur“ bzw. „-Struktur“
Allein aufgrund unterschiedlicher Denk- und Verhaltensweisen treten Missverständnisse und Konflikte bereits in der eigenen Landeskultur auf, sei es zwischen Helmut Kohl und Kurt Biedenkopf, Jacques Chirac und Eduard Balladur, Eltern und Kindern, Technikern und Controllern oder gar Schwaben und Bayern. Personen unterscheiden sich nicht nur durch

ihre kulturelle Herkunft, sondern vor allem durch ihre biologische Veranlagung, die bereits durch die Geburt festgelegt wird. Gerade zwischen Männern und Frauen gibt es erhebliche „interkulturelle" Missverständnisse. Die gleiche Situation erlebt von einer Frau oder einem Mann kann vollkommen unterschiedlich beurteilt werden. Bei der interkulturellen Zusammenarbeit können solche Persönlichkeitsunterschiede nicht einfach ausgeklammert werden. Die „Zusammenarbeit" zwischen Bernard Tapie, dem ehemaligen Präsidenten des Sportclubs Olympique de Marseille, und seinem kurzzeitigen Trainer Franz Beckenbauer ist ein dafür schillerndes Beispiel. Auf der einen Seite der „Kaiser", der persönliches Charisma und „deutsches Perfektionsstreben" effizient und exzellent verkauft, auf der anderen Seite ein Franzose, den unternehmerisches Abenteurertum und intuitive Entscheidungen zu einer der bekanntesten – und umstrittensten – Größen in der französischen Wirtschafts- und Politikszene gemacht haben. Der Crash war geradezu vorprogrammiert: Die sehr unterschiedlichen Persönlichkeitsstrukturen von Beckenbauer und Tapie verstärkten das bereits auf der Landeskulturebene beträchtliche Konfliktpotenzial um ein Vielfaches. Die Bauchlandung von Tapie bei „adidas" ist ein weiteres Beispiel für den Einfluss der Persönlichkeitsstruktur auf das Verhalten. Umgekehrt wirken persönliche Affinitäten ausgleichend.

Ein weiterer Punkt erscheint uns wichtig: Die Spannungen, die wir alle zum Beispiel mit anderen Personen unserer eigenen Landeskultur erleben, aber auch die Art und Weise, wie wir diese Spannungen lösen, stellen interkulturelle Auseinandersetzungen im Kleinformat dar. Beziehungskompetenz, neudeutsch soziale Kompetenz genannt, ist Grundvoraussetzung für interkulturelle Kompetenz. Daher der berechtigte Satz des Schriftstellers Stefan Zweig: „Wer einmal den Menschen in sich begriffen hat, der begreift alle Menschen."

Je bewusster also ein Manager immer wiederkehrende Konflikte in seiner eigenen Kultur angeht, desto besser findet er sich auch in anderen Kulturen zurecht. Alles hängt davon ab, inwieweit er die Stärken und Grenzen seiner Persönlichkeit zu erkennen und zu akzeptieren vermag.[7]

[7] Weiterführende Literatur: J. P. Breuer / P. de Bartha: Managen mit Franzosen: Vive la différence; Harvard Business Manager 2/93.

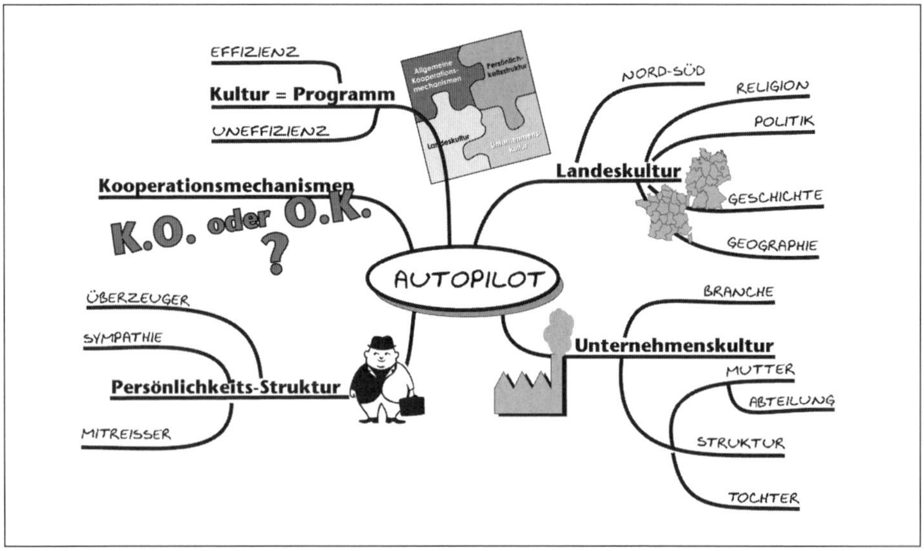

Abb. I.7: Der Autopilot

Die Grenzen des Autopiloten

Sobald unser „Autopilot“ fremde, d.h. unbekannte Verpackungen und Reaktionen verarbeiten muss, kann es zu Überlastung und Problemen kommen: Er reagiert mit Alarmsignalen, die wir sehr gut kennen: Unsicherheit, Unverständnis, Unwohlsein, Nervosität oder gar Adrenalinausschüttung und Schweißausbruch. In dieser bedrohlichen Lage gibt der Autopilot dem Gehirn ein Signal: „Schalte um auf Handsteuerung, bei dieser gefährlichen Situation ist es besser, auf „Sichtflug“ zu gehen.“ Im Klartext: Der ganze Körper ist in Alarmbereitschaft, die Muskeln sind angespannt, die Nerven hochsensibel, und das Gehirn arbeitet auf Hochtouren.

In Stresssituationen ziehen wir uns auf die „rettende Insel“ der uns bekannten nationalen Kulturmuster zurück.

Denn Letzteres muss jetzt auch noch die Aufgaben des Autopiloten übernehmen, das heißt einen Großteil der sonst vom Unterbewusstsein gesteuerten Verhaltensweisen bewusst ausführen. Je nach Persönlichkeitsstruktur wird der Betroffene wütend werden (angreifen), still werden (abwarten) oder sich auf ihm bekannte Positionen zurückziehen (verteidigen). Die Verteidigungshaltung ist die häufigste: In Stresssituationen ziehen wir uns auf die rettende Insel der uns bekannten nationalen Kulturmuster zurück. Oder, wie Michael Grinder es formuliert:

„Je stärker wir im Stress sind,
umso mehr denken wir an uns selbst!"

Der Teufelskreis schließt sich: Wir werden zur Karikatur unserer selbst.

Damit hat sich ein Teufelskreis geschlossen: Wir werden deutscher als ein Deutscher, unser Gegenüber zur Karikatur des Franzosen. Selbst wenn ein deutscher Manager mit gutem Willen und Toleranz in eine Besprechung mit seinen französischen Kollegen geht, so wird sein „Autopilot" nach der x-ten Unterbrechung und der absoluten Nichtbeachtung der Tagesordnung die Alarmsignale („Vorsicht, du verlierst Zeit, tu etwas!") aussenden und damit eine fatale Reaktionskette in Gang setzen:

Entnervt haut er mit der Faust auf den Tisch und will das Heft à la „deutsch" in die Hand nehmen: „So geht es ja nun nicht! Jetzt aber mal zur Sache, Herrschaften!" Damit hat sowohl er als auch die Franzosen den „Beweis" erbracht, dass die Vorurteile „stimmen"! Der Deutsche wird bei seiner Rückkehr immer noch gestresst von diesen „chaotischen" Franzosen erzählen, während diese wiederum Stoff genug bekommen haben, um ihren Kollegen den „herrischen", ja „brutalen" Deutschen in allen Farben auszumalen.

Deutsch-französische Besprechung
aus „Wirtschaftswoche"

ANGELO BRANDUARDI: „Best of". Zur Abwechslung mal was Italienisches! Eine sehr kreative Musik, dabei melodisch und rhythmisch, mit unverkennbarer Stimme gesungen. Verzaubernd und inspirierend!

Erkennen Sie die negative Synergiespirale?

Erkennen Sie den gefährlichen Mechanismus, der uns immer wieder bestätigt, dass der andere „so" ist? In einer fremden Kultur, z.B. im Umgang mit Franzosen, wird Ihr Autopilot laufend mit unbekannten Situationen und Verhaltensweisen konfrontiert, die jedoch auf den ersten Blick nicht ersichtlich sind. Und so nimmt er einfach nach dem ihm bekannten Muster wahr: ein zu spät kommender Franzose ist „unhöflich" und „desinteressiert"; einer, der mehrere Sachen gleichzeitig macht, ist „unseriös" usw. Umgekehrt kann ein überpünktlicher und pingeliger Deutscher den Franzosen schockieren, der sich dadurch „überfahren" fühlt.

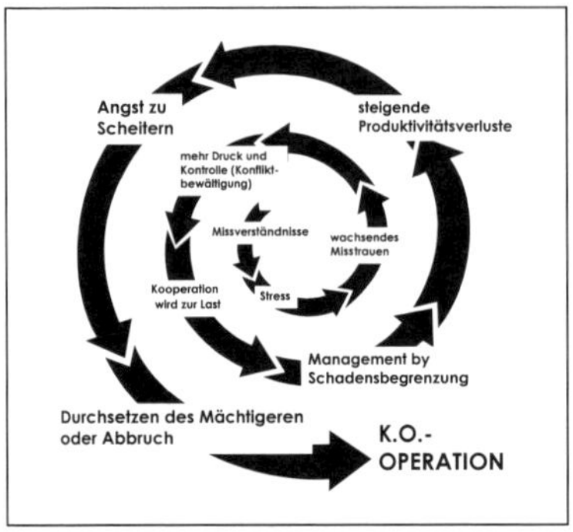

Abb. I.8: Die negative Synergiespirale: 1+1= 1,5. Durch die Zusammenarbeit wird weniger erreicht, als jeder für sich alleine hätte schaffen können

Wir haben diesen Mechanismus in der „negativen Synergiespirale“ symbolisiert. Kettenreaktionsartig schaffen interkulturelle Missverständnisse immer mehr Misstrauen, die Energie wird nicht mehr konstruktiv eingesetzt, sondern bestenfalls zur Konfliktvermeidung. Wir bei JPB nennen diese Verhaltensweise auch gerne „Management by Schadensbegrenzung“. Häufiger jedoch sind destruktive Kräfte am Werk: Es wird versucht, die virtuelle Ohrfeige heimzuzahlen, indem man boykottiert oder schlicht und einfach nichts mehr tut, was wiederum Reaktionen auf der Gegenseite hervorruft. Hat diese die Macht, wird sie Druck ausüben, mit der Folge, dass sie immer mehr demotiviert und damit stärker kontrollieren muss, um die Projekte überhaupt noch durchzuziehen. Ergebnis: Die Ziele werden meistens nur teilweise und mit erheblicher Verspätung erreicht. Kann einer der Partner Druck ausüben, so wird die Kooperation zur „K.-o.-Operation“. Es wird gekämpft, bis der Stärkere siegt. Oftmals ein Pyrrhussieg, wenn in letzter Konsequenz durch die Zusammenarbeit weniger erreicht wird, als jeder für sich alleine hätte schaffen können! Fazit: 1+1= 1,5 oder gar 0!

Natürlich gilt diese negative Synergiespirale nicht nur für die deutsch-französische Zusammenarbeit, sondern generell für alle Kooperationen zwischen Personen und Unternehmen, selbst wenn sie dem gleichen Unternehmens- bzw. Landeskulturkreis angehören. Sie verdeutlicht, wie die emotionalen Viren die Macht in der Kooperation übernehmen und negative Kooperationsmechanismen ineinander greifen bis zum voraussehbaren Ende. Interessanterweise haben alle unsere Kunden quer durch die Bank die gleiche Reaktion, wenn sie die Spirale sehen: Sie versuchen zu bestimmen, in welchem Stadium ihre eigene Kooperation gerade steckt. Ist es Ihnen auch so gegangen?

Monsieur Positif

Ein Schweizer, ein Engländer und ein Franzose machen einen Wettkampf im Armbrustschießen.

Als Erster stellt sich der Franzose mit Apfel auf dem Kopf mutig hin, der Schweizer legt an, zielt, schießt... genau durch den Apfel. Stolz verkündet der Schweizer: „I am Wilhelm Tell!“

Als Nächstes stellt sich der Schweizer mit dem Apfel auf dem Kopf hin, und der Engländer schießt. ... ebenfalls genau in die Mitte des Apfels. Mit englischer Nonchalance verkündet er: „I am Robin Hood!"

Nun stellt sich der Engländer hin, der Franzose legt an, zielt sorgfältig, drückt ab ... genau zwischen die Augen: „Oh", sagt er mit unbeweglicher Miene, „I am sorry!"

FAZIT

- Kultur ist die kollektive Programmierung des Unterbewusstseins.
- Der Autopilot empfängt, analysiert und deutet automatisch alle eingehenden Signale.
- Der Autopilot ist unser Freund, weil er Abläufe automatisiert und Störfaktoren herausfiltert. Dadurch ermöglicht er effizientes Kommunizieren und Handeln.
- Der Autopilot ist unser Feind, da er fremde Abläufe als negativ bewertet und uns das Gefühl vermittelt, uneffizient zu sein.
- Die vier Einflussebenen für interkulturelle Konflikte sind: die allgemeinen Kooperationsmechanismen, die Landeskultur, die Unternehmenskultur sowie die Persönlichkeitsstruktur.
- Negative Synergie führt zur „K.-o.-Operation": Der Mächtigere setzt sich durch, oder es kommt zum Abbruch der Kooperation.

2.3 Der Schlüssel für die Lösung interkultureller Konflikte

So wie der Autopilot sich in unserer Kultur ihm einprogrammierte Anhaltspunkte herausfiltert, so übersieht er Signale, die ihm unbekannt sind, bzw. stuft er diese als bedrohlich ein. Was in der eigenen Kultur Identität und Sinn ergibt, beschränkt uns in fremden Kulturen: Wir finden es unbequem, zu zeitaufwendig oder eben gar bedrohlich, andere Verhaltenweisen zu akzeptieren, und denken kaum daran, dass diese auch bereichernd sein können. Aus diesem Grund versuchen wir zunächst, unsere eigenen (bewährten) kulturellen Eigenheiten im fremden Land einzusetzen oder diesem gar aufzuzwingen. Hier liegt die Wurzel für die meisten interkulturellen Konflikte.

In diesem allzu menschlichen Verhalten liegt aber auch der Schlüssel für die Lösung interkultureller Konflikte: Wie wir jetzt wissen, sind diese zunächst in uns selbst, in unserer eigenen Wahr-Nehmung, begründet. Nun ist es ja leichter, zu beweisen, dass der andere „so" ist, als herauszufinden, warum wir ihn „so“ wahrnehmen. Aus dieser Bequemlichkeit heraus erwächst eine Ver-Urteilung, in der bereits der Keim zum zukünftigen Konflikt liegt. Im anschließenden Kapitel über die Vorurteile werden wir noch genauer auf die Bedeutung dieser Tatsache eingehen. Wenn wir allerdings hinterfragen, warum wir den anderen „so“ bewerten, so können wir genauso einen potenziellen Konflikt im Keim ersticken. Daher wollen wir Ihnen zum Abschluss dieses Kapitels noch einige weitere Hinweise geben, wie Sie sich Ihrer Wahrnehmungen besser bewusst werden können.

Interkulturelle Konflikte sind zunächst in uns selbst begründet.

Die drei Reflexe, mit denen der Autopilot unsere Wahrnehmung beeinflusst

Die Hummel weiß nicht, dass sie nicht fliegen kann!

1. Wir denken in Grenzen

Wussten Sie, dass eine Hummel nicht fliegen kann? Wissenschaftler haben sehr schlüssig nachgewiesen, dass das Körpergewicht einer Hummel im Verhältnis zur Tragflächenbelastung der Flügel viel zu groß ist. Warum fliegt die Hummel trotzdem? Ganz einfach: Sie weiß nicht, dass sie nicht fliegen kann!

So wie Kultur einerseits notwendig ist, um uns einen Rahmen zu geben, der uns eine Identität und Anhaltspunkte für Denk- und Verhaltensmuster gibt, so begrenzt sie uns andererseits. Unser Autopilot signalisiert uns „Das ist nicht möglich!“ oder „Das ist gefährlich!“, weil dies in seinem Kulturprogramm so eingegeben wurde. Die gleiche Situation kann für eine Person eines anderen Kulturkreises gerade eine Herausforderung darstellen, deren Realisierung sie weder als „gefährlich“ noch als „unmöglich“ ansieht!

In Grenzen denken heißt sich beschränken.

Um diesen Automatismus zu überwinden, fragen Sie sich:

- Wodurch begrenze ich mich gerade?
- Was könnte ich anders wahrnehmen?
- Und wenn es doch möglich wäre?

2. Wir sehen nur, was wir wollen

Praxisbeispiel

Ein auslandserfahrener deutscher Geschäftsführer wollte mit der Pariser S-Bahn (RER) zu einem Termin in unser am Stadtrand gelegenes Büro kommen. Wir gaben ihm den Hinweis, genau auf die Anzeigetafel am Bahnsteig zu achten und nur einen Zug zu nehmen, wenn die Lampe „Melun“ aufleuchtet. Statt um zehn Uhr traf er 45 Minuten später ein. Außer Atem und verschwitzt entschuldigte er sich: „Der verflixte Zug hat nicht gehalten!“ Näher befragt, erzählte er, dass er zwei Züge abgewartet hatte, da die Lampe nicht aufleuchtete. Beim dritten leuchteten alle Lampen auf, außer „Melun“. Den hatte er genommen, denn er war zu dem Schluss gelangt, dass die Lampe defekt sein musste. Originalton: „In Frankreich funktioniert ja sowieso nur die Hälfte!“

Unser Autopilot nimmt selektiv wahr, nämlich immer nur das, was uns der Erreichung des gewünschten Zieles näher bringt oder davon abhält. Wenn wir z.B. einen kleinen vierjährigen Jungen im Menschengewimmel suchen, nehmen wir die anderen entweder nicht, oder aber als störend wahr, denn sie hindern uns daran, den Kleinen wiederzufinden. Ein Mann, der blonde Frauen bevorzugt, wird schwarzhaarige Frauen zunächst kaum wahrnehmen. Muss jemand schnell von Köln nach Hamburg fahren, so nimmt er alles wahr, was ihn in Richtung Hamburg bringt. Er sieht jedoch kaum die schöne oder auch hässliche Landschaft, welche die Straßen umgibt. Wenn wir uns ein neues Auto bestellen, so haben wir plötzlich das Gefühl, dass jeder mit dem gleichen Modell herumfährt.

Gerade die Signale, die wir nicht wahrnehmen, können zur Zielerreichung die wichtigeren sein.

Ein interessantes Beispiel ist auch die Tatsache, dass man bei schlechter Laune anscheinend nur von schlecht gelaunten Menschen umgeben zu sein scheinen, oder dass, gerade wenn man es eilig hat, sich alles und jeder gegen einen verschworen zu haben scheint: die Kinder, die nicht schnell genug essen, der Wagen, der nicht mehr genug Benzin hat, der langsame Bus, der LKW-Fahrer, der die Straße versperrt, und der Wagen, der einem den letzten Parkplatz wegschnappt. Kurzum: Wir sehen nur das, was wir sehen wollen! Diese selektive Wahrnehmung unseres Autopiloten macht uns einerseits effizient, denn wir filtern alle Informationen heraus, die uns bei der Zielerreichung nur im Wege stehen würden. Andererseits wird im interkulturellen Miteinander genau diese selektive Wahrnehmung zur Falle: Denn gerade die Signale, die wir nicht wahrnehmen, bzw. herausfiltern, können zur Zielerreichung die wichtigeren sein! So kann zum Beispiel die „uninteressante“ schwarzhaarige Frau eine nette blonde Freundin haben ...

Engel oder Teufel? Grafik von M.C. Escher

Daher ist es ganz wesentlich, dass dieser Automatismus im Umgang mit fremden Kulturen zunächst „ausgeschaltet“ wird, auch wenn dies zwangsläufig ein Gefühl der Uneffizienz nach sich zieht. Die Lösung: Üben Sie den Perspektivenwechsel. Versuchen Sie alles, was Sie bisher gewohnt waren, auf eine bestimmte Weise zu sehen, einmal aus einer anderen Perspektive wahrzunehmen. Sie werden überrascht sein, wie vielfältiger und interessanter auf einmal das Leben werden kann. Beispiel: Schauen Sie sich einmal in den bekannten Straßen, die Sie täglich durchfahren, genauer um, oder gehen Sie auf andere Punkte als sonst. Wenn Sie zu Fuß gehen, schauen Sie einmal über die Geschäfte und ersten Etagen der Häuser hinweg. Machen Sie es sich zu einer persönlichen Herausforderung, jeden Tag mindestens zehn neue Dinge zu entdecken. Die drei Fragen „Automatismen erkennen und ändern“ (siehe S. 76 unten) helfen Ihnen, weitere Möglichkeiten anzuwenden, bewusster mit Ihrer selektiven Wahrnehmung umzugehen und womöglich sogar ein ganz neues Lebensgefühl zu entdecken: Vielleicht können Sie doch fliegen!

3. Schuld sind immer die anderen

Wer hat Schuld, wenn eine Besprechung nicht so wie erhofft verlaufen ist? Natürlich immer die anderen!

Wer ist Schuld?
Selbstverständlich die anderen!

Programmierte Verhaltensweisen zwingen uns in die Niederlage.

Dieser – allzu – menschliche Reflex beruhigt zwar einerseits („Ich habe ja schließlich alles getan, damit es klappen konnte!“), hat andererseits aber auch einen schwerwiegenden Nachteil: Die Zielerreichung ist und bleibt in weiter Ferne! So sollten wir uns in solchen Fällen eine einfache, aber folgenschwere Frage stellen: Wenn ich etwas von dem anderen will, dieser aber nicht wie erhofft handelt oder reagiert, wer hat dann das Problem? Da hilft alles Drehen und Wenden nichts: ICH habe das Problem! Womit wir zum wichtigsten Reflex kommen, um interkulturelle Konflikte zu meistern:

Bevor wir also andere verstehen wollen, müssen wir zunächst einmal unsere eigenen Werte und Motive kennen und sie einschätzen können. Mit anderen Worten: Wir müssen das Programm unseres Autopiloten decodieren, um dadurch zu einem größeren SELBST-Bewusstsein zu kommen. So lernen wir, Herr über unsere kulturellen Mechanismen zu werden. Brauche ich den Mechanismus oder er mich? Nur wer seine Kulturmuster kennt und im Griff hat, ist wirklich autonom und unabhängig. Denn programmierte Verhaltensweisen zwingen uns in die Niederlage! Ein selbstbewusster Mensch hingegen kann immer bewusst entscheiden, ob er seiner einprogrammierten Software das Steuer überlässt oder ob er lieber selbst steuern will!

Der wichtigste Reflex, um interkulturelle Probleme zu meistern

So setzen Sie die positive Synergiespirale in Gang:

Und das lohnt sich außerordentlich: Wenn Sie Ihren Autopiloten in den Griff bekommen, können Sie die Vorteile Ihrer Kultur bewusst nutzen und deren Nachteile bewusst vermeiden!

Abb. I.9: Die positive Synergiespirale

FAZIT

- Interkulturelle Konflikte sind zuerst in uns selbst begründet: Es ist bequemer, den anderen zu verurteilen, als seine eigene Wahr-Nehmung zuerst zu überprüfen.
- Der Autopilot beeinflusst unsere Wahrnehmung durch drei Reflexe:
  1. Wir denken in Grenzen.
  2. Wir sehen nur, was wir wollen.
  3. Schuld sind immer die anderen.
- Wer seiner kulturellen Mechanismen Herr wird, kann die Vorteile seiner Kultur bewusst nutzen und deren Nachteile bewusst vermeiden.

Ein Vorurteil ist ein Irrtum, der Wurzeln geschlagen hat!

Sprichwort

3 Der Einfluss von Vorurteilen auf die Zusammenarbeit

In jeder Kultur der Welt sieht man alle neuen und fremden Situationen zunächst einmal durch einen Sicherheitsfilter. Der Autopilot nimmt wahr, vergleicht und speichert die neue Situation als positiv oder negativ ab. Tritt die Situation wieder auf, so signalisiert der Autopilot uns in Sekundenschnelle Gefahr oder Sicherheit. Das Urteil ist so schnell gefallen, dass es wir es überhaupt nicht mehr bewusst hinterfragen.

Tatsache ist, dass Deutsche und Franzosen, schon aufgrund ihrer langen gemeinsamen Geschichte, sehr viele Erfahrungen mit- und gegeneinander gemacht haben, die tief im kollektiven Unterbewusstsein in Form von Vor-Urteilen verankert sind. Es ist allerdings erstaunlich, wie stark auch der geschäftliche Umgang zwischen Managern beider Länder davon geprägt ist. Wir wollen daher in diesem Kapitel herausfinden, wie Franzosen Deutsche im Geschäftsleben sehen (und umgekehrt) und warum diese Wahrnehmungen zum Teil uralte Vorurteile immer wieder bestätigen. Wir wollen diese Fragen allerdings nicht wissenschaftlich, sondern stets praxisbezogen beantworten: Sie sollen sich erarbeiten können, was Sie persönlich tun können, um nicht in die Falle der deutsch-französischen Vorurteile zu tappen. In diesem Teil erfahren Sie,

- warum Vorurteile ein größeres Hindernis zur interkulturellen Verständigung sind als die Sprachbarriere,
- wie stark Vorurteile die Zusammenarbeit beeinflussen,
- wie Sie als Deutsche(r) von Franzosen gesehen werden,
- warum es für Sie von vitaler Bedeutung ist, die Vorurteile genau zu kennen,
- warum sich Vorurteile immer bewahrheiten,
- wie und warum Vorurteile verbreitet werden.

3.1 „Ich habe keine Vorurteile"

Ein junger deutscher Sachbearbeiter, seit sechs Monaten in Frankreich arbeitend, wurde im Seminar bei der Behandlung des Themas „Vorurteile" immer unruhiger. Schließlich platzte er heraus: „Als ich nach Frankreich kam, hatte ich keine Vorurteile, obwohl mich meine deutschen Kollegen immer wieder vor den „chaotischen Besprechungen“ und der „Unzuverlässigkeit“ der Franzosen gewarnt hatten. Ich habe gar nicht hingehört, denn ich hatte mir vorgenommen, mir meine eigene Meinung zu bilden. Aber nach all den Erfahrungen der letzten Monate muss ich sagen: Das ist zehnmal schlimmer als das, was die mir zu Hause erzählt haben!“

Denken Sie nicht an den Eiffelturm

Wir können nicht etwas nicht wahrnehmen, genauso wenig wie wir uns nicht etwas nicht vorstellen können. Denken Sie einmal nicht an den Eiffelturm. Ergebnis: Sie denken nur daran!

Wir können nicht etwas *nicht* wahrnehmen.

Als der junge deutsche Sachbearbeiter damit konfrontiert war, dass seine französischen Lieferanten Termine nicht einhielten, griff der Autopilot sofort auf die Warnung der Kollegen zurück, was die Reaktion provozierte: „Mist, es ist also doch wahr!“ Ergebnis: Das nicht gehörte Vorurteil von der Unzuverlässigkeit der Franzosen wird noch verstärkter empfunden.

Vorurteile sind ein permanenter Wahrnehmungshintergrund, der unsere Aufmerksamkeit steuert. Hat man noch nie etwas mit Südafrika oder Südafrikanern zu tun gehabt, hat man trotzdem gewisse Vorstellungen (zusammengesetzt aus Informationen aus Schule, Fernsehen, Meinungen anderer etc.) von ihnen. „Ich habe keine Vorurteile“ ist also eine irreführende Ansicht! Wer sie vertritt, verkennt das permanente Orientierungsbedürfnis des Menschen und die Notwendigkeit, sich in einer Situation möglichst schnell zurechtzufinden.

3.2 Franzosen als Vorbild?

Kann man von Franzosen etwas lernen?

Wussten Sie, dass die französische Wirtschaft seit Jahren von Politikern und Medien das „deutsche Modell“ vor die Nase gehalten bekommt? Da wir bei JPB jedoch finden, dass auch die französischen Manager den Deutschen etwas bieten können, starteten wir 1994 in Zusammenarbeit mit der „Süddeutschen Zeitung“ einen Aufruf mit dem bewusst provokativ gewählten Titel: „Was deutsche Manager von Franzosen lernen können“. Zehn frankreicherfahrene deutsche Topmanager nahmen dazu Stellung in Form von Anzeigen, die wir im Vorfeld eines deutsch-französischen Forums im Wirtschaftsteil platziert hatten.[1] Das Echo dieser Aktion war erstaunlich groß. Wir erhielten sowohl positive als auch negative Rückmeldungen von deutschen Managern. Besonders schockiert reagierten einige Herren darauf, dass wir ihnen zumuteten, sie könnten „etwas von Franzosen lernen". Sogar das Wort „Beleidigung" ist gefallen!

Abschlussanzeige unseres Aufrufs an deutsche Manager

Erstaunt Sie dieser Widerstand, oder können Sie ihn verstehen? Vielleicht halten Sie die Reaktion für überzogen, aber ist nicht doch etwas dran?

In deutschen Unternehmerkreisen ist selten Respekt vor Leistungen französischer Manager anzutreffen.

Oder meinen Sie, das sei überholt, da sich ja inzwischen viel getan hat und eine neue Unternehmer- und Managergeneration an den Schalthebeln sitzt? Haben Sie denn in deutschen Unternehmerkreisen viele Manager getroffen, die Respekt vor Leistungen französischer Manager ausdrücken, ohne zumindest eine Zeit lang in Frankreich gelebt und gearbeitet zu haben? Hand aufs Herz: Respektieren Sie selbst Franzosen im Business?

Ja, auch heute noch treffen wir immer wieder auf die gleiche skeptische Haltung, obwohl Frankreich in einigen Bereichen Deutschland schon lange überholt oder zumindest gleichgezogen hat.

Woher kommt diese Ansicht, was rechtfertigt sie? „Welche Leistungen denn auch, bitte schön?", ereiferte sich ein deutscher Manager in einem Beratungsprojekt: „Thomson hat doch nur Leute hinausgeworfen und einen Scherbenhaufen in der deutschen Funk- und Fernsehindustrie hin-

[1] Auf diese Stellungnahmen gehen wir in Teil II näher ein.

terlassen, der Elf-Konzern hat in Leuna die Treuhand über die Ohren gehauen, und „adidas" wäre durch einen verrückten französischen Starmanager beinahe bankrott gegangen!" Zustimmendes Nicken nahezu aller übrigen Teilnehmer.

Geblieben ist das „Leuna-Syndrom"

„Faktisch richtig!", könnte man sagen, doch wer hat je diese Fakten hinterfragt, wer hat sich einmal mit der Gegenseite befasst? Zum Beispiel der Vorwurf, der Elf-Konzern[2] habe die Treuhand ausgetrickst. Die meisten Manager in der deutschen Raffinerie- und Chemieindustrie geben heute zu, dass die Franzosen aufgrund der neuen Situation, die 1991 nicht absehbar war, Recht hatten, den Vertrag neu zu verhandeln. „Wieder einmal halten Franzosen Verträge nicht ein!" entrüstete sich jedoch die Wirtschaftswoche und die Mehrzahl der deutschen Medien geschlagene drei Monate lang. In der öffentlichen Meinung geblieben ist durch die einseitige Medienberieselung das „Leuna-Syndrom": „Das Leuna-Beispiel zeigt aufs Neue, wie unberechenbar Franzosen sind!" Dutzende Male sind wir mit dieser Aussage im Rahmen von Beratungsprojekten in Deutschland konfrontiert worden. Machen Sie den Test: Erinnern Sie sich an einen positiven Medienbericht über die französische Wirtschaft?

Wie soll es auf dieser Basis zu einem konstruktiven Dialog, geschweige denn zu einer effizienten Zusammenarbeit kommen?

3.3 Die Rolle der Medien

Auch Medien sind Wirtschaftsunternehmen mit Rentabilitätsmaximen.

Wie die Bespiele zeigen, haben die Medien einen wesentlichen Einfluss auf die Verbreitung und sogar Verstärkung von Vorurteilen. Ob Fernsehen, Zeitschriften, Zeitungen oder auch Werbung: Bestimmte Merkmale einer Kultur werden in prägnanter Form besonders hervorgehoben, ja übertrieben und karikiert. So schmeichelt man dem eigenen kulturellen Ego („Wir sind ja besser als die!") oder macht gar Angst („Vor denen muss man sich in Acht nehmen!"). In jedem Fall wird ein wichtiges Ziel erreicht: Die Auflage bzw. die Zuschauerquote steigt. Denn: Auch Medien sind Wirtschaftsunternehmen mit Rentabilitätsmaximen. Ein Journalist eines französischen Wirtschaftsmagazins vertraute uns an, dass die verkaufte Auflage um bis zu 30 Prozent (!) steigt, wenn der Aufmacher z.B. die „deutsche Bedrohung" (siehe folgende Kapitel) plastisch hervorhebt.

Zwei Beispiele mögen hier stellvertretend für beide Seiten sein und zum Nachdenken anregen:

[2] Die damalige Elf-Gruppe (heue TotalFina-Elf) hat den 1991 über den Bau einer Raffinerie in Leuna (Investitionsvolumen 5 Mrd. DM!) mit der Treuhand abgeschlossenen Vertrag 1994 aufgekündigt und neu verhandelt.

Die Pariser Auslandskorrespondentin eines deutschen Fernsehsenders erzählte uns, dass sie anlässlich der olympischen Winterspiele nach Albertville fuhr, um hinter den Kulissen die dortige Atmosphäre zu filmen. Kurz vor Drehbeginn kam die klare Anweisung aus der Zentrale in Deutschland: „Für die Nachrichten heute Abend filmen Sie nur die ganzen chaotischen Zustände, die da unten herrschen sollen!"

Ein französischer Journalist interviewte uns in der Absicht, einen Artikel über die deutsche Dampfwalze zu schreiben, welche die französische Wirtschaft bedroht. Nachdem wir ihm im Gespräch schlüssig darlegen konnten, warum die französische Sichtweise so nicht haltbar ist, sagte er uns: „Das ist ja hochinteressant! Nur leider kann ich das nicht schreiben: Mein Chefredakteur hat mir klare Anweisungen gegeben, nach Indizien für die Bedrohung zu suchen."

TIPP Alles hat zwei Seiten! – Wenn Sie Informationen aufnehmen, versetzen Sie sich möglichst immer auch in die Sichtweise der anderen Seite.

3.4 Barbarische Deutsche – rücksichtslose Franzosen

> „Es ist leichter, ein Atom zu zerstören als ein Vorurteil!"
>
> *Albert Einstein*

Wenn von Vorurteilen die Rede ist, hören wir in Managerkreisen regelmäßig: „Das ist doch alles Vergangenheit. Heute gibt's keine Probleme mehr. Wir machen Geschäfte, damit hat es sich!" Die deutsch-französische Freundschaft wird beschworen, die über 2.000 Städtepartnerschaften angeführt werden und die Millionen von Jugendlichen, die seit 1963 über das deutsch-französische Jugendwerk ins Partnerland gingen. Das ist vollkommen richtig, und alle daran Beteiligten verdienen große Anerkennung. Die Sache hat nur einen Haken:

> Vorurteile spielen nur so lange keine Rolle, wie es um nichts geht!

Wenn nichts auf dem Spiel steht, ist es leicht, tolerant und offen zu sein. Der andere kann bleiben, wie er ist, einem netten gemeinsamen Abend oder vergnüglichen Urlaub steht nichts im Wege. Anders sieht es aber aus, wenn die eigenen Interessen betroffen sind. Dann gewinnen Vorsichtsmaßnahmen und Misstrauen schnell die Oberhand. Ganz schlimm wird es, wenn auf Vorurteilen beruhende Befürchtungen durch die Medien hochgepuscht werden und sich auch noch bewahrheiten:

Sobald die eigenen Interessen im Spiel sind, gewinnt das Misstrauen schnell die Oberhand.

Du Schumakker, du!

Als die blendend spielende französische Nationalmannschaft bei der Fußball-WM 1982 auf eine sehr mittelmäßige deutsche Mannschaft traf, befürchtete man, dass die Härte der Deutschen den Franzosen den Spielschneid zerstören würde. Das Foul von Nationaltorwart Schumacher an dem französischen Stürmer Battiston hat denn auch eine Entrüstung ohnegleichen ausgelöst. Es waren sogar intensive diplomatische Bemühungen zwischen beiden Ländern nötig, um die Wogen zu glätten. Denn da war er wieder, wie er leibt und lebt: der „brutale Deutsche“, der nur sein Ziel im Kopf hat und diesem alles andere unterordnet. Obwohl sich Schumacher öffentlich (!) im französischen Fernsehen entschuldigt hat, war „Schumakker“ lange ein Schimpfwort, mit dem die Franzosen ungeliebte oder brutale Zeitgenossen belegten. Die Szene ist jedem Franzosen in Erinnerung und wird auch heute noch gerne vor neuen Treffen zwischen beiden Mannschaften im Fernsehen gezeigt.

Französische Werbung für ein Fußballländerspiel Frankreich–Deutschland: heißblütige und sympathische Franzosen gegen die „eisernen deutschen Ritter“

So ist es kein Wunder, dass selbst heute, zu Beginn des 21. Jahrhunderts, weiter mit diesen Klischees gearbeitet wird. Die obige Abbildung zeigt eine offizielle Werbung des französischen Fußballverbandes für das Fußballländerspiel Frankreich–Deutschland: die entschlossenen und sympathischen französischen Helden empfangen die „stahlharten“ deutschen Angreifer, die sich hinter einer anonymen, aber doch sehr aussagekräftigen Ritterrüstung verstecken.

„Schau, das ist die Hand von Kahn!“ „L'Equipe“ im Mai 2001 nach dem Europapokalsieg der Bayern

Weiteres Beispiel: Bayern München gewinnt den Europapokal 2001. In der französischen Sportzeitung „L'Equipe“, einer der meistgelesenen Zeitungen Frankreichs, erscheint eine Karikatur, in der die Hand der Torwarts Kahn als „Eisenfaust“ dargestellt ist.

Der „barbarische Deutsche“ taucht bis heute in der französischen Geschichtsschreibung

Der „barbarische Deutsche" taucht bis heute in der französischen Geschichtsschreibung auf.

auf, welche die germanische Völkerwanderung hartnäckig als „*les invasions barbares*" bezeichnet. Dieses Bild eignete sich schon immer gut zur Stimmungsmache. So hat zum Beispiel die französische Kriegspropaganda 1914 die Deutschen auf Fotomontagen als Barbaren dargestellt, die belgischen Kindern die Hände abhackten![3] Die Naziverbrechen haben diese Vorurteile leider auf grausamste Weise bestätigt und noch fester verankert.

Vor Deutschen muss man Angst haben!

Als weiteres Beispiel kann man die Wiedervereinigung anführen, die natürlich konträr zu den Interessen Frankreichs stand (auch wenn diese von der Bevölkerung überwiegend begrüßt wurde). Die Medien überschlugen sich mit Titeln über „das große Deutschland", „das mächtige Deutschland" usw. Das Wirtschaftsblatt „Challenge" erschien sogar mit dem Aufmacher: „Vor Deutschen muss man Angst haben." Was der „Figaro" in einem Leitartikel noch übertraf: „Denn nach langer Zurückhaltung wegen der Nazivergangenheit heben die Deutschen das Haupt und entdecken mit der Wiedergewinnung ihrer Wirksamkeit zugleich die für dieses Volk natürliche Versuchung der Hegemonie." Rudolph Chimelli schrieb damals in der „Süddeutschen Zeitung": „... Nie gab es in Dokumentation und Unterhaltung mehr tölpelhafte, brutale Deutsche, mehr perfide, mörderische Nazis als zur Zeit ..."

„Le Figaro Magazine" im Jahr 2000: „Muss man vor dem großen Deutschland Angst haben?"

Das nebenstehende Beispiel zeigt, dass auch im Jahr 2000 auf diese Aufmacher zurückgegriffen wird. Das „Figaro Magazine", Frankreichs auflagenstärkste Illustrierte, brachte auf dem Titelbild unter dem Siegeswagen des Brandenburger Tors wieder den reißerischen Aufmacher: „Muss man vor dem großen Deutschland Angst haben?"

Da wir wissen, dass Deutsche verständlicherweise immer mit dem Kopf schütteln, wenn sie diese Beispiele sehen, sollte an dieser Stelle auch etwas ganz klar gesagt werden: Die Franzosen haben zwischen 1870 und 1940 dreimal erlebt, wie der deutsche Nachbar sie, trotz aller Vorsichtsmaßnahmen und der stolzen französischen Armee, einfach überrannt hat. „Blitzkrieg" ist auch im französischen Sprachge-

[3] Siehe Artikel: „Das Deutschland-Bild der Franzosen", Walter Lemmermeier, aus „Deutschland und Europa", Lothar Schaechterle, (Hrsg.).

brauch ein gängiges Wort. Zudem konnten die Deutschen nur mit fremder Hilfe, noch dazu der des „Erzfeindes“ England wieder aus dem Land vertrieben werden. Dieses Trauma sitzt tief im kollektiven französischen Unterbewusstsein fest. Als Deutschem bleibt einem nur die Möglichkeit, dieses vom Prinzip her versuchen zu verstehen und zu akzeptieren. Nur über die Akzeptanz des Bestehenden kann Neues aufgebaut werden.

Nur über die Akzeptanz des Bestehenden kann Neues aufgebaut werden.

Ein (fast) positives Beispiel: Ende 1999 machte das Titelbild des Wochenmagazins „L'Express“ zum zehnjährigen Jubliäum des Mauerfalls Furore: Claudia Schiffer strahlt die Franzosen an, die gefragt werden: „Kann man endlich Deutschland lieben?“

„Kann man endlich Deutschland lieben?“

Dieses Titelbild ist in zweierlei Hinsicht aufschlussreich: Erstens unterstreicht es die Sehnsucht der Franzosen nach einem „sympathischen“ Nachbarn, den man nicht mehr zu fürchten braucht. Aber es bleibt eben bei der Frage. Zweitens symbolisiert Claudia Schiffer in den Augen der Franzosen gerade dieses „charmante und romantische“ Deutschland. Sie setzt die Tradition einer Romy Schneider und einer Marlene Dietrich fort, die die Herzen der Franzosen erobert haben und zum Teil sogar bei diesen als „Französinnen“ gelten.

Claudia Schiffer verkörpert das „charmante und romantische“ Deutschland.

Umgekehrt ist man auch in Deutschland schnell bei der Hand, wenn es darum geht, anhand von Klischees den Partner anzuprangern:

Als Jacques Chirac bei seinem Amtsantritt 1995 die Wiederaufnahme der Atomtests verkündete, war der Protest und Mediensturm in Deutschland am stärksten. „Typisch französisches Imponiergehabe“, „Chirac stößt die Welt vor den Kopf“, pesteten die deutschen Medien und schlimmer noch: „Wie die Franzosen ein Paradies zur Hölle machten. “Rücksichtslose Franzosen, die Vereinbarungen umgehen oder brechen nur um des Heils und des Prestiges ihrer „Grande Nation“[4] willen, dies ist, wie bereits gesagt, eine der Lieblingsdarstellungen in deutschen Medien.

Rücksichtslose Franzosen ordnen alles dem Heil und dem Prestige ihrer „Grande Nation“ unter.

[4] Ein Ausdruck, der übrigens in Frankreich nahezu unbekannt ist.

Was hat das alles mit Management zu tun, fragen Sie sich? Nun, auf den ersten Blick nicht viel, außer dass Sie als Deutsche oder Deutscher in einer Verhandlung auf Franzosen bzw. Französinnen treffen werden. Und da bekanntlich bei Verhandlungen einiges auf dem Spiel steht, sind – ob Sie es wollen oder nicht – Vor-Urteile mit von der Partie: Zunächst einmal sind Sie ein „Deutscher“ bzw. eine „Deutsche“ und werden mit all den Assoziationen in Verbindung gebracht, die dieser Begriff bei Franzosen hervorrufen kann.

Machtdemonstrationen des Präsidenten Chirac

Haben Sie schon einmal überprüft, welche Assoziationen Ihr Autopilot bezüglich Frankreich und Franzosen gespeichert hat? Wissen Sie eigentlich, was der Autopilot eines Großteils der französischen Manager in Sie als Deutsche bzw. Deutschen hineinprojiziert? Dazu wollen wir im zweiten Teil dieses Kapitels kommen.

Monsieur Positif

„Ich möchte nicht verallgemeinern, aber ...“

„... die Deutschen sind alle schwerfällig, ideenlos usw.“ „... die Franzosen sind alle oberflächlich, einfallsreich usw.“

WIR KOMMEN VORAN !

3.5 Positive Vorurteile

Bei der Analyse von Vorurteilen müssen wir unterscheiden zwischen positiven und negativen Vorurteilen. Denn ihre Wirkungen sind genau entgegengesetzt. Befassen wir uns zunächst einmal mit den positiven Vorurteilen:

Positive Vorurteile

- versetzen uns in eine frohe Erwartungshaltung („Ach, das sonnige Südfrankreich ...“),
- lösen Wünsche aus („Ich muss unbedingt wieder einmal nach Paris ...“),
- beruhigen und nähern an („Einen charmanten Franzosen würde ich gerne mal kennen lernen ...“).

Werbung baut positive Vorurteile auf.

Diese Mechanismen macht sich insbesondere die Werbung zunutze, deren Ziel es hauptsächlich ist, Unbekanntes bekannt zu machen und Neues als nützlich (und ungefährlich) zu profilieren. Dazu baut sie positive Vor-Urteile auf, damit unser Autopilot bei Bedarf signalisiert: „Keine Gefahr, da bekannt!“ Damit wird als wichtigste Voraussetzung erreicht, dass wir überhaupt auf ein Produkt zugehen und es dann in einem zweiten Schritt, der noch zusätzliche Anreize erfordert, eventuell auch kaufen. Ein Beispiel ist das Etikett der Stiftung Warentest „gut“ auf einer Ware. Damit wird an das positive Vorurteil appelliert: „Was die Stiftung Warentest mit „gut“ bewertet, kann ich bedenkenlos kaufen!“

Warum dieser Ausflug in die Werbepsychologie? Ganz einfach, weil positive Vorurteile auch Menschen näher bringen, Geschäftsabschlüsse vereinfachen und ganz allgemein den Aufbau einer Vertrauensbasis erleichtern. Dazu im nächsten Abschnitt einige Beispiele.

Allerdings bergen positive Vorurteile auch drei Gefahren in sich:

1 Ent-Täuschung
Eine positive Erwartungshaltung kann enttäuscht werden, wenn man merkt, dass die wahrgenommene Realität nicht den Erwartungen entspricht („Ich dachte, hier scheint jeden Tag die Sonne!“).

2 Nicht wahrnehmen
Ein positives Vorurteil kann dazu führen, dass Negatives nicht wahrgenommen oder weggedacht wird: Eine Panne an einem neuen deutschen Auto (positives Vorurteil Qualität) wird entschuldigt („Kann ja mal vorkommen ...“), an einem französischen Auto gleich bemängelt („Typisch französisch ...“).

3 Umkehrschluss
Positive Bewertungen werden auf einen anderen Kontext übertragen und in diesem negativ interpretiert. Beispiel: „Ist schon toll, wie locker die Franzosen am Arbeitsplatz miteinander umgehen, aber seriöses Arbeiten ist so unmöglich!" Oder: Jeder deutsche Manager kennt die Bemerkungen neidischer Kollegen, wenn er ankündigt, dass er geschäftlich nach Paris muss ...

3.6 Was deutsche und französische Manager aneinander schätzen

Die JPB-Studie[5] über deutsch-französisches Management brachte es an den Tag:

Aus der Umfrage bei über 200 deutsch-französischen Unternehmen[6] ging unter anderem hervor, was die Manager im Rahmen der Zusammenarbeit an der anderen Kultur schätzen. Die Antworten auf diese offene Frage (d.h., die Antworten waren nicht vorgegeben) sind nachstehend geordnet nach der Anzahl der Nennungen aufgeführt:

Deutsche Manager schätzen an Franzosen	Französische Manager schätzen an Deutschen
◆ Flexibilität	◆ Zuverlässigkeit
◆ Kreativität	◆ Präzision
◆ unkonventionelles Verhalten	◆ Höflichkeit
◆ Savoir-vivre	◆ Gründlichkeit
◆ Spontaneität	◆ Pünktlichkeit
◆ Improvisationskunst	◆ Pragmatismus
◆ Enthusiasmus	◆ Effizienz
◆ Engagement	◆ Professionalität
◆ Offenheit	◆ Teamgeist
◆ Diskussionsbereitschaft	◆ Ehrlichkeit
◆ Verfügbarkeit	◆ Organisationstalent
◆ Loyalität	◆ Ernsthaftigkeit
◆ Umgänglichkeit	◆ vertrauensvoll
◆ Marketingprofi	◆ rücksichtsvolles Verhalten

Abb. I.10: Was deutsche Manager an Franzosen schätzen und vice versa

Eine ideale Komplementarität

Sind Sie nicht auch erstaunt, wie gegensätzlich die jeweils am anderen geschätzten Eigenschaften sind? Es ist, als ob man am anderen bewundert, was einem selbst fehlt. Fällt Ihnen nicht noch etwas weiteres auf? Zum Beispiel, dass die

[5,6] „Studie über deutsch-französisches Management", JPB, Paris / Le Vésinet 1990.

Eigenschaften der Franzosen nahezu sämtlich aus dem mehr emotionalen Bereich stammen und die der Deutschen eher aus dem rationalen und damit sachlichen. Wir sehen hier schon eine eigentlich ideale Komplementarität, auf die wir später noch ausführlicher eingehen werden.

> ANDREAS VOLLENWEIDER: „Caverna Magica". Lassen Sie sich mal überraschen, was man so alles aus einer Harfe herausholen kann. Sehr entspannende Musik im Hintergrund zum Lesen und Meditieren. Das sollten Sie Ihren Ohren unbedingt antun!

Die Auswirkungen der positiven Vorurteile

Leben wie Gott in Frankreich und auch arbeiten ...

Frankreich wird von deutschen Managern in der Regel als das Land des „Savoir-vivre" empfunden, in dem man sich mehr Zeit zum Leben nimmt, aber auch unseriöser arbeitet. Auch der seit Jahrzehnten in Paris ansässige Personalberater Klaus W. Herterich stellt fest, dass viele deutsche Geschäftsleute beim Stichwort „Paris" nicht nur an geschäftliche Besprechungen denken, sondern erst an gutes Essen, die Champs-Élysées und natürlich an die charmante Französin („Oh là, là ...").

Das Nützliche mit dem Angenehmen verbinden

So gibt es seit jeher einen offenkundigen Trend in französischen Filialen deutscher Unternehmen: Die Verantwortlichen des Mutterhauses und vor allem die Unternehmenschefs pflegen am liebsten donnerstags und freitags nach dem Rechten zu schauen. Denn so können sie das Wochenende nutzen, um das französische Savoir-vivre zu genießen. Ein deutscher Unternehmer sagte einmal: „Wissen Sie, warum ich eine Filiale in Frankreich gegründet habe? Ganz einfach, weil ich Frankreich mag! So kann ich das Nützliche mit dem Angenehmen verbinden ..."

Ein Kuriosum am Rande: Französische Führungskräfte, insbesondere aus Paris, berichten uns oft, dass sie Schwierigkeiten haben, von Deutschen ernst genommen zu werden. Denn wenn das Wort Paris fällt, setzt bei diesen das „Feierabend"-Syndrom ein: Sie geraten ins Schwärmen über diese herrliche Stadt der Lichter und der Kultur, wo das Arbeiten doch viel angenehmer sein muss als im Land der organisierten Freizeit ...

Deutsche Werbung für französischen Wein mit Charme, Flirt, Filou, Eiffelturm ... kurz Savoir-vivre

Die positiven Vorurteile der Franzosen gegenüber den Deutschen bewirken hingegen im Gegenteil, dass Letztere sehr ernst genommen und wegen ihrer Effizienz einerseits bewundert und andererseits gefürchtet werden. Da sich die Vorurteile alle auf die sachliche Ebene beziehen, haben die deutschen Manager allerdings ein gravierendes Handicap aufzuholen, auf das wir noch ausführlich eingehen werden: Sie werden als Manager anerkannt, nicht aber als Menschen!

Manager ja – Menschen nein!

Negative Vorurteile

Während positive Vorurteile annähern, sind negative Vorurteile die schlimmsten und hartnäckigsten Widersacher im zwischenmenschlichen Miteinander!

Negative Vorurteile

- versetzen uns in eine defensive Erwartungshaltung („Hoffentlich erleben wir nicht einen Reinfall wie die Meiers in Südfrankreich ...“),
- lösen Ablehnung aus („Bei dem chaotischen Verkehr fahre ich nie nach Paris ...“),
- beunruhigen und trennen („Von wegen charmante Franzosen: Die wollen einen nur übers Ohr hauen!“).

Auf die Frage „Welches ist das größte Hindernis in der deutsch-französischen Zusammenarbeit?“ antworten Führungskräfte aller Länder immer wieder: die Sprache. Diese Antwort ist jedoch falsch, wie das folgende Beispiel zeigt:

Lieber nicht nach Italien

Angenommen, Sie wollen zum ersten Mal in Italien Urlaub machen. Ein guter Freund kommt gerade aus seinem Italienurlaub wieder und warnt Sie: „Fahr bloß nicht nach Italien: Meine Frau ist die ganze Zeit auf der Straße belästigt worden, von meinem Auto wurden die Felgen geklaut, und kurz vor der Abfahrt ging drei Straßen weiter noch eine Bombe hoch!“ Wetten, dass Sie zögern werden, Ihren ersten Urlaub in Italien zu verbringen? Lieber geht's in bekannte oder zumindest sicherere Gefilde. Frage an Sie: Haben Sie jetzt ein Sprachproblem mit Italienern? Natürlich nicht, denn Sie fahren ja gar nicht hin!

Das so genannte Sprachproblem ist selbst ein negatives Vorurteil.

Ergo: Das Sprachproblem tritt erst auf, wenn wir konkreten Kontakt zu Menschen einer anderen Kultur haben. Wenn wir aber aufgrund negativer Vorurteile erst gar nicht ins andere Land fahren, dann kann die Sprache auch nicht das größte Problem sein! Das so genannte Sprachproblem ist selbst ein negatives Vorurteil, das uns davon abhält, auf andere Menschen und Kulturen zuzugehen.

Nun haben Sie natürlich ein schlagendes Argument, das unsere ganze stichhaltige Beweisführung zunichte macht: Selbst wenn Sie nicht wollen, Sie müssen mit Franzosen aus geschäftlichen Zwängen heraus zusammenarbeiten. Und da fangen die Schwierigkeiten schon mit dem Sprachproblem an! Glauben Sie ...

„Nehmen Sie sich in Acht!"

Wenn man Ihnen eingeschärft hat, sich vor den Leuten der Pfiffig AG im Nachbarort in Acht zu nehmen, dann werden Sie diesen so lange wie möglich aus dem Weg gehen und bei einem Zusammentreffen sehr auf der Hut sein. Obwohl hier kein Sprachproblem besteht, ist die Voraussetzung für eine Zusammenarbeit also alles andere als optimal!

Und was wäre, wenn man Deutschen und Franzosen eingeschärft hätte, sich voreinander in Acht zu nehmen?

TIPP

Damit wir uns nicht missverstehen: Die sprachliche Verständigung ist natürlich ebenfalls ein Hindernis, wie wir bereits eingangs ausführlich festgestellt haben. Sie ist aber aus unserer Erfahrung heraus viel leichter zu überwinden als die Vorurteile. Vor allem ist es ein folgenschwerer Trugschluss, zu glauben, dass mit der Beseitigung des Sprachproblems ein konstruktiver Zugang auf einen französischen Partner gewährleistet ist.

3.7 Was deutsche und französische Manager aneinander aussetzen

Klagen deutscher Manager:

- „Unsere französischen Kollegen stimmen meistens unseren Vorschlägen zu, machen aber dann etwas ganz anderes. Dieses Syndrom hat unseren Konzern schon hunderte Millionen an Umsatz gekostet!"
- „Bevor man zum Ziel kommt, muss man lange um den heißen Brei reden und erst allmählich, möglichst in bestem Französisch, seinen Wunsch vorbringen!"
- „In Frankreich läuft nichts nach Plan."
- „Warum tun Franzosen viele Dinge nicht, obwohl sie notwendig wären, oder tun Dinge, obwohl sie unnötig erscheinen?"

- „Ich muss fünfmal nachhaken, bevor ich die gewünschten Informationen von den Franzosen bekomme."
- „Meine französischen Kollegen denken und handeln oft realitätsfremd. Mich erstaunt immer wieder deren *unlimited capacity of wishful thinking ...*"

Was man aneinander schätzte, verkehrt sich ins Gegenteil.

Ein deutscher Bankier klagt über Effizienzverluste mit Franzosen: „Die gleiche Gruppe hat bei Gesprächen in Frankfurt an einem beliebigen Tag mehr Zeit zur Verfügung und arbeitet mehr Stoff ab als bei Gesprächen in Paris."[7]

Umgekehrt beklagen Franzosen in unseren Beratungen oft, dass ihre deutschen Kollegen in Krisensituationen nicht schnell genug handeln. Sie erleben die Deutschen als uneffizient, wenn Rahmenbedingungen sich unerwartet ändern und Pläne und Vereinbarungen in Frage gestellt werden müssen.

Überlegenheitskomplex GABS

Das Paradoxe: Was man aneinander schätzt, verkehrt sich hier ins Gegenteil. Die Eigenschaft von Vorurteilen ist es, dass die gleichen Wahrnehmungsmuster in unterschiedlichen Zusammenhängen verschieden gedeutet werden.[8] Die eben noch geschätzten emotionalen Eigenschaften der Franzosen werden auf einmal unseriös gebrandmarkt, das anerkannt sachliche Vorgehen der Deutschen zur gefühllosen Verbissenheit. Was vorher noch positiv als flexibel bezeichnet wurde, lautet hier schlicht und einfach unorganisiert! Wo der Franzose eben noch die *rigueur* bewunderte, kritisiert er nun das einfache Abhaken und Durchziehen, ohne neue Gegebenheiten mit einzubeziehen. Außerdem empfindet er Deutsche auf der Beziehungsebene häufig als unsensibel und humorlos. Die leidvolle deutsch-französische Vergangenheit trägt ihr Übriges dazu bei, dass Franzosen die Deutschen gern mit einer Dampfwalze vergleichen, die auf dem Weg zum Ziel alles Hinderliche platt walzt.

Auf einen Nenner gebracht: Franzosen fordern von Deutschen: „Seid flexibler und sympathischer!" und die Deutschen von den Franzosen: „Seid seriöser und pragmatischer!"

---

[7] Zitat aus einem vertraulichen Fragebogen, der bei einer Beratungsveranstaltung ausgefüllt wurde.

[8] Siehe Artikel: „Das Deutschland-Bild der Franzosen aus „Deutschland und Europa", Lothar Schaechterle, (Hrsg.).

Die Franzosen sind erstaunt, dass Deutsche ihre eigene Kultur so wenig zu schätzen scheinen.

Ein weiterer bemerkenswerter Punkt ist das gegenseitige Empfinden von Arroganz. Nur ist es nicht die gleiche Arroganz: Der Franzose empfindet einen wirtschaftlichen Überlegenheitskomplex der Deutschen, Letztere einen solchen der Franzosen im kulturellen Bereich. Es frappiert Franzosen übrigens weniger, wie sehr Deutsche die französische Kultur bewundern und oft beneiden (was, nebenbei gesagt, für jeden Franzosen selbstverständlich ist!), sondern dass sie ihre eigene Kultur so wenig zu schätzen scheinen: „Die deutschen Kollegen sprechen nur über ihre wirtschaftlichen Leistungen und vom Fußball, sind sie denn überhaupt nicht stolz auf ihre Goethe, Schiller, Beethoven und Nietzsche?" Wirklich unverständlich für einen Franzosen, dem bereits von Kindesbeinen an vermittelt wird, dass alle französischen Herrscher das Menschengeschlecht nobler und freier gemacht und ihre Schriftsteller die Welt aufgeklärt haben. Es ist jedes Mal ein regelrechter Überraschungseffekt, wenn wir französischen Managern erklären, dass der deutschen Nachkriegsgeneration nicht unbedingt Stolz auf ihre kulturelle Vergangenheit eingehaucht wurde. Sie gehen davon aus, dass gerade die Deutschen mit Stolz auf ihre „Dichter- und Denkergenerationen" aufwachsen.

Die Überraschung ist ungefähr mit der vergleichbar, die Deutsche empfinden, wenn sie von der immer noch vorhandenen Furcht der Franzosen vor diesen „gefährlichen Deutschen" erfahren (siehe Kapitel „Barbarische Deutsche – rücksichtslose Franzosen").

Die Auswirkungen der negativen Vorurteile

Praxisbeispiel

Folgendes Beispiel steht für viele: In einem deutsch-französischen Joint Venture zweier Konzerne wurde der Austausch von jeweils fünf Hoffnungsträgern aus dem MiddleManagement vereinbart. Diese sollten für jeweils vier Jahre in das Partnerland gehen. Auf deutscher Seite waren die fünf Manager innerhalb von drei Monaten gefunden, auf französischer Seite hatte man nach vier Monaten erst drei ausgemacht, wovon einer kurz darauf wieder absprang und die beiden anderen aus dem Elsass stammten. Einer der angesprochenen Manager lehnte mit dem Argument ab: „Das ist ja wie vier Jahre Sibirien!"

Vier Jahre nach Sibirien? Nein, danke!

Betroffen? Es ist leider eine von uns immer wieder festgestellte Tatsache, dass die wenigsten französischen Manager freiwillig nach Deutschland gehen. Nun weiß man ja (Achtung Vor-Urteil!!!), dass Franzosen allgemein nicht gerne ihre Patrie verlassen. Selbst wenn dies oft zutrifft, so gilt

Wenn schon ins Ausland, dann wenigstens nicht nach Deutschland!

eine Grundtendenz: Wenn schon ins Ausland, dann wenigstens nicht nach Deutschland! Machen Sie die Probe aufs Exempel: Wir suchen nämlich französische Unternehmer, die eine Filiale in Deutschland gegründet haben, weil sie Deutschland mögen. Wir sind Ihnen für jeden Hinweis dankbar, denn wir selbst haben in unser langjährigen Tätigkeit sage und schreibe zwei (!) getroffen.

Brainstorming

Eines der einfachsten „Werkzeuge" zum Erfassen der immateriellen Realität einer Kooperation ist ein Brainstorming über die Frage: „Was sagt man über den Partner in Ihrem Unternehmen?" Es geht hier nicht um die individuelle Meinung des Einzelnen, sondern um die Aufnahme von Aussagen, die im Unternehmen in der Kantine, in Besprechungen oder einfach beim Treffen auf dem Gang (in Frankreich ist der Kaffeeautomat ein beliebter Treffpunkt) fast wie nebenbei fallen.

Nachstehend das Ergebnis eines solchen Brainstormings von Mitte 2001 in einem französischen Unternehmen, das mit einem Unternehmen mit Sitz in Bayern kooperiert:

BRAINSTORMING:
WAS SAGT MAN ÜBER « DIE DEUTSCHEN »
IN IHREM UNTERNEHMEN

- die "boches", die "teutons", die "schleus"
- kommen mit geballter Macht, wie 1940 (Anzahl und Verhalten)
- sie hören nicht zu, wissen alles besser
- wollen ihre Ideen aufzwingen
- wir werden "aufgefressen" werden
- sie sind in der Nähe von Dachau, das ist kein Zufall
- organisiert, respektieren die Regeln
- Denunzianten (staatsbürgerliches Pflichtgefühl)
- sprachbegabt
- sie werden uns beibringen, wie man arbeitet

Abb. I.11: Was man über die Deutschen sagt

Ehrenwort, dies ist nicht von uns Autoren „buchgerecht aufbereitet" worden, sondern eher Alltag. Wir haben jede Menge solcher Brainstormings.

Schockiert? Das ist verständlich. Trotzdem bedingt professionelles Beziehungsmanagement zunächst einmal das Akzeptieren dieser immateriellen Realität. Hier sind eine Vielfalt emotionaler Viren am Werk, die jede Besprechung zwischen beiden Partnern schon von vornherein zur Farce machen.

Wundern Sie sich immer noch, dass wir der Behandlung von Vorurteilen so viel Raum geben? Es geht uns nämlich nicht um den Inhalt der Vorurteile, sondern um das, was sie verkörpern, was sich hinter ihnen verbirgt. Und dies ist meistens ganz einfach Angst und Verletztsein. Hier fängt unsere Arbeit als Mittler und Interface an: den Gefühlen Raum geben, sie anerkennen und gleichzeitig strukturieren. Emotionale Viren können nur im Verborgenen wirken. Sobald sie erkannt und erfasst sind, verlieren sie an Wirkung und können von professionellen Mittlern relativ einfach „behandelt" werden und somit Berührungsängste abgebaut werden.

Es geht nicht um den Inhalt der Vorurteile, sondern um das, was sie verkörpern.

TIPP

Versuchen Sie nicht, derartige Brainstormings selbst mit Ihren französischen Partnern durchzuführen. Sie werden entweder gar nichts oder nur Positives als Antwort erhalten. Es muss eine absolute Vertrauensbasis vorhanden sein und der Mittler als unparteiisches Interface anerkannt sein. Wer selbst in eine Konfliktsituation involviert ist, also ein eigenes Interesse hat, kann nicht unparteiisch sein.

Nun, was verbirgt sich hinter diesen Aussagen bzw. Vorurteilen? Zum Beispiel, dass viele deutsche Manager die Arbeitsweise ihrer französischen Nachbarn für ineffizient halten. Die Konsequenz daraus ist, dass eine große Zahl von ihnen französischen Mitarbeitern deutsche Denk- und Arbeitsweisen aufzwingen, ohne überhaupt im Ansatz zu versuchen, diese besser kennen und verstehen zu lernen. Reaktion bei den Franzosen: „Sie versuchen, uns alles aufzuzwingen, wissen alles besser." Die Folgen sind Grabenkämpfe und Boykottmaßnahmen, die emotionalen Viren auch bei den so sachlichen Deutschen idealen Nährboden bieten und die wir immer wieder in unserer Beratungsarbeit bereinigen müssen.

Grabenkämpfe und Boykottmaßnahmen, weil deutsche Arbeitsweisen aufgezwungen werden

Dies führt uns zu der wohl schwerwiegendsten Feststellung bei der Analyse der Konsequenzen der Vorurteile auf die Zusammenarbeit, der Angst voreinander.

Deutsche und Franzosen haben Angst voreinander!

Diese Angst beruht allerdings nicht auf den gleichen Gründen:

Französischer Filou

- Deutsche fürchten, von dem französischen „Grand Filou" übervorteilt zu werden („Die wollen uns über den Tisch ziehen!"). Daher zeigen sie sich z.B. bei Verhandlungen oft herrisch und ungeduldig. Sie wollen gemäß der Tagesordnung vorgehen, um alles im Griff zu behalten, und lassen keinerlei Spielraum zu.

Deutsche Dampfwalze

- Franzosen haben Angst vor den machthungrigen Deutschen. Zwei typische Redewendungen, die praktisch immer bei französischen Managern auftauchen, wenn es um die Zusammenarbeit mit Deutschen geht, stehen dafür: *„Attention, ils vont nous bouffer!"* (Achtung, die werden uns auffressen) und *„le rouleau compresseur allemand"* (die deutsche Dampfwalze). Daher starten sie meist strategische Ausweichmanöver, um ihre Gegenüber aus dem Konzept zu bringen und deren Schwächen zu erkennen, um diese für sich zu nutzen und sich so zu schützen. Oder sie versuchen, in einer Partnerschaft einseitige Vorteile für sich herauszuschlagen, um nicht von dem „bösen Deutschen" überrollt zu werden.

„Die Deutschen haben Angst vor sich selbst und machen den anderen Angst, obwohl Sie doch nur geliebt werden wollen.
Ihre Kraft macht Angst, aber Ihr Wille zur Machtlosigkeit verwirrt.
Die Gier der Deutschen, sich selbst zu verstehen, ist ebenso unermesslich wie die Unfähigkeit, dies zu tun."

Daniel Vernet, ehemaliger Chefredakteur „Le Monde"

Unter den Franzosen ist tatsächlich die latente Angst verbreitet, die Deutschen seien auf wirtschaftliche und politische Vorherrschaft gegenüber Frankreich aus. Werfen wir dazu nochmals einen Blick auf französische Bilder und Aussagen der letzten Jahre zum Thema Deutschland:

Während und nach der deutschen Wiedervereinigung zierte Bundeskanzler Kohl in voller Größe die Titelseiten zahlreicher französischer Zeitschriften. An seiner Seite fand sich oft der erheblich kleinere französische Staatspräsident Mitterand wieder. Beide Persönlichkeiten verkörpern allein durch ihr äußeres Erscheinungsbild die Ungleichheit des europäischen Paares: ein Deutschland, das in den Augen vieler Franzosen politisch und wirtschaftlich zu groß und zu mächtig geworden ist; ein Deutschland, das eine Gefahr bildet, da es das nun demographisch kleinere Frankreich erdrücken könnte.

In eine ähnliche Richtung wies eine Titelseite des Wirtschaftsmagazins „L'Expansion" Anfang der 90er Jahre, das wahrlich ein psychologisch gut ausgetüfteltes Arsenal an kleinen Giftpfeilen verschießt: Es zeigt den damaligen Vorstandsvorsitzenden des Technologiekonzerns Daimler Benz, Edzard Reuter, wie er mit versteinertem, geradezu emotionslosem Blick den Leser anschaut. Im Hintergrund blinkt dabei der alles überragende Stern des Mächtigen aus Stuttgart. Verstärkt wird der Gesamtausdruck durch den einschüchternden Titel: „Mercedes: La Folie des Grandeurs." (Mercedes – der Größenwahn). Die Message ist klar: Man ersetze den Mercedesstern durch ein anderes, vor allem in den 30er und 40er Jahren bekanntes Symbol und denke sich bei Reuter noch ein kleines Schnurrbärtchen hinzu ...

„Mercedes – der Größenwahn". So kommentierte das angesehene Wirtschaftsmagazin „L'Expansion" die Wachstumsstrategien Edzard Reuters.

In dem bereits vorher zitierten Kommentar des „Figaro" zur Wiedervereinigung war weiter zu lesen: „Jeder redet von Gorbatschows Formel vom europäischen Haus. Die Frage ist nur, wer der Architekt und wer der Mieter mit der besten Wohnung sein wird."

Die französische Sorge: „Welches Deutschland wird geboren?", fragte „Le Point".

Eine Studie von 1982[9] brachte zutage, dass „die Geschichte Deutschlands, so wie sie von der französischen Jugend wahrgenommen wird, nur bis 1933 zurückgeht. Ihr Bild ist von der Bereitschaft der Deutschen zu aggressiven Verhaltensweisen geprägt und steht im Kontrast zu einer „*tranquillité d'aujourd'hui*" (heutigen Ruhe). Die damals befragte Generation ist heute in Frankreichs Führungsetagen tätig ...

Wen wundert es daher, dass in einem großen französischen Konzern der Aufsichtsrat zusammenkommen musste, um darüber zu beraten, ob man den um ein Drittel kleineren deutschen Partner einen zehnprozentigen Kapitalanteil einräumen könne – ohne

Die deutsche Geschichte geht für die französische Jugend nur bis 1933 zurück.

[9] Siehe Artikel: „Das Deutschland-Bild der Franzosen", Walter Lemmermeier, aus „Deutschland und Europa", Lothar Schaechterle, (Hrsg.).

Gefahr zu laufen, eines Tages von dem deutschen Partner geschluckt zu werden.

Können Sie jetzt nachvollziehen, warum wir so stark die Bedeutung der Vorurteile hervorheben? Denn zusammengefasst stellen sich deren Auswirkungen so dar:

Die Folgen der Vorurteile

- Viele deutsche Manager und Unternehmer winken spontan ab, wenn es um die Zusammenarbeit mit Franzosen geht, obwohl sie selbst nie eigene oder nur weil andere schlechte Erfahrungen gesammelt haben!
- Viele Franzosen betrachten Deutschland und die Deutschen lieber aus der Ferne, ohne jemals persönliche Kontakte gehabt zu haben oder zu suchen. Geschäftliche Kontakte werden, solange es geht, vermieden, und wenn, dann auf das Nötigste beschränkt („Man geht nach Deutschland, um Geschäfte zu machen, nicht, um sich zu vergnügen").
- Das Klima von Verhandlungen zwischen Deutschen und Franzosen ist häufig schon von vornherein durch die Angst vergiftet, hereingelegt bzw. überrollt zu werden. Strategische Winkelzüge und krampfhaftes Festhalten an Prinzipien sind die Folge mit dem Ergebnis, dass oft genau das eintritt, was man befürchtete!

3.8 Warum Vorurteile sich immer wieder bewahrheiten

Der „Self-fullfilling-prophecy"-Effekt: Misstrauen wird bestätigt.

Das Drama der Vorurteile ist, dass sie stimmen! Jeder Deutsche und jeder Franzose, der bereits im anderen Land Geschäfte gemacht hat, kann Dutzende von Geschichten erzählen, die bestätigen, dass der andere so ist. Wir haben es hier mit den berühmten *„Self-fullfilling-prophecy"*-Effekten zu tun, die auch Reinhard K. Sprenger anspricht: „Mißtrauen, so der Bielefelder Soziologe Niklas Luhmann, besitze die unabweisbare Tendenz, sich im sozialen Miteinander zu bestätigen und zu verstärken."[10]

Rosenthal hat diese Tatsache zuerst unter dem Namen „Pygmalion-Effekt" beschrieben, als er bemerkte, dass Lehrer die Leistungen ihrer Schüler allein dadurch positiv oder negativ beeinflussen, dass sie eine bestimmte Vorstellung von ihnen haben. D.h., die an andere Menschen gestellten Erwartungen können so mächtig sein, dass jene sich entsprechend diesen Erwartungen verhalten.

[10] Reinhard K. Sprenger, Mythos Motivation, S. 40.

Wer Angst vor Hunden hat, der wird auch häufig gebissen, was wiederum die Angst rechtfertigt und verstärkt.[11] Dabei ist die Angst der Auslöser, der den Hund veranlasst, zu beißen. Auf einem Segelflugplatz schärfte man den Anfängern ein, bei der Landung auf den einzigen Baum im Umkreis zu achten. Ergebnis: Viele landeten in der Krone oder konnten den Baum nur mit Mühe und Not vermeiden, obwohl Platz genug da war. Erst als die Fluglehrer nicht mehr auf die Gefahr des Baumes hinwiesen, ging die Zahl der Unfälle zurück.

Anhand eines beispielhaften Dialoges, der so oder ähnlich hunderte Male täglich abläuft, wollen wir einmal den Mechanismus des „*Self-fullfilling-prophecy*"-Effektes darstellen:

Praxisbeispiel

Zweite Verhandlung zwischen dem deutschen Vertriebsleiter Dr. Siebert und seinem französischen Widerpart Monsieur Colbert bezüglich einer Vertriebskooperation im Bereich X. Termin um neun Uhr in einem reservierten Raum eines Pariser Hotels.

Neun Uhr: Herr Siebert ist extra etwas früher gekommen, um alles so weit wie möglich vorzubereiten, denn er weiß ja, dass Franzosen meist zu spät kommen. So hat er bereits die Tagesordnung auf den Flipchart geschrieben, damit man gleich zur Sache kommen kann, denn um elf Uhr muss er zu einem weiteren Termin.

9.15: Herr Siebert wird zusehends nervöser: „Colbert übertreibt's. Wie sollen wir nur alle Punkte bis elf Uhr durchbekommen?" In dem Moment kommt Monsieur Colbert gut gelaunt und freundlich lächelnd herein:

Colbert: Bonjour, Herr Dr. Siebert, wie geht's?
Siebert: (sehr zurückhaltend) Danke, es geht so. Schön, dass Sie endlich da sind. Dann wollen wir mal gleich zur Sache kommen.

Vorurteil Nr. 1:

- Franzosen sind immer zu spät und entschuldigen sich nie! STIMMT ✓
- Deutsche sind nicht sehr sympathisch und offen! EXACT ✓

Colbert: Bevor wir zur Tagesordnung kommen, möchte ich Ihnen noch eine großartige Idee unterbreiten, die mir gerade auf dem Weg hierhin gekommen ist!
Siebert: Moment, wir haben schon genug Zeit verloren. Darüber können wir eventuell am Ende sprechen!

[11] Was natürlich umgekehrt genauso gilt: Wer keine Angst vor Hunden hat, wird auch nicht gebissen!

Colbert: Aber hören Sie doch erst mal. Sie werden sich vielleicht von meiner Begeisterung anstecken lassen!
Siebert: (ungehalten) Na, wenn's unbedingt sein muss!

Vorurteil Nr. 2:

- Tagesordnung durcheinander! STIMMT ✓
- Deutsche sind überhaupt nicht flexibel und begeisterungsfähig! EXACT ✓

Colbert: Nun, was halten Sie davon, wenn wir statt einer Vertriebskooperation unsere Bereiche X und Y fusionieren würden? Das wäre doch eine Supersache!
Siebert: Moment mal! Davon war nie die Rede und kann es hier auch nicht sein. Wir haben uns über ein gut ausgeklügeltes Vertriebskonzept Gedanken gemacht, über das ich jetzt mit Ihnen sprechen möchte.
Colbert: Aber überlegen Sie doch mal: Wir könnten die ganze Konkurrenz auf dem falschen Fuß erfassen. In drei Jahren sind wir Marktführer in Europa und in fünf Jahren weltweit!
Siebert: Das sind doch alles Wunschträume! Für so was muss man sich Zeit nehmen, und dazu muss sowieso ein Vorstandsmitglied eingeschaltet sein! (Haut mit der Hand auf den Tisch): So, wenden wir uns jetzt endlich konkreten Dingen zu! Hier ist unser Konzept!
Colbert: Sehr schade, aber wenn Sie wollen ...

Vorurteil Nr. 3:

- Vorschläge der Franzosen sind konzeptlos und oft aus der Luft gegriffen! STIMMT ✓
- Deutsche halten verbissen an der Tagesordnung fest! EXACT ✓

Herr Siebert präsentiert sein Konzept, Monsieur Colbert nickt nur mehr oder weniger abwesend. Herr Siebert ist erstaunt, dass keinerlei Kritik oder sonstige Beiträge von Monsieur Colbert eingebracht werden. Aber er ist froh, dass er die verlorene Zeit dadurch wieder hereinholt.

Siebert: Also, dann können wir auf dieser Basis die Verträge vorbereiten?
Colbert: Wenn Sie wollen ...

Herr Siebert fährt erleichtert nach Hause zurück, hat er doch den Franzosen dank seines gut vorbereiteten Konzeptes zur Vernunft bringen können. Vier Wochen später soll man sich wieder treffen, die Deutschen arbeiten die Vertragsentwürfe aus. Kurz vor dem Treffen kommt ein Fax aus Frankreich, indem man es sehr bedauert, aber man habe leider kein Interesse mehr an der gemeinsamen Vertriebskooperation!

Vorurteil Nr. 4:

- Franzosen sind unzuverlässig und nicht zu partnerschaftlichem Verhalten fähig! STIMMT ✓
- Die Deutschen wollen uns mit ihren Konzepten überrollen und sind für keine anderen Ideen offen! EXACT ✓

Wir hoffen, bei Ihnen werden keine Erinnerungen wach ... (Falls doch, so finden Sie in diesem Handbuch genügend Erklärungen, warum der Ablauf gar nicht anders sein konnte![12])

Acht Vor-Urteile haben sich innerhalb von nur zwei Stunden bestätigt.

Haben Sie gemerkt, wie einfach „*Self-fullfilling-prophecy*" funktioniert? Acht Vor-Urteile haben sich wie selbstverständlich innerhalb von nur zwei Stunden bestätigt. Wie soll man da noch zweifeln, dass Franzosen so sind? Und warum sollte bei einem Franzosen auch nur der Ansatz eines Verdachtes aufkommen, dass Deutsche nicht so sind?

Selbst, oder gerade die Politiker bleiben davon nicht verschont: „Daher sah sich die französische Seite erneut von der Entwicklung überrollt, als die Bundesregierung im Februar 1990 die bevorstehende Wirtschafts- und Währungsunion mit der DDR ankündigte."[13]

Ein anderes Beispiel: Die französische Fußballmannschaft verliert regelmäßig die wichtigen Spiele gegen die deutsche Mannschaft, selbst wenn sie spielerisch besser ist. Die Angst vor der Dampfwalze lähmt.

All diese Beispiele zeigen auf, welche ungeheuren Konsequenzen Vorurteile verbunden mit „*Self-fullfilling-prophecy*"-Effekten haben können: Wer kann ermessen, wie viele hoffnungsvolle Kooperationen bereits an der Barriere der Vorurteile gescheitert sind? Wie viel Zeit vergeuden hochkarätige und -bezahlte Führungskräfte damit, aufgrund des „Böse-Nachbarn-Syndroms" Angst- und Abwehrstrategien zu entwickeln? Welches Desaster haben deutsche Manager hinterlassen, weil ihnen gleich der Kragen platzte, wenn etwas nicht perfekt funktionierte?

3.9 Sympathie und Anerkennung

Zum Abschluss dieses Kapitels noch ein Zitat von Brigitte Sauzay, die während Mitterands Amtszeit dessen Übersetzerin war. Sie war auf allen deutsch-französischen Gipfeltreffen zugegen:

[12] Siehe dieses Fallbeispiel: „Die *Self-fullfilling-prophecy*", Seite 101 ff.

[13] Siehe Artikel: „Das Deutschland-Bild der Franzosen", Walter Lemmermeier, aus „Deutschland und Europa", Lothar Schaechterle, (Hrsg.).

Die Deutschen „lieben" die Franzosen, nehmen sie aber nicht ganz ernst; die Franzosen bewundern die Deutschen, „lieben" sie aber nicht wirklich.
Die Franzosen möchten ernst genommen werden, und die Deutschen möchten geliebt werden.
Wer nicht ernst genommen wird, neigt dazu, sich aufzuplustern.
Wer nicht geliebt wird, reagiert oft überempfindlich.

Brigitte Sauzay

Die Deutschen wollen geliebt werden, sind aber in den Augen der Franzosen nicht liebenswert, die Franzosen wollen respektiert werden, sind aber in den Augen der Deutschen nicht seriös!

Eine unserer wichtigsten Aufgaben in Beratungsprojekten ist daher, Sympathie und Anerkennung zu schaffen. Es gilt, den Franzosen zu zeigen, dass Deutsche auch Menschen sind. Umgekehrt müssen die Deutschen erkennen, dass Franzosen genauso seriös und effizient arbeiten können wie Deutsche, wenn sie richtig motiviert sind.

Kennzeichnend ist die Reaktion eines französischen Managers nach einem gemeinsamen deutsch-französischen Workshop: „Ist ja unglaublich! Den Dr. Frisch kenne ich jetzt schon seit fünf Jahren. Ich habe den noch nie lachen sehen. Während der drei Tage habe ich gemerkt: Der hat ja einen ganz tollen Humor. Mit dem kann man richtig lachen. Ich wusste gar nicht, wie sympathisch der sein kann!"

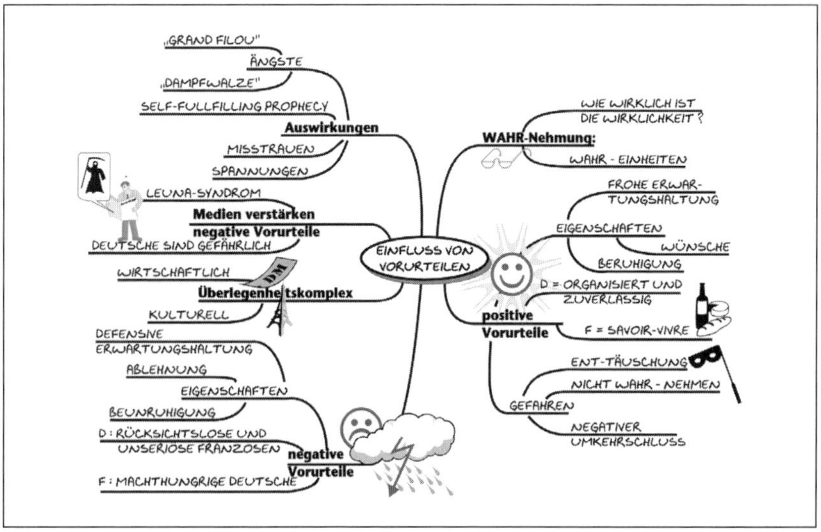

Abb.. I.12: Der Einfluss von Vorurteilen

Monsieur Positif

Himmel und Hölle

Im Himmel ist ein Engländer Polizist, ein Franzose Koch, ein Deutscher Mechaniker, ein Italiener Liebhaber und ein Schweizer Organisator.

In der Hölle ist ein Engländer Koch, ein Franzose Mechaniker, ein Deutscher Polizist, ein Italiener Organisator und ein Schweizer Liebhaber.

N.B.: Wenn Sie keine Vorurteile haben, dürfen Sie jetzt übrigens nicht lachen!

„Das größte Vergehen im Wirtschaftsleben ist die fundamentale Missachtung der Menschenwürde."

Reinhard K. Sprenger

4 Der grundlegende Unterschied im Sozialverhalten

Nachdem wir die Bedeutung des Autopiloten für effizientes Kommunizieren und Zusammenwirken ausführlich besprochen haben, werden wir uns nun mit einem ganz wesentlichen Bestandteil seiner Programmierung, nämlich dem Sozialverhalten, befassen:

Wie nimmt der Autopilot andere Menschen wahr, die nicht zum engeren Kreis der Familie gehören? Welche Bedeutung, welchen Status gibt er ihnen? Wie setzt er sich mit sozialen Gruppen auseinander? In welcher Erwartungshaltung begegnet er ihnen?

Kurzum, wir werden uns damit auseinander setzen, wie der Autopilot den Umgang mit dem Nächsten regelt und welches die fundamentalen Unterschiede in der Programmierung des deutschen und des französischen Autopiloten im Sozialverhalten sind. Dieses Wissen ist von erheblicher Bedeutung, hängt doch hiervon die Art und Weise ab, wie wir uns im Straßenverkehr verhalten, Konflikte angehen und regeln, zusammenarbeiten, welche Art des Managements wir erwarten und z.B. auch, wie unsere politischen und sozialen Systeme funktionieren.

In diesem Kapitel erfahren Sie,

- warum Egoismus eine natürliche Eigenschaft ist,
- dass es weltweit unterschiedliche Arten von Egoismus gibt und welches Denken und Handeln daraus resultiert,
- welche Auswirkungen sich aus ihrem Aufeinandertreffen ergeben, insbesondere zwischen Deutschen und Franzosen,
- warum der Begriff „Partnerschaft" eines der größten Missverständnisse zwischen Deutschen und Franzosen beinhaltet,
- wie man Franzosen als zuverlässige Partner gewinnt.

INDIENS, SACRED SPIRIT (Virgins): heilige Gesänge der amerikanischen Indianer. Gesänge und Tänze, die unter die Haut gehen. Modern aufgemacht und trotzdem die Tradition beibehalten. Abwechslung zwischen langsamen, meditativen Rhythmen und Gesängen und feurigen Regen- und Kriegstänzen. Ein Riesenerfolg in Frankreich! Gesponsert von der Vereinigung „Survival" für die weltweite Erhaltung der Eingeborenenstämme.

Deutsch-französischer Kulturschock im Straßenverkehr

Straßenszene an der Place de l'Opéra in Paris: Eine deutsche Touristin hält ihren Sohn zurück, der es den Parisern nachtun und im dichtesten Verkehr trotz roter Fußgängerampel die Straße überqueren will. „Schau auf die alte Dame hier neben uns, die geht auch nicht so einfach rüber, sondern wartet, bis grün ist!" Sie hatte kaum geendet, da befand sich selbst die alte Dame mitten im Verkehrsgewühl, drehte sich um und winkte ihnen zu: „Na, nicht sehr mutig heute, wie?"

Im französischen Straßenverkehr erleben Deutsche gewöhnlich ihren ersten Kulturschock. Zwei Welten scheinen sich hier aufzutun: einerseits das möglichst geordnete und geregelte Benehmen der Deutschen, anderseits die freizügigen, mitunter aber auch rücksichtslosen Franzosen, die anscheinend meinen, (Verkehrs-)Regeln seien nur für die anderen da. Wer stand nicht schon einmal auf dem Triumphbogen und blickte staunend, ja bisweilen schmunzelnd auf den chaotischen Kreisverkehr hinab: „Wie schaffen die es nur, ohne Fahrspuren und ohne Ampelanlage? Wer weiß denn hier eigentlich, wer gerade Vorfahrt hat?" Warum erscheinen den meisten Deutschen – ob nun als Autofahrer oder Fußgänger – die Franzosen im Straßenverkehr als draufgängerisch bis rücksichtslos? Ist der typische Franzose am Ende ein knallharter Egoist?

Jedes Lebewesen ist „egoistisch" in dem Sinne, dass es leben, wachsen und sich weiterentwickeln will.

Der Begriff „Egoist" ist in unserem Sprachgebrauch negativ besetzt. Er kennzeichnet i.d.R. Menschen, die Rechte anderer und Pflichten gegenüber der Gemeinschaft Außer Acht lassen. Wir dagegen schlagen vor, „Egoismus" dahin gehend zu definieren, dass dieser grundsätzlich eine natürliche, und zwar lebenserhaltende Eigenschaft ist: Jede Pflanze, jeder Baum, jedes Lebewesen ist „egoistisch" in dem Sinne, dass es leben, wachsen und sich weiterentwickeln will. So gesehen sind auch wir Menschen egoistisch: Wir streben nach höheren Aufgaben, mehr Wissen, mehr Sicherheit, mehr Anerkennung usw. Entscheidend ist allerdings, dass dieser Egoismus sich im Sozialverhalten jeder Kultur unterschiedlich ausdrückt. Mit anderen Worten:

Wir sind alle Egoisten, aber die Art, wie wir egoistisch sind, ist verschieden. Daher werden wir uns nun mit zwei sehr unterschiedlichen Arten des Egoismus beschäftigen: dem gemeinschaftlichen und dem individualistischen Egoismus.

4.1 Der gemeinschaftliche Egoist

Der gemeinschaftliche Egoist versteht sich als Teil einer übergeordneten Gruppe und orientiert seine Handlungen an deren Wohlergehen. Kein geringerer als der Philosoph Immanuel Kant hat dieses Denken und Handeln mit seinem „kategorischen Imperativ" nicht nur auf den Punkt gebracht, sondern auch maßgeblich geprägt:

> „Handle nur nach derjenigen Maxime, durch die du zugleich wollen kannst, dass sie ein allgemeines Gesetz werde!"
>
> *Immanuel Kant*

Ein allgemeines Gesetz für wen? In jedem Fall für die Gruppe, der sich der gemeinschaftliche Egoist zugehörig fühlt. Was ihn an die Gruppe bindet, sind keine verwandtschaftlichen Beziehungen, sondern das Denken in Rechten und Pflichten gegenüber der Gemeinschaft. Aber im kategorischen Imperativ von Kant liegt noch eine sehr viel weiter reichende Forderung: so zu handeln, dass alle dieses Handeln zum Maßstab nehmen können. Da es uns nicht um philosophische Tiefe, sondern um pragmatische Vergleiche mit anderen Systemen gehen soll, wollen wir gemeinschaftlich egoistisches Handeln ganz einfach am Beispiel eines deutschen Autofahrers analysieren:

Wenn dieser sich in sein Fahrzeug setzt, so ist sein Autopilot auf folgende Annahmen programmiert:

- Die anderen werden a priori die Verkehrsregeln einhalten.
- Andere Verkehrsteilnehmer sind „Partner", ich muss mich daher rücksichtsvoll verhalten.
- Um sicher ans Ziel zu kommen, brauche ich folglich weniger auf die anderen denn auf die Regeln zu achten.
- Regeln bieten mir also Sicherheit.

Infolgedessen

- ist das Unfallrisiko bei Verstößen anderer gegen die Verkehrsregeln sehr hoch, da man ja selbst nicht damit rechnet,

- werden Verkehrsregeln nur ausnahmsweise und mit mehr oder weniger schlechtem Gewissen übertreten,
- werden andere, die gegen die Regeln verstoßen, sofort gemaßregelt oder sogar angezeigt.

Menschen aus gemeinschaftlich egoistischen Kulturen haben demzufolge ein stark ausgeprägtes Rechtsempfinden („Das ist mein gutes Recht!"). Des Weiteren handeln sie in starker Abhängigkeit oder zumindest in Bezug auf andere. Maßgeblich ist, wie die Allgemeinheit empfindet und handelt.

Hier nun die wichtigsten Kennzeichen des gemeinschaftlichen Egoisten in der Übersicht:

Kennzeichen des gemeinschaftlichen Egoisten

- Stolz auf Gruppenleistung:
  „Wir-Denken" bzw. „Wir-Gefühl" wird gesucht und gefördert.
- Denken an das Allgemeinwohl:
  Handlungen müssen der Allgemeinheit nutzen oder dürfen ihr zumindest nicht schaden.
- Konformes Verhalten:
  Gesetze werden beachtet, Überschreitungen anderer gerügt oder gar angezeigt.
- Streben nach Anerkennung:
  Handlungen sind nutzenorientiert und leistungsbezogen; Privilegien werden nur anerkannt, wenn sie verdient sind.
- Soziales Verantwortungsgefühl und Vorbildfunktion:
  Gemeinschaftliche Anliegen werden zu persönlichen Anliegen, richtiges Verhalten wird oft vorexerziert.
- Außenorientierung:
  Die öffentliche Meinung wird stark beachtet, Ansichten der Meinungsführer werden übernommen und von den Gruppenmitgliedern selbst vertreten.
- Sicherheitsstreben:
  Die Gruppe muss als Gegenleistung für das konforme Handeln Geborgenheit vermitteln.
- Berechenbarkeit:
  Zuverlässigkeit ist Grundlage für den Vertrauensaufbau.
- Materialismus:
  Güteranhäufung als Kennzeichen für den sozialen Status.

Abb. I.13: Kennzeichen des gemeinschaftlichen Egoisten

Als typisch gemeinschaftlich egoistische Kulturen gelten neben den deutschsprachigen Ländern die nordeuropäischen Kulturen, vor allem aber Japan.

Wie wird man zum gemeinschaftlichen Egoisten?

Egoismus verstehen wir, wie gesagt, als eine natürliche, angeborene Eigenschaft, seine gemeinschaftliche Ausprägung ist demgegenüber kulturell bedingt. Es handelt sich also um angelernte Denk- und Handlungsweisen. Wie dem Autopiloten der gemeinschaftliche Egoismus einprogrammiert wird, können Sie in Deutschland an fast jeder Fußgängerampel, insbesondere vor Kindergärten beobachten: Der das Kind begleitende Erwachsene wird auf die rote Ampel verweisen und sagen: „Schau, die Ampel ist rot! Das zeigt an, dass du nicht hinübergehen darfst. Sieh mal, die Dame neben uns, sie bleibt auch stehen und wartet, bis es grün ist!“ Erst wenn die Ampel auf Grün schaltet, betreten die Wartenden die Straße.

Was lernt das Kind?

- Erstens: Regeln sind zu beachten und werden eingehalten.
- Zweitens: Regeln sind für alle da, auch die Erwachsenen genießen keine Privilegien.
- Drittens: Achte darauf, wie es die anderen machen, dann bist du in Sicherheit! (Siehe die Schilder an vielen Ampeln und Zebrastreifen: „Seien Sie Vorbild für unsere Kinder!“)
- Viertens: Orientiere dich an Leuten, die älter sind und Erfahrung haben.

Das deutsche Schulsystem

Das deutsche Schulsystem ist ausdrücklich darauf ausgelegt, gemeinschaftlich egoistisches Verhalten zu lehren und zu fördern. So lernen deutsche Kinder von der Pike auf, aus eigenem Antrieb heraus Regeln einzuhalten, indem man ihnen ausführlich deren Sinn und Zweck erklärt. Die Schüler sind aufgefordert, so lange zu hinterfragen und zu diskutieren, bis sie alles verstanden haben. Dabei sollten sie durchaus auch konstruktive Kritik anbringen, denn dies ist Ausdruck selbstständigen Denkens und Handelns. Ist ein Thema, ein Prozedere oder ein Gesetz von allen Seiten beleuchtet, sozusagen ausdiskutiert worden, bildet sich entweder ein Konsens oder ein Kompromiss, mit dem

Seien Sie Vorbild! Was ausdiskutiert ist, wird mitgetragen.

alle leben können. Das (Aus-)Diskutierte wird sodann nicht mehr in Frage gestellt, sondern von allen mehr oder weniger getragen oder zumindest respektiert.

Die Klassenkameraden sind Weggefährten, man hilft und fördert sich gegenseitig, schlechte und mittlere Schüler werden nicht nur mitgezogen. Viele Lehrer sind sogar eher bereit, das Niveau zu senken, als es den besten Schülern anzupassen. Konkurrenz und Rivalität werden vom Schulsystem nicht künstlich erzeugt, sondern höchstens von den Eltern hochgespielt. In der Schule sind Kinder Konkurrenten wie auf dem Spielplatz, in der Familie oder der Clique. Ein gutes Abitur oder den Numerus clausus zu schaffen, persönliche Ziele, die man sich auf seinem Bildungsweg steckt, zu erreichen: All diese Ziele lassen sich umsetzen, ohne dass es zu einem ausgesprochenen Konkurrenzverhalten unter den Schülern kommt. Selbst in den Abiturklassen sind die Schüler keine direkten Konkurrenten, da sie sich nur in den seltensten Fällen für denselben Studiengang an derselben Hochschule bewerben. Erst später auf der Uni, in z.T. hoffnungslos überbesetzten Hörsälen kommt so etwas wie Konkurrenzkampf auf (für den die meisten Franzosen allerdings nur ein müdes Lächeln übrig hätten!). Was also lernt der gemeinschaftliche Egoist?

Konkurrenz und Rivalität werden nicht künstlich hochgespielt.

- Rücksicht auf andere zu nehmen,
- andere und die Umwelt in die eigenen Überlegungen mit einzubeziehen,
- Sinn und Zweck von Handlungen und deren mögliche Auswirkungen auf andere und die Umwelt zu verstehen,
- Autoritäten fachlich zu akzeptieren, aber deren Standpunkte und Meinungen im offenen Dialog zu hinterfragen.

Ist der Konsens gebildet, so ordnet sich der gemeinschaftliche Egoist der mehrheitlichen Meinung unter oder wird zumindest nicht gegen diese handeln.

Gemeinschaftlicher Egoismus ist kein Altruismus!

Nun, das klingt eigentlich sehr nobel. Warum ist das gemeinschaftlich egoistische Sozialverhalten trotzdem nicht mit Altruismus gleichzusetzen? Ganz einfach deshalb, weil Altruismus uneigennützig ist, das heißt, der Altruist erwartet keine Gegenleistungen. Der gemeinschaftliche Egoist fordert hingegen ganz handfeste Gegenleistungen: Er beugt sich zwar Gesetzen und Regeln, ordnet sich der Gruppe unter, verlangt jedoch im

Der gemeinschaftliche Egoist erwartet handfeste Gegenleistungen!

Gegenzug, dass diese ihn dafür beschützt und fördert. Er erwartet außerdem, dass alle anderen die gleichen Anstrengungen machen und sich an die Regeln halten. Setzt sich jemand darüber hinweg, so wird er ihn darauf hinweisen oder sich sogar für dessen Bestrafung einsetzen. Die „Horrorvision" des gemeinschaftlichen Egoisten bei abweichendem Verhalten: „Wenn das jeder täte!"

TIPP Von vielen Kulturen wird den Deutschen Arroganz vorgeworfen. Sogar die Deutschen der neuen Bundesländer haben schlechte Erfahrungen mit dem westdeutschen Besserwessisyndrom gemacht.

Später, als Erwachsener geht ein gemeinschaftlicher Egoist wie selbstverständlich davon aus, dass auch alle anderen gemeinschaftliche Ziele verfolgen, Gesetze einhalten und einander helfen. Genauso wird er „sein gutes Recht" einfordern: „Ich halte mich an die Regeln, also die anderen bitte auch!" „Ich habe mich den Regeln gemäß verhalten, also habe ich jetzt auch Anspruch auf dies und das ...!" So übernimmt der Autopilot eine Verhaltensmaxime in sein Programm und speichert damit die Überzeugung bzw. Wahr-Einheit, dass nur diese Art des Sozialverhaltens vernünftig ist. Und Vernunft ist das oberste Gebot, denn nur so ist seiner Ansicht nach ein harmonisches Zusammenleben möglich. Natürlich hat dies unmittelbare Auswirkungen auf das Geschäftsleben: Ein gemeinschaftlicher Egoist geht zwar mit Vorsicht in Vertragsverhandlungen mit einem neuen Geschäftspartner, gibt diesem aber meistens einen Vertrauensvorschuss. Wird er hintergangen, ist die Enttäuschung daher umso größer, das Misstrauen endgültig und die Revanche oft knallhart. Der deutsche Konsument ist dafür ein eindrucksvolles Beispiel: Fühlt er sich übers Ohr gehauen, so greift er, ohne zu zögern, zu juristischen Mitteln, gibt keine Ruhe, bis ihm Gerechtigkeit widerfährt, und er wird nie wieder das gleiche Produkt kaufen. Deshalb war auch der Leitsatz von Robert Bosch sinnvoll: „Lieber Geld verlieren als das Vertrauen unserer Kunden!" Darauf beruht auch die Macht der „Stiftung Warentest": Fällt ein Produkt durch (und sei es nur „befriedigend"), so wird es nahezu unverkäuflich auf dem deutschen Markt.

Vernunft ist das oberste Gebot.

Viele französische Firmen haben früher (und leider oftmals heute noch) in Unkenntnis dieser Tatsache deutsche Kunden direkt in den Anfangsjahren enttäuscht und aus diesem Grund nie „einen Fuß in die Tür" bekommen. Fehlleistungen wie Unzuverlässigkeit und Qualitätsmängel werden nicht vergeben und bleiben dauerhaft im Gedächtnis.

Gemeinschaftlich egoistische Kulturen	
Vorteile	**Nachteile**
◆ Konsensfähigkeit: Bereitschaft, Kompromisse einzugehen und Rücksicht auf Meinungen anderer zu nehmen	◆ Mangel an Originalität: Der Zwang, jedem Zugeständnisse zu machen, erschwert es, Innovationen durchzusetzen.
◆ Konzentration der Kräfte: Einmal getroffene Entscheidungen werden umgesetzt. Alle ziehen an einem Strang.	◆ Gruppendruck: Nicht konformes Verhalten wird geahndet.
◆ Hilfsbereitschaft: Die Bedürfnisse sozial oder gesundheitlich Schwacher werden in die Planung von Infrastrukturen einbezogen.	◆ Intoleranz: Von der öffentlichen Meinung abweichende Äußerungen sind nur schwer diskutierbar.
◆ Gerechtigkeitsempfinden: Gute Leistungen werden angemessen belohnt, schlechte ebenso angemessen bestraft.	◆ Gleichförmigkeit: Wer zu sehr individuell glänzt, riskiert, „einen Kopf kleiner" gemacht zu werden. Querdenker sind nicht erwünscht.
◆ Zuverlässigkeit: vernunftbezogenes und berechenbares Handeln. Ein Wort ist ein Wort.	◆ Fehler sind schlimm: Schuldige werden gesucht und zur Rechenschaft gezogen.
◆ Umweltbewusstsein: persönliche Übernahme von Verantwortung, um zu einem ökologischen Gleichgewicht beizutragen	◆ starker Drang nach Ventilen: persönliche Bedürfnisse werden auf die Freizeit verlegt, dort aber umso stärker ausgelebt.

Abb. I.14: Vor- und Nachteile gemeinschaftlich egoistischer Kulturen

Monsieur Positif

Brauchen ein starkes Management
„Das tut gut!"

4.2 Der individualistische Egoist

Dem Motto der gemeinschaftlichen Egoisten in Form des kategorischen Imperativs von Kant wollen wir ein französisches Zitat gegenüberstellen,[1] welches in ebenso guter Weise die Einstellung des individualistischen Egoisten widerspiegelt:

„Ich denke, also bin ich!"

Dieses bekannte Zitat von Descartes stellt ganz eindeutig die eigene Person in den Vordergrund (fünf Worte – zweimal „ich"). So ist es für einen Franzosen ganz natürlich, dass jeder zunächst an sich selbst denkt und für seine Familie sorgt. Die Betonung liegt hier auf natürlich, da zunächst an sich selbst denken für einen individualistischen Egoisten nicht heißt, sich kalkuliert rücksichtslos zu verhalten!

Wir wollen auch hier zunächst einmal individualistisch egoistisches Denken und Handeln am Beispiel eines französischen Autofahrers aufzeigen. Der Autopilot eines Franzosen ist auf folgende Annahmen programmiert:

- Die anderen werden a priori die Verkehrsregeln nicht einhalten, sondern situationsbedingt Vorteile für sich selbst herausschlagen, wo dies möglich ist.
- Andere Verkehrsteilnehmer sind „Gegner", daher muss ich schneller und gewiefter sein.
- Um schnell und sicher ans Ziel zu kommen, muss ich also in erster Linie auf die anderen achten, denn die Verkehrsregeln sind in vielen Fällen nur Anhaltspunkte.
- Regeln bieten keinen Schutz, sie sind einengend („Ich bin nur mir selbst verantwortlich").

Infolgedessen

- ist das Unfallrisiko bei striktem Einhalten der Verkehrsregeln sehr hoch, da z.B. der Hintermann damit rechnet, dass man trotz anbrechender Rotphase noch durchfährt,
- werden Verkehrsregeln regelmäßig und mit einem gewissen Grad an Genugtuung übertreten („Ich bin gewiefter als die anderen! Ich darf mich nicht erwischen lassen!"),
- werden andere, die intelligent gegen die Regeln verstoßen, eher bewundert denn gemaßregelt. Man ist eher verärgert, dass man selbst nicht schneller bzw. gewiefter war!

---

[1] Vgl. Klaus Walter Herterich: Mitarbeiter in Frankreich, Deutsch-französische Führungs- und Personalberatung Klaus W. Herterich, Paris.

Menschen aus individualistisch egoistischen Kulturen sind daher gelassener bei Verstößen gegen Rechte und Regeln. Zwar schimpfen sie meistens wie ein Rohrspatz, aber irgendwo bewundern sie gleichzeitig solche Handlungen. „*C'est de bonne guerre!*" („Das ist guter Krieg!"), sagt der Franzose. Das nächste Mal werde ich eben gewiefter sein. Individualistische Egoisten handeln grundsätzlich eigennützig, lassen aber auch im Gegenzug die anderen leben, wie es ihnen gefällt... solange sie einem selbst nicht allzu schmerzhaft auf die Füße treten.

Deutsche sagen: „Das ist mein gutes Recht!"
Franzosen denken: „Das ist guter Krieg!"

Kennzeichen des individualistischen Egoisten

- Stolz auf persönliche Leistung:
  „Ich-Denken": mein Beitrag, meine Ideen, mein Geld usw.
- Denken an den eigenen Vorteil:
  Handlungen sind eigennützig.
- Missachtung von Konformität:
  Jeder handelt, wie er es für richtig hält, Gesetze sind Richtlinien, die geschickt umgangen werden dürfen bzw. sollen. Konform handeln bedeutet, Mitläufer zu sein und kein ausreichendes Selbstbewusstsein zu haben.
- Streben nach Bewunderung:
  Originalität, Einzigartigkeit und Privilegien sind wichtige Antriebsfaktoren und Statussymbole.
- starkes Familiengefühl:
  Die Familie ist der Schutzraum, der Sicherheit bietet; zunächst starkes Misstrauen gegenüber Fremden.
- Innenorientierung:
  Die öffentliche Meinung zählt wenig – Ansichten bildet man sich selbst.
- Unabhängigkeitsstreben:
  Die Gemeinschaft hat sich nicht in die Belange des Einzelnen einzumischen.
- Elitestreben:
  Persönlichkeiten werden herausgestellt, dazuzugehören wird angestrebt.
- Hedonismus:
  Spaß und Freude gehen vor.

Abb. I.15: Kennzeichen des individualistischen Egoisten

Praktisch alle südlichen Kulturen sind individualistisch egoistisch geprägt, in Europa insbesondere die romanischen Länder. Bezeichnend ist z.B., dass die Bayern im Vergleich zu den Norddeutschen in vielen Denk- und Handlungsweisen eher individualistisch denn gemeinschaftlich egoistisch sind!

Wie wird man zum individualistischen Egoisten?

Nehmen wir die gleiche Situation am Kindergarten wie oben, diesmal jedoch in Paris (zwar ist Paris nicht Frankreich, aber es bestimmt und beeinflusst sein Geschick): An der Fußgängerampel ist es eher die Regel, dass der Vater oder die Mutter eines angehenden individualistischen Egoisten sagt: „Sieh, die Ampel ist rot, wir müssen warten!" Und 15 Sekunden später (eine Ewigkeit für Franzosen, insbesondere für Pariser): „*En principe* müssten wir auf Grün warten. Aber in Anbetracht der Tatsache, dass wir es sehr eilig haben, wollen wir eine Ausnahme machen. Schau nach rechts und links, ob kein Auto kommt, damit du nicht überfahren wirst. Alles frei? Dann schnell rüber!"

Regeln sind auslegbar – misstraue anderen!

Was lernt dieses Kind?

- Erstens: Regeln sind situationsbedingt auslegbar bzw. je nach individuellen Bedürfnissen anzuwenden.
- Zweitens: Misstraue den anderen (zum einen bist du klüger als die anderen, zum anderen könnten sie dich überfahren).
- Drittens: Urteile selbst, ob du von dieser Regel abweichen kannst, ohne Schaden zu nehmen.

Das französische Schulsystem

Das französische Schulsystem unterscheidet sich ganz wesentlich von dem deutschen. Die Lehrer sind autoritär und dozieren vom Katheder herab. Die Schüler werden aufgefordert, alles mitzuschreiben und möglichst viel Stoff aufzunehmen. Gefördert werden die Synthesefähigkeit[2], die Verbesserung der Arbeitskapazität unter großer Belastung, das mathematische Denken und Analysieren. Letztere gelten als Zeichen für Intelligenz und sind ausschlaggebend für die Bewertung der schulischen Leistungen. Die Missachtung von Regeln wird streng sanktioniert, es ist quasi tabu, Aussagen von Lehrern in Frage zu stellen. Wer das Schulsystem erfolgreich durchläuft, geht möglichst auf eine der staatlichen Eliteschulen, die so genannten Grandes Écoles (gegenü-

Lebensziel französischer Kinder aus gehobenen Kreisen: zur Elite gehören

[2] Fähigkeit, das Wesentliche vom Unwesentlichen zu unterscheiden.

ber den Grandes Écoles und privaten Hochschulen haben die herkömmlichen Universitäten einen eher schlechten Ruf). Wer in Frankreich zur Bildungselite gehört, der gehört automatisch auch zur sozialen Elite, denn die obersten Führungspositionen in Verwaltung und Wirtschaft werden durch Abgänger der Grandes Écoles besetzt. Die Eliteschule ist daher nicht nur das erklärte Ziel ambitionierter Schüler und Eltern, das Schulsystem ist darüber hinaus durch ein kompliziertes Wettbewerbssystem darauf ausgerichtet, den Zugang zur Elite zu reglementieren. Dieser Wettbewerb geht schon im frühen Kindesalter los, wenn Eltern sich um einen Platz in einem Kindergarten bemühen, der mit Computern ausgestattet ist, in dem man Lesen und Schreiben unterrichtet, kurz, alles dafür tut, dass die Kinder mit einem Vorteil „ins Rennen" gehen.

Der ehemalige ARD-Korrespondent in Paris, Heiko Engelkes[3], beschreibt dies so: „Die Tatsache, dass die Kinder ab vier Jahren einen ähnlichen Lebensrhythmus haben wie die Erwachsenen, das heißt bis zu acht Stunden von zu Hause fort sind, bedeutet eine große physische und psychische Belastung. Sie sind schon in jungen Jahren stark dem Druck der Gemeinschaft ausgesetzt – mit ihrem Lärm, ihren Spielen, ihrem Wettbewerb. Es gibt kaum Ruhepausen, in denen sie Kraft schöpfen, und keinen mütterlichen oder väterlichen Arm, in dem sie Schutz und Geborgenheit suchen könnten."

Da soziale und schulische Selektion identisch sind, macht sich schon früh das Konkurrenzdenken unter den Klassenkameraden breit. Es gibt offizielle Ranglisten vom besten bis zum schlechtesten Schüler sowie von der besten bis zur schlechtesten Schule bzw. Hochschule, der Preis einer Wohnung in Paris schnellt in die Höhe, wenn sie im Einzugsgebiet eines renommierten Gymnasiums liegt. Wie kommt man aber nun zur ENA, Polytechnique oder HEC, um nur einige der wichtigsten Grandes Écoles zu nennen? Der Schlüssel zum Sesam führt über Vorbereitungsklassen nach dem Abitur. Zugang zur Vorbereitungsklasse hat, wer sein Abitur mit sehr gut abschließt. Überdies werden Abiturienten mit mathematisch-naturwissenschaftlichem Schwerpunkt bevorzugt. Wer in die Vorbereitungsklasse kommt, dem steht eine zweijährige Tortur bevor, die deutsche Abiturienten, auch wenn sie perfekt Französisch sprechen, in den seltensten Fällen mehr als drei Monate überstehen.

Als Beispiel mag das Erlebnis eines Elsässers stehen, der seine Schulzeit in Deutschland verbracht hat. Er berichtete uns in einem Seminar, dass er sich im Anschluss an sein Abitur in die Vorbereitungsklasse für die französische Verwaltungshochschule ENA (École Nationale d'Administration) in Paris

[3] Heiko Engelkes: Bonjour Paris, Bastei Lübbe, ISBN 3-404-61471-2.

eingeschrieben hatte. Die ENA bildet die zukünftigen Präfekten, hohe Steuerbeamte und Politiker aus, kurzum alle, die sich dafür qualifiziert haben, die Geschicke Frankreichs später zu bestimmen (Viele der „Enarquen“ findet man heute allerdings in der Wirtschaft wieder, ein Zeichen der Zeit, welches den eigentlichen Sinn der Eliteschule ENA auf den Kopf stellt!). Angekommen in Paris, wird unser Elsässer von einem Professor mit den Worten empfangen: „Ich habe in Ihrer Akte gelesen, dass Sie Ihr Abitur in Deutschland gemacht haben. Ich prophezeie Ihnen, dass Sie es höchstens sechs Wochen bei uns aushalten werden!“ Kommentar des Elsässers: „Ich bin ganze vier Wochen geblieben und weiß heute noch nicht, wie ich überhaupt solange durchgehalten habe. Unzählige Statistiken auswendig lernen, riesige Bücher wälzen, ständige *concours* (=Prüfungen) und kaum Schlaf! Wozu das Ganze, habe ich mich gefragt und meine Koffer wieder gepackt!“ Sprach's und ging an einer anderen Eliteschule mit großem Erfolg studieren: auf der Hochschule St. Gallen ...

„Sie werden es höchstens sechs Wochen bei uns aushalten!“

Monsieur Positif

Frankreich, ein kleines Land, das große Männer liebt.
(PDG = Generaldirektor)

Die Aufnahme in die Grande École wird mehr gefeiert als deren Abschluss.

In der Vorbereitungsklasse ist der Konkurrenzdruck besonders groß, denn alle bewerben sich für die gleiche Grande École, und nur ca. zehn Prozent werden letztlich Aufnahme finden. Alle Klassenkameraden sind demnach Konkurrenten, vor denen man sich in Acht zu nehmen hat. Die Aufnahme in die Grande École wird mehr gefeiert als deren Abschluss: Jetzt hat man es geschafft und ist unter seinesgleichen, Kameraden, die den gleichen Leidensweg erfolgreich absolviert haben und deswegen Anerkennung verdienen. Damit ist der Anfang gemacht für die berühmten französischen „Seilschaften“, in denen sich die Absolventen der gleichen Grande École gegenseitig praktisch ein Leben lang fördern.

Merken Sie, warum es von fundamentaler Bedeutung ist, die Unterschiede der beiden Ausbildungssysteme zu kennen? Nicht allein der Altersunterschied bei Abschluss der Ausbildung ist wichtig. In beiden Ausbildungssystemen werden ganz unterschiedliche Anlagen, Denk- und Verhaltensweisen gefördert, die sich später selbstverständlich im Arbeitsleben auswirken. Konflikte in der deutsch-französischen Zusammenarbeit sind bereits von der Schule an vorprogrammiert.

Absolventen der gleichen Grande École fördern sich gegenseitig ein Leben lang.

Was junge Deutsche lernen	Was junge Franzosen lernen
◆ Gemeinschaftsdenken	◆ Wettbewerbsdenken
◆ Autorität hinterfragen, Gesetze und Regeln respektieren	◆ Gesetze und Regeln hinterfragen, Autorität (Chef) respektieren
◆ Information gründlich verstehen	◆ Information schnell aufnehmen
◆ diskutieren/kritisch nachfragen	◆ in Frage stellen/reagieren
◆ Druck vermeiden	◆ unter Druck arbeiten
◆ Schritte planen	◆ Ideen strukturieren
◆ die beste Lösung finden	◆ Alternativen ausarbeiten
◆ mit Sachkompetenz darstellen	◆ Denkmodelle bilden
	◆ brillant präsentieren

Abb. I.16: Vergleich der Erziehungssysteme

Ganz andere, ja teils entgegengesetzte Verhaltensweisen und Fähigkeiten werden in beiden Schulsystemen gelehrt und gefördert. Logischerweise führt dies nachher im Erwachsenleben und vor allem im „Business“ zu Unverständnis, ja wird sogar als Bedrohung erlebt: Die deutschen Fähigkeiten der Detailliebe, der Auseinandersetzung, das Bedürfnis, alles in den Griff zu bekommen, nehmen dem Franzosen jede Möglichkeit, seine Kompetenzen in Bezug auf Stressbelastung, schnelle Analyse und Reaktivität zu erleben und unter Beweis zu stellen. Deutsche hingegen geraten durch das in ihrer Wahr-Nehmung unsystematische Arbeiten der Franzosen schnell in Stress.

Die Folge: Die Deutschen versuchen unter allen Umständen einen Rahmen festzulegen, der ihnen feste und sachliche Anhaltspunkte bietet, die Franzosen neigen dazu, alle lästigen Beschränkungen, wie vereinbarte Strategien, Prozedere usw., von vornherein abzulehnen, oder versuchen sich ihrer zu entledigen, sobald diese ihnen nicht mehr sinnvoll erscheinen.

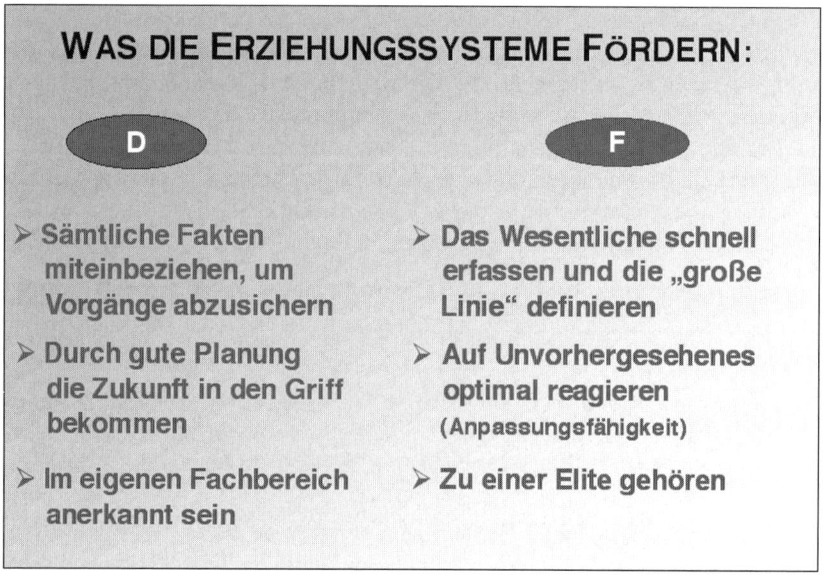

Abb. I.17: Was die Erziehungssysteme fördern

TIPP

Während Franzosen lernen, in schwierigen Situationen den Überblick zu behalten, unter Druck zu arbeiten und in ständigem Wettbewerb zu leben, werden Deutsche in selbständigem, gründlichem Arbeiten geschult. Auf der einen Seite erwartet man flexibles Reagieren auf Unvorhergesehenes, auf der anderen Seite muss Unvorhergesehenes vermieden werden.
Infolgedessen werden französische Manager für die Art und Weise, wie sie sich aus der Affäre gezogen haben, gelobt, deutsche Führungskräfte hingegen dafür getadelt: Dieser Stress hätte ja durch bessere Planung vermieden werden können!

4.3 Der individualistische Egoist im Erwachsenenleben

Individualistische Egoisten sind also permanent einem starken Druck ausgesetzt (staatliche Autorität, Vorgesetzte usw.), und natürlich versuchen sie, diesem Druck zu entweichen und sich abzureagieren. Dies tun sie meistens, indem sie den Autoritäten „eins auswischen“ (siehe Kapitel 4.8 „Die Ventile des individualistischen Egoisten“, S.138.“).

Jeder Franzose findet es ganz natürlich, dass andere sich nicht immer an Regeln halten.

Jeder Franzose findet es ganz natürlich, dass andere sich nicht immer an Regeln halten. Er selbst tut es ja auch nicht. Das hindert ihn zwar nicht, über andere Regelbrecher wütend zu schimpfen, aber meist mehr aus Ärger über sich selbst, dass er nicht genauso schlau war. Der Lieblingssport des individualistischen Egoisten ist die Steuerhinterziehung (und zwar nicht, wie in Deutschland üblich, auf legale Art mit Hilfe des Steuerberaters oder einschlägiger Ratgeber, sondern durch das geschickte Umgehen von Gesetzen und Prozederen). Zum einen regt der damit verbundene Nervenkitzel das Lebensgefühl an, zum anderen erntet man dafür auch die gebührende Bewunderung seiner Umgebung.[4] Wird man erwischt, so akzeptiert man achselzuckend die Strafe, das war der Spaß eben wert!

Gerissenheit hat Sympathie-, ja sogar Vertrauenswert.

Der Unternehmer und Politiker Bernard Tapie ist dafür ein leuchtendes Beispiel: Obwohl er sage und schreibe mit sechs (!) Strafverfolgungsverfahren belastet war, darunter Steuerhinterziehung und Betrug, erzielte der Newcomer bei den Europawahlen 1994 das mit Abstand beste Ergebnis nach den beiden großen etablierten Parteien. Und im Jahr 2002, nachdem er zwei Jahre Gefängnis abgesessen hat, ist er wieder eine gefragte Persönlichkeit: Er moderiert Radiosendungen, ist Präsident des Fußballclubs Olympique de Marseille und alle fragen sich, wann er sich wieder für die Politik interessieren wird. Gerissenheit, vor allem gegenüber der staatlichen Autorität, wird bei vielen Franzosen (zumal in Südfrankreich) honoriert und hat einen hohen Sympathie- bzw. Vertrauenswert.

Bei Verträgen ist nicht der Inhalt wichtig, sondern der Geist.

Der individualistische Egoist geht später im Erwachsenenleben wie selbstverständlich davon aus, dass alle anderen ebenfalls diesen Nervenkitzel suchen und mit Sicherheit die Regeln nicht einhalten werden. Kommen wir nochmals auf den Straßenverkehr zurück: Wenn ein Franzose in sein Auto steigt, geht er davon aus, dass alle anderen Verkehrsteilnehmer seine Gegner sind, da jeder schneller als der andere ans Ziel kommen will und daher die Regeln situationsbedingt zu seinen Gunsten anpassen wird.

Diese Situation ist ohne weiteres auf das Geschäftsleben anwendbar: Ein Franzose misstraut zunächst einmal jedem und allem und versucht zum Beispiel, durch bessere Kenntnis der Persönlichkeit seines Geschäftspartners dessen Schwachstellen und Vorlieben zu erforschen. Bei Verträgen ist nicht der Inhalt wichtig, sondern der Geist. Motto: „Wenn die Chemie nicht stimmt, dann nutzen die ausgefeiltesten Paragraphen auch nichts." Daher bleibt es in Frankreich auch oft beim außergerichtlichen Vergleich, denn Prozesse bringen außer Zeitverlust und Ärger selten Gewinn, selbst wenn man tausendmal Recht hat. Denn wer auf sein Recht pocht, findet

[4] Siehe Kapitel 5.6 „Die französischen Grundwerte" unter „Bewunderung", S. 175 ff.

sich eines Tages vielleicht auf dem Friedhof wieder: Solche sind bekanntermaßen voll von Leuten, die auf ihrem Vorfahrtsrecht beharrt haben ... Die deutsche Botschaft in Paris verzeichnet jeden Monat Klagen, manchmal im Dutzend, von deutschen Touristen, die von französischen Autofahrern auf dem Zebrastreifen angefahren wurden!

Individualistische Egoisten reagieren erst, wenn man ihnen auf die Füße tritt.

Individualistische Egoisten gehen sehr tolerant miteinander um, aber nur solange ihnen keiner auf die Füße tritt. Und da dies in der heutigen Zeit und vor allem in Ballungszentren wie Paris immer schwieriger wird, fällt ihnen das Zusammenleben sehr schwer. Da keiner Verständnis für seine Bedürfnisse und Forderungen von anderen erwarten kann, muss man diesen eben auf die Füße treten, damit sie sich vielleicht auch für etwas anderes als ihre eigenen Probleme interessieren. So geschehen im Sommer 1992, als Frankreichs Fernfahrer den Urlaubsverkehr lahm legten, weil sie mit der Einführung des Punkteführerscheins nicht einverstanden waren. Kurioserweise waren alle Autofahrer plötzlich der gleichen Meinung: „Das Gesetz muss weg!" Obwohl dessen In-Kraft-Treten bereits seit sechs Monaten angekündigt war und sich vorher niemand sonderlich dafür interessierte. Und einen Schuldigen hatten alle sofort gefunden: „Die da oben, die Mächtigen in Staat und Wirtschaft!" Ein Lieblingsthema des individualistischen Egoisten ist es nämlich, über seine Politiker und Chefs herzuziehen. Verständlich wird dies, wenn wir uns die verschiedenen politischen Systeme im Hinblick auf das unterschiedliche Sozialverhalten ansehen.

Individualistisch egoistische Kulturen	
Vorteile	**Nachteile**
◆ Freiheit: leben und leben lassen, solange man sich nicht auf die Füße tritt	◆ Egozentrisches Handeln: Das eigene Problem ist immer das wichtigste.
◆ Toleranz und Nachsichtigkeit: Nur wer nichts tut, macht keine Fehler: Andere, auch extreme Meinungen werden zugelassen.	◆ Verzettelung: Einzelpersonen und rivalisierende Gruppen verzögern die Ausführung getroffener Entscheidungen.
◆ Persönliche Entfaltungsmöglichkeit: Jeder soll seine Talente zur Wirkung bringen können.	◆ Gleichgültigkeit: Belange und Probleme anderer werden ignoriert, solange sie nicht einen selbst betreffen.
◆ Originalität: Ausgefallene Ideen werden gefördert, Querdenker genießen einen hohen Status.	◆ Streiks: Um Forderungen durchzusetzen, muss eine Minderheit der Mehrheit „auf die Füße treten", damit diese auf die Verantwortlichen Druck ausübt.
◆ Kurze Wege: Aufgrund der direktiven Führung kann schnell etwas in Bewegung gesetzt werden.	◆ Sprunghaftigkeit: Morgen ist ein anderer Tag
◆ Spaß: Begeisterungsfähigkeit für Außergewöhnliches. Emotionen werden auch im Berufsleben gelebt.	◆ Abgrenzung: Wer nicht zur Elite gehört, zählt zum Fußvolk.

Abb. I.18: Vor- und Nachteile individualistisch egoistischer Kulturen

Auswirkungen auf die politischen Systeme[5]

Praxisbeispiel

Koalition: ein Horror!

Findet man in gemeinschaftlich egoistischen Kulturen oft Regierungen, die aus Koalitionen bestehen, so ist dies in individualistisch egoistischen Kulturen nahezu unmöglich. Wo in einem Land die Vernunft siegt und letztlich das Parlament den Wählerwillen widerspiegelt, wird im anderen Land verbittert um die Macht gefochten. Bezeichnenderweise hat Frankreich das proportionale Wahlsystem, das Mitterrand aus taktischen Gründen eingeführt hatte, wieder abgeschafft. Erscheint es für Deutsche als das gerechteste aller Systeme, so repräsentiert es für Franzosen eine Horrorvision: der individualistische Egoist ist zur Kooperation mit seinen Gegnern verdammt! Wie schwer das fällt, zeigt die *cohabitation* zwischen Mitterrand

[5] Vertiefende Literatur: Große/Lüger/Thieriot: „Frankreich verstehen".

und Balladur oder schlimmer noch, das zweijährige Intermezzo von Chirac mit Mitterand von 1986 bis 1988.

Individualistische Egoisten brauchen klare Machtverhältnisse
Individualistische Egoisten brauchen klare Machtverhältnisse, denn sie misstrauen allen vorübergehenden Absprachen (siehe Absatz „Macht“ im Kapitel 5.6 „Die französischen Grundwerte“, Seite 165). Sie brauchen eine klar identifizierbare Autorität, welche die Richtung zeigt, sonst fühlt sich jeder individualistische Egoist verunsichert: „Wenn da kein Chef durchgreift, dann macht bald jeder, was er will!“ So schimpft er einerseits über „die da oben“, ist andererseits jedoch heilfroh, dass jemand die Fäden in der Hand hat. Dies ist in etwa vergleichbar mit einem Kind, welches sich über den strengen Vater aufregt, insgeheim aber genau weiß, dass es ohne seinen Schutz verloren wäre.

Deutsche Mitbestimmung: eine Utopie für individualistische Egoisten
Auch auf Gewerkschaften und Mitbestimmung hat die Art des Egoismus ganz entscheidenden Einfluss: Sind in Deutschland die Gewerkschaften im mächtigen DGB organisiert und treten in der Regel mit einer Stimme auf, so sind die französischen Gewerkschaften in viele Gruppen zersplittert (FO, CGT, CFDT usw.). Anstatt gemeinsam für die gleiche Sache zu kämpfen, will jede eine Extrawurst nach dem Motto: „Was die einen akzeptieren, ist für mich noch lange nicht akzeptabel!“ So ist auch das deutsche Mitbestimmungsmodell nicht auf Frankreich übertragbar. Denn was denkt ein individualistischer Egoist, wenn man ihm erklärt, dass zwar Arbeitgeber und Arbeitnehmer im Aufsichtsrat die gleiche Stimmenanzahl haben, im Falle einer Pattsituation die Stimme des Aufsichtratsvorsitzenden, der von der Arbeitgeberseite gestellt wird, doppelt zählt? Er wird denken: *Les dés sont pipés!* (Die Würfel sind gezinkt.) Warum soll er überhaupt mit der Arbeitgeberseite diskutieren, wenn diese letztlich doch ihren Willen durchsetzen kann, da die Machtverhältnisse so geregelt sind. Dass ein konstruktiver, vernünftiger Dialog zwischen beiden Parteien möglich ist, erscheint dem individualistischen Egoisten unmöglich. So herrscht in Frankreich auch immer wieder Verwunderung darüber, dass in Deutschland sogar schwerste Tarifkonflikte meist auf Diskussionsbasis bereinigt werden können. Denn das Vorgehen des individualistischen Egoisten bei Konflikten unterscheidet sich ebenfalls ganz erheblich.

FAZIT

- Jede Pflanze, jedes Lebewesen ist egoistisch in dem Sinne, dass es leben, wachsen und sich weiterentwickeln will. Auch Menschen verhalten sich egoistisch, sie unterscheiden sich nur in der Art und Weise, wie sie es tun.
- Der gemeinschaftliche Egoist lernt, sein Handeln in Bezug zur Umwelt und den Mitmenschen zu setzen. Gesetze und Prozedere werden auf sachlicher Ebene diskutiert und im Konsens getragen.
- Der individualistische Egoist lernt, sein Handeln eigennützig zu gestalten und Mitmenschen eher zu misstrauen. Gesetze und Prozedere werden meist autoritär aufgedrückt, daher tendiert er dazu, sie möglichst zu umgehen.
- Die Schulsysteme sind vollkommen unterschiedlich: hier Kompetenzerzielung und Einfügung in die Gemeinschaft, dort Analysefähigkeit und Elitestreben. Deutsche lernen, die Zukunft durch sorgfältige Planung in den Griff zu bekommen, Franzosen hingegen, flexibel auf unvorhergesehene Situationen zu reagieren.
- Gemeinschaftliche Egoisten gehen davon aus, dass Regeln eingehalten werden müssen und jeder eine Vorbildfunktion wahrzunehmen hat. Gesetze und Regeln werden als Schutz angesehen und bieten Sicherheit.
- Individualistische Egoisten gehen davon aus, dass andere ebenfalls nur eigennützig denken und Regeln situationsbedingt nicht einhalten, wenn ihnen dies Vorteile einbringt. Regeln sind Einschränkungen oder bestenfalls Anhaltspunkte, die keineswegs Schutz bieten können. Jeder ist in erster Linie für sich selbst verantwortlich.
- Deutsche pochen auf ihr „gutes Recht", Franzosen machen „guten Krieg"!
- Gerissenheit hat Sympathie und sogar Vertrauenswert.
- Bei Verträgen ist nicht der Inhalt, sondern der Geist wichtig.

4.4 Auswirkungen auf das Konfliktverhalten

Während der gemeinschaftliche Egoist Konflikte zunächst sachlich angeht und versucht, diese am grünen Tisch zu regeln, handelt der individualistische Egoist genau umgekehrt: Er muss zuerst seine Macht demonstrieren, um die gegnerische Partei an den Verhandlungstisch zu zwingen. Bloße Streikdrohungen werden nicht ernst genommen, denn die Arbeitgeber wollen vorab sehen, wie viel individualistische Egoisten sich überhaupt solidarisieren und bereit sind, den Streik mitzumachen. Ist die Beteiligung schwach, gehen die Arbeitgeber und Poli-

Der individualistische Egoist demonstriert zuerst seine Macht.

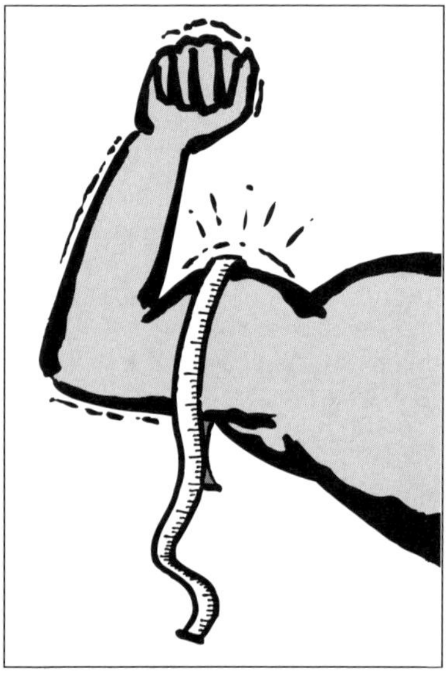

Denken in Machteinheiten

Kompromissbereitschaft und Gemeinschaftssinn gelten als naiv.

tiker einfach zur Tagesordnung über (*Quantité négligeable*). Sind jedoch 100.000 Menschen auf der Straße, werden lebensnotwendige Verkehrsadern lahm gelegt und somit der öffentliche Druck immer größer. Dann ist schnellstes (Ver-)Handeln angesagt. So geht jeder Auseinandersetzung, jedem Konflikt zuerst ein Kräftemessen voran.

Auch in einer geschäftlichen Verhandlung geht der individualistische Egoist grundsätzlich nie von Kompromissbereitschaft und Gemeinschaftssinn der Gegenseite aus. Er würde von den anderen sofort als naiv belächelt, nicht mehr ernst genommen und gar ausgenutzt. Nicht ohne Grund fällt oft aus französischem Mund das Wort *naivité*, wenn er von deutschen Verhandlungspartnern spricht. Allerdings ändert der Franzose sein Urteil schnell, wenn später der enttäuschte gemeinschaftliche Egoist „Saures mit Saurem vergilt“: Dann erscheint ihm sein deutscher Partner brutal, und er empfindet ihn eben wie die bereits viel zitierte Dampfwalze. Ein individualistischer Egoist geht übrigens ganz ohne Gewissensbisse in die Auseinandersetzung: „*C'est de bonne guerre!*“, sagt er sich. „Das ist nun mal so im Krieg, jeder hat die gleichen Chancen, diesmal habe eben ich gewonnen!“

Monsieur Positif
Ein Kompromiss ist dann vollkommen, wenn alle unzufrieden sind!
Aristide Briand

4.5 Auswirkungen auf die Zusammenarbeit

Nach diesen Ausführungen sind natürlich jedem die Auswirkungen derartig verschiedener Einstellungen für die tägliche Zusammenarbeit klar. Dem frankreicherfahrenen Leser werden vermutlich viele einschlägige Situationen einfallen, die in der Vergangenheit zu großen Spannungen geführt haben.

„Partnerschaft": ein Riesenmissverständnis in einem Wort

Grundsätzlich kann und muss man in aller Deutlichkeit sagen: Franzosen sind ob ihrer individualistisch geprägten Denkweise von Natur aus keine zuverlässigen Partner. Denn Kooperation ist für den Franzosen ein notwendiges Übel! Er gebraucht zwar auch das Wort *partenariat* bzw. *partnership*, meint jedoch etwas ganz anderes damit als seine deutschen Partner. Während der Deutsche eine „Interessengemeinschaft" mit gemeinsamen Zielen bilden will, mit „Wir-Gefühl" und gerechtem Wertausgleich für alle beteiligten Seiten argumentiert, heißt für den Franzosen Partnerschaft: „Ich werde dir zu deinem Besten zeigen, wo es langgeht!" Durch taktische Manöver wird er danach trachten, die Oberhand zu behalten und den größtmöglichen Einfluss zu bekommen. Auf deutscher Seite hat man den Eindruck, der Franzose lasse sich nicht festlegen, wolle einseitige Vorteile herausschlagen usw. Die deutsche Herangehensweise wirkt auf den Franzosen dagegen meist *hypocrite*, also heuchlerisch, denn der Franzose geht wie selbstverständlich davon aus, dass sein deutsches Gegenüber gemeinschaftliche Ziele nur deshalb anführt, um letztlich – wie er, der Franzose selbst – den größeren Gewinn für sich herauszuschlagen. Wir haben es hier also mit einer Situation zu tun, die man vom Empfinden der jeweiligen Seite her Heuchler gegen Filou nennen könnte.

Kooperation ist für den Franzosen bestenfalls ein notwendiges Übel!

Monsieur Positif
Partnerschaft ist, wenn der Partner ... schafft!

Partnerschaft ... à la deutsch	Partnerschaft ... à la française
◆ Interessengemeinschaft	◆ notwendiges Übel
◆ Grundeinstellung: Vorsicht, aber der Partner wird grundsätzlich zuverlässig sein	◆ Grundeinstellung: Mißtrauen, denn der Partner wird grundsätzlich seinen eigenen Vorteil suchen
◆ Anstreben eines Wir-Gefühls	◆ Anstreben von *Complicité*
◆ Karten auf den Tisch legen	◆ taktische Manöver
◆ Ziel: gerechter Wertausgleich	◆ Ziel: Oberhand behalten
◆ Kompromiss = Vernunft	◆ Kompromiss = Schwäche

Abb. I.19: Partnerschaft à la deutsch und à la française

Praxisbeispiele

Ein sehr anschauliches Beispiel dazu beschäftigte monatelang die deutschen Medien und vor allem die Gerichte. Anfang der neunziger Jahre, als die Aachener und Münchener Versicherungen (AMB) der französischen AGF eine Partnerschaft anboten: Jeder sollte zehn Prozent Kapitalbeteiligung beim anderen erhalten. Die Franzosen stimmten begeistert zu und erwarben offiziell zehn Prozent an AMB an der Börse. Die erste Aktionärsversammlung wurde jedoch mit einem Paukenschlag eröffnet: Die Franzosen erklärten, inzwischen durch heimliche Aufkäufe von zusätzlichen 15,01 Prozent im Besitz der Sperrminorität zu sein. Verblüfftes Schweigen auf deutscher Seite, die jedoch unverzüglich konterte: Hierbei handelte es sich um vinkulierte Namensaktien, deren Stimmrechte nur mit Zustimmung des Vorstandes übertragen werden konnten, was dieser selbstverständlich verweigerte. Die Folge waren zwei Jahre gerichtliche Auseinandersetzungen und 20 Mio. DM (!) allein an Rechtskosten auf französischer Seite. Fragt sich, ob die Beteiligten nach einer solchen K.-o.-Operation überhaupt noch zur Kooperation fähig sind!

Unterhalb der Sperrminorität ist man für Franzosen *quantité négligeable*.

Nun, für die Franzosen war das *de bonne guerre*, denn unterhalb der Sperrminorität bleibt man *quantité négligeable*, und daher kann es auch keine Partnerschaft geben. Für die Deutschen war das ein Vertrauensbruch, der eine weitere Zusammenarbeit praktisch unmöglich machte.

Ein weiteres Beispiel machte im Jahr 2000 Furore: Mannesmann-Telekom-Chef Klaus Esser sucht beim französischen Partner Vivendi und dessen Chef Messier Schutz vor dem englischen Angreifer. Das Bündnis schien besiegelt, Vivendi sollte als weißer Ritter Mannesmann zur Seite stehen. Doch hier traf einer der brillantesten deutschen Manager der neuen Generation auf einen der brillantesten französischen Manager der neuen Generation: Analyst Esser gegen Stratege Messier. Während Esser beruhigt nach Hause zurückflog, er hatte Messier ja mit seinen Sachargumenten und Gewinnerwartungen überzeugt, verhandelte dieser bereits mit dessen englischem Konkurrenten und Widersacher. Der Rest ist bekannt: Aufteilung der „Beute" zwischen dem Engländer und dem Franzosen, verbunden mit einem „Nichtangriffspakt" sowie ein völlig konsternierter Esser, dem jedoch der „Verrat" mit einer mehr als komfortablen Abfindung versüßt wurde.

Ein positives Beispiel: Heute gehört die Versicherungsgesellschaft AGF zur deutschen Allianz-Gruppe. Der inzwischen pensionierte ehemalige französische Chef, Antoine Jeancourt Galignoni, hielt Anfang des Jahres 2002 einen interessanten Vortrag, in dem er auf die inzwischen gelungene Fusion zurückblickte, die bisher die größte Investition eines deutschen Unternehmens in Frankreich darstellt. Er nannte vier Erfolgsfaktoren:

1. eine starke Vertrauensbasis im Vorfeld zwischen ihm und dem Allianz-Vorstandsvorsitzendem Henning Schulte-Noelle aufgrund persönlicher Affinitäten und guter gemeinsamer geschäftlicher Erfahrungen in den Vorjahren
2. die Tatsache, dass Allianz den Franzosen eine große Autonomie in Frankreich und den anderen Ländern, in den die AGF vertreten war, belassen hat. Darüber hinaus hat das deutsche Management den Franzosen sogar noch die Verantwortung für zusätzliche Länder, wie Brasilien, wo auch die Allianz stark vertreten war, anvertraut. Dieses Vertrauen hat großen Eindruck auf das französische Management gemacht, das unter der starken Führung von Antoine Jeancourt Galignoni die angepeilten Ziele 2001 nicht nur erreicht, sondern sogar übertroffen hat.
3. Die Münchener Zentrale der Allianz hat keinen einzigen deutschen Topmanager nach Frankreich geschickt, allerdings ein starkes Controlling eingeführt, was jedoch als absolut normal angesehen wurde.
4. Henning Schulte-Noelle hat einen großen Teil seiner Zeit damit verbracht, Lobbying in der Münchener Zentrale für Frankreich zu betreiben. Vor allem musste er die üblichen Macht- und Grabenkämpfe zwischen einzelnen deutschen Managern und Konzernstäben entschärfen, damit die gesamte Kooperation nicht darunter litt.

Auf die Frage der Autoren, ob er als Franzose im umgekehrten Fall (AGF übernimmt Allianz) genauso gehandelt hätte, also den deutschen Managern derart viel Freiheiten zu lassen und keinen Franzosen ins Topmanagement nach München zu schicken, antwortete er augenzwinkernd: „Das ist äußerst unwahrscheinlich ..."

In der Tat erscheint französischen Managern, die in einer Misstrauenskultur aufwachsen, ein derartiges Vorgehen unmöglich. Es widerspricht allen Regeln des „gesunden Misstrauens" und des „Managements by Controlling and Motivating", mit dem der Autopilot der französischen Managers programmiert wird.

Bitte Vorsicht: Dieses Erfolgsbeispiel ist leider nicht auf alle ähnlichen Situationen übertragbar. Denn die wesentlichen Faktoren sind hier das Vertrauen und die gegenseitige Akzeptanz der beiden Schlüsselpersonen. Ohne einen absolut loyalen Vertrauensmann vor Ort, der zudem noch von seinem Management akzeptiert werden muss, ist eine derartige Delegationsstrategie zum Scheitern verurteilt. Der Hauptteil des Leidens deutscher Unternehmen rührt daher, nur delegiert zu haben, im Vertrauen darauf, dass der französische Partner das Vereinbarte auch konsequent und selbständig umsetzt.

Franzosen können sehr wohl zuverlässige und bereichernde Partner sein.

Falls Sie sich jetzt zweifelnd am Kopf kratzen sollten und dieses Handbuch zur Seite legen wollen, da ja eine sachliche Zusammenarbeit mit Franzosen zu schwierig erscheint, so bitten wir Sie noch um etwas Geduld: Bald erfahren Sie einen praktikablen Weg, wie Sie Franzosen als zuverlässige und bereichernde Partner erleben können.[6]

4.6 Auswirkungen auf das Management

Mit Kompetenz und Systematik zum reibungslosen Ablauf

Wie bereits an dem AGF-Beispiel gesehen, wirken sich die ungleichen Welten des gemeinschaftlichen und des individualistischen Egoisten auch auf das „Management" aus. Wiederum ein Wort, das von beiden Seiten benutzt wird, aber vollkommen unterschiedlich besetzt ist! Bedeutet es doch auf deutscher Seite, komplexe Abläufe in Teamarbeit möglichst zu vereinfachen und zu systematisieren. Ferner muss ein guter Manager in Deutschland Konsens unter den verschiedenen Spezialisten und Sachbearbeitern der involvierten Abteilungen schaffen können. Gemeinschaftliche Egoisten gehen eben davon aus, dass nur gemeinsam getragene Beschlüsse, selbst um den Preis eines Kompromisses, effizient sind. Ergo richten fachkompetente Führungskräfte effizientes Prozedere in Zusammenarbeit mit den Mitarbeitern ein und verfeinern die Abläufe so lange, bis alles reibungslos läuft und möglichst keine Überraschungen mehr auftreten. Dabei kann der deutsche Manager davon ausgehen, dass die anderen gemeinschaftlichen Egoisten natürlich das Prozedere einhalten werden, wenn sie auf Konsensbasis eingeführt sind.

Monsieur Positif

Kollegiale Entscheidung
(Kanterbräu = französische Biermarke)

[6] Siehe weiter hinten unter 4.10: „Vier Wege, wie man einen Franzosen als Partner gewinnt", S. 141 ff und das Kapitel 5 unter „Die französischen Grundwerte", S. 165 ff.

Mit Charisma und Autorität die Motivation schüren

Für den französischen Manager wäre dies glatter Selbstmord: Er weiß ganz genau, dass individualistische Egoisten Prozedere möglichst umgehen wollen, zumal sie an deren Erstellung selten beteiligt sind. Da der französische Manager selbst in Sachen Regeltreue kein Vorbild für seine Mitarbeiter ist, muss er ständig Kontrolle ausüben und manchmal auch in autoritärer Weise die Notwendigkeit von Vorschriften deutlich machen. Je mehr er dies mit Eleganz und Charisma schafft, umso stärker wird er respektiert. Da, wo für Deutsche Gesetze und schriftliche Anweisungen als Grundlage genügen, ist für Franzosen allein das Verhalten des Chefs ausschlaggebend. Macht dieser deutlich, dass er ein Prozedere für verbindlich hält, so werden sich die Mitarbeiter fast übergenau daran halten. Lässt er jedoch einiges durchgehen, so schleicht sich schnell der Schlendrian ein.

„Management" heißt also für einen Franzosen, fortlaufend den Puls der Mitarbeiter zu fühlen, deren Motivation zu überwachen[7] und allgegenwärtig zu sein, sei es durch seine eigene Person oder über seine Vertrauensleute (*barons* oder *lieutnants*, wie der Franzose sie gerne nennt). Ein beliebtes Mittel französischer Manager, ihre Mitarbeiter zu motivieren, ist, diese unter permanenten Druck zu setzen. Sie schaffen künstliche Herausforderungen, indem sie z.B. Termine kürzer als notwendig setzen oder länger, als es vernünftig wäre, mit Anweisungen warten. So sprechen auch Manager deutscher Niederlassungen französischer Firmen vom „permanenten Notstand" in der Zentrale: „Immer muss alles auf die letzte Minute geschehen!" Die französischen Manager können oft allerdings gar nicht anders; wir haben ja weiter oben schon gelernt, dass Franzosen in ihrem Schulsystem lernen, unter Druck zu arbeiten und auf Unvorhergesehenes zu reagieren. Dies wirkt sich später im Berufsleben so aus, dass Franzosen oft uneffizient sind, wenn sie zu viel Zeit haben: Sie stellen dann nämlich alles in Frage und wollen laufend diskutieren, ob man es nicht doch noch anders machen oder eine bessere Lösung finden könnte. Starker Druck zwingt sie, sich auf das Wesentliche zu konzentrieren. Ein gut gemanagtes Team kann durch solche Herausforderungen nahezu Unmögliches leisten,[8] ein schlecht gemanagtes vollbringt hingegen negative „Spitzenleistungen".

Wenn Franzosen zu viel Zeit haben, stellen sie alles in Frage.

Patrons werden entweder geliebt oder gefürchtet.

So ist die Effizienz französischer Teams letztlich allein durch die Fähigkeiten des Chefs bestimmt, seine Leute richtig in der Hand zu haben: Entweder er schweißt sie zu einem Team zusammen, das wie Pech und Schwefel zusammenhält, oder er führt mit starker Hand durch permanenten

[7] Siehe Kapitel 5.3 unter „Der fundamentale Unterschied in der (De-) Motivation zwischen einem Franzosen und einem Deutschen", S. 154 ff.

[8] Siehe Kapitel 5.6 „Die französischen Grundwerte" unter Grundwert „Herausforderung", S. 171 ff.

Druck. Daher werden die *Grands patrons* in Frankreich auch entweder geliebt und bewundert oder gefürchtet. Der geachtete Fachmann, wie in Deutschland, ist die absolute Ausnahme. Diese Aussage gibt uns Gelegenheit zu zwei neuen ...

- In Deutschland zählt zunächst der Sachverstand – in Frankreich der Menschenverstand!
- Deutsche Teams kommen auch mit durchschnittlichen Chefs zum Erfolg – französische nie!

Das soll nun nicht heißen, in Deutschland brauche man nur durchschnittlich zu sein! (Vorsicht, vielleicht setzt bei Ihnen auch schon das „Was-steckt-dahinter-Syndrom" ein ...!) Wir wollen damit nur ausdrücken, dass Fachkompetenz ausreicht, um mit gemeinschaftlichen Egoisten, die auch ohne direkte Führung konsensfähig sind, Ziele zu erreichen.

TIPP Setzen Sie Franzosen nie zu lange Fristen, nach dem Motto: „Erst mal sacken lassen, denken Sie mal darüber nach!" Sie werden erstens selten konstruktive Ideen aus dem „Nachdenkprozess" erhalten und zweitens eher das Syndrom des ständigen Infragestellens hervorrufen. Infolgedessen verbringen Sie mehr Zeit mit der Diskussion der möglichen Alternativen denn mit den Möglichkeiten, wie das Ziel konkret zu erreichen ist!

Wie Sie Franzosen erfolgreich führen können, darauf werden wir noch ausführlich in Teil II dieses Handbuches eingehen.

Unterschiede in der Entscheidungsfindung

Die folgenden Grafiken zeigen sehr deutlich das unterschiedliche Vorgehen in der Entscheidungsfindung:

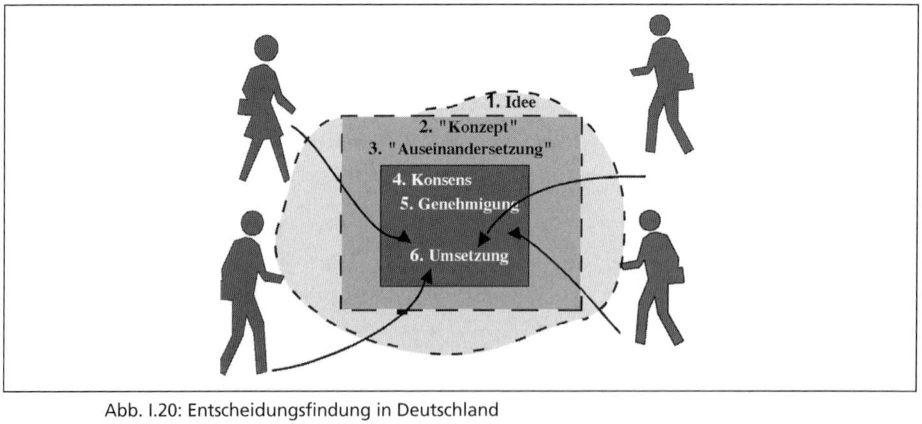

Abb. I.20: Entscheidungsfindung in Deutschland

In der deutschen Businesskultur wird eine Idee (gestrichelte Linie) zunächst in ein Konzept (gestricheltes Rechteck) eingebracht, welches die Grundzüge der Idee mit konkreten Handlungsvorschlägen festlegt. Diese werden von designierten Spezialisten ausführlich diskutiert (der deutsche Ausdruck „auseinander setzen" ist nicht ins Französische übersetzbar) und in einen konkreten Rahmen gebracht. Letzterer stellt meistens einen Kompromiss dar, auf dessen Basis ein Konsens oder ein Kompromiss getroffen wird. Dem Chef wird das nunmehr entscheidungsreife Konzept zur „Genehmigung" vorgelegt, d.h., in der Regel vertraut der deutsche Chef seinen Spezialisten und überprüft nur noch einige grobe Eckdaten.

Nach der Genehmigung werden alle Betroffenen freiwillig in diesen Rahmen hineingehen, d.h. sich der Entscheidung bzw. dem neuen Prozedere unterordnen, selbst wenn sie vorher dagegen waren oder ihre Wünsche nur unzureichend berücksichtigt wurden. Die Rolle des Chefs ist hier die des Koordinators, der die richtigen Spezialisten zusammenbringt, und im Idealfalle die des Moderators, der die Konsensbildung erleichtert. Er wird nur im Falle hartnäckiger Uneinigkeit der Spezialisten ein Machtwort sprechen. I.d.R. braucht er sich nach getroffener Entscheidung kaum um Kontrolle und Durchführung zu kümmern.

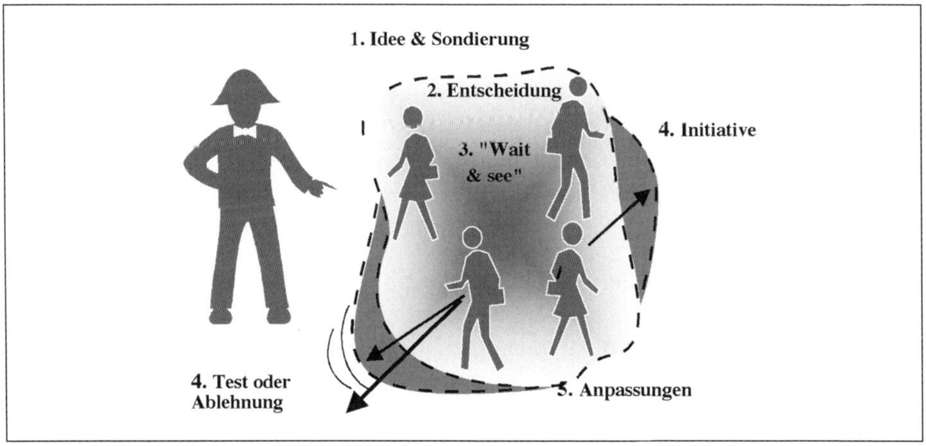

Abb. I.21: Entscheidungsfindung in Frankreich

Ganz anders (natürlich) in Frankreich: Hier kommen die Entscheidungen gewöhnlich von oben. Bei wichtigen Entscheidungen hat der Chef in aller Regel im Vorfeld verschiedene Alternativen – unbemerkt für Außenstehende – durch persönliche Gespräche mit seinen Vertrauensleuten und Schlüsselpersonen (oder seinem eigenen Chef) getestet. Ergebnisse aus eventuell von ihm inszenierten Arbeitsgruppen werden als „Anregungen" betrachtet, letztlich kann er darüber hinweggehen, wenn er es für richtig hält. Als Folge dieser – für Deutsche oft nicht wahrnehmbaren Sondierungen – wird er eine eher „globale" Vorgabe machen. Je nach Unternehmenskultur und Persönlichkeitsstruktur des Chefs kann sie etwas präziser sein, würde aber einen Deutschen meist immer noch verwirren („Ist das eine Meinung, eine Idee, eine Richtlinie oder eine ernst gemeinte Anweisung ...").

Die erste Reaktion des individualistischen Egoisten, der ja an der Entscheidungsfindung nicht beteiligt war, ist, aus diesem ihm übergestülpten Rahmen auszubrechen oder ihn zumindest auf seine „Dehnbarkeit" hin zu testen. Man möchte wissen, wie weit man zu weit gehen darf und wie ernst es dem Chef mit seiner Vorgabe ist. Der Chef erwartet jedenfalls von einem Mitarbeiter mit „Format", dass er die Vorgabe aus eigener Initiative „intelligent" auf die Gegebenheiten anpasst. Wehe jedoch, er geht zu weit ...

Ein gutes Beispiel hierfür ist, wie Michel Pébereau gleich bei seiner Ankunft als neuer Chef der zweitgrößten französischen Bank BNP (heute BNP-Parisbas) Zeichen setzte. Er kam an seinem ersten Arbeitstag um sieben Uhr morgens an und ... stand vor verschlossenen Türen! Seine erste Anweisung war, dass ab sofort der Eingang ab sieben Uhr geöffnet sein muss und dass sein gesamter engerer Führungskreis jeden Morgen um spätestens acht Uhr im Büro zu sein hat. Selbst „graue Eminenzen" der Bank, die (wie gewohnt) später kamen, um zu testen, wie ernst es Pébereau damit war, wurden von dem damals erst 43-Jährigen gnadenlos gemaßregelt. Zwei Jahre später vertraute uns einer zu seinem Führungskreis gehörenden Managern an, dass er seitdem kein einziges (!) durchgehendes Wochenende mehr hatte, da er ständig von Pébereau gefordert wurde. Im gleichen Atemzug gestand er jedoch fast ehrfürchtig: „Für einen solchen Chef macht es Spaß, zu arbeiten! Der hat jede Akte im Kopf und arbeitet noch mehr als wir: Er ist der Erste, der kommt, und der Letzte, der geht! Mit dem schaffen wir die Umstrukturierung ganz bestimmt!"

Ein französischer Chef muss Stärke zeigen, Durchsetzungswillen und Krisenfestigkeit. Nur dann wird er als Chef angenommen in einer Mischung aus (Ehr-) Furcht und Bewunderung. Zwar hat dies aus deutscher Sicht mit modernem Management wenig zu tun, aber der individualistische Egoist will mit starker Hand regiert werden. Weil er zudem noch Franzose ist, erwartet er gleichzeitig von seinem Chef auch Brillanz, Eleganz, Einfühlungsvermögen und das „gute Herz" einer Mutter Theresa! Frankreich ist und bleibt eben ein Land der Paradoxe!

Management ist in Frankreich in viel größerem Umfang ein Strategie- und Machtspiel als in Deutschland. Jede Anweisung ist quasi ein Test, ob die Autorität noch in vollem Umfang besteht. Erfährt der Chef zu viel Widerstand, wird er seine Anweisung etwas nuancieren oder sogar zurücknehmen, muss allerdings sehr aufpassen, dabei sein Gesicht nicht zu verlieren. Will er sich gegen den Widerstand durchsetzen, so muss er taktisches Geschick beweisen und seine ganze Macht und Autorität ins Spiel bringen. In diesem Fall erreicht er sein Ziel nur über ständige Kontrolle bzw. Nachhaken.

Immer häufiger trifft man aber auch moderatere Chefs an, die ihr Team mehr einbeziehen, ohne jedoch die Zügel aus der Hand zu geben. Und auch bei diesen Chefs ist das tägliche, hier aber eher „väterliche" Donnerwetter mehr die Regel denn die Ausnahme.

4.7 Die Ventile des gemeinschaftlichen Egoisten

Wir wollen nun der Frage nachgehen, wie die unterschiedlichen Egoisten sich von den belastenden Seiten des Sozialverhaltens „erholen" oder „abreagieren".

Wie die oben aufgeführten Nachteile aufzeigen, machen sich auch die gemeinschaftlichen Egoisten untereinander das Leben schwer: Zum einen haben sie das Bedürfnis, innerhalb ihrer Gruppe anerkannt zu sein, ja von ihren Mitgliedern geliebt zu werden. Diese Akzeptanz und Wärme der Gruppe muss ständig durch Rücksichtnahme und fehlerfreies Verhalten verdient werden. Da Fehler nicht vergeben werden, ist man ständig bedacht, nicht ertappt zu werden (denn wer ist schon fehlerlos) und sich abzusichern. Unter der Konformität („Wenn das jeder täte!") leidet zwangsweise die Individualität. Daher braucht und sucht man nach Möglichkeiten, seine Individualität auszuleben und vor allem „Dampf abzulassen". Dieses Verhalten, das dazu dient, den Gruppendruck abzureagieren, wollen wir nachfolgend „Ventilfunktion" nennen.

Auslandsreisen

Franzosen behaupten immer wieder, Deutsche in Frankreich seien schlimmer als Franzosen selbst: Sie beachten keine Verkehrsregeln, lassen ihre Abfälle am Strand liegen und nehmen keinerlei Rücksicht auf die anderen. Auch der Leiter des größten europäischen LKW-Verladebahnhofs „Garonor" kurz vor Paris fragte uns: „Bitte erklären Sie mir doch einmal, warum gerade die deutschen neben den holländischen Fahrern am wenigsten die Verkehrsregeln einhalten."

Zunächst einmal müssen wir den Grund für die Verallgemeinerung erkennen, denn die meisten Deutschen verhalten sich sehr respektvoll in Frankreich. Aber die Franzosen, die entweder selbst in Deutschland wegen Geringfügigkeiten gemaßregelt wurden oder immer wieder die disziplinierten Deutschen als Vorbild hingestellt bekommen, empfinden es natürlich als Zumutung, wenn diese dann in ihrem Land über die Strenge schlagen. Solche Deutsche fallen daher naturgemäß viel stärker auf und werfen ein schlechtes Bild auf alle übrigen Landsleute schlechthin. (Man sieht ja nur, was man sehen will ...[9])

Deutsche im Ausland sind wie Kinder ohne Eltern.

Es ist allerdings auch eine Tatsache, dass Deutsche im Ausland dazu neigen, sich auszutoben. Der Grund ist ganz einfach: Sie sind wie Kinder ohne Eltern, denn endlich einmal können sie tun und lassen, was sie wollen, ohne dass ihnen gleich jemand mit Strafe oder Liebesentzug droht. Sicherlich ist hierin auch einer der Gründe für die Liebe der Deutschen zu Frankreich begründet. Denn den Grundwert Freiheit, also „leben und leben lassen", können sie hier in vollen Zügen genießen. So kann man getrost davon ausgehen, dass es über 50 Prozent der deutschen Urlauber nicht nur wegen der Sonne oder Landschaft in die Fremde zieht: Nein, sie erholen sich vom Gruppendruck!

TIPP Seien sie nicht rücksichtslos, denn der Franzose ist es auch nicht, jedenfalls nicht bewusst. Er handelt nicht aus dem Kopf heraus, sondern intuitiv und emotional. Franzosen nehmen es sehr übel, wenn Deutsche sich bewusst Freiheiten herausnehmen, die sie im eigenen Land unterbinden (Motto: „Machen wir's doch genauso wie die Franzosen ..."). Auf diese Weise bestätigen sie nämlich die Vorurteile bezüglich Überlegenheit und Arroganz.

„Feierabend": Feiern, Alkohol und Sport

Per Knopfdruck vom Sachlichen zum Emotionalen

Das „Feierabend"-Syndrom ist den meisten Franzosen ein Rätsel. Wie kommt es, dass ein Deutscher so radikal seine Verhaltensweise ändern kann, vom harten Geschäftsmann zum jovialen Kameraden, vom unpersönlichen Sie zum vertraulichen Du. Auf Franzosen macht dieses Verhalten den Eindruck, als ob man die Software wechsele: Der gefürchtete Dr. Müller nimmt die „Business-Diskette" raus, legt die „Freizeitdiskette" ein und wird zum netten Egon... bis zum nächsten Morgen um acht Uhr! Dies ist ein Verhalten, das nicht nur Franzosen unheimlich vorkommt. Wie kann man einerseits ganz sachlich und andererseits wiederum ganz emotional sein, praktisch auf Knopfdruck?

[9] Vgl. Kapitel 2 „Der Autopilot", S. 51 ff.

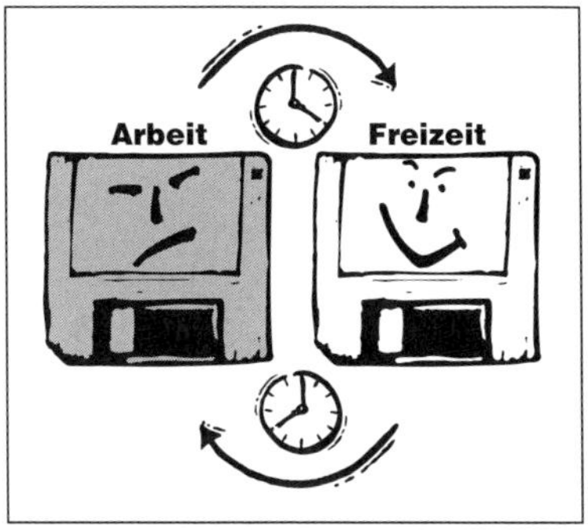

Die Arbeits- und die Freizeitdiskette der Deutschen

Nach Feierabend lässt man alle Sachzwänge fallen.

Am Feierabend lässt der gemeinschaftliche Egoist, der tagsüber seine Pflicht getan hat, Dampf ab: zunächst beim Sport, bei dem man sich Frust oder Emotionen vom Leib läuft oder schlägt, dann bei Bier, Schnaps und Wein. Der Alkohol verbindet, denn er erlaubt es allen Beteiligten, individueller zu werden und dafür eine gute Entschuldigung zu haben. Dieses Gemeinschaftsritual, zusammen einen zu trinken und oft genug auch über die Strenge zu schlagen, ist vielerorts die Basis für den Zusammenhalt, ja sogar für Vertrauen. Wer nicht mitmacht, gilt als Außenseiter oder als Schwächling, wer viel verträgt, hingegen als solide und zuverlässig. Auch Sportveranstaltungen, Karneval und Kirmesfeste erfüllen diese Ventilfunktion. Hier kann man nach Herzenslust toben, brüllen und sich seinen Gefühlen hingeben, ohne gleich kritisiert zu werden. Alle sind gleich, alle erlauben sich das Gleiche.

Lassen Sie sich nie im Beisein von Franzosen und erst recht nicht gegenüber Ihren Mitarbeitern auf alkoholische Kraftproben ein. Sie werden selten betrunkene französische Manager sehen, denn das gilt als Zeichen von Schwäche und ist mit unmittelbarem Autoritätsverlust verbunden.

TIPP

Auto

Das Auto erfüllt gleich zwei Ventilfunktionen: Es ermöglicht dem gemeinschaftlichen Egoisten, seine Individualität auszudrücken und gleichzeitig Frust abzulassen. Da wird das geliebte Gefährt, das ja leider inzwischen alle fahren, mit breiteren Felgen (als die des Nachbarn) ausgerüstet, die Karosserie tiefer gelegt und ein zusätzlicher Spoiler mehr oder weniger dezent angebracht. Damit zeigt man, dass man anders ist, auffallender, lauter, dezenter... Auch Understatement erfüllt denselben Zweck: Hauptsache, man ist anders. Mit 240 km/h geht es dann häufig auf die Autobahn und wehe dem armen Zeitgenossen, der die linke Fahrbahn nicht freimacht. Ein deutscher Manager bestätigte uns in einem Workshop: „Stimmt, auf der Autobahn habe ich nur noch Feinde!“

Geben Sie gegenüber Franzosen nie mit Ihrem Auto an, aber rechtfertigen Sie sich auch nicht, dass Sie mit Ihrem Auto einen vernünftigen Kauf gemacht haben.

TIPP

4.8 Die Ventile des individualistischen Egoisten

Es gibt nur wenige Mächtige und viele Untertanen.

Die Ventilfunktionen des individualistischen Egoisten sind naturgemäß vollkommen anders gelagert. Da er sich individuell durchaus austoben kann und auch nicht das Bedürfnis verspürt, von anderen geliebt zu werden (dazu reicht ihm seine Familie), benötigt er weder Auslandsreisen noch Alkohol oder Autos zum Dampfablassen. Franzosen streben, wie bereits gesagt, ganz offen Macht an und haben gleichzeitig ein gestörtes Verhältnis zu ihr. Denn es gibt nur wenige Mächtige und gezwungenermaßen viele Untertanen, die den Launen und Eingebungen Ersterer mehr oder weniger ausgeliefert sind. Die Mächtigen ihrerseits stehen vor der schier unlösbaren Aufgabe, die individuellen Wünsche und Bedürfnisse von 56 Millionen Franzosen unter einen Hut zu bringen. General de Gaulle sagte dazu einmal: „Wie wollen Sie ein Land regieren, in dem es 246 verschiedene Käsesorten gibt?“ (Heute gibt es über 360!) Natürlich mit viel Autorität!

Humor und Satire

Ärger löst sich in Lachen auf.

So braucht der individualistische Egoist Ventile gegenüber den Mächtigen, die ihm immer wieder gegen seinen Willen Gesetze und Verordnungen aufzwingen. Daher tolerieren die Politiker auch Institutionen, die sie eigentlich lächerlich machen. So die „Guignols de l'Info“ (frei übersetzt „Die Nachrichtenkasper“), Frankreichs meistgesehene Fernsehsendung. In dieser täglich parallel zu den 20-Uhr-Nachrichten ausgestrahlten fünfminütigen Sendung werden führende Politiker durch Karikaturpuppen dargestellt und so durch den Kakao gezogen, dass es in Deutschland einstweilige Verfügungen nur so hageln würde. Der Franzose lacht sich fünf Minuten lang den Frust von der Seele und kann dann befreit aufatmen: „Denen da oben haben wir's mal wieder gezeigt!“ Somit kann er sich genüsslich seinem Dinner zuwenden mit dem Gefühl, dass es doch irgendwo eine Gerechtigkeit gibt. Die so lächerlich gemachten Politiker atmen erleichtert auf: All die Energie, die sich gegen sie hätte richten können, hat sich im wahrsten Sinne des Wortes in Lachen aufgelöst! Es ist, im Gegenteil, sogar eine besondere Ehre, in den „Guignols“ zu sein. Denn Umfragen zufolge haben die Puppen einen starken Sympathiewert, der für die entsprechenden Politiker als Bonus gelten kann.

Eine weitere Institution ist die satirische Wochenzeitung „Le Canard enchaîné“. Diese wird von allen Interessengruppen genutzt, um durch zugespielte Informationen die eine oder andere Affäre ans Licht zu bringen, z.B. die berühmten Diamanten von Bokassa, deren Erhalt Staatspräsident Giscard verheimlicht haben soll. Mit raffinierten Wortspielereien werden handfeste und brisante Information intelligent und unterhaltend verpackt. Jeder Franzose, der etwas auf sich hält, wirft zumindest einen Blick in den „Canard", um über die aktuellen Affären auf dem Laufenden zu sein.

Auch in spannungsgeladenen Besprechungen lassen Franzosen über Witze und Wortspiele oft Dampf ab, was Deutsche meist stark frustriert.

Motzen und Streiks

Der individualistische Egoist ist scheinbar nie zufrieden. Daher schimpft er ständig, beklagt sich über alles und jeden. In Wahrheit ist er aber nur wütend darüber, dass es so viele gibt, die gerissener als er selbst sind. Er lässt seinen Ärger darüber in lauten Unmutsäußerungen ab, und wenn er eine Gelegenheit hat, es „denen da oben" zu zeigen, dann nimmt er sie mit Freude wahr. Streiks sind eine solche Gelegenheit. Denn wenn sich endlich einmal alle einig sind, an einem Strang zu ziehen, dann muss das auch voll genutzt werden. So ist das Ergebnis einer Umfrage, nach der über 60 Prozent der Franzosen Sympathie für die streikenden Beamten und Lehrer empfinden und es ihnen gerne gleichtun würden, keine Überraschung. Gestützt durch diese offene oder indirekt geäußerte Sympathie der öffentlichen Meinung monopolisieren daher manchmal kleine Interessengruppen durch Streiks wochenlang die Medien und die Aufmerksamkeit der Politiker und Unternehmer. So die Bauern, die zum x-ten Mal Paris mit Traktoren einschließen wollen, um jeden Verkehr unmöglich zu machen, die besagten LKW-Fahrer, die gleich alle Autofahrer in Frankreich als Geiseln hielten, oder die Beschäftigten von AIR FRANCE, die „mal kurz" für eine Woche einen der wichtigsten Flughafen Europas lahm legten, um gegen einen Sozialplan zu protestieren.

Franzosen nehmen jede Gelegenheit wahr, es „denen da oben" zu zeigen.

Gesetzesumgehung

Wie bereits schon mehrfach angesprochen, empfindet es der individualistische Egoist nur als gerecht, Gesetze und Bestimmungen zu umgehen. Diese sind für andere da, er ist schlau genug, seinen eigenen Gesetzen zu folgen. Gelingt ihm dies, so verschafft ihm das eine diebische Freude, die er gerne mit seinen intimen Freunden teilt.

Das ganze Geschick der Politiker, aber auch der Manager muss daher darin liegen, eine bestimmte Toleranzschwelle an Überschreitungen zuzulassen, aber knallhart durchzugreifen, wenn diese Schwelle übertreten wird. Zitat eines französischen Topmanagers:

„Ich erwarte von meinen Führungskräften, dass sie genau wissen, wie weit sie zu weit gehen dürfen!"

Infolgedessen nimmt auch der hartgesottenste individualistische Egoist zähneknirschend die entsprechende Strafe auf sich, wenn er es übertrieben hat. Greift in einem solchen Fall der Chef nicht ein, so werden die anderen individualistischen Egoisten unruhig und solidarisieren sich: Sie bekommen Angst, dass den Chefs (bzw. auch den Politikern) das Heft aus der Hand gleitet. Und instinktiv weiß jeder, dass es besser ist, eine harte Führung zu haben als gar keine. Denn wehe, wenn individualistische Egoisten ungebremst aufeinander einschlagen ...

4.9 Es kommt alles auf den Standpunkt an!

Vielleicht ist Ihnen das Vorhergegangene etwas schwarz-weiß vorgekommen. Denn auch die Deutschen werden bekanntermaßen immer individualistischer (allerdings mehr im Privat- denn im Berufsleben), viele Franzosen hingegen auch gemeinschaftlicher. Trotzdem ist die Entfernung beider Businesskulturen immer noch groß, wie wir in der täglichen Beratungspraxis immer wieder erleben müssen. Die Entfernung wird allerdings verschwindend klein, wenn man zum Beispiel die Japaner betrachtet: Die Japaner sind aus deutscher Sicht gemeinschaftliche Egoisten hoch zehn. Denn ein Japaner fühlt sich außerhalb seiner Gruppe höchst unwohl, Individualität wird ihm sogar abtrainiert. Die Ventile wie Auslandsreisen und Alkohol sind allerdings gleich bzw. noch stärker ausgeprägt: Wer hat noch nicht von den allabendlichen Trinkgelagen japanischer Manager gehört oder noch nie japanische Touristen gesehen, die immer gleich hordenweise auftreten?

Japaner erleben Deutsche als individualistische Egoisten.

Umgekehrt erleben die Japaner Deutsche als individualistische Egoisten, denn das selbstbewusste Auftreten eines deutschen Managers, die starke Abgrenzung zu anderen im persönlichen Bereich ist für den Japaner unmöglich. Für Süditaliener sind Franzosen gemeinschaftliche Egoisten, und auch für die Spanier treten die Franzosen organisiert auf, wie gemeinschaftliche Egoisten. Wie wir aus dem Kapitel „Der Autopilot" wissen, ist alle Wahr-Nehmung eben relativ! Es geht uns hier nicht darum, absolute Wahrheiten aufzuführen, sondern bestimmte Verhaltensweisen aufzuzeigen, die in der jeweiligen fremden Kultur als gemeinschaftlich bzw. als individualistisch egoistisch wahrgenommen werden.

4.10 Vier Wege, wie man einen Franzosen als Partner gewinnt

Natürlich suchen Sie jetzt brennend nach einer Antwort, wie denn diese so schwierigen und unvernünftigen individualistischen Egoisten zu zuverlässigen Partnern werden können. (Oder sind Sie etwa direkt hier eingestiegen? Dann werden Ihnen allerdings wichtige Zusammenhänge für das Grundverständnis fehlen.) Nun, es gibt vier Möglichkeiten, einen Franzosen zum Partner zu machen, die jeder französische Topmanager im Schlaf beherrschen muss:

Druck und laufende Kontrolle
Die einfachste, aber anstrengendste Möglichkeit. Managen per Druck bedingt stete Präsenz, hartes Durchgreifen und bringt viele Konflikte mit sich. Natürlich wirkt sich dies auch nicht gerade förderlich auf die Motivation der Mitarbeiter aus. Viele deutsch-französische Projekte, wie z.B. Airbus, sind zunächst nur durch politischen Druck zustande gekommen. Hohe Anlaufverluste und Projektverzögerungen waren die Folge.

Abhängigkeit
Ist die Zielerreichung abhängig von Mitteln, die nur der Partner zur Verfügung stellen kann, so wird sich der individualistische Egoist in sein Schicksal fügen, denn er braucht den Partner ja zur Verwirklichung seiner ehrgeizigen Ziele. So haben die Franzosen den Deutschen im Falle Airbus eine bedeutende Beteiligung eingeräumt, damit sie die notwendige Finanzierung erhielten.

TIPP

Je stärker Ihre Machtposition ist, umso besser sind Ihre Karten, dass sich Ihre französischen Partner an Vereinbarungen halten. Aber Vorsicht: Wenn nicht mindestens eine der beiden nächsten Voraussetzungen erfüllt ist, werden die Franzosen unweigerlich versuchen, so schnell wie möglich aus der Abhängigkeit herauszukommen!

Gemeinsames Feindbild
Eine Möglichkeit, die immer klappt: Wie beim „Mensch-ärgere-dich-nicht" sollte man die Aufmerksamkeit des Franzosen auf den lenken, der schon weiter und damit gefährlicher ist. Nur gemeinsam kann man ihn noch aufhalten bzw. überholen. Es ist also immer gut, Franzosen in Wettbewerb gegen jemanden zu setzen, z.B. besser als die Muttergesellschaft zu produ-

zieren, einen hartnäckigen Konkurrenten aus dem Feld zu räumen. Ein Feindbild, das praktisch jedes Mal gut funktioniert, sind die Engländer. Hier besteht eine jahrhundertealte „Erbfeindschaft", die von beiden Seiten sehr nachdrücklich gepflegt wird. Beispiel: Ein Spieler der französischen Rugby-Nationalmannschaft sagte im März 2002 in einem offiziellen Interview, nachdem die Franzosen die Engländer überraschend geschlagen hatten: „Die Engländer zu schlagen, ist enorm, vor allem da ich sie nicht besonders mag. Sie sind Schwindler und arrogant."[9] Auch der Ausspruch der damaligen Premierministerin Edith Cresson „Alle Engländer sind schwul!" ging in die Analen ein. Stellen Sie sich nur einmal vor, ein deutscher Nationalspieler oder gar Bundeskanzler würde Derartiges von sich geben.

Ob Engländer oder nicht, der Trick mit dem Feindbild klappt praktisch immer. Auch Airbus wurde von den Franzosen in erster Linie initiiert, um eine Machtposition gegen Boing aufzubauen, und nicht um ein leistungsfähiges Flugzeug rentabel auf dem Weltmarkt zu verkaufen!

Sympathie

Sympathie ist der angenehmste Weg. Wenn ein Franzose etwas für Sie tut oder z.B. sagt: „Dem kann ich das doch nicht antun!", dann haben Sie gewonnen. Bezeichnenderweise sagen die französischen Mitarbeiter erfolgreicher deutscher Manager in der Regel übereinstimmend: *Il est sympa!* Er ist sympathisch, für den arbeitet man gerne!

Praxisbeispiel

In jedem Beratungsprojekt beginnen wir mit einem Audit, dessen Ziel es vor allem ist, produktivitätshemmende Störungen auf der Beziehungsebene zu identifizieren. Im Rahmen einer Plenarsitzung mit ca. 20 Topmanagern eines Großunternehmens, das drei Jahre vorher von einem französischen Konzern (6 Mrd. € Umsatz) übernommen worden war, stellte sich heraus, dass eines der größten Spannungsfelder die mangelnde Information durch die Muttergesellschaft war. Alle schütteten ihr Herz aus, bis auf einen, nennen wir ihn Dr. Bechthold. Dieser stand mitten in der erregten Diskussion plötzlich auf und sagte: „Ich weiß überhaupt nicht, was Sie alle haben! Ich bekomme täglich so viel Informationen, dass es mir schon fast zu viel wird. Ständig erhalte ich Anrufe von französischen Kollegen mit neuesten Ereignissen, strategischen Überlegungen und Gerüchten. Wieso soll ich denn da eine Ausnahme sein?"

Die Antwort erhielten wir während des Audits bei der französischen Muttergesellschaft. Auf den Hinweis, dass sich die deutschen Kollegen über Informationsmangel beklagten, reagierten die französischen Topmanager eher erheitert denn erstaunt. Einige zwinkerten sich sogar zu! Dies änderte sich schlagartig, als wir durchblicken ließen, dass lediglich ein deutscher

[9] Le Parisien vom 3.3.2002.

Manager dieses Problem nicht empfinde, nämlich Dr. Bechthold. „Ach so, der Bechthold!“, kam ein Aufschrei wie im Chor: „Das ist doch kein Deutscher! Der ist sympathisch!“

Man stelle sich vor: In einem Konzern mit 40 Milliarden FF Umsatz entscheiden Führungskräfte darüber, ob jemand eine Information erhält oder nicht nach dem Kriterium, ob er sympathisch oder eben ein bierernster Deutscher ist! Da kann der deutsche Autopilot nur das Signal zum entrüsteten Kopfschütteln geben. (Na, hat Ihrer auch funktioniert? Sollten Sie jetzt eher amüsiert denn entrüstet sein, dann ist dies ein gutes Zeichen: Mit dieser Einstellung umschiffen Sie die Klippen der deutsch-französischen Zusammenarbeit wesentlich leichter!)

Ohne gemeinsame emotionale Bindung (Sympathie) ist für den individualistischen Egoisten die Information keine Bring-, sondern eine Holschuld.

TIPP

Führen Sie dieses Beispiel nie vor Franzosen an! Kein Franzose würde offiziell (und noch dazu gegenüber einem Deutschen, von dem er ernst genommen werden möchte) zugeben, dass ein solches Verhalten in der französischen Wirtschaft gang und gäbe ist! Erst, wenn die Vertrauensbasis stimmt, können Sie die Geschichte unter vier Augen zum Besten geben. Ihr französischer Partner wird dann meist mit einem schelmischen Blick und achselzuckend verkünden: *„Eh oui, c'est la vie!“*

Das Dilemma deutscher Manager und Unternehmer

Hier kommen wir nun zu einem der größten Dilemmas deutscher Manager: Alle Kriterien, wie der Franzose zu einem zuverlässigen Partner wird, liegen nicht auf der Vernunftsebene, sondern im emotionalen Bereich. Also genau da, wo Deutsche misstrauisch und damit ganz sachlich werden. Da gibt es nur eine Lösung:

Wer eine erfolgreiche und effektive Partnerschaft mit Franzosen anstrebt, muss die Un-Vernunftsebene mit einbeziehen!

Franzosen sind entweder Gegner/Feinde oder Partner/Freunde. Stimmt die Beziehungsebene nicht, so sind Schützengrabenkriege bzw. mangelndes „Wir-Gefühl“ die Folge.

Sympathisch kann man nicht aus Vernunftgründen werden. Sich öffnen, als Mensch zeigen bewirkt oft schon Wunder bei Franzosen (wenn es nicht erst nach Feierabend ist!). Klappt es trotzdem auf dieser Ebene nicht (Sympathie kann man eben nicht erzwingen), so sollten Sie unbedingt mit Feindbildern argumentieren: „Was können wir besser, schneller, gewiefter machen als der Konkurrent X, die Abteilung Y?“

Optimal ist es natürlich, die letzten drei Möglichkeiten zu vereinen: Sie haben eine gewisse Machtposition, ein gemeinsames Feindbild und sind den Franzosen sympathisch. Damit fällt der Zwang, Kontrolle bzw. Druck auszuüben, praktisch weg, und Sie haben Partner, mit denen Sie im wahrsten Sinne des Wortes Bäume ausreißen können!

Oft werden wir an dieser Stelle von – gelinde gesagt – konsternierten deutschen Managern gefragt, ob Deutsche und Franzosen denn überhaupt keine Gemeinsamkeiten haben. Unsere Antwort darauf ist eindeutig und absolut nicht „zwischen den Zeilen“ angesiedelt: Beide haben sehr viele Gemeinsamkeiten! Auf der Grundlage des gemeinsamen geschichtlichen Hintergrundes (wobei sich die Historiker immer noch streiten, ob Karl der Große Deutscher oder Charlemagne Franzose war...), der christlichen Religion und der von Amerika beeinflussten Spielregeln der Wirtschaft finden Manager beider Länder genügend Gemeinsamkeiten. Im Übrigen kann ein Deutscher gerissen, locker und kreativ wie ein Franzose sein (wenn er es sich gestattet), und der Franzose kann seriös, zuverlässig und organisiert wie ein Deutscher sein (wenn er dazu motiviert ist!). Aber denken Sie bitte immer daran:

> Gemeinsamkeiten, wie auch eigene Probleme und Schwächen wird der Franzose erst zugeben, wenn ein gleiches Feindbild vorhanden ist und vor allem wenn die Beziehungsebene stimmt. Ansonsten wird er immer seine Unterschiede betonen.

FAZIT

- Egoistische Individualisten denken in Macht-Einheiten.
- Kompromisse sind ein Zeichen von Schwäche und dürfen nie als solche dargestellt werden.
- Franzosen sind keine geborenen Partner und stehen jedem Kooperationsangebot zunächst einmal misstrauisch gegenüber. Sie ziehen klare Machtverhältnisse vor.
- Management heißt in Frankreich, allgegenwärtig zu sein und seine Leute zu durchschauen. Franzosen führen entweder mit Druck oder mit Charisma, die besten Manager führen mit beidem.
- Beide Sozialverhaltensweisen haben Nachteile, die verschiedene Arten von Ventilen zur Folge haben, die gebraucht werden, um Erstere auszugleichen.
- Franzosen können sehr zuverlässige Partner sein, wenn man sie über die UN-Vernunftsebene (Sympathie und Feindbild) motiviert und anspricht.
- Gemeinsamkeiten kommen erst zum Tragen, wenn die Beziehungsebene stimmt.

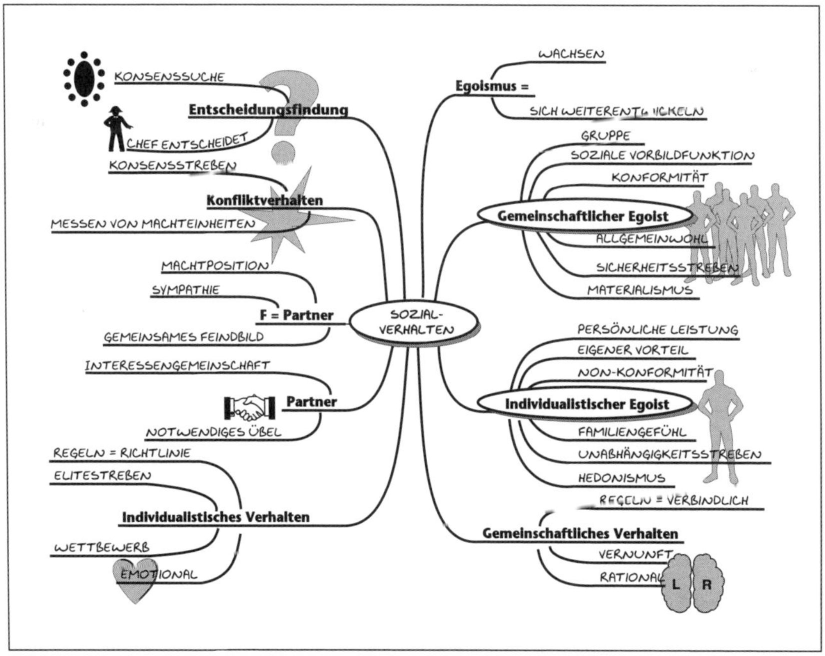

Abb. I.22: Sozialverhalten

„Alles, was wir brauchen, um wirklich glücklich zu sein, ist etwas, wofür wir uns begeistern können."

Charles Kingsley

5 Motivation: der Schlüssel zur erfolgreichen Kooperation

Motivation ist ein stark strapaziertes Wort. Sie ist allerdings der Schlüssel, damit Menschen anderen ihre Energien, Talente, Wissen und Zeit für die Erreichung von Zielen zur Verfügung stellen. Wenn Sie möchten, dass sich Ihre französischen Partner und Kollegen bestmöglich für Ihre Ziele einsetzen, so müssen Sie diese entsprechend motivieren können. Was hier wie eine Banalität klingt, ist in der Praxis eine Kunst, welche die wenigsten beherrschen. Hand aufs Herz: Haben Sie sich schon einmal die Frage gestellt, was Franzosen überhaupt motiviert? Die Standardantwort: „Natürlich Geld!" ist sehr riskant: Wer nur mit materiellen Anreizen motiviert, läuft besonders bei Franzosen Gefahr, sowohl sein Geld zu verlieren als auch seine Ziele nicht zu erreichen!

In diesem Kapitel werden Sie etwas Erstaunliches entdecken: Wenn Sie es schaffen, Ihre französischen Partner und Kollegen über ihre eigenen kulturellen Grundwerte zu motivieren, können Sie mit diesen weit mehr erreichen als im eher sach- und vernunftbetonten deutschen Umfeld!

Ein „kapitales" Kapitel, in dem Sie erfahren,

- was Motivation mit Ansteckung zu tun hat,
- welche erstaunlichen Gefahren für Deutsche bei demotivierten Franzosen bestehen,
- dass die Motivationen von Deutschen und Franzosen sehr unterschiedlich und sogar gegensätzlich sein können,
- warum motivierte Franzosen Berge versetzen.

5.1 Was ist Motivation?

Motivation ist alles, was Menschen zum Handeln veranlasst. Die prinzipielle Antriebskraft des Menschen, zu handeln, entsteht aus

- der Hoffnung auf Erfolg, z.B. seine Situation zu verbessern, ein ersehntes Ziel zu erreichen, d.h. sich weiterzuentwickeln,
- dem Bestreben, eine Gefahr zu meistern bzw. unangenehme Situationen zu vermeiden, Bestehendes und Erreichtes zu erhalten und sich nicht zurückzuentwickeln.

In beiden Fällen gibt es ein Wechselspiel zwischen innerem Antrieb und Außenfaktoren. Dabei finden wir das Zuckerbrot-und-Peitsche- oder das Himmel-und-Hölle-Prinzip wieder. Der Motivationsspezialist Wolfgang Mewes, Begründer der Strategielehre „EKS“[1], vergleicht die Außeneinwirkungen mit einer psychischen Zange:

> „Erfolgreiche Politiker haben zu allen Zeiten die Menschen motiviert, indem Sie sie psychisch in die Zange nahmen, nämlich ihnen einerseits die Lösung ihrer am brennendsten empfundenen Probleme versprachen und anderseits mit einer großen Gefahr drohten.“
>
> *Wolfgang Mewes*

Wer motiviert ist, ist stärker interessiert. Wollen wir etwas erreichen (= Hoffnung auf Erfolg) oder etwas vermeiden (= Angst vor Gefahren), werden wir uns fast ausschließlich für Mittel und Wege interessieren, die es uns ermöglichen, dieses Ziel zu erreichen. Dabei ist das Interesse an dem, was uns bedroht (also Schaden zufügen könnte) potenziell stärker als an dem, was uns weiterbringen könnte. Dieser biologische Urinstinkt (Überlebenstrieb) ist heute überflüssig, denn wir „überleben“ eigentlich ganz gut, nämlich in Wohlstand und einem Übermaß an Sicherheit. Daher ist dieser Reflex beim modernen Menschen eher ausgerichtet auf Besitzstand- und Machtwahrung bzw. wird, was viel schlimmer ist, gerne benutzt, um bei anderen Menschen ein bestimmtes Verhalten auszulösen. Wer erinnert sich nicht an seine Schulzeit, in der man aus Angst, die Klasse nicht zu „überleben“ (nämlich sitzen zu bleiben), den verhassten Stoff in sich hineinpaukte, um ihn möglichst fehlerlos bei der Klassenar-

Der Autopilot interessiert sich stärker für bedrohliche Signale.

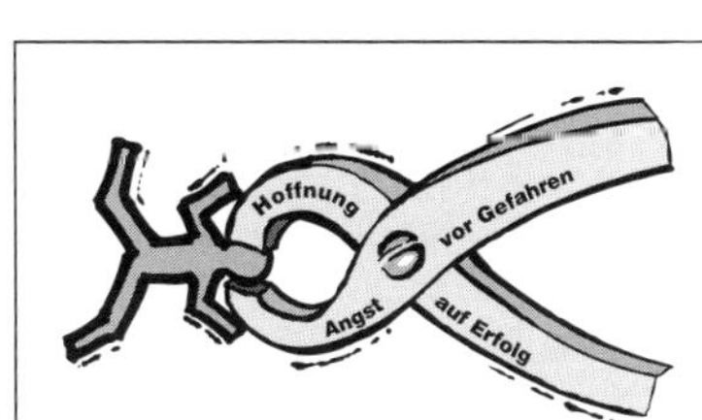

Die „psychische Zange“ nach Wolfgang Mewes

[1] Die EKS-Strategie: Auskünfte bei StrategieForum Tel. +49 (0)6 21 / 4 84 28 73.

beit wieder „auszuspucken"? So werden wir bereits in der Kindheit darauf programmiert, Fehler zu vermeiden, anstatt aus Fehlern zu lernen, wie es dem natürlichen Lernverhalten eines Kleinkindes entspricht. Kinder lernen Laufen und Sprechen aus Fehlern und Erfolgserlebnissen, indem sie sich aus natürlichem Interesse heraus ständig zu verbessern versuchen. Diese Tatsache veranlasste Vera F. Birkenbihl zu der Behauptung: „Wenn Laufen und Sprechen Schulfächer wären, hätten wir mit Sicherheit Abertausende von lern- und sprechbehinderten Mitmenschen!"[2] Sie bezieht sich dabei auf die erwiesene Tatsache, dass Angst Verspannung hervorruft und verspannte Menschen ihre (Lern-) Fähigkeiten eben nicht voll nutzen können. Folgendes Zitat bringt es auf den Punkt:

> „Eine Leistung nach Fehlern zu beurteilen bleibt die Fehlleistung der Schule!"
> *Ruth Greiber*

Die heutige Erziehung trainiert infolgedessen eher unsere natürliche Neigung ab, Fehler zu vermeiden, mit der Begründung, diese könnten uns schaden, anstatt unsere andere natürliche Tendenz, aus Fehlern zu lernen, zu fördern. Infolgedessen sind unsere Sinne (bzw. unser Autopilot) mehr auf die Wahrnehmung bedrohlicher Signale programmiert denn auf das Erfassen positiver Faktoren. Ausdruck hierfür sind die Medien: Negative Schlagzeilen ziehen mehr Leser an! Analysiert wird zunächst das potenziell Schädliche, die potenziellen Gefahren eines Ereignisses anstelle möglicher positiver Auswirkungen. Die Konsequenzen daraus haben wir ausführlich im Kapitel „Vorurteile" behandelt. Ein anderes Beispiel ist die deutsche Wiedervereinigung: Sie wurde und wird sogar noch heute von vielen Menschen in beiden Teilen Deutschlands als Rückschritt, ja sogar als Bedrohung empfunden. Denn die Medien berichten immer wieder von Gefahren und negativen Ereignissen. Wie viele Deutsche sind sich heute eigentlich bewusst, welche immense gemeinschaftliche Leistung hinter der Wiedervereinigung steckt und welche enormen Chancen weiterhin daraus erwachsen können? Wann sieht man einmal Menschen, die sich über das Erreichte freuen, anstatt über die Schwierigkeiten zu lamentieren?

Bereits in der Schule werden wir darauf geeicht, Fehler zu vermeiden, anstatt aus Fehlern zu lernen.

Generell sind wir es also gewohnt, eher durch Angst als durch Begeisterung stärker an etwas interessiert zu sein bzw. zu werden. Angstmotivation macht in der Regel misstrauisch, introvertiert, verschlossen und defensiv: „Wer oder was bedroht mich?" „Was muss ich vermeiden?" „Was bekomme ich nicht, wenn ich mich so verhalte?" usw. Sie kann aber auch Menschen zusammenrücken lassen gegenüber einer Bedrohung und ermögli-

[2] Buchtipp: Vera F. Birkenbihl: „Trotz Schule lernen", mvg-Verlag.

chen, Situationen und Erfolgschancen realistischer einzuschätzen. Begeisterungsmotivation hingegen macht unternehmungslustig, extrovertiert, offen und zupackend: „Was macht mir Spaß?“ „Woran kann ich mitwirken?“ „Was kann ich vorantreiben und verändern?“ usw. Sie setzt positive Energien frei und damit eine Dynamik, die mitreißt. Im negativen Fall kann sie zur Überschätzung der eigenen Kräfte führen und zu überzogenem und unrealistischem Denken und Handeln.

Angstmotivation macht misstrauisch – Begeisterungsmotivation macht unternehmungslustig.

Angstmotivation	Begeisterungsmotivation
Vorteile	
◆ Zusammenrücken vor einer Gefahr ◆ realistischere Einschätzung von Erfolgschancen ◆ einfachstes Mittel zu motivieren, sofern im Besitz der Macht (Androhen von Strafe)	◆ macht unternehmungslustig und extrovertiert ◆ fördert Bereitschaft, Risiken einzugehen ◆ fördert die Selbstorganisation der Gruppe
Nachteile	
◆ macht misstrauisch und defensiv ◆ Übervorsichtigkeit verhindert notwendiges Eingehen von Risiken ◆ bedingt Management by Druck und Kontrolle	◆ Überschätzung der eigenen Kräfte ◆ unrealistische Analyse der Situation ◆ schwierig zu managen, da Führung mehr im emotionalen Bereich

Abb. I.23: Vor- und Nachteile von Angstmotivation und Begeisterungsmotivation

Wirklich motivierte Mitarbeiter sind von der Unternehmensidee regelrecht infiziert! Das Wort infizieren ist, da mit Krankheit verbunden, negativ besetzt. Prof. Dr. Magyar, ein bekannter Motivations- und Marketingexperte, hat jedoch bei seiner Durchleuchtung von 100 Pionierunternehmen eine gemeinsame Komponente festgestellt: Die Unternehmen hatten alle „infizierte“ Mitarbeiter, die den Virus eines großen, vom Unternehmensgründer vorgegebenen Ziels in sich trugen.[3] Magyar unterscheidet dabei die Fähigkeit einer Persönlichkeit, andere

Nur erfolgsangesteckte Unternehmen können auf Dauer qualitativ höhere Ziele erreichen.

[3] Wir werden für „infizieren“ im Folgenden das Wort „anstecken“ benutzen.

Personen anzustecken, von der Bereitschaft Letzterer, sich anstecken zu lassen. Unternehmen, die sich dauerhaft durchsetzen, sind demnach alle erfolgsangesteckt und haben eine weitere Gemeinsamkeit: Sie wollen nicht Besitzstand wahren, sondern über den Besitz hinaus qualitativ höhere, meist ethische Ziele erreichen.

5.2 Persönliche Motivationen

Wenn wir uns mit der Frage unserer eigenen Motivationen wirklich befassen, machen wir zunächst einmal eine anscheinend ganz banale Feststellung: Wir haben Motivationen! Wir alle haben Hoffnungen und Ängste, streben nach Erlebnissen und Dingen, die uns Spaß machen, und wollen solche vermeiden, die wir fürchten oder die uns gleichgültig sind. Das grundsätzliche Problem ist, dass wir uns in unserem heutigen Umfeld Motivation abkaufen lassen, indem wir Dinge tun, die wir eigentlich gar nicht tun wollen oder gar fürchten, damit wir uns mit dem dafür erhaltenen Entgelt das erfüllen können, was uns eigentlich motiviert!

Spaß und Freude zu haben ist der größte Motivationsfaktor überhaupt!

So stellt auch R. K. Sprenger ketzerisch fest: „Alles Motivieren ist Demotivieren!“ Mit anderen Worten: Bereits die Tatsache, Motivationstechniken (Incentives, Prämien etc.) anzuwenden, unterstellt, dass die Mitarbeiter nicht genug Eigenmotivation aufbringen, um ihre Arbeit zu vollbringen. Dieses durch Prämien, Incentives und Beförderungsversprechen verdeckte Misstrauen führt zu dem Paradoxon, dass alle Motivationsmaßnahmen die Betroffenen lediglich dazu bringen, überhaupt nur ihre normale Leistung abzuliefern. Begeisterung ist jedoch nicht mit Geld auslösbar. So treten Enthusiasmus, Ideen und Einsatzfreude meist lediglich in der Freizeit zutage, wo die überschüssige Energie und Talente in Hobbys und Vereine investiert werden. Sprenger vertritt daher – wie wir bei JPB übrigens auch – die Ansicht, dass kein Mensch zusätzlich motiviert werden muss, wenn man die Arbeits- und Kooperationsanforderungen so gestaltet, dass diese Spaß machen und das natürliche Eigeninteresse jedes Menschen an seiner Weiterentwicklung nutzen. Dieses jedem Menschen innewohnende Interesse, zu lernen sowie Spaß und Freude zu haben, ist der größte Motivationsfaktor überhaupt!

> „Wir alle suchen Spannung in unserem Leben:
> Unsere Neugier aktivieren, Entdeckerfreude und Lust am Funktionieren spüren – das wollen wir, auch wenn diese Quellen unserer Energie manchmal verschüttet scheinen!“
>
> *Reinhard K. Sprenger*

Wir betonen dies deswegen so ausdrücklich, da Sie hier bereits den Schlüssel zur Motivation Ihrer französischen Partner finden! „*Pour que nous soyons motivés, il faut que nous épousions une cause!*“, sagte uns ein französischer Topmanager: „Damit wir motiviert sind, müssen wir uns der Aufgabe ganz verschreiben!“ (wörtlich „... uns mit der Aufgabe verheiraten!“, was im Französischen nobler klingt). *Cause* bedeutet hier allerdings mehr als nur Aufgabe, es kennzeichnet einen philosophischen – und damit noblen – Überbau, sozusagen eine Bestimmung, Berufung oder Mission!

Deutsche wollen ihre Aufgaben verrichten und zur nächsten übergehen – Franzosen wollen in ihrer Aufgabe aufgehen und über diese hinauswachsen!

Selbst wenn Sie jetzt wahrnehmen sollten, dass wir die Deutschen für ein bisschen spröde halten und nur die Franzosen für wirklich begeisterungsfähige Menschen, so bitten wir Sie, diese Faustregel nochmals mit etwas Abstand zu betrachten. Vielleicht machen Sie einfach eine kurze Pause, gönnen sich einen erholsamen Spaziergang oder eine anregende CD. Fragen Sie sich dabei:

- Wird im deutschen Geschäftsleben Enthusiasmus eher gefördert oder unterdrückt?
- Was passiert in einer Besprechung, in der man eine Idee mit spontaner Begeisterung vorträgt?
- Wann sind Sie das letzte Mal gelobt worden, weil Sie Ihre Aufgabe mehr als nur „verrichtet“ haben?
- Haben Sie eigentlich Lust, mehr als nur das Notwendige zu tun, oder tun Sie es eher, weil es einfach von Ihnen erwartet wird?
- Wann haben Sie zuletzt andere gelobt?

Der Schlüssel zum effizienten Umgang mit Franzosen liegt in der Einbeziehung von Emotion!

Wenn Sie auf alle diese Fragen positive Antworten finden, dann sind Sie wahrscheinlich entweder in einer Branche oder einem Unternehmen, in dem Begeisterungsmotivation möglich ist und praktiziert wird, oder Sie sind ganz einfach ein sehr positiv eingestellter Mensch, der entsprechend[4] wenig Probleme mit anderen Menschen und auch nicht mit Franzosen haben dürfte! Andernfalls dürfte Ihnen spätestens jetzt sehr deutlich vor Augen stehen, dass man im deutschen Business eher „zum Lachen in den Keller geht“, denn Emotionen sind ein starker Störfaktor für die berühmte effizienzfördernde Sachlichkeit! Entsprechend „verheiratet“ man sich nicht mit einer Aufgabe, sondern „arbeitet für eine gute Sache ...!“

[4] Siehe Kapitel 3.8 unter „Warum Vorurteile sich immer wieder bewahrheiten“, S. 100 ff.

Der Schlüssel zum effizienten Umgang mit Franzosen liegt jedoch in der Einbeziehung von Emotion! Also: Je besser Sie es schaffen, Ihre französischen Partner mit Ihren Ideen und Zielen anzustecken, ihnen Spaß an der Aufgabe zu vermitteln, umso erstaunlichere und befriedigendere Ergebnisse werden Sie erzielen!

Das interkulturelle Paradox

Im Folgenden werden wir die kulturellen Grundwerte[5] von Deutschen und Franzosen vergleichen, damit Sie Aufschluss darüber erhalten, was im jeweiligen Land Interesse weckt, ansteckt oder Angst auslöst. Wie wichtig dieses Wissen ist, illustriert folgendes Beispiel:

Franzosen richtig zu motivieren ist von fundamentaler Bedeutung.

Die Manager eines deutschen Nahrungsmittelherstellers hatten sich bereits einige Male mit französischen Verhandlungspartnern zu vertraulichen Verhandlungen getroffen. Erstes Ergebnis: Ein „*letter of intent*“, in dem beide Seiten ihr Interesse an einer Kooperation in Produktion und Vertrieb festhalten. In der deutschen Chefetage fiel man nun aus allen Wolken, als man feststellte, dass die Franzosen diese Information an die Presse weitergaben: „Diese Angelegenheit ist überhaupt nicht spruchreif! Die Franzosen haben mit dieser voreiligen Aktion unsere Mitarbeiter, vor allem aber unsere Kunden verunsichert. Wie stehen wir da, wenn aus der Kooperation nichts wird?“ Zur Rede gestellt, antwortete der französische Präsident: „Wir sind frühzeitig an die Öffentlichkeit gegangen, damit sich unsere Führungskräfte für die Kooperation engagieren.“

Im Klartext: Der deutsche Vorstand sah in der französischen Pressearbeit ein voreiliges und sehr riskantes Vorgehen, das angesichts des derzeitigen Verhandlungsstadiums nicht zu rechtfertigen ist. Der französische Präsident dagegen tat etwas für französische Verhältnisse nicht Außergewöhnliches: Er motivierte seine Führungsmannschaft, indem er ihnen ein herausforderndes Unternehmensziel vorgab. Wäre die Kooperation bei der Bekanntgabe in der Presse bereits verbrieft und versiegelt gewesen, hätten die *cadres* sie allenfalls kopfnickend zur Kenntnis genommen. Ein außerordentlicher Einsatz für das Zustandekommen und Gelingen wäre von ihnen dann nicht zu erwarten gewesen.

Das interkulturelle Paradox besteht darin, dass genau das, was den einen motiviert und ihm Spaß macht, von dem anderen als Verunsicherung oder gar als Bedrohung empfunden wird! Mit anderen Worten: Anstatt motiviert zu sein, fühlt er sich geohrfeigt! Erkennen Sie nun, warum es von fundamentaler Bedeutung ist, sich eingehend mit den Motivationsfaktoren einer

[5] In Teil II werden wir auf die Konsequenzen für die Business-Kultur eingehen.

anderen Kultur zu befassen? Denn was wäre, wenn genau das, was Sie als Deutscher motiviert, den Franzosen demotiviert und umgekehrt? Sie würden damit genau das Gegenteil Ihrer eigenen Absichten auslösen, nämlich Demotivation und damit NICHT-Handeln oder schlimmer noch, wie wir gleich sehen werden ...

Was den einen motiviert und ihm Spaß macht, wird von dem anderen als Bedrohung empfunden.

Monsieur Positif

Ein Witz, den die Belgier gerne über Franzosen erzählen (Belgier müssen ja in Frankreich für die gleichen Witze herhalten wie die Ostfriesen in Deutschland):

Wer ist das: Ein trübsinnig dreinschauender Mann, der sich mit der Pistole über den Kopf schießt? Anwort: Ein Franzose, der Selbstmord begeht. Er schießt sich eine Kugel in seine (eigene) höchste Wertschätzung! (*Il se tire une balle dans sa plus haute considération!*)

Tipp

Geben Sie solche Witze, wie den oben stehenden nur bei Franzosen zum Besten, mit denen Sie sich auch privat wirklich gut verstehen. Im Gegensatz zum Deutschen kann der Franzose nämlich nicht über sich selbst lachen. Und wenn, dann nur im kleinen, vertrauten Kreis. Oder die Kritik muss von einem Landsmann kommen.

FAZIT

- Motivation ist alles, was Menschen zum Handeln veranlasst. Sie entsteht aus der Hoffnung auf Erfolg oder aus dem Bestreben, eine Gefahr zu meistern.
- Unser Autopilot ist eher auf die Wahr-Nehmung bedrohlicher Faktoren programmiert.
- Angstmotivation macht misstrauisch, aber auch realistisch.
- Begeisterungsmotivation fördert die Bereitschaft, Risiken einzugehen, führt aber auch zur Überschätzung der eigenen Kräfte.
- Jeder Mensch hat ein natürliches Interesse an seiner Weiterentwicklung und daran, Spaß und Freude zu haben.
- Franzosen wollen in ihrer Aufgabe aufgehen. Sie müssen sich regelrecht einer Idee oder einer Aufgabe verschreiben.
- Das interkulturelle Paradox: Was den einen motiviert und diesem Spaß macht, wird von dem anderen als Verunsicherung oder gar als Bedrohung empfunden!

5.3 Der fundamentale Unterschied in der (De-) Motivation zwischen einem Franzosen und einem Deutschen

Selbst wenn wir uns dem Risiko aussetzen, Sie vollends aus dem Konzept zu bringen oder zu verwirren, müssen wir noch eine weitere Unterscheidung anführen, die zum Verständnis der unterschiedlichen Handlungsweisen und Reaktionen von Deutschen und Franzosen von fundamentaler Bedeutung ist: Welcher Unterschied besteht zwischen einem motivierten Deutschen und einem motivierten Franzosen? Und wichtiger noch: Welche Folgen zieht Demotivation bei dem einen und dem anderen nach sich?

Motivierte Deutsche und Franzosen

„Impossible n'est pas français!"

Ein motivierter Deutscher wird natürlich mehr und mit größerer Lust arbeiten, also mehr leisten. Er wird hartnäckig sein Ziel verfolgen und alles daransetzen, dieses zu erreichen. Ist dies geschafft, wird er Freude und Genugtuung empfinden. Wirklich motivierten Franzosen hingegen geht es, wie bereits gesagt, nicht nur um Zielerreichung: Sie wollen Berge versetzen, mehr als das Ziel oder gar Unmögliches erreichen! „*Impossible n'est pas français!*" ist ein heiß geliebtes französisches Sprichwort: „Unmöglich ist nicht französisch!" So kommt es, dass Franzosen oft erstaunliche Leistungen erbringen, die nach menschlichem Ermessen und vor allem nach den Maßstäben der deutschen Business-Kultur nicht nachvollziehbar sind.

Wenn Sie richtig motivieren, können Sie mit Franzosen Unmögliches erreichen.

Mit anderen Worten: Wenn Sie es schaffen, Ihre französischen Mitarbeiter oder Partner richtig zu motivieren, anzustecken, können Sie in aller Regel Ergebnisse erzielen, die nach herkömmlichem Denken in Deutschland als unrealistisch abgetan werden. Alle erfolgreichen deutschen Manager in Frankreich werden Ihnen dies bestätigen.

Demotivierte Deutsche

Demotivierte Deutsche werden zwar weniger Leistung erbringen, werden aber als gemeinschaftliche Egoisten in aller Regel ein Mindestmaß ihrer Aufgaben erfüllen oder offen darüber sprechen bzw. kündigen. Sie sind der Überwachung durch die Gruppe ausgesetzt und werden sofort Sanktionen und Druck spüren, falls nicht das für den Zusammenhalt der Gruppe wichtige Mindestergebnis aus ihrem Tun herauskommt. So kommt es schlimmstenfalls nur zu dem berühmten „Dienst nach Vorschrift"!

Demotivierte Franzosen

Demotivierte Franzosen hingegen tun bestenfalls nichts! In vielen Fällen werden sie nämlich boykottieren oder absichtlich anders handeln, wenn nicht gar das Gegenteil von dem tun, was sie zugesagt haben. Einige der bereits gegebenen Beispiele zeigen dies ganz deutlich. Hier zwei weitere:

Unmöglicher Termin

- Ein deutscher Manager muss telefonisch einen dringenden Termin mit seinem französischen Kollegen abstimmen. Das Unternehmen ist seit zwei Jahren in deutschem Mehrheitsbesitz. Beide hätten am 10. Juni Zeit. Alle anderen Möglichkeiten sind von deutscher Seite her wegen des anstehenden Urlaubs ausgeschlossen. Der französische Kollege fragt aber sicherheitshalber vorher bei seinem Chef nach, von dem er weiß, dass er der Zusammenarbeit mit dem deutschen Mutterhaus, gelinde gesagt, skeptisch gegenübersteht. Ohne auch nur einen Blick auf den Terminkalender zu verschwenden, kam die trockene Anweisung: „Sag ihm, du kannst an dem Tag nicht, dann muss er nämlich ein paar Termine verlegen!“

Gesalzene Rechnung

- In der Produktionsstätte eines französischen Lebensmittelherstellers waren die Arbeiter mit der Direktion wegen der zu geringen Lohnerhöhung unzufrieden. Um sich zu revanchieren, versalzten sie täglich einen Teil der Produktion der Fertiggerichte. Die Imageschädigung war so katastrophal für das vorher florierende Unternehmen, dass es zwei Jahre später von einem Konkurrenten aufgekauft wurde (der im Übrigen mehr als 30 Prozent der Belegschaft abbaute ...).

Mit diesen oder ähnlichen Situationen müssen Sie immer wieder rechnen. Eine typische Reaktion kommt immer wieder an dieser Stelle von unseren deutschen Seminarteilnehmern: „Aber warum ist das so? Das ist doch nicht vernünftig!“

> In der Zusammenarbeit mit Franzosen müssen Sie fortlaufend die Un-Vernunftebene mit einbeziehen.

Wenn Sie einen Franzosen demotiviert haben, so kann es sein, dass dieser Ihr ganzes Projekt kippt!

Diese Un-Vernunftregel kann so weit gehen, dass sich Franzosen sogar den Ast absägen, auf dem sie sitzen. Für Sie heißt das konkret: Wenn Sie darauf vertrauen, dass Ihr französischer Partner etwas wie besprochen ausführt, Sie ihn jedoch, ob gewollt oder ungewollt, demotiviert haben, so kann es sein, dass dieser Ihr ganzes Projekt kippt! Ihre natürlich berechtigte Reaktion darauf brauchen wir uns hier gar nicht weiter auszumalen: Wenn nämlich die Macht auf Ihrer Seite ist, werden Sie verständlicherweise den Franzosen wieder einmal hautnah bestätigen, dass Deutsche weder gemeinschaftlich noch entgegenkommend sind: Die Dampfwalze rollt, und die Vorurteile haben sich natürlich auf beiden Seiten voll bestätigt!

Ein französischer Manager ist andauernd auf der Hut, um demotivierte Mitarbeiter zu identifizieren.

Das Problem liegt eigentlich nicht in der Tatsache, dass der französische Partner blockiert, sondern eher darin, dass ein deutscher Manager nicht damit rechnet! Hatte er vorher doch alles abgesprochen und keine Einwände von den Franzosen vernommen. Das ist genau der Grund, warum wir diesen Punkt hier so ausführlich behandeln. Ein französischer Manager ist nämlich andauernd auf der Hut, um demotivierte Mitarbeiter zu identifizieren, weil er die Gefahr der kontraproduktiven Leistung bzw. des Risikos, der Übertragung der Demotivation, genau kennt. Für einen Deutschen geht dies meistens über seinen Verstand, da man aus seiner Sicht (= seinem Autopiloten) doch vorher alles vernünftig besprechen kann. Schließlich sind die Franzosen doch auch vernünftige Menschen, zumal sie sich doch selbst dauernd auf Descartes berufen ...

Sie werden jetzt wahrscheinlich mit uns einig sein, dass es von immenser Wichtigkeit ist, zu wissen, wie man Franzosen richtig motiviert bzw. vor allem, wie man es vermeidet, Franzosen zu demotivieren. Deshalb wollen wir nun ganz konkret in die Materie einsteigen.

5.4 Analyse von Stellenanzeigen

Um den Einfluss der unterschiedlichen deutschen und französischen Grundwerte auf die Motivation darzustellen, betrachten wir im Folgenden zwei Stellenanzeigen aus der Automobilindustrie. Wie appellieren die Unternehmen an einen zukünftigen potenziellen Mitarbeiter?

Wir von Volkswagen

Gemeinsam Zukunft konstruieren!

Prof. Dr.-Ing. Ulrich Seiffert
Mitglied des Vorstands
der Volkswagen AG
Forschung und Entwicklung

„Wir nehmen die Herausforderungen der Zukunft an: Umweltschutz, Sicherheit, Qualität und vor allem Menschlichkeit. Denn für uns steht der Mensch im Mittelpunkt. Als Kunde und Mitarbeiter. Mit kreativen Freiräumen und optimalen Arbeitsbedingungen haben wir jene innovative Atmosphäre geschaffen, in der unser Forschungsauto 'Futura' entwickelt wurde.

Von Konstrukteuren, die die logische Dynamik technischer Abläufe immer wieder hinterfragen.
Unser Erfolg braucht engagierte Mitarbeiterinnen und Mitarbeiter, die es reizt, die automobile Zukunft mitzugestalten.
Konstruktions-Ingenieure, die in das Simultaneous-Engineering-Team Können und Ideen einbringen.
Vor allem aber das Wissen, daß Technik nur die menschengerechten Lösungen anbietet, nach denen sie gefragt' wird!"

Unser Bereich Forschung und Entwicklung braucht Ihre Mitarbeit. Wir suchen weibliche und männliche Konstruktions-Ingenieure der Fachrichtungen:

- **Maschinenbau**
- **Fahrzeugtechnik**
- **Konstruktionstechnik**
- **Elektrik/Elektronik**
- **Kunststofftechnik**
- **Motor- und Getriebetechnik**

Ob Sie nach erfolgreichem Abschluß der TU oder FH direkt bei uns einsteigen möchten oder bereits Erfahrungen in einem Unternehmen gesammelt haben, wir nehmen Ihre Wertvorstellungen als Konstrukteur ernst. Denn wir brauchen als Teampartner selbstbewußte und selbstkritische Frauen und Männer mit Persönlichkeit, Mut zur eigenen Stärke, Eigeninitiative und Mobilität.
Um Ihr Engagement und den Spaß an der Arbeit von Beginn an zu fördern, geben wir Ihnen die Möglichkeit, sich im 'training on the job' zielorientiert einzuarbeiten und in Ihr Team zu integrieren. Wir bieten Ihnen keine 'one-man-show', sondern die kommunikative und nicht zuletzt kreative Kraft der Gruppe.
Sie sind verantwortlich für Ihr Konstruktionsgebiet im Team mit in- und externen Partnern. Und bringen so ein Modell mit CAD-/CAE-Technik zur Serienreife. Unsere Philosophie: Simultaneous Engineering, die starke Einheit von Konstruktion, Versuch und Berechnung, in der wir optimale Kommunikation fördern, um mehr Kreativität freizusetzen.
Wenn Sie Ihre Kreativität in die Optimierung von Komfort und Qualität, Fahrverhalten, aktiver/passiver Sicherheit, Recycling-Ideen und vor allem auch Umweltschutz investieren wollen – dann schreiben Sie uns:
Ob Sie ein Motor-Freak sind oder sich eher als Tüftler am Fahrwerk sehen – oder wo auch immer Ihre Konstruktionsziele liegen... wie Ihre Gehaltsvorstellungen sind... ob Sie Englisch beherrschen oder weitere Fremdsprachen... ob Sie sofort oder erst später zu uns kommen können, nach Wolfsburg, der Stadt auf dem Land mit viel Lebensqualität. Wir freuen uns auf Ihre Bewerbung!

Volkswagen AG
Personalabteilung
Gehalt I
Postfach 1/1/23
3180 Wolfsburg

Volkswagen –
da weiß man, was man hat

Abb. I.24: Stellenanzeige der Volkswagen AG

TECHNICIENS DE CONCEPTION ET D'ESSAIS

CITROËN

Venez élaborer avec nous la voiture de demain

L'automobile est un monde intense, toujours à la recherche de performances nouvelles.
Un monde où s'invente jour après jour la voiture de demain.
Avec en plus, une dimension rare : l'Emotion.

Une dimension que vous pourrez venir partager avec nous dès demain, au sein de notre Direction des études du centre technique de Vélizy-Villacoublay (78140), en occupant des postes :

*- De **CONCEPTION** : Dessinateurs en Conception mécanique et en Conception carrosserie.*
Votre profil : BTS Bureau d'Etudes/CPI, BAC F1.

*- D'**ESSAIS** : Techniciens d'Essais et de Mesures.*
Votre profil : DUT Génie Mécanique. BTS MCI. BTS EVM. DUT Mesures Physiques.

*- De **REALISATIONS PROTOTYPES** : votre profil : DUT Génie Mécanique. BTS Productique.*
Chez CITROEN. vous rejoindrez un environnement technique de pointe, reconnu et formateur.
Vous bénéficierez bien sûr d'une solide préparation et d'un plan de formation personnalisé qui vous ouvrira de multiples opportunités de carrière.
Pour tout renseignement complémentaire : tapez 3615 code CITROEN sur votre minitel.

Adressez-nous vite votre dossier de candidature sous réf. 63 à :
Automobiles CITROEN - Service Recrutement Techniciens - 62, Bd. Victor Hugo
92208 NEUILLY-sur-SEINE Cedex

NOTRE MEILLEUR ACCELERATEUR C'EST L'EMOTION

Technische Fachkräfte für Konzeption und Versuche

Entwickeln Sie mit uns das Auto von Morgen

Das Auto repräsentiert eine außerordentlich dynamische, sich entwickelnde Welt, die immer auf der Suche nach neuen Leistungen ist.
Eine Welt, in der Tag für Tag das Auto von morgen erfunden wird.
Dazu eine seltene "Dimension": die Emotion.

Eine "Dimension", die Sie schon morgen mit uns erleben können, im Rahmen unseres technischen Forschungszentrums in Vélizy-Villacoublay (PLZ 78140), indem Sie eine der folgenden Stellen besetzen:

- **Entwicklungsfachleute**: technische Zeichner für die Mechanik und das Karosseriedesign.
  Ihr Profil: BTS Bureau d'Etudes/CPI, BAC F1.
- **Versuchsfachleute**: Versuchs- und Meßtechniker.
  Ihr Profil: DUT Génie Mécanique, BTS MCI, BTS EVM, DUT Mesures Physiques.
- **Fachleute für die Prototypenkonstruktion:**
  Ihr Profil: DUT Génie Mécanique, BTS Productique.

Kommen Sie zu CITROËN, in ein anerkanntes und lehrreiches Umfeld der Spitzentechnologie. Eine gründliche Einarbeitung und ein maßgeschneiderter Ausbildungsplan eröffnen Ihnen zahlreiche Karrierechancen.
Bei weiteren Fragen wählen Sie bitte mit Ihrem Minitel (franz. BTX): 3615 Code Citroën

Richten Sie schnell Ihre Bewerbung mit der Referenz-Nr.63 an:
Automobiles CITROËN - technisches Personalreferat -
62, Bd. Victor Hugo, F-92208 Neuilly-sur-Seine Cedex

UNSER BESTER BESCHLEUNIGER IST DIE EMOTION!

Abb. I.25: Stellenanzeige von Citroën S.A.

Wirkung von Form und Inhalt

Es fällt sofort auf, dass die Stellenanzeige von VW doppelt so viel Platz einnimmt wie die von Citroën, da sie sich neben dem langen Text noch einer bildlichen Darstellung (Mensch und Auto) bedient.

Alles in der deutschen Anzeige weist auf eine detaillierte, explizite, ja fast erschöpfende Information hin: Das dreimal erscheinende VW-Logo unterstreicht das Image in der Automobilbranche, ein futuristisch anmutendes Auto mit dem Namen Futura repräsentiert die Zukunft, und die konkreten Aussagen über das Anforderungsprofil des Bewerbers und sein zukünftiges Aufgabenfeld lassen kaum noch Fragen offen. Der Inhalt ist ausführlich, informativ und logisch zusammenhängend, sozusagen „eine Gebrauchsanleitung für Bewerber!“, wie es ein deutscher Manager während eines unserer SYNTONIE-Workshops ausdrückte.

Der Inhalt der VW-Anzeige liefert fast eine Gebrauchsanleitung für Bewerber!

Die nüchtern gehaltene Stellenanzeige von Citroën geizt im Vergleich zur deutschen Stellenanzeige geradezu mit Informationen zum Unternehmen und zum Anforderungsprofil: Da ist kein Auto zu sehen, kein lächelnder Vorstand und auch das Citroën-Logo erscheint nur einmal, denn jeder kennt ja Citroën als nationale Institution. Stattdessen wird in drei knappen Sätzen fast lyrisch von einer sich ständig entwickelnden Welt des Automobils gesprochen. Zukunft wird erst gar nicht erwähnt, sie drückt sich in dem dreimal benutzten Wort *„demain“* (morgen) aus. Durch die knappe Information wird in der Anzeige an die Neugierde und die Vorstellungskraft des Lesers und seine Fähigkeit, zwischen den Zeilen zu lesen, appelliert.

Motivation durch Grundwerte

Die Stellenanzeige von VW verweist konkret an einige wichtige deutsche Grundwerte.

Da ist die Gleichheit, die sich etwa an dem Titel „Gemeinsam Zukunft konstruieren“ oder durch „Teampartner“ und „Teamgeist“ zeigt. Beim gemeinschaftlichen Egoisten ist die One Man-Show nicht erwünscht, dafür aber umso mehr die optimale Kommunikation der Gruppe. Das Individuum, von dem zwar Selbstkritik und Selbstbewusstsein erwartet wird, hat sich beim gemeinschaftlichen Egoisten in die Gruppe und das Unternehmen zu integrieren.

Gleichheit: Beim gemeinschaftlichen Egoisten ist die One-Man-Show nicht erwünscht.

Auffallend ist auch die häufige Verwendung des Personalpronomens wir, das sich im Titel „Wir von Volkswagen“ wiederfindet. Die Sorge um die

Umwelt und Menschlichkeit weist in eine ähnliche Richtung: Verantwortung tragen für sich und die anderen.

Zukunft wird greifbar gemacht.

Als Herausforderungen der Zukunft tauchen mehrmals die Grundwerte Sicherheit und Qualität auf. Zukunft wird praktisch greifbar gemacht, weil zielorientiert geplant und optimiert.

Beständigkeit, Sicherheit und Zuverlässigkeit

In dem VW-Slogan „da weiß man, was man hat“ finden sich die Grundwerte[6] Beständigkeit und Sicherheit/Zuverlässigkeit wieder. Charakteristisch ist auch, dass die Ingenieure an einem bereits bestehenden Prototypen, der ja im Bild sichtbar ist, weiterarbeiten sollen, um diesen zur Produktionsreife zu bringen.

Geld

Am Ende der deutschen Anzeige, wo es um Gehaltsvorstellungen geht, taucht auch der wichtige Grundwert Geld auf. Selbst im Adressenfeld für die Bewerbung bei der Personalabteilung erscheint Gehalt, ganz im Gegensatz zur französischen Anzeige.

FRANZÖSISCHE CHANSONS
Evergreens: Juliette Gréco „Je Suis Comme Je Suis", eine wunderbare Mischung aus französischem Charme, Romantik und einem Schuss... *frivolité*!

Michel Sardou, einer der bekanntesten französischen Sänger der letzten 20 Jahre. Jeder Franzose kennt seine Lieder in- und auswendig. Wenn Sie schon in der Stimmung sind, dann sollten Sie sich in jedem Fall auch die „Best-of"-CDs von Jacques Brel, Yves Montand, Charles Trenet und Charles Aznavour zulegen.

Aktuelle Musik: Das musikalische Genie des 1991 verstorbenen Serge Gainsbourg ist aktueller denn je. Der beliebteste französische Sänger der letzten Jahre ist Jean-Jacques Goldmann, der meistens im Duett mit seinen copain Jones zeitkritische Lieder mit viel Rhythmus, aber sehr einfühlsam unter seine Fans bringt. Andere Dauerbrenner sind: natürlich Jonny Hallyday, der fast schon Denkmalschutz geniest, Eddy Mitchel mit seinen Rockballaden, Julien Clerc, der feurige Liebeslieder in die Welt schmettert, France Gall, die mit den spritzigen Kompositionen ihres sehr jung verstorbenen Mannes Michel Berger (dessen Platten auch sehr empfehlenswert sind!) den Durchbruch geschafft hat, sowie Véronique Sanson, die mit erstaunlicher Stimme sich

[6] Vgl. Kapitel 5 unter „Die deutschen Grundwerte“, S. 188 ff.

selbst am Klavier begleitet. Newcomer mit Dauerbrennercharakter der 2000er-Generation sind Garou & Florent Pagny.

Seien Sie nicht erstaunt, Mireille Mathieu nicht in dieser Aufzählung zu finden. Sie ist in Frankreich nicht sehr beliebt und hat in den letzten 15 Jahren kaum von sich Reden gemacht.

Die französische Stellenanzeige dagegen erscheint in einem ganz anderen Licht und motiviert vor allem durch – auf den ersten Blick weniger ersichtliche – Grundwerte wie Freiheit, Herausforderung und Bewunderung: Zur Motivation des Stellensuchenden bedient sich die Anzeige vor allem des Gefühls; „*émotion*" findet sich zweimal in der Anzeige und vor allem im Wortspiel des Titels wieder, was auf den Grundwert Originalität hinweist: „*Notre meilleur accélérateur c'est l'émotion*". Dabei bedeutet *accélérateur* zugleich Beschleuniger, also Motivationsfaktor, und Gaspedal. Wird in der deutschen Stellenanzeige eine zielorientierte Kreativität gewünscht, so erscheint sie in der französischen Anzeige ungesteuert und deshalb natürlicher. Im Gegensatz zu VW, wo Zukunft durch konkrete technische Leistungen konstruiert wird, entwickelt sich die Zukunft bei Citroën abstrakter ohne sachbezogene Details auf emotionaler Ebene. Der Grundwert Herausforderung tritt im Folgenden deutlich hervor. Zukunft wird nicht detailgenau beschrieben und ist nicht direkt planbar: In der Anzeige ist global von Dimensionen die Rede, von morgen und neuen Leistungen in einer sich immer entwickelnden Welt. Bezeichnenderweise gibt es, auch noch keinen Prototypen, denn das Auto von morgen gilt es, erst noch zu erfinden. Wer weiß, vielleicht ist es gerade der Bewerber, der den Geistesblitz dazu haben wird ...

Zur Motivation des Stellensuchenden bedienen sich die Franzosen vor allem des Gefühls: Originalität, Herausforderung und Bewunderung.

Spricht man in der deutschen Stellenanzeige vom Gehalt, so werden hier die Weiterbildungsmöglichkeiten und Karriereaussichten hervorgehoben, die darauf zielen, dem Bewerber aufzuzeigen, dass auch er eines Tages Chef sein kann (Grundwert „Macht").

FAZIT

Der gemeinschaftliche Egoist geht in die Familie und arbeitet daran, Bestehendes zu perfektionieren. Er geht sachlich orientiert vor, handelt eher aus dem Verstand, der Vernunftsebene heraus. Der individualistische Egoist träumt hingegen vom großen Scoop und seiner Karriere. Es handelt sich vielmehr aus der Emotion und somit aus der Un-Vernunftsebene heraus.

Anhand dieser Stellenanzeigen wird deutlich, dass Franzosen eher mit der globalen Beschreibung eines Projekts unter gleichzeitiger Einbeziehung der Emotion zu motivieren sind, wogegen sich Deutsche meist nur durch eine konkrete sachbezogene und zielorientierte Aufgabe überzeugen lassen. Die Konsequenzen daraus sind daher für deutsche Manager im Umgang mit Franzosen erheblich. Wir wollen hieraus eine weitere Faustregel ableiten:

Deutsche wollen überzeugt – Franzosen wollen verführt[7] werden!

5.5 Motivationsfaktor Grundwerte

„Einigkeit und Recht und Freiheit" lauten die ersten Ideale der deutschen, „*Pour la gloire et la patrie*" („Für den Ruhm und das Vaterland") diejenigen der französisch Nationalhymne. Weitere Kommentare erübrigen sich, denn besser kann man das folgende wichtige Kapitel gar nicht einleiten!

Grundwerte bilden ein Motivationsraster auf der Landeskulturebene.

Im Laufe unserer Beratungstätigkeit haben wir acht fundamentale kulturelle Werte der deutschen und französischen Gesellschaft – nachfolgend „Grundwerte" genannt – herausgearbeitet und gegenübergestellt. Diese Grundwerte sind ein wesentlicher Bestandteil des Wertesystems beider Gesellschaften und bilden ein Motivationsraster auf der Landeskulturebene. Sie beeinflussen entscheidend die Programmierung unseres Autopiloten und damit unser Denken und Handeln. Grundwerte bestimmten die Eigensteuerung, nämlich was uns Spaß und Freude bereitet und was wir zu vermeiden suchen. Hieraus können wir eine der wichtigsten Faustregeln überhaupt ableiten:

Je mehr wir unsere Mitmenschen an ihren Grundwerten ansprechen bzw. dort abholen, umso weniger brauchen wir von außen wirkende Motivationsmaßnahmen!

Motivationsmaßnahmen könnten sich erübrigen, wenn alle aus innen geleitetem Interesse und Freude mitwirken würden.

Das heißt nichts anderes, als dass sich rein finanzielle Anreize und alle komplizierten Motivationsmaßnahmen und (Prämien, Incentives, Privilegien usw.) erübrigen könnten, wenn wir alle unsere Projekte, Anliegen und Vorhaben so konzipieren und formulieren würden, dass unsere Kollegen und Kolleginnen und Partner/innen aus eigenem, innen geleitetem Interesse und Freude daran mitwirkten.

[7] „*La séduction*" (Verführung) ist ein viel gebrauchtes Wort im französischen Business.

Daraus leitet sich allerdings auch eine andere schwerwiegende Erkenntnis ab: Je mehr wir gegen die Grundwerte unserer Mitmenschen handeln, d.h., je mehr wir diese verunsichern und gegen deren Wünsche und Hoffnungen zu motivieren versuchen, umso mehr Kraft, Energie und Geld müssen wir einsetzen, um diese entsprechend unseren Vorstellungen zum Handeln zu bringen!

Je mehr wir gegen die Grundwerte handeln, umso mehr Kraft, Energie und Geld müssen wir einsetzen.

Anders als Klischees, die eine Kultur von der Außenperspektive beleuchten, durchleuchten die Grundwerte kulturelle Eigenarten von innen. Um sie fundamental zu verstehen, müssen wir bereit sein, uns in die andere Kultur hineinzufühlen und zu versetzen. Die Psychologen nennen diese Fähigkeit Empathie. Empathiefähig zu sein bedeutet, die Gefühle, Denk- und Verhaltensmuster einer anderen Person oder Kultur tief greifend zu verstehen, ohne diese zu bewerten oder gar teilen zu müssen. Empathie verlangt daher auch die Fähigkeit, eigene Gefühle und Bewertungen vorübergehend außen vor zu lassen. In der Therapie bedeutet Empathie: mitfühlen, anstatt mit zu leiden![8]

Empathiefähig zu sein bedeutet, eine andere Person oder Kultur tief greifend zu verstehen, ohne diese zu bewerten oder gar teilen zu müssen.

Die im Folgenden beschriebenen Grundwerte sind an zahlreichen Beispielen aus der Praxis nachvollziehbar: Sie finden sich wieder in den Medien, in der Werbung, am Arbeitsplatz oder im Privatleben. Um sie plastisch und verständlich zu erläutern, greifen wir ein paar markante Beispiele heraus, die wir an Alltags- und Managementsituationen erläutern. Diese Grundwerte sind in zahllosen Seminaren sozusagen durch das Kritikfeuer von über 3.000 Führungskräften beider Kulturen gegangen und inzwischen in vielen Publikationen veröffentlicht worden. Bei deren Erarbeitung sollten Sie immer folgendes Zitat vor Augen haben:

> „Alle Menschen gleichen sich, aber als Personen sind sie sehr verschieden!"
>
> *Prof. Kasimir M. Magyar*

Übertragen auf unser Thema könnte man sagen: „Alle Deutschen und alle Franzosen gleichen sich, aber als Personen sind sie sehr verschieden!" Damit wollen wir ausdrücken, dass wir uns bei der Beschreibung der Grundwerte auf der Landeskulturebene bewegen und notgedrungen pauschalisieren. Wenn

Keine absoluten Wahrheiten suchen, sondern allgemeine Verhaltenstendenzen im Geschäftsleben aufzeigen

[8] Buchtipp: Carl Rodgers: „Die Person als Mittelpunkt der Wirklichkeit", Klett-Cotta, Stuttgart.

wir von den Deutschen oder den Franzosen sprechen, so heißt das natürlich nicht, dass jede Person so ist. Wie bereits gesagt, geht es uns nicht darum, absolute Wahrheiten aufzuzeigen, sondern allgemeine Verhaltenstendenzen im Geschäftsleben[9] deutlich zu machen, die meistens schwerwiegende Missverständnisse und Konflikte nach sich ziehen.

Zudem bietet Ihnen die Analyse der Grundwerte die Gelegenheit, Ihre eigene Empathiefähigkeit zu testen:

Beobachten Sie einmal Ihre eigene Reaktion.

Beobachten Sie beim Lesen einmal Ihre eigene Reaktion. Können Sie die Denkweise des Franzosen nachvollziehen? Sind Sie mit der Darstellung der eigenen Grundwerte einverstanden oder nicht? Haben Sie Verständnis für die französischen Grundwerte, oder lehnen Sie diese vollkommen ab? Hierbei können Sie nämlich feststellen, ob Sie sich von Ihrer Persönlichkeitskultur, das heißt von Ihrem eigenen Denken und Empfinden aus, auch oder sogar mehr mit den französischen Grundwerten identifizieren können. Dazu sollten sie sich während des Lesens folgende Fragen, die sozusagen auch unsere Spielregeln sind, stellen:

- Mit welcher Kulturebene reagiere ich auf das Geschriebene
  – als Deutsche(r)?
  – als Mitglied meines Unternehmens?
  – oder von meinem persönlichen Empfinden her?
- Bin ich von meinem persönlichen Empfinden her (nicht) einverstanden (Persönlichkeitsstrukturebene)?
- Ist es in meinem Unternehmen genauso oder anders (Unternehmenskulturebene)?
- Kann ich mich generell als Deutsche(r) mit den Grundwerten der deutschen Business-Kultur (Landeskultur) identifizieren?
- Fühle ich mich eher angezogen von französischen Grundwerten und kann diese deswegen gut nachempfinden?
- Identifiziere ich mich völlig – auch auf der Persönlichkeitsstrukturebene – mit den deutschen Grundwerten, oder gehen sie mir ganz bzw. teilweise gegen den Strich?

Durch diese Fragen erhalten Sie wertvolle Aufschlüsse über Ihre Persönlichkeitsstruktur[10]. Wir haben zu dieser Thematik das SYNERGOGRAM®[11] entwickelt, ein Instrument, mit dessen Hilfe man Aufschluss erhalten kann über die Kompatibilität seiner Persönlichkeitsstruktur zur Business-Kultur

[9] Beispiel: Wie wir bereits im Kapitel 4 „Der grundlegende Unterschied im Sozialverhalten“ beschrieben haben, bestehen in Deutschland erhebliche Unterschiede im Verhalten zwischen Arbeit und Freizeit, was weitaus weniger in Frankreich der Fall ist!

[10] Vgl. die letzten drei Faktoren in Kapitel 2.2 unter „Die vier Einflussfaktoren der Zusammenarbeit“, S. 68 ff.

[11] Vertiefende Literatur: Breuer/deBartha: „Vive la Difference“, Harvard Business Manager 2/93.

des Partnerlandes. Normalerweise setzen wir das SYNERGOGRAM®[12] nur in Unternehmensprojekten und im Coaching ein, führen jedoch auch von Zeit zu Zeit das offene Seminar „SYNTONY FOR ME“ durch.

In jedem Fall werden Sie, wenn Sie diese Fragen auch als Spielregeln auffassen, aus den folgenden Ausführungen tief greifende Erkenntnisse ziehen.

5.6 Die französischen Grundwerte

Zunächst stellen wir die französischen und die deutschen Grundwerte übersichtshalber einander gegenüber:

Grundwerte der Franzosen:	Grundwerte der Deutschen:
◆ Macht	◆ Geld
◆ Originalität	◆ Nutzen/Rentabilität
◆ Herausforderung	◆ Sicherheit
◆ Bewunderung	◆ Anerkennung
◆ Freiheit	◆ Gleichheit
◆ Funktionalität	◆ Perfektion
◆ Wechsel/Wandel	◆ Beständigkeit
◆ Spaß	◆ Freizeit

Abb. I.26: Deutsche und französische Grundwerte

Macht (*Pouvoir*)

Macht ist mit Abstand der größte Motivationsfaktor der Franzosen. Sie sind entweder motiviert, so viel wie möglich an Macht zu bekommen, oder sie versuchen, die Macht anderer zu zerstören. Sie zieht an oder stößt ab, lässt aber keinen gleichgültig.

Einfluss ausüben und Stärke beweisen zu können ist ein akzeptierter und entscheidender Motivationsfaktor in der französischen Gesellschaft.

Macht manifestiert sich in der französischen Gesellschaft in verschiedensten Formen: Da wundert sich so mancher Deutscher über die pompösen und stark militärisch geprägten Staatsempfänge. Auch die alljährlich stattfindende Militärparade des 14. Juli auf den Champs-Élysées, bei der mit Jagdflugzeugen, Panzern und Armee die Schlagkraft der französischen Streit-

[12] Aktuelle Termine auf www.jpb.fr.

macht demonstriert wird, löst in vielen Deutschen ein eher zwiespältiges Gefühl aus. Nicht so in Frankreich. Macht wird öffentlich demonstriert und nicht versteckt. Einfluss ausüben und Stärke beweisen zu können ist ein akzeptierter und entscheidender Motivationsfaktor in der französischen Gesellschaft.

Im Berufsleben geht es in Frankreich oft weniger darum, Karriere zu machen und viel Geld zu verdienen, als verantwortlich zu sein und zu einer bestimmten Elite zu gehören. Macht drückt sich weniger in Bargeld aus als in Privilegien. Die Grundsteine für den Weg zur Macht werden früh während der Ausbildung gelegt: Schon vor dem Eintritt ins Berufsleben geknüpfte Seilschaften zwischen Politikern und Managern durch die elitären Grandes Écoles ebnen den Weg nach oben. Grandes-Écoles-Absolventen finden in der Regel rasch eine interessante und einflussreiche Position in Wirtschaft oder Politik. So nennt das Wirtschaftsmagazin „Challenges“ die Absolventen der Wirtschaftsschulen gar die Machtgeneration.

Seilschaften zwischen Politikern und Managern aus den elitären Grandes Écoles ebnen den Weg nach oben.

> „Die Tatsache, dass ich keine Eliteschulausbildung absolviert habe, hat mich zehn Jahre meiner Karriere gekostet!“
>
> *Jacques Delors*

Neben dem international bekannten „Who`s who“ gibt es weitere zahlreiche Werke, um Einblick in die wirtschaftlichen und vor allem personalen Verflechtungen Frankreichs zu gewinnen. Eines dieser aufschlussreichen Bücher nennt sich bezeichnenderweise „Annuaire du Pouvoir“ (Jahrbuch der Macht). Die französische Ausgabe von „Capital“ stellt monatlich auf einer ganzen Doppelseite die vielschichtigen Wechselbeziehungen einer im Rampenlicht stehenden Persönlichkeit zu den Einflussreichen Frankreichs dar. Der Hansdampf in allen Gassen Bernard Tapie ist inzwischen als negatives Beispiel der Verquickung von Macht in Wirtschaft, Politik, Sport und Kultur in die Geschichte eingegangen. Kurioserweise ist er gerade kein Grandes-Écoles-Absolvent, aber er hat es bestens verstanden, die Machtinteressen der Entscheidungsträger für seine Zwecke zu nutzen.

In Vorstandsetagen wird durchschnittlich 60 Prozent der Zeit mit Machtkämpfen verbracht.

Da Macht in Frankreich einen Eigenwert hat, ist das Teilen von Macht in einer Partnerschaft oder Kooperation ein notwendiges Übel. Ende der 80er Jahre belegte eine Untersuchung, dass in französischen Vorstandsetagen durchschnittlich 60 Prozent der Zeit mit Machtkämpfen verbracht wird, während es in Deutschland nur durchschnittlich 20 Prozent sind (bzw. sein sollen). Auch wenn diese Zahl sicherlich in Deutschland zugenommen hat, so sind dort noch lange keine „französischen“ Verhältnisse. Während strategisches Verhalten zur Vergrößerung seiner eigenen Macht in Deutschland weiterhin kritisiert wird, gilt es in Frankreich als selbstverständlich für einen Topmanager. Beweis: Im Februar 2002 bringt Capital Frankreich einen Artikel über den AXA-Chef Henri de Castries mit der Überschrift: „Der Nachfolger von Bébéar reißt endlich die Macht an sich.“ Untertitel: „2 Jahre nach seiner ‚Weihung‘ (!!!) hat de Castries endlich aufgeräumt und seine Vertrauensleute an der Spitzen der Konzernfilialen deplatziert.“ Auf dem Foto sieht man de Castries mit einem Zepter! Und der Artikel ist durchweg positiv!

Der Nachfolger von Bébéar reißt endlich die Macht an sich

Der Wettkampf um den Chefsessel und die Möglichkeit, Macht auszuüben, erinnert geradezu an ein Spiel, bei dem es darum geht, den anderen zu übertrumpfen. Dieser spielerische Wettkampf findet sich auch auf anderen Ebenen, etwa bei französischen Unternehmensakquisitionen im Ausland:

„In den drei letzten Jahren schienen die Auslandsakquisitionen französischer Gruppen mit einer Fußballweltmeisterschaft verwechselt zu werden: Jede Machtübernahme war ein neues Tor der französischen Mannschaft."

und:

„Kaufen ist glamourös, das ist aufregend; der Rest, später, ist es viel weniger."

aus dem Wirtschaftsmagazin „Dynasteurs"

Auch bei den Aufsichtsratsplätzen in französischen Unternehmen geht es weniger darum, ein paar leicht verdiente Euro mitzunehmen. Vielmehr muss man an den Schaltstellen sein, um die französische Wirtschaft und Politik mitgestalten zu können. Das beschreibt auch die Wirtschaftszeitung „Les Echos“:

• **Un sport national**

La course aux fauteuils dans les conseils d'administration

„Ein Nationalsport: Das Rennen um die Sessel im Aufsichtsrat", aus „Les Echos"

Dieses heikle Thema wird in Teil II bei der Gegenüberstellung mit dem deutschen Grundwert „Geld“ noch vertieft.

Macht Vorteile dieses Grundwertes:	Gefahren bei Übersteigerung:
◆ klare Machtverhältnisse ◆ klare Verantwortlichkeit ◆ Anerkennung des Machtstrebens als natürliches Grundverhalten des Menschen ◆ schnell etwas in Bewegung setzen	◆ Klassengesellschaft (Machthaber und die anderen) ◆ Energie geht in Machtkämpfen verloren ◆ Gefahr des Missbrauchs ◆ Kontrolle durch die Gemeinschaft eingeschränkt

Abb. I.27: Der Grundwert Macht

TIPP Wichtig: Wer Geld hat, hat nicht automatisch auch Macht, denn man erkauft sich nicht mit Geld den Eintritt in die einflussreichen Clubs und Seilschaften.

Originalität (*L'originalité*)

Ein wichtiger, wenn nicht der wichtigste Grundwert der Franzosen heißt Originalität. Je ungewöhnlicher und einmaliger sich eine Idee, ein Projekt oder eine zu erledigende Aufgabe darstellt, desto größer die Motivation. Alles, was spektakulär oder avantgardistisch ist und ausgetretene Wege verlässt, lässt die Herzen höher schlagen. Hierfür geben wir Ihnen einige Beispiele:

Je ungewöhnlicher und einmaliger sich eine Idee, ein Projekt oder eine zu erledigende Aufgabe darstellt, desto größer ist die Motivation.

- Im Vorfeld des 200. Jahrestages der französischen Revolution 1989 entgegnete Jacques Attali, damaliger Berater von Präsident Mitterrand, Kritikern seines Vorhabens, die große historische Revolutionsfeier mit dem Gipfeltreffen der Sieben, einem Kulturgipfel und einem Treffen der ärmsten Länder zusammenfallen zu lassen: „Diese Idee ist verrückt genug, um interessant zu sein.“ Stellen sie sich nur einmal vor, der Berater des deutschen Bundeskanzlers würde Ähnliches im deutschen Fernsehen von sich geben ...
- Die spektakuläre Umsetzung der 200-Jahres-Feier durch den Werbeguru Jean-Paul Goude oder die pathetische Soloaufführung der Marseillaise

durch die in die französische Trikolore eingehüllte schwarze Opernsängerin Jessie Norman auf dem Place de la Concorde verdeutlicht den französischen Drang nach Originalität.

- Um auf ihre Probleme aufmerksam zu machen, ließen sich die französischen Bauern 1990 ein ganz besonderes Spektakel einfallen: Sie verwandelten binnen einer Nacht die Champs-Élysées in ein großes Kornfeld und ernteten es am nächsten Tag mit Geräten aus der Jahrhundertwende ab. Durch dieses höchst medienwirksame Spektakel hatten sie auf friedliche und originelle Weise ihre Unzufriedenheit kundgetan. Ob die investierten – und zum großen Teil vom Steuerzahler aufgebrachten – 70 Mio. FF (ca. 11 Mio. €) auch etwas gebracht haben, danach fragte in Frankreich kaum jemand.

Gerade dieses letzte Beispiel verdeutlicht auf eindrucksvolle Weise: Franzosen können grundsätzlich alles, wenn ... ja, wenn sie richtig motiviert sind. Denn das Kornfeldprojekt benötigte fast ein Jahr Vorbereitungszeit. 800 Lastwagen waren zu koordinieren, um das extra angepflanzte Getreide über Nacht auf die Champs-Élysées zu bringen, und Tausende von freiwilligen Helfern sorgten für den reibungslosen Ablauf der Veranstaltung. Nur als es um das Abräumen ging, so nach eigener Aussage der Franzosen, war kaum noch jemand aufzutreiben. Bekannte Beispiele in der jüngeren Vergangenheit liefert vor allem die Automobilindustrie: Renault hat mit dem Espace Großraumlimousinen hoffähig gemacht und ist im höheren Preissegment mit dem gewagten Styling des Avantime und dem Vel Satis wieder einmal vorausgeprescht. Peugeot hat den originellen Flitzer 206 zum meistverkauften Auto Europas gemacht mit Lieferfristen von mehr als einem Jahr für die Cabrioversion mit Festdach à la Mercedes ...

Die drei Ebenen der Originalität

1. Personen

Business ist human, Geschäfte kommen zwischen Menschen zustande! Diesen Grundsatz hat der Franzose bis ins Mark verinnerlicht, was zu zwei Konsequenzen führt: Zunächst einmal misstraut er grundsätzlich jedem neuen Geschäftspartner und Kollegen. Gleichzeitig sucht er jedoch zu ergründen, ob dieser in irgendeiner Weise originell ist. Dies können z.B. dessen Ideen sein, die Art, wie er oder sie sich (selbst) darstellt, das Charisma etc. Zur Originalität gehört es, humorvoll und geistreich zu sein, z.B. in der zwischenmenschlichen Kommunikation, wo viele Franzosen auf raffinierte Wortspiele oder versteckte Anspielungen viel Wert legen. Ausschlaggebend ist aber nicht nur die sprachliche Seite, sondern der Gesamteindruck, das Authentische, das von einer Person herüberkommt.

Ist diese mit Originalität gepaarte Authentizität bei einem Geschäftspartner gegeben, öffnet er sich sehr schnell, denn er sieht die Chance, mit dieser Person Ungewöhnliches zu erleben, zu schaffen und dabei auch noch Spaß zu haben. Andernfalls wird ihn sein Misstrauen zu verstärkten, strategischen Manövern veranlassen, die bis hin zu Sabotageakten gehen können. So bleibt der Reiz erhalten, und er findet zumindest seinen Spaß.

Das ist zwar nicht vernünftig, aber kein Franzose nimmt ernsthaft für sich in Anspruch, vernünftig zu sein. Im Gegenteil, es ist gerade die Unvernunftsebene, die ihren Reiz hat.

2. Projekt/Produkt

Der Schnellzug TGV, Minitel, Ariane, Airbus, die Arche an der Defense, die Pyramide am Louvre oder das besagte Kornfeld auf dem Champs-Élysées sind Ausdruck genug dafür, dass der Franzose nicht nur originelle Ideen liebt, sondern diese auch umsetzen kann. Je origineller eine Aufgabe oder ein Projekt erscheint, desto mehr wird im Franzosen die Bereitschaft ausgelöst, sich selbst in die Arbeit einzubringen und seine Kreativität zu entfalten. Routinemäßige Aufgaben dagegen, die nicht aus dem Rahmen fallen, demotivieren die meisten Franzosen: Sie werden an das Fußvolk delegiert und von diesem natürlich auch nur widerwillig und nachlässig ausgeführt, da deren Vollzug keine soziale Anerkennung nach sich zieht.

3. Strategie

Ungewöhnliche Entscheidungen treffen, gegen allgemeine Tendenzen angehen, Rivalen auf dem falschen Fuß erwischen, das sind Handlungsweisen, die aus dem Rahmen fallen und als gewiefter Schachzug gelten. Es ist eines der größten Vergnügen des Franzosen, das zu tun, was keiner erwartet. Mitterrands plötzlicher Besuch in Sarajevo direkt im Anschluss an das Treffen der Sieben im Jahre 1992 (wo er kein Wort davon verlauten ließ); die Übernahmeoffensive eines französischen Konzerns auf einen größeren amerikanischen Konzern mitten in der Wirtschaftskrise, der Rückzug aus einem großen europäischen Projekt, das man selbst initiiert hat, all das sind typische Situationen, die das französische Plaisir für das *volteface stratégique* (strategische Kehrtwendung) verdeutlichen. Als Geschäftspartner von Franzosen sollten Sie nie vergessen, dass eine der angesehensten Hochschulen Frankreichs die Militärschule Polytechnique ist. Dort wird die zukünftige Elite vor allem in *stratégie* unterrichtet ...

Auch überraschendes Verhalten anderer sehen Franzosen eher positiv. So war zum Beispiel die Übernahme von Rover durch BMW ebenfalls ein solcher Scoop, der den Deutschen viel Respekt seitens französischer Manager eingebracht hat.

Auch wenn es bekanntlich schlecht für BMW ausgegangen ist: Scheitern gehört zum Alltag. Wenn eine intelligente und originelle Strategie nicht den erhofften Erfolg bringt, so war es doch einen Versuch wert. Wenn Köpfe rollen, dann meistens weniger wegen strategischer Fehler, sondern um Zeichen zu setzen oder wegen machtpolitischer Hintergründe ...

Abb. I.28: Die drei Ebenen der Originalität

Originalität Vorteile dieses Grundwertes:	Gefahren bei Übersteigerung:
◆ Perspektivenwechsel ◆ fördert Innovation ◆ mobilisiert ◆ setzt Begeisterung frei ◆ fördert Querdenken ◆ bringt Spaß ◆ bringt Bewegung ◆ bringt Entfaltungsmöglichkeiten	◆ viele Ideen, aber keine Umsetzung ◆ Realitätsferne („Hurraoptimismus") ◆ Notwendiges wird aus den Augen verloren ◆ bewährte bzw. einfache, aber effiziente Lösungen fallen unter den Tisch

Abb. I.29: Der Grundwert Originalität

Herausforderung (*Défi*)

„*Impossible n'est pas français*" lautet ein bekannter französischer Ausspruch: „Unmöglich ist nicht französisch!" Das Unmögliche ist erreichbar, und Superlative sind gefragt: Ob bestes Flugzeug oder schnellster Zug der Welt. Dies zeigt die Durchführung von Großprojekten wie Concorde, Ariane und TGV oder die architektonisch avantgardistischen Bauten in Paris, nicht nur unter Mitterrand.

„Impossible n'est pas français"

Der viel benutze Satz *Un pari sur l'avenir* (Eine Wette auf die Zukunft) verdeutlicht, dass es in Frankreich oft darum geht, eine zukunftsgerichtete

Idee, eine Vision zu verwirklichen oder eine technische Höchstleistung zu erbringen. Es geht darum, seiner Zeit voraus zu sein. Im *pari* (der Wette) schwingt zugleich das Unsicherheitsmoment des Spiels mit (es ist überspitzt gesagt wie beim Poker, wo man seinen Einsatz wagt). Während man in Deutschland noch das Für und Wider abwägt, arbeiten die Franzosen schon längst an ihrem Traumprojekt. Das Wort Risiko hat hier einen positiven Stellenwert, es kennzeichnet die Herausforderung (*défi*), über das Vernünftige hinauszugehen (Man ist stolz auf den *pari fou*, die verrückte Wette), sich an dem zu messen, was unerreichbar scheint, anstatt sich nur mit dem Machbaren zu begnügen. Nicht ohne Grund rollte der TGV schon zehn Jahre vor dem deutschen ICE durch die Lande ...

Es geht darum, seiner Zeit voraus zu sein.

In der französischen Wirtschaft stehen strategisches Kalkül und Prestige oftmals vor betriebswirtschaftlichen Gesichtspunkten.

Aufgrund seiner Risikofreudigkeit ist Frankreich auch in nur kurzer Zeit der größte ausländische Investor in Ostdeutschland geworden. Dabei scheinen strategische Gründe und Prestige noch weit vor betriebswirtschaftlichen Gesichtspunkten zu stehen. Dies verdeutlicht die Aussage des Generaldirektors des französischen Stahlkonzerns Usinor-Sacilor, Francis Mer, der auf die Frage, ob die Aufkäufe internationaler Unternehmen den Rückgang der Verschuldung stoppen könnten, wie folgt antwortete:

„Unsere Verschuldung wird dieses Jahr bestenfalls stagnieren, da wir im vergangenen Jahr in der Tat bedeutende Akquisitionen mit einem Volumen von rund 1 Mrd. € realisiert haben. Diese Investitionen liegen zwar deutlich über den ursprünglich vorgesehenen 500 Mio. €, aber man muss die sich bietenden Gelegenheiten beim Schopfe packen."

(Anmerkung der Verfasser: Wohlgemerkt, wir reden von einer Milliarde Euro, nicht von Millionen...)

Ein Artikel der französischen Wirtschaftspresse über den Kauf des amerikanischen Elektronikunternehmens Square D durch den französischen Schneider-Konzern unterstreicht die Eroberungsleidenschaft einiger französischer Unternehmer. So heißt es im Presseartikel, dass der Chef von Schneider die „Herausforderung annimmt", ein großes amerikanisches Unternehmen zu kaufen, um so in diesem Bereich auf den „ersten Platz der Weltrangliste" vorzurücken.

Vielleicht möchten Sie jetzt einwenden, dass man auch in Deutschland gerne herausstellt, die Nummer eins zu sein. Richtig, doch auch hier besteht wieder ein großer Unterschied: Deutsche sind stolz, aufgrund ihrer beständigen Leistungen im Laufe der Jahre zum Marktführer aufgerückt zu sein. Die Position hat man sich also verdient aufgrund harter Arbeit der gesamten Belegschaft und am Markt anerkannter Produkte und Dienstleistungen. Franzosen hingegen sind stolz, aufgrund ihres strategischen Geschicks, basierend auf einer Vision, die Nummer eins geworden zu sein! Die Position hat man erobert aufgrund der Gewieftheit und des Wagemutes der Geschäftsführung, die zudem ihre Mitarbeiter auf diese Vision hat einstimmen können.

Durch beständige Leistungen verdient oder durch strategisches Geschick erobert

Im Management findet sich der Grundwert Herausforderung vor allem im Projektbereich wieder. „Man muss Franzosen fast unerreichbare Ziele vorgeben", lautet der Rat eines deutschen Managers in Frankreich. Französische Mitarbeiter lassen sich vor allem durch zukunftsgerichtete und ausgefallene Ideen, hoch gesteckte Ziele oder schwierig lösbare Probleme mehr motivieren, da sie sich hier persönlich herausgefordert fühlen und ihre Intelligenz bzw. Findigkeit unter Beweis stellen können.

„Man muss Franzosen fast unerreichbare Ziele vorgeben"

Praxisbeispiele

Als gutes Beispiel hierfür steht die Konzeption des Renault „TWINGO". Der Leiter des Projektes, Yves Dubreil, gab in „Les Echos" ein Interview, aus dem wir einige Auszüge wiedergeben:

Welche Mission hat Ihnen Raymond Lévy[13] anvertraut?
Er hat mir gesagt: „Ich werde dieses Projekt nur genehmigen, wenn es rentabel ist!" ... Alle Leute, die sich an den Twingo gemacht haben, haben unter dem ständigen Risiko des Abbruchs des Projekts gelebt. Diese elementare Einschränkung hat erst die Spannung geschaffen, welche die Gruppe richtig zusammengeschweißt hat. ...

Wie wurde die 30-prozentige Einsparung bei der Investition erreicht?
Für die Fertigung des Motors in Carcia in Portugal haben wir die vorhandenen Anlagen modernisiert. Zu Beginn hat der Bereich Methoden die Investition auf 75 bis 90 Mio. € geschätzt. Wir haben ihnen gesagt: „Zerbrecht euch nicht den Kopf" und haben sie die Vorlage nochmals mit Kaizen überarbeiten lassen, der japanischen Methode, die den kontinuierlichen Verbesserungsprozess oder die Verbesserung in kleinen Schritten bezeichnet. Das ist die totale Umkehrung der Werte. Sie beweisen, dass sie in der Lage sind,

[13] Damaliger Président Directeur Général (PDG) der Renault S.A.

es besser zu machen, täglich und mit immer geringeren Mitteln. ... Am Ende haben wir 26 Mrd. €, also ein Drittel der ursprünglich geplanten Kosten, für den Motor ausgegeben. ...

Wie erklären Sie eine derartige Einsparung?
Durch die Fehler, die man bei der Kalkulation einer Anlage auf dem Papier macht. Die Theorie von Edgar Morin ist damit bewiesen. Sie besagt, dass in komplexen Situationen „das verbissene Streben nach Sicherheit das beste Mittel ist, um Fehler zu begehen". In der Tat, man muss eine gewisse Unsicherheit akzeptieren, die an den Grad der Unsicherheit gebunden ist. Der menschliche Geist ist nicht in der Lage, sich ein komplexes und sehr leistungsfähiges System auf einen Schlag auszudenken. Im Ausgleich kann er aber die Unsicherheit reduzieren, indem er sich auf Teilprobleme konzentriert, für die er sich auf schon gemachte Erfahrungen stützen kann. Und das Ergebnis ist besser.

Was meinen Sie, würde passieren, wenn ein Projektleiter bei Volkswagen derartige Analysen öffentlich von sich geben würde...? Selbst was auf den ersten Blick wie ein Auftrag eines deutschen Chefs an seinen Projektleiter aussehen könnte, entpuppt sich beim näheren Betrachten als eine typisch französische „Mission": Die Herausforderung bestand darin, die Originalität des Autos beizubehalten, obwohl es rentabel sein musste! Diese Zielsetzung löste eine Begeisterungsmotivation aus, welche die Franzosen sehr „vernünftig" handeln ließ: kostenbewusst und konsequent im Vorgehen (und nebenbei: „Feierabend" gab es in diesem Team auch nie...). Hier haben Sie wieder einen guten Hinweis, wie geschickte französische *patrons* vorgehen: Sie erreichen Rentabilität über den Umweg der Originalität! Übrigens, ist Ihnen nicht noch etwas anderes aufgefallen? Nun, die wenigsten deutschen Konzernchefs würden sagen: „ICH werde genehmigen..." In Deutschland heißt es eher: „Ein positiver Vorstandsbeschluss kann nur erfolgen, wenn...!"

Ein weiteres offensichtliches Zeichen für die Bedeutung des Grundwertes Herausforderung in Frankreich: Drei bekannte Wirtschaftsmagazine tragen den Namen „Défis", „Challenges" und „Expansion". Ein weiteres, das mehr schlecht als recht unter dem Namen „Dynasteurs" lief, wurde in „L'Enjeu" (Das Wagnis) umbenannt und endlich erfolgreich.

Übrigens: Mit dieser These des Grundwertes „Herausforderung" stehen wir im Gegensatz zu den meisten interkulturellen Modellen, in denen die französische Businesskultur als absolut nicht risikofreudig dargestellt wird. Der Grund: Zum einen basieren die meisten interkulturellen Forschungen auf Modellen, in welchen man möglichst alle Kulturen vergleichbar machen will. Diese Vergleiche basieren auf Standardfragen, die zwangsläufig zu einer Relativierung führen. Zum zweiten: Wenn man einen Franzosen per Fragebogen fragt: „Würden Sie das Risiko eingehen, ein Projekt zu starten, wenn Sie nur 30 Prozent im Griff haben?“, werden die meisten mit „Nein“ antworten. Man ist schließlich „seriös“! In unseren Befragungen in Seminaren aber, in denen eine Vertrauensbasis besteht, antworten die meisten mit „Ja“, mit der Einschränkung, dass man das Projekt „spüren“ muss.

Und hier liegt der dritte und wichtigste Grund: Solange ein Franzose nicht emotional involviert ist und das Projekt spürt, ist er skeptischer als jeder Deutsche. Und dann stimmen die interkulturellen Modelle: Franzosen sind in diesem Fall wirklich nicht risikofreudig.

Deshalb haben wir einen Großteil unserer Checklisten und Fallbeispiele in Teil II auch darauf ausgerichtet, wie Sie den „Funken“ entfachen können, damit aus einem skeptischen französischen Partner ein enthusiastischer wird, der Ihr Projekt oder Ihre Idee voll unterstützt.

Herausforderung **Vorteile dieses Grundwertes:**	 **Gefahren bei Übersteigerung:**
◆ mitreißend ◆ löst Eigeninitiative aus ◆ Unmögliches wird möglich ◆ Neue Wege werden versucht ◆ Ehrgeiz wird angeregt ◆ Stimulation unter Druck bzw. in Krisensituationen	◆ Überschätzung der eigenen Kräfte ◆ Gefahren und Risiken werden unterschätzt ◆ Wichtige Kriterien, die der Zielerreichung nicht direkt dienen, werden zweitrangig („Koste es, was es wolle!")

Abb. I.30: Der Grundwert Herausforderung

Bewunderung (*Admiration*)

Jeder Franzose hat insgeheim den Wunsch, in die Geschichte einzugehen.

Das Motto der renommierten Grande École Polytechnique, kurz X[14] genannt, lautet: „*Pour la patrie, les sciences et la gloire.*“ *Gloire, honneur, grandeur* sind in Frankreich häufig gebrauchte Ausdrücke. Ob bewusst oder unbewusst: Jeder Franzose hat insgeheim den Wunsch, in die Geschichte einzugehen, sei es als großer Feldherr (sprich Staatsmann oder Wirtschaftsführer), sei es als Mitglied der siegreichen Truppe. Ob bei olym-

[14] Er hat „X“ absolviert heißt: Er kommt von der École Polytechnique.

pischen Spielen, Fußballweltmeisterschaft, Politik oder in der Wirtschaft, immer wenn Franzosen eine herausragende Leistung erbracht haben, gehen sie in die Geschichte der Nation ein.

Das künstlerische und emotionale Element spielt in Frankreich eine große Rolle, ja es ist allgegenwärtig. Weniger der Nutzen, sondern Ausgefallenheit, Ästhetik und vor allem Prestige genießen einen großen Stellenwert und stellen wichtige Motivationsfaktoren dar. Nicht umsonst ist die Luxusgüterindustrie bei Parfum und Textilien ein wichtiges Standbein der französischen Industrie.

La Grande Arche in La Défense

In der häufigen Verwendung dieser Wörter und in den vielen französischen Superlativen, die Frankreichs Größe bezeugen, spiegelt sich der Grundwert „Bewunderung“ wider; etwa im architektonischen Bereich der „Grands Projekts“, der großen Bauvorhaben. So heißt das im Stadtviertel La Défense erbaute kubistische Verwaltungsgebäude Grande Arche, der durch eine gläserne Pyramide erweiterte Louvre Grand Louvre und die neue Staatsbibliothek, die in vier gläsernen Türmen die kostbarsten Bücher Frankreichs zur Schau stellt, sogar La Très Grande Bibliothèque. Politisch und wirtschaftlich zählt Frankreich zu den Sieben Großen der Welt.

So verspottet der Engländer Scott Sullivan den Größenwahn der Franzosen: „Wie sein Name schon sagt, war Charlemagne Karl der GROßE (Charles le grand). Louis XIV. war der GROßE König. Es gab die GROßE Revolution, den GROßEN Schrecken, die GROßE Armee, das GROßE Reich des kleinen Napoleon, die GRÖßE Frankreichs gemäß dem sehr GROßEN de Gaulle ... , und mit Mitterand dem Mittleren haben wir die GROßEN Arbeiten, den Zug GROßER Geschwindigkeit (TGV), die „scheußliche" GROßE Arche (Grande Arche), die sehr GROßE Bibliothek. ... Es ist also klar, dass es reicht, zu schmeicheln, um sich das Wohlwollen Frankreichs zu sichern. Setzen Sie einen Franzosen an die Spitze des internationalen Währungsfonds, und das autozentrierte Frankreich wird multilateral. Setzen Sie einen anderen an die Spitze der Europäischen Kommission, und das chauvinistischste Land der Welt gibt sich euroföderalistisch. Es gibt noch anderes auszuprobieren. Ändern wir den Titel NATO in GROßER Nordatlantikvertrag, und Frankreich wird vollständig eintreten. Benennen wir das GATT in GROßES Abkommen über Zölle und Handel um, so werden sich die Probleme der Uruguay-Runde in nichts auflösen."[15]

[15] Aus „Courrier International“: „Ah, ces Frenchies“.

Tipp: Diese Verspottung ist Teil der permanenten englisch-französischen Auseinandersetzungen. Halten Sie sich als Deutscher am besten diplomatisch aus diesen Querelen heraus....

Zur Einweihung der TGV-Linie Paris-Lille verkündete der damalige Staatspräsident Mitterrand, dass „man ein großes Volk in Jahrhunderten erschafft und große Bauvorhaben in Jahrzehnten". Mitterrand zieht so eine direkte Verbindung zwischen der Größe der Architektur und der Größe eines Volkes. Als der deutsche ICE dem TGV seinen Geschwindigkeitsrekord wegnahm, reagierten die Franzosen postwendend. Mit dem neuen TGV Atlantique eroberten sie sich schnell wieder den ihnen zustehenden ersten Platz. Heute ist an jedem Zug des TGV-Atlantique eine Plakette mit der Aufschrift „Weltrekordzug" angebracht. In Deutschland hat man es seither nicht für notwendig erachtet, den Franzosen nochmals Gelegenheit zu geben, sich hier weiter zu profilieren. Aus Gründen, die wir bei den deutschen Grundwerten weiter unten noch erörtern werden, erscheint dies den deutschen Technikern aber auch weder vernünftig noch notwendig.

Ein Schreiben des damaligen Bürgermeisters Jacques Chirac an die Pariser Bürger liest sich wie eine Lobrede auf Paris, denn er hofft für die Zukunft, dass sich „unsere Hauptstadt, die schönste der Welt, zugleich ihrem Genie und Ihrer Vielfältigkeit als moderne dynamische Stadt, kurz, als die große Stadt des zukünftigen Europas" treu bleibe. Auch als Staatspräsident bleibt Chirac sich selbst und den Franzosen treu. Hier einige Auszüge aus seiner Antrittsrede:

„Wenn wir diese Plage (die Arbeitslosigkeit, Anmerk. d. Verf.) zurückgedrängt haben, wird Frankreich wieder es selbst sein: das Land der Freiheit, der Brüderlichkeit, der Chancengleichheit, das Land der Solidarität."

„Von neuem wird in unserem Land die Hoffnung des sozialen Aufstiegs geboren werden; von neuem wird der Fortschritt erwartet und die Zukunft gewünscht; von neuem wird das Heimatland der Menschenrechte in der Welt strahlen, und von neuem wird Frankreich Motor der Europäischen Union sein, Unterpfand für den Frieden und den Wohlstand unseres Kontinents.

Übersetzung: „Für 165 Francs sind Sie nicht nur Aktionär der meistimportierten Marke in Deutschland, Sie sind Aktionär des Erfinders dieses drolligen kleinen Autos mit seiner ulkigen Werbung."
Weiter unten: „Wem sonst als Ihnen können wir die Zukunft von Renault anvertrauen?"

Liebe Landsleute, lasst uns zusammenstehen! Lasst uns tolerant und brüderlich, aber auch erfinderisch, wagend und erobernd sein. Auf das Frankreich wieder zu einem Leuchtturm für alle Völker der Welt werde, wie es seiner Bestimmung entspricht. Es lebe die Republik, und es lebe Frankreich!"

Nun, überzeugt, dass Franzosen durch Originalität, Herausforderung und Prestige verführt werden wollen, ja müssen? Falls immer noch nicht, dann schauen Sie sich einmal die Privatisierungskampagne von Renault an (siehe Grafik).

Will man in Frankreich als Spitzenmanager in der Industrie oder im Bankgewerbe von der Gesellschaft akzeptiert und geschätzt werden, so ist es unabdinglich, ein Buch über gesellschaftliche oder politische Probleme zu schreiben. Man beweist damit, dass man über seinen eigenen Tellerrand blicken kann und nicht nur in seinem Fachgebiet kompetent ist. Häufig verfassen französische Manager aus Prestigegründen Artikel oder Bücher in angrenzenden Bereichen. So hat der Franzose Alain Minc, der ehemalige Chef der durch ihre hohen Verluste in die Schlagzeilen gekommene Cerus-Holding, schon mehrere Bücher über gesellschaftliche und wirtschaftliche Entwicklungen in Europa geschrieben. Staatschef Giscard d'Estaing hat 1994 einen Roman mit vielen erotischen (!) Handlungen veröffentlicht.

Übrigens, da wir gerade von Alain Minc sprechen: Der als Manager gescheiterte, jedoch als brillanter Stratege angesehene Absolvent der französischen Grandes Écoles ist heute ein gefragter Unternehmensberater, der nur die Creme de la Creme des französischen Managements berät. Im Jahr 2001 machte er nach eigenen Angaben 10 Mio. € Umsatz, wobei er sich seine Kunden aussucht. Raten Sie mal, wie viele Personen seine Firma beschäftigt. DREI: einen Chauffeur, eine Sekretärin und natürlich Alain Minc! Nun, Sie wissen ja: „*Impossible n'est pas français!*"

Monsieur Positif

In Paris machten sich in einer Straße drei französische Bäckereien und eine deutsche Konkurrenz. Der erste französische Bäcker stellte ein großes Schild auf den Gehweg: „Hier gibt es die besten Backwaren von ganz Paris!" Daraufhin platzierte der zweite ein noch größeres Schild auf dem Bürgersteig: „Hier gibt es die besten Backwaren von ganz Frankreich!" Der dritte Franzose ging gar so weit, sein ganzes Schaufenster mit einem Riesenplakat auszufüllen: „Hier gibt es die besten Backwaren der ganzen Welt!"
Der deutsche Bäcker hingegen hängte nur ein kleines Schild an die Tür: „Hier gibt es die besten Backwaren dieser Straße!"

Beim Durchblättern von französischen Wirtschaftszeitungen fällt auf, wie häufig und mit welchem Stolz über „die Besten" berichtet wird, egal, ob es sich um abgeschlossene („Jahrhundert"-) Verträge, getätigte Unternehmensaufkäufe oder Gewinne handelt. Die Abbildung zeigt eine Hauptschlagzeile aus der renommierten Wirtschaftszeitung „Les Echos" (vergleichbar mit dem „Handelsblatt"), welches den französischen „Champion der Gewinne" auf der Titelseite feiert.

les Echos
Le Quotidien de l'Economie

LVMH devient champion de France des bénéfices

„Champion der Gewinne" auf der Titelseite der angesehensten Wirtschaftstageszeitung

Gerne wird ein Vergleich mit Deutschland gemacht: Schlagzeilen wie „*La France fait mieux que l'Allemagne!*" („Frankreich schafft es besser als Deutschland") in „Les Echos" unter Bezug auf die bessere Inflationsrate sind keine Seltenheit. Renault warb in Frankreich mit dem erfolgreichen Verkauf eines seiner Modelle auf dem deutschen Markt mit der Schlagzeile: „Im Sommer genießen die Deutschen unsere Strände, im Winter unsere Autos. Renault 19, das meistimportierte Auto in Deutschland!" Auch in der eben angesprochenen Privatisierungskampagne warb man mit der „am meisten importierten Marke in Deutschland".

La voiture la plus vendue

Auf den Punkt bringt es wiederum ein Ausspruch von François Mitterrand. Kritisiert hinsichtlich verschiedener außenpolitischer Entscheidungen, antwortete er: „J'indique une direction, je propose un projet, à l'histoire de me répondre!" („Ich gebe eine Richtung vor, ich schlage ein Projekt vor, die Geschichte wird mir die Antwort geben!")

Bewunderung **Vorteile dieses Grundwertes:**	 **Gefahren bei Übersteigerung:**
◆ Stolz auf eigene Leistung und Land ◆ Man gestattet sich, gute Leistungen zu feiern und gefeiert zu werden ◆ Antrieb für außergewöhnliche Leistungen	◆ schafft Neid, Spott und Verärgerung bei anderen ◆ Antrieb für oberflächliche Handlungen

Abb. I.31: Der Grundwert Bewunderung

Freiheit (*Liberté*)

„*Liberté*" heißt das erste der drei Ideale der französischen Revolution. Die Einschränkung der persönlichen Handlungsfreiheit oder des Bewegungsraums wird in Frankreich nicht geduldet. Daher auch das Streben nach Macht: Wer die Macht hat, kann nicht gegängelt und bevormundet werden, im Gegenteil, er kann sich die Freiheit herausnehmen, andere zur Verwirklichung der eigenen Ziele zu benutzen.

Wer die Macht hat, kann nicht gegängelt und bevormundet werden.

Freiheit und Unabhängigkeit manifestiert sich z.B. im politischen Bereich in Frankreich mit dem Austritt aus der Nato, dem nach der Ölkrise 1973 enorm forcierten Atomkraftprogramm, was Chirac ja bei seinem Amtsantritt wieder nachhaltig in Erinnerung gerufen hat, dem französischen Friedensplan für den Golfkrieg, Diskussionen zu den Gatt-Verhandlungen, Maastricht oder dem europäischen Währungssystem. Gerne, ja oft mit einer gewissen Wonne, spielen die Franzosen das Enfant terrible von Europa, das zu seinem Leidwesen immer wieder von seinem ewigen Rivalen, den Engländern, übertroffen wird ...

Die Franzosen spielen oft mit einer gewissen Wonne das *Enfant terrible* Europas.

Kehrseite der Medaille: Was man selbst gerne anderen antut, stört gewaltig, wenn es einem selbst so ergeht. Franzosen zeigen daher wenig Verständnis für das Diktat der Bundesbank in der Währungspolitik oder bei Bestimmungen und Normen im Lebensmittelsektor, wo Reinheitsgebot bei Bier und Käse ein rotes Tuch sind. Auch im Umweltschutz, bei Abgasnormen, Katalysatorpflicht, Atomkraft oder Müllverwertung (grüner Punkt) fühlen sich die Franzosen bevormundet. Bei den kleinsten Einengungen heißt es gleich: „*C'est une atteinte à la liberté!*"

Andererseits fühlen sich die Franzosen häufig bevormundet.

Es gilt in Frankreich als schlau, die individuelle Freiheit zu wahren und Regeln und Gesetze geschickt zu umgehen.

Es gilt – wie bereits ausführlich behandelt – in Frankreich als schlau, die individuelle Freiheit zu wahren und Regeln und Gesetze geschickt zu umgehen. Ein Gesetz, das in öffentlichen Räumen Rauchverbot ausspricht, wird bekanntermaßen kaum befolgt. In Restaurants und Cafés stehen nach wie vor Aschenbecher, und viele Franzosen zünden eine Zigarette an – und niemand beschwert sich. Erst eine gesalzene Geldstrafe (*amande*) lässt die Bistro-Patrons vorsichtiger werden und energischer durchgreifen. Sie hängen den Strafzettel dann demonstrativ im Restaurant auf, um sich quasi zu entschuldigen, dass sie das Gesetz anwenden müssen.

„Wir können doch keine Kunden zurückweisen", verteidigt sich Léopold Marty, der Geschäftsführer der Brasserie Le Président ... „Wenn also zufällig Platz für die Nichtraucher fehlen sollte ... dann arrangieren wir uns schon." ... Im Café Le Ponthieu gibt man sich erstaunt: „Haben sie dieses Gesetz noch nicht abgeschafft?" Und die Besitzerin ironisiert: „Ich habe niemals so viel Zigaretten verkauft wie jetzt." „Etwas ernster stellt sie heraus: „Wenn sie (die Kunden) keinen Rauch und keinen Lärm wollen, dann gehen sie auch nicht in ein Café."[16]

Konträre Meinungen sind üblich und werden als stimulierend empfunden.

Der Freiheitsgedanke bringt auch eine große Toleranz mit sich. Konträre Meinungen sind üblich und werden als stimulierend empfunden. Selbst extremen Ansichten wird Raum gegeben. Generell lässt der Franzose andere denken, tun und sagen, was sie wollen, solange sie ihm nicht selbst auf die Füße treten. So engagiert er sich auch wenig in der Umweltpolitik, solange es ja nur die Bäume der anderen sind, die eingehen ...

Auch im Ausbildungssystem, durch private und staatliche Ausbildungsstätten dual angelegt, zeigt sich, dass Gleichheit (vgl. auch den entsprechenden Grundwert) in Frankreich weit weniger Bedeutung hat als in Deutschland. Die angesehenen konfessionellen Privatschulen, die Écoles Libres, verzeichnen nach wie vor einen großen Zulauf und besonders das Hochschulsystem ist in Frankreich elitenorientiert.[17] Anders als in Deutschland übernehmen zwei staatliche, von einander getrennte Bildungseinrichtungen die akademische Ausbildung. Da sind zum einen die so genannten Grandes Écoles, die meist direkt einem Ministerium unterstehen oder prestigevolle Privatschulen sind und als Sprungbrett für eine erfolgreiche Karriere im Staat oder Unternehmen dienen, und zum anderen die Universitäten, deren Absolventen in der Regel weit schlechtere Chancen auf dem Arbeitsmarkt haben.

Sehen wir uns doch zum Abschluss dieses Grundwertes einmal die beliebtesten Franzosen an, die jährlich in einer Umfrage für die französische Sonntagszeitung „Le Journal du Dimanche" ermittelt werden.

1.	L'Abbé Pierre, kämpft für Obdachlose	44%
2.	David Douillet, Judoka, 3 x Olympiasieger	38%
3.	JJ. Goldmann, alternativer Schlagersänger	36%
4.	Z. Zidane, Fußballstar	32%
5.	Jean-Paul Belmondo, Schauspieler	28%
6.	Michel Serrault, Schauspieler	27%
7.	Johnny Hallyday, Schlagersänger	27%
8.	Schwester Emmanuelle, kämpft für die Armen	26%
9.	Nicolas Hulot, TV-Moderator, Journalist	26%
10.	Gérard Dépardieu, Schauspieler	25%

Die zehn beliebtesten Franzosen aus: „Journal du Dimanche" 12/2001

[16] Aus „Les Echos" vom 27.8.1993
[17] Siehe Kapitel 4.2 unter „Das französische Schulsystem", S. 116 ff.

Die ersten fünf Publikumsfavoriten haben alle eine Gemeinsamkeit: Sie gelten als starke Persönlichkeiten, die in ihrem Leben meistens gegen den Strom der öffentlichen Meinung schwimmen, ihr Leben nach eigenem Gusto gestalten und die Freiheit, anders zu denken und zu handeln, verteidigen. Auch Schauspieler Belmondo, mit seinen „Filourollen", zählt dazu. Der seit Jahren an der Spitze stehende Pater Pierre ist als Kämpfer für die Obdach- und Mittellosen bekannt. Er hat darüber hinaus absolutes politisches Gewicht. Selbst noch im hohen Alter von über 80 Jahren kann es sich kein Politiker leisten, den Pater gegen sich zu haben. Jacques Chirac erscheint übrigens erst als 32ster und Lionel Jospin ist an 48. Stelle.

TIPP Merken Sie sich die Namen dieser und weiterer Persönlichkeiten, wenn möglich informieren Sie sich über sie. Damit haben Sie einen Trumpf bei Tischgesprächen, nach dem Motto: „Ach übrigens, ist David Douillet noch immer so beliebt in Frankreich, oder hat ihm die Tatsache, dass er so viel Werbung macht, geschadet?"

Freiheit Vorteile dieses Grundwertes:	 Gefahren bei Übersteigerung:
◆ Leben und leben lassen ◆ Konträre Meinungen werden akzeptiert	◆ Jeder denkt nur an sich selbst ◆ Der Mächtige nimmt sich mehr Freiheiten heraus

Abb. I.32: Der Grundwert Freiheit

Funktionalität

Das oft von Deutschen bewunderte Savoir-vivre, die Fähigkeit, sich Zeit zum Leben zu nehmen, beruht unter anderem auf dem Grundwert „Funktionalität": Wenn eine Sache ihren Zweck erfüllt und funktionsfähig ist, bedarf es keiner detailgenauen, feinen Perfektion mehr. Dies wird in Frankreich eher als Zeitverlust angesehen. Franzosen geben sich mit dem erreichten Ergebnis zufrieden, sobald es seine Funktion erfüllt. Zeit, die sie lieber zum Leben oder Neuesschaffen verwenden. „Das ist *globalement exact*", sagen die Franzosen und wenden sich der nächsten gloriosen Idee zu. Das Auto wird dann am Wochenende eben nicht so sauber sein, und auch die kleine Beule am vorderen Kotflügel beeinträchtigt den Fahrkomfort überhaupt nicht. Dafür bleibt Zeit für ein ausgiebiges Essen in der Familie und andere Aktivitäten, deren Art und Dauer selten von vornherein festgelegt sind.

Wenn eine Sache ihren Zweck erfüllt und funktionsfähig ist, bedarf es keiner detailgenauen, feinen Perfektion mehr.

Der Zeitgewinn ist auch ein entscheidender Wettbewerbsvorteil bei der Produktentwicklung. Der TGV ist zwar in Technik und Komfort nicht so perfekt wie sein deutscher Gegenpart ICE, erfüllt jedoch schon seit vielen Jahren die Funktion als enorm einsatzfähiges und schnelles Verkehrsmittel der Zukunft. Funktionalität ist gefragt, nicht Perfektion. Die aus den Erfahrungen entstandenen Lerngewinne haben die Franzosen bereits wieder in Innovationen umgesetzt.

Deutsche machen alles so gut wie möglich,
Franzosen so gut wie nötig!

Ähnlich verhielt es sich mit dem erfolgreichen französischen Bildschirmtextsystem MINITEL, dessen Technik deutsche Ingenieure für vorsintflutlich hielten. Es erfüllte jedoch seinen Zweck, verminderte die Anlaufkosten und konnte somit den damals noch unbedarften Verbrauchern kostenlos zur Verfügung gestellt werden. Damit schufen die Franzosen einen neuen Markt, der heute einer ganzen Legion von Dienstleistern beträchtliche Umsätze beschert. Auch heute, im Zeitalter des Internets, hat das Minitel immer noch Erfolg. Einige Internetfirmen gehen sogar auf das Minitel, um an die große Gruppe der von Computern überforderten Kunden heranzukommen.

Trick 17! Französisches Insektenvernichtungsmittel

Von nicht zu unterschätzender Bedeutung ist in Frankreich das berühmte Système D, wobei das D für *débrouiller* (sich durchwursteln) steht, was so viel wie Trick 17 heißt. Der Erfolg des Système D liegt darin, mit wenig Aufwand und Einfallsreichtum Nutzen durch Funktionalität („So gut wie nötig!") zu erzielen. Es wird auch häufig im Management gebraucht. Dies illustriert Ulrich Wickert treffend:[18]

„Aus der Weltraumforschung wirtschaftlichen Nutzen ziehend, baute Bernard Brochier ein Segel für Rennjachten, das nur neun Gramm pro Quadratmeter wiegt. Dabei wirkt das Labor veraltet und fast wie eine Bastelstube im Hinterhof, in dem der Chemiker zum Trocknen seines Experimentstoffes einen einfachen Haarföhn in ein verrostetes, selbst gebasteltes Gestell steckt."

Ulrich Wickert

[18] Ulrich Wickert: „Wunderbare Illusion", S. 250.

Selbst in der hochmodernen Fabrikationshalle des Airbus in Nantes findet man überall Système-D-Anwendungen. So bedienen sich die Lackierer eines einfachen Kunstgriffs: Zum Trocknen der konischen Nase des Flugzeuges stellen sie diese einfach in einen großen ausrangierten Reifen. Eine solche Technik wird nicht schamvoll versteckt, sondern voller Stolz vorgeführt.

Das Système D saugt der Franzose sozusagen mit der Muttermilch auf. Daher auch seine intime und durch nichts zu erschütternde Überzeugung *de toujours s'en sortir*, immer einen Ausweg zu finden, selbst wenn die Situation noch so katastrophal ist.

> **Monsieur Positif**
> Warum gibt es Système D in Deutschland nicht? Ganz einfach: Weil es dafür keine Gebrauchsanleitung gibt!

Kreativitätstechniken wenden die Franzosen ganz intuitiv und natürlich im normalen Umgang miteinander an.

Hier sind wir gleich auch Thema „Kreativität" hin und damit beim Klischee Nummer eins: Jeder Ausländer weiß, dass Franzosen kreativ sind, und Letztere nehmen diese Fähigkeit auch in aller Unbescheidenheit für sich in Anspruch. Kreativität ist in der Tat eine der wesentlichen Stärken der Franzosen, da sie als etwas Nobles angesehen wird, entspringt sie doch dem Immateriellen, dem Geist und weist den Weg zu neuen Ufern. Die französische Kreativität ist aber nicht nur eine logische Konsequenz der Grundwerte Originalität und Bewunderung, sondern entspringt ganz einfach den kulturellen Arbeits- und Verhaltensweisen. Das, was man in Deutschland als Kreativitätstechniken bezeichnet, wenden die Franzosen ganz intuitiv und natürlich im normalen Umgang miteinander an.

Franzosen brechen ständig aus Regeln und Schemata aus.

So stellen Sie permanent Bekanntes in Frage, brechen aus Regeln und Schemata aus, verlieren sich in Phantasien, geben Meinungen zu Gebieten ab, auf denen sie nicht Experten sind, und suchen insbesondere den Spaß in allem Handeln. Wir werden zu einem späteren Zeitpunkt weiter auf diesen Punkt eingehen. Hier sei lediglich festgestellt: Alles, was Kreativitätsexperten fordern, wenden die Franzosen täglich und ohne zu überlegen, an. Ihr Autopilot ist auf Kreativität programmiert. So sind z.B. selbst die französischen Banken gezwungen, neue Produkte zu entwerfen. Im Finanzengineering sind Franzosen oft so kreativ, dass sie von deutschen Kunden als unseriös erlebt werden!

Leider gefallen sie sich oft so sehr in der Kreativität, dass sie die Finalität ihres Tuns aus den Augen verlieren. Daher stehen Kreativität und Funktionalität auch zusammen: Sobald eine neue Idee umgesetzt ist und einigermaßen funktioniert, tendieren die Franzosen dazu, entweder weitere Anwendungen zu entwickeln oder sich gar ganz neuen Ideen zuzuwenden. Viele hoffnungsvolle Produkte, die zum Teil einen Marktvorsprung von mehreren Jahren hatten, haben nie den Weg zur Vermarktung gefunden, weil die Anpassung an die wirklichen Bedürfnisse einer Zielgruppe nicht im Vordergrund stand, sondern das (Eigen-)Interesse und der Spaß an der Verwirklichung von Ideen. So ist uns eine junge Technologiefirma in Erinnerung, deren Produktpalette sage und schreibe einen Flugsimulator, eine Wetteranalysestation, ein Telefonsprachsystem und die Herstellung von OEM-Teilen für die Computerindustrie (von der sie eigentlich lebte) umfasste. Unnötig zu sagen, dass diese Verzettelung der Anfang vom Ende war, obwohl jedes einzelne Produkt ein technologisches Wunderwerk war.

Funktionalität Vorteile dieses Grundwertes:	Gefahren bei Übersteigerung:
◆ Konzentration auf das Wesentliche ◆ kostengünstig ◆ schafft Kreativität für unkonventionelle Lösungen ◆ Gelassenheit, wenn mal ein Detail nicht stimmt	◆ Zuverlässigkeit oft eingeschränkt ◆ kann zu schlampigen und unorganisierten Arbeiten führen ◆ Manchmal kosten übersehene Details viel Geld

Abb. I.33: Der Grundwert Funktionalität

Wechsel / Wandel (*Mouvement*)

Alles Standardisierte, Automatisierte ist langweilig.

„*Il faut que ça bouge*“, es muss sich etwas tun, ist einer der Lieblingssätze von Franzosen. Alles standardisierte, automatisierte ist langweilig. Prozedere, Vorgaben werden als Einengung empfunden, weil sie keinen Freiraum für Kreativität und damit für Überraschungen und Spaß lassen. Das Bedürfnis zum Wechsel finden wir in allen Lebensbereichen wieder:

- Unterhaltungen über ein Thema dauern selten länger als zehn Minuten, dann kommt ein neues, meist ganz anderes Thema auf.
- Pläne und Ziele werden bekanntermaßen oft gewechselt.
- Tagesordnungen bei Besprechungen sind eher Anhaltspunkte.

- Unternehmenswechsel nach kurzer Zeit aus Karrieregründen waren in Frankreich immer schon üblich, um nicht einzurosten. Neue Funktionen bedeuten Herausforderung und Originalität, sind also motivierend.
- Fähige Manager müssen alle drei Jahre andere Funktionen übernehmen, sonst gelten sie als abgeschrieben. Der Personalchef eines der größten französischen Konzerne sagte uns, im erste Jahr erlernt man sein Metier, im zweiten vertieft man die Kenntnisse und zieht Nutzen daraus, und im dritten Jahr macht man sich Gedanken über die neue Position.

Die Leidenschaft hat immer Recht.

Generell hat der Franzose die Tendenz, impulsiven Neigungen nachzugeben, sich bietende Gelegenheiten kurz entschlossen wahrzunehmen und sich schnell für etwas zu begeistern. Fehler, die aus Enthusiasmus begangen werden, finden in Frankreich immer Verständnis. So lautete auch ein Firmenslogan des größten französischen Unternehmens, dem Ölkonzern TotalFina-Elf: „*La passion a toujours raison!*" (Die Leidenschaft hat immer Recht) und so identifizieren sich die Franzosen völlig mit der Maxime, dass das Leben nur eine Konstante kennt: den Wechsel! Allerdings mag der Franzose weniger an Privilegien und Erreichtem rütteln. Deswegen muss es immer gleich eine Revolution geben, wenn sich etwas ändern soll.

Wechsel / Wandel Vorteile dieses Grundwertes:	Gefahren bei Übersteigerung:
◆ Abwechslung ◆ Perspektivenwechsel ◆ verhindert Verkrustungen ◆ schafft Leben	◆ keine Konstanz ◆ Vieles wird nicht zu Ende gebracht

Abb. I.34: Der Grundwert Wechsel/Wandel

Spaß

Dieser Grundwert könnte eine Zusammenfassung sein, da er sich durch praktisch alle französischen Grundwerte zieht.

Spaß ist im Prinzip der Motivator Nummer eins auf allen Ebenen:

- Spaß, Macht auszuüben
- Spaß durch die Wette, die Herausforderung zu schaffen
- Spaß durch die Originalität der Idee oder der Strategie, mit der man „die Welt" überrascht

- Spaß, weil man im Mittelpunkt steht und bewundert wird
- Spaß, weil eine simple Idee etwas funktionsfähig macht
- Spaß, da man die Freiheit hat zu tun was man will, solange man den anderen individualistischen Egoisten nicht auf die Füße tritt
- Spaß durch Abwechslung, denn immer dasselbe zu tun, nervt und tötet die Sinne ab

und nicht zuletzt:

- Spaß mit den Personen („Komplizen"), mit denen man zusammenarbeitet

Im Idealfall sind alle diese Spaßfaktoren vereint. Ein solches französisches Team ist unschlagbar. Die französische Welt- und Europameisterelf hat dies perfekt illustriert.

Alles ist somit immer auch ein Spiel. Das verbissen ernste Kämpfen deutscher Manager verwundert die Franzosen immer wieder, weil dadurch der Abstand zur Strategie verloren geht. Und Strategien zu definieren und in der Praxis zu testen macht Spaß und ist praktisch ein Lebenselixier der Franzosen.

TIPP Lassen Sie den Franzosen „Spiel-Raum" und gestatten Sie sich, auch einmal diesen Raum zu betreten. Es tut gut, einmal die bedingungslose Zielerreichung fallen zu lassen.

Spaß Vorteile dieses Grundwertes:	Gefahren bei Übersteigerung:
◆ Emotionen werden auch im Arbeitsleben gelebt ◆ Spaß durch Wettbewerb ◆ Spaß gibt Energie und steigert somit die Leistung	◆ Manchmal wird der „Ernst" im Spaß unterschätzt ◆ Aus einem „spaßigen" Wettbewerb wird auf einmal blutiger Ernst ◆ Vor lauter Spaß kann man das Ziel aus den Augen verlieren

Abb. I.35: Der Grundwert Spaß

FAZIT

Motivationsfaktoren der Franzosen sind

- MACHT: Wer die Macht hat, hat das Geld!
- ORIGINALITÄT: das Besondere und Außergewöhnliche!
- HERAUSFORDERUNG: der Nervenkitzel, die Spannung!
- BEWUNDERUNG: „BRAVO!", der verdiente Lohn!
- FREIHEIT: Leben und leben lassen!
- FUNKTIONALITÄT: Einfach gemoppelt hält auch!
- KREATIVITÄT: Das Noble liegt in der Idee!
- WECHSEL: Alles Vorhersehbare ist langweilig!
- SPAß: „Spaß muss sein!"

5.7 Die deutschen Grundwerte

Die deutschen Grundwerte wollen wir nicht eingehend erläutern, da wir davon ausgehen, dass unseren deutschen Lesern, an die sich diese Ausführungen richten, eine kurze Beschreibung genügen wird. Plastische Konturen erhalten diese sicherlich bei der Gegenüberstellung in Teil II mit den französischen Grundwerten.

Geld

Eine Studie hatte ergeben, dass das meistgebrauchte Wort in Deutschland die Bezeichnung DM war. Die „Europhorie" führt wahrscheinlich dazu, dass es nunmehr „Euro" sein wird. Geld und Preis-Leistungs-Verhältnisse zählen zu den liebsten Gesprächsthemen unter Deutschen. Deshalb steht es auch an erster Stelle unserer Grundwertetabelle. Setzen Sie sich nur einmal in die Sauna eines Seminarhotels in Deutschland, und Sie werden in kürzester Zeit wissen, wo man den günstigsten Urlaub machen kann, wie man seine Hifi-Anlage billiger bekommt und dass das Preisniveau für Computer und Internetanschlüsse in nächster Zeit mit Sicherheit noch weiter fallen wird ...

Geld und Preis-Leistungs-Verhältnis zählen zu den liebsten Gesprächsthemen unter Deutschen.

Geld ist in Deutschland ein wichtiger Grundwert, weil es ermöglicht, sich Dinge zu kaufen, die den sozialen Status aufzeigen. Man versucht, sich durch materielle und funktionale Werte von den anderen zu unterscheiden, seine Individualität hervorzuheben. In Deutschland stuft der Auto-

Ein Kratzer am Auto ist ein Kratzer am Image!

pilot Personen nach dem ein, was sie besitzen und wie sie damit umgehen. Beispiele: Ein Mercedesfahrer ist, je nach Modell, Unternehmer oder Handelsvertreter, ein Porschefahrer Freiberufler, der Besitzer einer Ente, eines alten Käfers oder Mercedes Diesel ein Alternativer. Citroën-Fahrer sind ja bekanntermaßen Individualisten. Fährt nun ein Mercedesbesitzer seit längerem mit schmutzigem Auto oder gar mit einem Kratzer am Kotflügel durch die Gegend, so riskiert er, selbst als unordentlich oder gar unzuverlässig zu gelten. Ein Kratzer am Auto ist ein Kratzer am Image! Genauso wichtig wie die Möglichkeit, mit Geld seinen sozialen Status auszudrücken, ist es, damit einen Status der Unabhängigkeit zu erreichen. Unabhängigkeit treibt laut einer Studie von Forsa[19] 82 Prozent der Männer und 76 Prozent der Frauen in Deutschland an und steht damit an erster Stelle der Triebfedern.

Im historisch protestantisch geprägten Deutschland ist so auch die Fähigkeit, mit Geld richtig umzugehen, ein wichtiges gesellschaftliches Beurteilungskriterium. Auch in der heutigen „Erbengeneration“ ist es ein wichtiger Anhaltspunkt, wie man sein Geld ausgibt, nur haben sich die Kriterien verändert. War es bei den von Kriegs- und Nachkriegszeit geprägten Eltern wichtig, Geld anzulegen, vorzubeugen und zum Beispiel ein Haus zu bauen, so sind die Kriterien der „Wohlstandsgeneration“ im Privatleben mehr darauf ausgerichtet, ob man am „richtigen“ Ort Urlaub macht, am Wochenende die „richtigen“ Hobbys pflegt. Geld ausgeben ist keine Schmach, im Gegenteil, nur muss es in das „Richtige“ investiert werden, sonst ist es Vergeudung.

Geldvergeudung gilt als Schmach.

Geldvergeudung bzw. was als solche angesehen wird, gilt als Schmach, genauso wie Prahlerei. Fährt ein kleiner Angestellter einen Porsche, den er sich normalerweise gar nicht leisten kann, so stellt man sich Fragen über seine Nebentätigkeiten oder seinen Umgang. Auf der anderen Seite gibt es den häufigen Reflex deutscher Oberklassewagenfahrer, die stolz ihr funkelnagelneues Gefährt vorführen und in einem Atemzug erklären, warum dieser Kauf das Vernünftigste war. Franzosen sind immer wieder erstaunt, wie selbstverständlich ein Deutscher aufzeigen kann, dass sein getuntes 420 PS Gefährt letztlich ein Vernunftskauf ist.

Ein Franzose berichtete einmal von einem Wiedersehen nach langer Zeit mit einer deutschen Freundin: „Gut siehst du aus, und dieser Pullover steht dir hervorragend!“ „Danke“, antwortete sie, „hat mich nur 20 € bei H&M gekostet!“

Das Ansammeln von materiellem Besitz gilt in Deutschland weiterhin als vernünftig und verantwortungsvoll. Der Hinweis auf den Preis ist eine Art

[19] Veröffentlicht in BIZZ 5/01.

Rechtfertigung, der besagt, dass man preisbewusst gehandelt hat und damit effizient ist.

Geld	
Vorteile dieses Grundwertes:	**Gefahren bei Übersteigerung:**
◆ starke Verbraucherorientierung der Wirtschaft ◆ Preis-Leistungs-Verhältnis steht im Vordergrund ◆ hohes Bewusstsein über materiellen Wert der Dinge	◆ sachliche Rechtfertigung nötig, um sich kaufen zu können, was Spaß macht ◆ Nur die materielle Seite aller Produkte und Leistungen wird bewertet ◆ Geldverdienen wird zum Lebensinhalt ◆ Die Persönlichkeit wird am erreichten Besitzstand gemessen

Abb. I.36: Der Grundwert Geld

Monsieur Positif

Nutzen / Rentabilität

Hand aufs Herz: Wenn ein Geschäftspartner oder ein Kollege Sie für eine Idee, ein Projekt gewinnen will, welche Argumente muss er anführen, damit Sie sich überzeugen lassen? Sicherlich werden Sie damit einverstanden sein, dass zunächst der Nutzen eindeutig ersichtlich sein muss und natürlich auch die Rentabilität.

Nutzen und Rentabilität müssen eindeutig ersichtlich sein.

Im deutschen Management gilt es weniger, durch Ideenreichtum, technische Wundertaten oder ausgefallenes Design auf sich aufmerksam zu machen als durch überzeugenden Nutzen und konkrete Zahlen. So rechtfertigt der Karstadtchef seine Geschäftsführung mit den Worten: „Wir scheu-

Was-kommt-unterm-Strich-dabei-heraus-Syndrom

en keinen Vergleich mit irgendjemandem in der Branche. Im Übrigen ist entscheidend, was unterm Strich steht!"[20] Diesem Was-kommt-unterm-Strich-dabei-heraus-Syndrom können wir noch ein weiteres voranstellen: Wem oder wozu nutzt das?

Voraussetzungen werden geprüft, mögliche Folgen eingeschätzt, Experten zu Rate gezogen.

Bei jedem neuen Projekt wird das Für und Wider gründlich abgewägt. Die Voraussetzungen werden geprüft, die möglichen Folgen eingeschätzt, Experten zu Rate gezogen. Sind Nutzen und Rentabilität nach eingehender Prüfung eindeutig ersichtlich, kann grünes Licht gegeben werden. Die Debatte über die Raumfahrtprogramme zeigt diese Denk- und Vorgehensweise sehr deutlich: „Zunächst müsse einmal geprüft werden, welchen Sinn und Zweck man überhaupt mit der bemannten Raumfahrt verfolge ..." „FAZ"-Zitat.

Auch der ehemalige Daimler-Chef Edzard Reuter bezog sich zum Thema Airbus auf diesen deutschen Grundwert:

> „Die Frage ist nicht, ob Airbus eine Zukunft im Markt hat, sondern ob das Konsortium eine Chance hat, wirtschaftlichen Erfolg zu erlangen.
>
> Ich bin der festen Überzeugung, dass dies möglich ist, unter der Bedingung, dass Airbus Industrie zu einem privaten, auf die Marktwirtschaft ausgerichteten Unternehmen wird."
>
> *Edzard Reuter*

Nutzen/Rentabilität Vorteile dieses Grundwertes:	Nutzen/Rentabilität Gefahren bei Übersteigerung:
◆ bedürfnisorientiertes Handeln	◆ Originelles fällt unter den Tisch
◆ Realismus und Vernunft	◆ Spaß kommt zu kurz
◆ ab- und einschätzbar	◆ Kreativität geht zurück
◆ messbare Ergebnisse	◆ verhindert Durchbruchsinnovation
◆ sichert Wirtschaftlichkeit	◆ die „So-haben-wir-das-schon-immer-gemacht"-Methode

Abb. I.37: Der Grundwert Nutzen/Rentabilität

[20] „Die Woche" vom 12.8.1993.

Sicherheit

Ob es sich um Gesetze, Normen bei Datenschutz, Autos, Atomkraftwerken oder Geldanlagen handelt, Deutschland ist bekannt für sein Sicherheitsdenken: Man versucht, das Risiko, das Unvorhergesehene auszuschließen und es berechenbar zu machen. Nicht umsonst ist Deutschland das Land mit der höchsten Versicherungsquote, und bereits 45 Prozent der 16- bis 29-Jährigen besaßen Ende der 80er Jahre eine Lebensversicherung. „Ein Spatz in der Hand ist besser als eine Taube auf dem Dach.“ / „Was man hat, das hat man.“

Man versucht, das Risiko, das Unvorhergesehene auszuschließen und es berechenbar zu machen.

Das hohe deutsche Sicherheitsbedürfnis lässt sich manchmal aus Kleinigkeiten ersehen. So erstaunt es Franzosen, auf deutschen Kinderschwimmflügeln anstatt bunten Comic-Figuren die Zeichensiegel GS („Geprüfte Sicherheit“) und DIN zu finden.

Die deutschen Automobilhersteller treiben das Sicherheitsdenken sogar noch auf die Spitze. BMW warb vor einiger Zeit mit einem neuen ergonomischen Sicherheitsgurt: „Beim Gurtsystem haben wir vorsichtshalber alles anders gemacht.“ Auf diese Überschrift folgt ein halbseitiger Text zum Thema Sicherheit. Und auch Mercedes warb für die neue S-Klasse mit dem Argument: „Wir sind über die Sicherheitsvorschriften hinausgegangen. Sicherheitshalber!“

Das Prozederedenken gibt deutschen Managern Sicherheit.

Im deutschen Management manifestiert sich das Bedürfnis nach Sicherheit im Ausschalten jeglichen Risikos, z.B. in der schriftlichen Abfassung von Beschlüssen, der Bedeutung von Juristen, der Anwendung des Vier-Augen-Prinzips bei Unterschriften, selbst auf einfachen Kurzmitteilungen. Auch das berühmte Prozederedenken gibt deutschen Managern Sicherheit: „Wenn sich jeder an das vereinbarte Prozedere hält, kann nichts passieren!“

Berechenbarkeit ist höchstes Lob.

So ist es auch nicht verwunderlich, wenn deutsche Unternehmer und Manager als erste Eigenschaft von einem Geschäftspartner Berechenbarkeit erwarten. „Ich kann mich auf diese Person verlassen“ ist zugleich auch höchstes Lob für einen Kollegen oder Geschäftspartner. Wie war noch das bekannte Vorurteil über die Franzosen? „Immer diese unzuverlässigen und unberechenbaren Franzosen ...!“

Sicherheit Vorteile dieses Grundwertes:	Gefahren bei Übersteigerung:
◆ ausgereifte Produkte ◆ ausführlich überdachte Konzepte ◆ Berechenbarkeit ◆ Details werden ernst genommen ◆ weniger Fehler, Pannen und Unfälle ◆ Vernunft ◆ Gefühl der Geborgenheit	◆ Angst, zu handeln ◆ geringer werdende Anpassungsfähigkeit ◆ Übersensibilität ◆ keine Risikobereitschaft ◆ Verkrustung ◆ geringere Wachsamkeit ◆ Eigenverantwortung wird abgewälzt

Abb. I.38: Der Grundwert Sicherheit

Anerkennung

Das Individuum tritt weniger aus der Menge heraus.

Der Grundwert Anerkennung bezieht sich auf die Tendenz, zum Wohle einer Gemeinschaft tätig zu werden und von dieser dafür, meist in Form von höherem Sozialprestige oder größerer Autorität, Anerkennung zu erfahren. Viele Aufgaben werden aus Pflicht, heute spricht man lieber von Verantwortung, für die Allgemeinheit erledigt, auch wenn sie uninteressant und lästig erscheinen. Das Individuum tritt weniger aus der Menge heraus, hat aber stärker das Bedürfnis und die Pflicht, etwas zum Wohl der Allgemeinheit beizutragen. Zugleich werden Leistungen vor allem von Gruppen, wie der Familie, den Freunden, den Mitarbeitern oder der Partei, anerkannt.

Eliten sind verpönt.

Als Gegenstück dazu sind Eliten – insbesondere seit dem Zweiten Weltkrieg – eher verpönt. Wer sich zu sehr in einer Gruppe hervortut oder herausragt, riskiert im deutschen Umfeld schnell, als Schaumschläger oder Querulant abgeschrieben zu werden. Hingegen genießen Professoren und Promovierte höchstes Ansehen. Diese Elite, auch wenn sie nicht so bezeichnet wird, ist in Deutschland anerkannt, da sie Sachkompetenz bewiesen hat und dieses Wissen jetzt zum Wohle der Gemeinschaft einsetzt.

Auch die immense Zahl der in Deutschland privaten, traditionsreichen Stiftungen zur Förderung von Forschungsvorhaben, Begabten oder der Einsatz gegen Krankheit, Hunger, Tierschutz und Umweltzerstörung verdeutlicht in eindrucksvoller Weise den Grundwert Anerkennung. Die jährlich aufgebrachten Stiftungszuwendungen belaufen sich auf mehrere Milliarden Mark.

Wenn zu den beliebtesten Deutschen ein Franz Beckenbauer zählt, dann nur deshalb, weil seine konstante Leistung anerkannt wird. Damit hat er Deutschland und den Deutschen weltweites Ansehen, nahezu im gleichen Maße (wieder-) verschafft wie die deutschen Produkte: „Danke, Franz!“

Anerkennung	
Vorteile dieses Grundwertes:	**Gefahren bei Übersteigerung:**
◆ Das gemeinschaftliche Ziel steht im Vordergrund, nicht die individuelle Leistung ◆ sachbezogenes Handeln	◆ Heuchelei: Man tut etwas für andere, um selbst im Vordergrund zu stehen ◆ Einzelleistungen kommen zu kurz

Abb. I.39: Der Grundwert Anerkennung

Monsieur Positif

Was ich an euch so mag, ist das Durcheinander.
Ändert euch nicht zu sehr!
FRANZÖSISCHER TOUCH

Gleichheit

> „Als Symbol der bei Daimler-Benz angestrebten Konzernkultur gilt, dass alle Beschäftigten der Administrationszentrale in der Werkskantine essen: Sekretärin und Vorstandsmitglied reihen sich in die gleiche Warteschlange.“
> *Rainer Hank, „FAZ“*

„Wenn das jeder täte!“

„Wenn das jeder täte!“ ist eine bekannte Zurechtweisung, die, in Verbindung mit einem erhobenen Zeigefinger, vor allem Kindern gilt. Schon früh lernen deutsche Kinder, dass Regeln und Vorschriften für alle gelten.[21] Jeder hat sich daran zu halten, aber gleichzeitig wird keiner benachteiligt. Dieses Denken prägt ganz entscheidend das Gerechtigkeitsempfinden und kann sogar zur „Maxime

[21] Siehe Kapitel 4.1 unter „Wie wird man zum gemeinschaftlichen Egoisten?“, S. 110.

allen Handelns“ werden. Darauf kommen wir in Teil II zurück, wenn wir „Gleichheit“ dem französischen Grundwert „Freiheit“ gegenüberstellen.

Einigkeit durch Konsens

Einigkeit und Recht stehen wohlgemerkt an erster Stelle der deutschen Nationalhymne! Einigkeit durch Konsens macht stark, und gleiches Recht für alle ist die Voraussetzung für sozialen Frieden. In Stellenanzeigen werden „Behinderte bei gleicher Eignung bevorzugt“, das Ladenschlussgesetz soll verhindern, dass eine Minderheit mehr oder länger arbeiten muss, und das Fräulein-Wunder gibt es inzwischen auch nicht mehr: Die Bezeichnung ManagerInnen (Mann/Frau), Fräulein wurde abgeschafft, da es ja auch kein Männlein gibt. Man/Frau redet ebenso auch nur noch von ManagerInnen.

In Deutschland wacht die Allgemeinheit darüber, dass der Mitbürger die Vorschriften befolgt. Bei Falschparkern werden Kommentare gemacht, oder auch beim Überqueren einer roten Ampel kann es passieren, dass man zurechtgewiesen wird.

Entscheidungen werden so oft wie möglich gemeinschaftlich getroffen.

Das Schulsystem ist ebenfalls auf Chancengleichheit ausgelegt, obwohl der Numerus clausus ebenfalls ein Auswahlverfahren beinhaltet. Trotzdem sind elitäre Hochschulen wie in Frankreich, wo regelrecht die ganze Schulzeit auf die Aufnahme in bestimmten Hochschulen hingearbeitet wird, in Deutschland fremd.

Gleichheit ist ebenfalls ein Grundsatz im Management: Entscheidungen werden so oft wie möglich gemeinschaftlich abgestimmt und getragen. Vorstandsvorsitzende sehen sich lieber als Vorstandssprecher bezeichnet, um deutlich zu machen, dass das Unternehmen von einem Team geführt wird.

Gleichheit Vorteile dieses Grundwertes:	Gefahren bei Übersteigerung:
◆ gleiches Recht für alle ◆ keine Privilegien, außer wenn diese „verdient“ wurden ◆ Chancengleichheit	◆ Tendenz, alles zu nivellieren ◆ Bestehen auf seinem „guten Recht“ ◆ Formalismus und Prozederedenken ◆ Gruppendruck bei individueller Herausnahme von Privilegien

Abb. I.40: Der Grundwert Gleichheit

Perfektion

Das deutsche Perfektionsbestreben ist Legende. Nach dem Motto: „Besser die Perfektion anstreben und sie verfehlen, als das Mittelmaß und es erreichen" durchzieht der Perfektionsgeist alle Bereiche des Lebens: Angefangen von Verordnungen über Produkte, die bis in die kleinste Kleinigkeit durchdacht sind, bis hin zu dem Postleit(d)zahlensystem, alles trägt dem Bemühen Rechnung, eine vorgegebene Aufgabe über das Notwendige hinaus zu erfüllen. Bezeichnenderweise wird Beckenbauer lieber als Perfektionist denn als Genie bezeichnet, obwohl er ein begnadeter Fußballer war.

Die Suche der einen, letzten und absoluten Wahrheit

Perfektion kennzeichnet auch das Denken im Management: Entweder-oder, die Suche nach nur einer, der letzten und absoluten Wahrheit. Die Planung und der Soll-Ist-Vergleich, das perfekte Im-Plan-Liegen und das Ausdiskutieren-Syndrom. Bekanntlich liegt ja der Teufel im Detail, so dass Maßnahmen und neue Produkte erst lanciert werden, nachdem alle Möglichkeiten bis ins kleinste Detail durchleuchtet wurden und die jeweiligen Spezialisten ihr Einverständnis erteilt haben. Treten trotz sorgfältigster Planung Irrtümer oder unvorhergesehene Ereignisse auf, so wird man häufig mit dem Das-kann-nicht-sein-Syndrom konfrontiert.

Monsieur Positif
Die Perfektion ist nicht im Menschen,
aber manchmal in seinen Absichten!

Das man sich als Deutscher mit dem Perfektionsstreben zuweilen selbst ein Beinchen stellen kann, zeigt die folgende Begebenheit:

Praxisbeispiel

Bei einem Golfturnier in Paris wurden die technischen Geräte und Computer von einem deutschen Ingenieurteam installiert. Alles klappte wie am Schnürchen, bis der Zentralcomputer angeschaltet wurde: Der Bildschirmhintergrund war grün statt blau! Verwirrung auf der deutschen Seite, Gelassenheit bei den Franzosen. „Grün tut es doch genauso gut!" Die deutschen Techniker wollten jedoch, wie vorgesehen, den blauen Hintergrund. Die Franzosen schlugen vor, im Verbindungsstecker nachzuschauen, ob nicht zwei Kabel vertauscht seien. Als sie daraufhin jedoch nur ein mildes Lächeln ernteten mit der Bemerkung, dass die Geräte in Deutschland hergestellt und überprüft worden sind, überließen sie diese ihrem Schicksal. Drei ergebnislose Stunden später entschlossen sich die Deutschen doch, einmal im Stecker nachzuschauen: Die Kabel waren in der Tat vertauscht ...

Monsieur Positif

Das ist gute Ware!

Die Qualitätsliebe hat aus dem Made in Germany statt eines Makelstempels ein Gütesiegel gemacht. Der Käfer, der „läuft und läuft und läuft“, hat diesen Ruf geradezu verkörpert. Nicht die Genialität des Produktes steht im Vordergrund, sondern die Haltbarkeit, die Erhaltung des Gebrauchswertes und niedrige Ausfallzeiten. So macht man lieber vier Schrauben, wo zwei genügen könnten, und fügt noch eine zusätzliche Sicherheitsvorrichtung an, für alle Fälle ...

Ausdruck für perfekte Qualität ist auch solides Aussehen eines Produktes. So müssen Waschmaschinen z.B. aus dickerem Blech sein als in romanischen Ländern: Der Verkäufer klopft auf das Blech und verweist auf den satten Klang, um die Qualität zu verdeutlichen. Als ein deutscher Interessent für ein französisches Auto den blechernen Klang der Tür beim Zuschlagen bemängelte, antwortete der französische Verkäufer in typischer Manier: „Wollen Sie ein Auto zum Fahren oder zum Türenschlagen ...?“

Im Dienstleistungsbereich stehen kundenfreundlicher Service und Einhalten von Unternehmensrichtlinien für Qualität. Es werden Normen geschaffen und deren Erreichung und Einhaltung ständig überprüft. Wird davon abgewichen, geht man auf Fehlersuche und versucht, den oder die Schuldigen auszumachen. Diese(r) wird sodann zur Verantwortung gezogen und der Fehler möglichst so bereinigt, dass er für die Zukunft ausgeschlossen ist.

Stellvertretend für weitere mögliche Ausführungen mag das Leitmotiv von Robert Bosch stehen:

„Was ist Bosch-Arbeit?
Das Beste, was sich bei gutem Willen, nach reiflicher Überlegung und eingehenden Versuchen, mit den vollkommensten Hilfsmitteln der Technik aus den besten Rohstoffen herstellen lässt, ist gerade gut genug, den Namen ‚Bosch‘ zu tragen.“[22]

[22] Aus dem Geschäftsbericht der Robert Bosch GmbH.

Perfektion Vorteile dieses Grundwertes:	Gefahren bei Übersteigerung:
◆ schafft Sicherheit ◆ Zuverlässigkeit ◆ wertet das Geschaffene auf ◆ weckt Vertrauen ◆ zwingt dazu, alles bis zu Ende zu durchdenken	◆ Kleinkariertheit, Originalität leidet ◆ sich in Details verlieren ◆ Stress bei geringfügigen Pannen ◆ kreativitäts- und innovationshemmend ◆ verteuert Produkte und Dienstleistungen ◆ nimmt viel Zeit in Anspruch

Abb. I.41: Der Grundwert Perfektion

Monsieur Positif

Ein Franzose, ein Engländer und ein Deutscher sollen auf der Guillotine hingerichtet werden. Als letzten Wunsch dürfen sie wählen, wie sie liegen wollen. „Mit dem Gesicht nach oben!", sagt heroisch der Engländer. Der Henker löst das Fallbeil aus, und – ein Wunder geschieht – es hält genau einen Zentimeter über dem Hals. Ein Gottesurteil, also Freispruch!

„Mit dem Gesicht nach unten!", sagt der traditionsbewusste Franzose. Wieder saust das Fallbeil herunter und – noch ein Wunder – stoppt wiederum kurz vor dem Hals des Franzosen. Noch ein Gottesurteil, ebenfalls Freispruch!

Auch der Deutsche wird gefragt, wie er liegen möchte. Statt zu antworten, herrscht dieser zornig: „Hören Sie auf, so dämliche Fragen zu stellen. Reparieren Sie erst mal die Maschine!"

Beständigkeit

„Wer A sagt muss auch B sagen" lautet ein bekanntes, deutsches Sprichwort. Was man einmal angefangen hat, macht man auch zu Ende. Entscheidungen werden auf Biegen und Brechen durchgezogen. Hartnäckigkeit und Konsequenz sind weitere geschätzte Tugenden im deutschen Management.

Wer A sagt, muss auch B sagen.

Beständigkeit wird auch in der Karriereplanung sichtbar: Fachübergreifende Ausbildungen sind selten, die Spezialisierung auf einen Bereich zeichnet den Weg vor. Fachkompetenz wird u.a. auch an der Länge der Erfahrung in einem Bereich gemessen. Ein Promovierter hat Beständigkeit bewiesen und ist durch seine Spezialisierung auf ein Fachgebiet zu einem Experten geworden. Ein Ausbruch aus diesem einmal gewählten Weg auf vollkommen andere Gebiete ist fast unmöglich.

Ein Dialog:

D: Warum sollte ich denn meine Stelle in der Firma wechseln? Es ist viel angenehmer, seinen Zuständigkeitsbereich zu beherrschen, als etwas Unbekanntes zu entdecken. In diesem Job bin ich kompetenter als irgendwo anders.

F: Ja, aber da haben Sie doch keine Überraschung.

D: Das wäre ja auch noch schöner!

Beständigkeit Vorteile dieses Grundwertes:	 Gefahren bei Übersteigerung:
◆ erfahrungsbezogenes Handeln ◆ Berechenbarkeit ◆ fördert das Durchhaltevermögen ◆ schafft Vertrauen	◆ Referenz an Althergebrachtem ◆ Misstrauen gegenüber Veränderungen ◆ wird langweilig ◆ Vorhaben werden „bis zum bitteren Ende" durchgezogen ◆ Unflexibilität

Abb. I.42: Der Grundwert Beständigkeit

Freizeit

Das ist der Newcomer unter den deutschen Grundwerten. Galten früher Werte wie „Aufstieg durch harte Arbeit", so steht heute die Lebensqualität im Vordergrund.

Eine Unmenge Deutsche werden auf einmal ... französisch!

Die neue Generation in Deutschland will Spaß haben. Das Problem ist nur, dass es schwierig ist, im ernsten Business Spaß zu (er)leben. Wenn man also nicht gerade in einem Start-up in der Gründerphase arbeitet, bleibt einem nicht viel anderes übrig, als seinen Spaß in der Freizeit zu suchen. Und siehe da: Eine Unmenge Deutsche werden auf einmal ... französisch!

Viele Deutsche versuchen sich im Wettkampf des „Spaßmeisters".

Sie lachen und scherzen, stürzen sich wagemutig in Abenteuer bzw. von Brücken und Kränen am Bungiee-Seil, suchen nach möglichst viel Abwechslung, bestehen auf ihrer individuellen Freiheit, selbst wenn es auf Kosten der Allgemeinheit geht, tüfteln und heimwerkeln in Kellern und Garagen mit einer Kreativität, die ihresgleichen sucht, und versuchen sich im Wettkampf des „Spaßmeisters", nämlich sich gegenseitig mit „Spaßeinheiten" zu übertrumpfen.

Dieses „Streben" nach Spaß hat inzwischen zu einem neuen Phänomen geführt: dem Freizeitstress. Helmut Kohls berühmter Spruch vom „Freizeitpark Deutschland" hat nicht zuletzt deshalb so viel Furore gemacht, weil er im Kern ziemlich genau eine – inzwischen auch wissenschaftlich bestätigte – Aussage enthält: Viele Deutsche sind in der Freizeit engagierter und kreativer als im Arbeitsleben. Die so wichtigen (ur-)deutschen Werte „Arbeit" und „Leistungsstreben" sind in den Hintergrund gerückt, nicht nur durch den erreichten materiellen Wohlstand, sondern auch durch das Bedürfnis, dass „Spaß haben" und „leben" den gleichen Stellenwert und die gleiche öffentliche Anerkennung erhält wie der Erfolg durch „harte" Arbeit.

(Ur-)deutsche Werte wie „Arbeit" und „Leistungsstreben" sind in den Hintergrund gerückt.

Freizeit Vorteile dieses Grundwertes:	Freizeit Gefahren bei Übersteigerung:
◆ geregeltes Familienleben ◆ Möglichkeit, Hobbys nachzugehen ◆ Entdeckung neuer eigener Talente	◆ In der Firma wird nur noch „abgearbeitet" ◆ Kreativität und Engagement nur noch für das Hobby ◆ geringe Flexibilität

Abb. I.43: Der Grundwert Freizeit

5.8 Positive und negative Aspekte von Grundwerten

Wir haben auf den vorherigen Seiten anhand von Beispielen versucht, deutsche und französische Grundwerte darzustellen.

Wir haben gezeigt, wie die jeweiligen Grundwerte zur Motivation des Angehörigen einer Kultur beitragen, sei es im Alltags- oder im Berufsleben. (Dabei ist – wie bereits gesagt – zu beachten, dass gewisse Grundwerte im Geschäftsleben oft völlig anders geschätzt werden als im Privatleben ...).

Wird der Angehörige einer Kultur mit ihm fremden gesellschaftlichen Werten konfrontiert, mit denen er sich nicht identifizieren kann, so kommt es zu Problemen. In dem Maße nämlich, wie deutsche Grundwerte uns motivieren können, vermögen sie bei Franzosen genau das Gegenteil auszulösen: Sie demotivieren! Wie wir gezeigt haben, ist es z.B. für einen Franzosen motivierender, an der Originalität eines Produkts zu arbeiten, als im Voraus über seinen Nutzen nachzusinnen oder Rentabilitätsrechnungen anzustellen.

Deutsche Grundwerte demotivieren Franzosen!

Eine Steigerung davon ist dann die Überbetonung bestimmter Grundwerte einer anderen Kultur: So treibt französische Manager z.B. oft das deutsche Perfektionsstreben auf die Palme, wogegen deutsche Manager z.B. das Wechselhafte in Frankreich als instabil und unzuverlässig empfinden. Übersteigert gelebte und angewandte Grundwerte wirken sich negativ auf die gemeinsame Zusammenarbeit aus.

Anderseits sind es aber auch gerade die durch die Grundwerte bestimmten Verhaltensweisen, die man am Gegenüber einer fremden Kultur schätzt: Die deutschen Grundwerte Sicherheit und Beständigkeit beispielsweise bewirken, dass Franzosen schnell Vertrauen in ihren deutschen Geschäftspartner haben; dagegen sind deutsche Manager von der Originalität und Kreativität ihrer französischen Kollegen begeistert.

In Teil II werden wir ganz detailliert untersuchen, welche Chancen und Gefahren im Aufeinanderprallen dieser Grundwerte – bezogen auf das Business – liegen und wie Sie Ihre Erkenntnisse konkret in der Praxis umsetzen können.

FAZIT

Die deutschen Grundwerte sind:

- GELD: Wirtschaftlichkeit über alles
- NUTZEN/ RENTABILITÄT: Was kommt unterm Strich heraus?
- SICHERHEIT: Doppelt gemoppelt hält besser!
- ANERKENNUNG: DANKE!
- GLEICHHEIT: Das ist mein gutes Recht!
- PERFEKTION: Abspecken kann man immer noch!
- KONTINUITÄT: Wer A sagt, muss auch B sagen!
- FREIZEIT: Das Wochenende ist heilig.

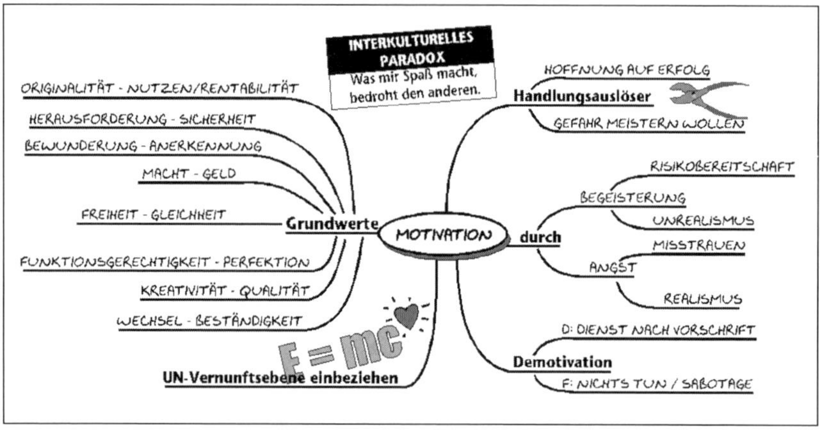

Abb. I.44: Grundwerte – Motivation

Teil II

Anwendungen: Analysen, Lösungen, Checklisten

Alle Geschäfte kommen zwischen Menschen zustande. Alles, was die Beziehungen zwischen den Menschen kompliziert, behindert oder stört, behindert auch den reibungslosen Ablauf der Geschäfte.

E.T. Hall

Der Fanatiker stirbt für seine Idee,
der Idealist lebt für sie!

6 Auswirkungen der Grundwerte auf die Zusammenarbeit

Pragmatismus, Sachkompetenz und konsequentes Handeln sind im deutschen Management gefragt. In Frankreich sind es eher Intuition, Persönlichkeit (auch Charisma genannt) und Gewieftheit. Allein aus der Gegenüberstellung dieser Gegensätze wird schon die ganze in der Beziehung steckende Brisanz deutlich, wenn beide Seiten miteinander Geschäfte tätigen wollen oder zusammenarbeiten müssen. Berücksichtigt man zusätzlich noch die Problematik, die sich aus den verschiedenen Verhaltensweisen des individualistischen und des gemeinschaftlichen Egoisten[1] ergeben, so wundert man sich beinahe, dass es überhaupt deutsch-französische Kooperationen gibt.

Stellt man die französischen Grundwerte den deutschen gegenüber, so lässt sich dieses Konfliktpotenzial sehr gut aufschlüsseln und auf die Ursprünge zurückführen. Die Schlüsse, die sich daraus ziehen lassen, zeigen Perspektiven auf, die weit über das deutsch-französische Management hinausgehen!

In diesem Kapitel erfahren Sie,

- welche Spannungen sich aus dem Zusammenprall der unterschiedlichen Grundwerte ergeben,
- worauf Sie achten müssen, um Ihre französischen Partner nicht zu demotivieren,
- wie Sie die Unterschiede konkret in Ihrer täglichen Arbeit nutzen können.

6.1 Nutzen/Rentabilität versus Originalität

Der eine will eine *idée révolutionaire* verwirklichen, der andere ein konkretes Ergebnis sehen!

Wenn die beiden Grundwerte Originalität und Nutzen aufeinander prallen, fliegen, bildlich gesprochen, die Funken. In der Tat haben wir es hier mit einem Grundkonflikt zu tun, da diese beiden Werte in erheblichem Maße die Ziele beider Seiten beeinflussen. Der eine will eine *idée révolutionaire* verwirklichen, der andere auf Bewährtem aufbauen und ein konkretes, materielles und messbares Ergebnis am Ende seiner Anstrengungen sehen!

[1] Siehe Teil I, Kapitel 4: „Der grundlegende Unterschied im Sozialverhalten", S. 106 ff.

So ist auch eines der größten Probleme des Franzosen im Umgang mit Deutschen, dass er kein klar ersichtliches Konzept vorlegt, aus dem Nutzen, Rentabilität und ein kontinuierlicher Weg zur Zielerreichung hervorgehen. Daher haben deutsche Manager immer wieder allen Grund, das typische Vorurteil von den „konzeptlosen" Franzosen weiter zu nähren. Der Franzose versucht, eine originelle, oft abstrakte Idee rüberzubringen, die ein Deutscher, der Konkretes erwartet, meistens gar nicht versteht oder als unfundiert („ohne Hand und Fuß") empfindet. Um Ihnen das ganze Ausmaß der unterschiedlichen Auffassungen und Erwartungen deutlich zu machen, hier das Zitat eines – zugegebenermaßen sehr intellektuellen – französischen Managers, der naserümpfend erklärte: *„Le concret, ce n'est jamais que de l'abstrait devenu familier!"* Das wagt man kaum zu übersetzen, um den deutschen Autopiloten nicht vollends aus dem Ruder laufen zu lassen. Meint dieser Mensch doch (frei übersetzt): „Das Konkrete ist nichts anderes als etwas Abstraktes, das ganz gewöhnlich geworden ist!" Bei so viel *noblesse*[2] verschlägt es manchem Deutschen die Sprache.

Die „originelle Idee" des Franzosen empfindet ein Deutscher meistens als „unfundiert".

Trotzdem steckt hinter diesem Vorgehen eine überzeugende kulturelle Intelligenz und gleichzeitig eine der größten Stärken der Franzosen! Denn über ausgefallene, abstrakte Ideen wollen sich die Beteiligten zunächst einen emotionalen Zugang zu einer Sache bzw. einem Projekt verschaffen. Durch diese – Deutschen meist unverständlichen – Diskussionen und Ausuferungen bringen sich die französischen individualistischen Egoisten in Syntonie, nämlich auf die gleiche Wellenlänge. Das Misstrauen fällt, ein Gruppenkonsens bildet sich. Sie reden und träumen vom Unmöglichen, um das Mögliche zu erreichen. Die französische Motivations- und Führungsphilosophie drückt Antoine de St. Exupéry in einem auch in Deutschland sehr bekannten Ausspruch aus:

Franzosen reden und träumen vom Unmöglichen, um das Mögliche zu erreichen.

> „Wenn Du ein Schiff bauen willst, so trommele nicht
> Männer zusammen, um Holz zu beschaffen,
> Werkzeuge vorzubereiten, Aufgaben zu vergeben
> und die Arbeit einzuteilen,
> sondern lehre sie die Sehnsucht
> nach dem weiten, endlosen Meer!"

Ein so motiviertes französisches Team wird in der Tat Berge versetzen und wesentlich mehr leisten können als ein deutsches Team. Wird diese emotionale und kreative Energie allerdings nicht durch einen guten Chef kanali-

[2] Siehe Kapitel 9.14: Checkliste „Falsche Freunde", S. 328 ff.

Wird diese emotionale und kreative Energie allerdings nicht durch einen guten Chef kanalisiert, so fällt der Enthusiasmus schnell wieder wie ein Kartenhaus zusammen.

siert, so fällt der Enthusiasmus schnell wieder wie ein Kartenhaus zusammen. Das Ergebnis ist gleich null, und der deutsche Partner hat mal wieder die Bestätigung für das typische Vorurteil vom unseriösen Franzosen: „Außer Spesen nichts gewesen“!

„Im Eiskunstlauf sind die Deutschen immer die Besten in den Pflichtübungen, die Franzosen hingegen in der Kür. Genauso verhält es sich auch im Leben."
Dieter Meyer-Simeth, Bayrischer Rundfunk

Reine Zahlen und Fakten empfindet der Franzose als einschläfernd: Er schaltet auf „Stand-by".

Den Franzosen fehlt hingegen bei deutschen Projekten und Präsentationen der Aufhänger, das Besondere, das ihre Aufmerksamkeit erweckt. Die reinen Zahlen, Fakten und Vernunftargumente empfindet er als einschläfernd. Zwar gesteht er durchaus zu, dass der Vorschlag Hand und Fuß hat und die Vorbereitung perfekt war, nur leider bekommt er nur die Hälfte mit, da er auf Standby schaltet: Er nickt mechanisch mit dem Kopf, ist aber in Gedanken ganz woanders. Oftmals versucht er, da ihn das Ganze weder motiviert noch ihm Spaß macht, eine Lücke in der Argumentation zu finden, weniger um auf mögliche Denkfehler aufmerksam zu machen, sondern um das Projekt zu kippen oder um seine Gegenüber aus dem Konzept zu bringen. Das macht dann wenigstens Spaß...

Wenn „nur" das eintrifft, was ein Franzose von vornherein erwartet, so wird er sich bestenfalls langweilen.
Schlimmstenfalls werden Sie ein „Opfer" seiner Strategie!

„365 Tage Wirtschaftlichkeit."
Deutsche Werbung für den VW-Transporter

Die Gegenüberstellung französischer und deutscher Werbung für den VW-Transporter verdeutlicht den eklatanten Unterschied in der Ansprache potenzieller Kunden. Wird in Deutschland versucht, den Leser der Anzeige mit technischen Daten wie Laderaumkapazität und Luftwiderstand zum Kauf zu motivieren, so zeigen die Franzosen lediglich ein Bild mit einem großen Sessel und einem Haufen Blumenkohl. Die Message wird nur suggeriert: vorne Komfort, hinten viel Platz!

„Voici le prototype du nouvel utilitaire Volkswagen"
(„Hier ist der Prototyp des neuen VW-Nutzfahrzeuges") Französische Werbung für den VW-Transporter

Der Begriff „Wirtschaftlichkeit", Sesam für den Zugang zur deutschen Käuferseele, ist gar nicht mit einem Wort ins Französische übersetzbar. Viele Deutsche kennen den CW-Wert von Autos auswendig, die Franzosen haben gerade mal davon gehört. Die einen debattieren leidenschaftlich darüber, ob die Antenne besser in die Windschutzscheibe eingebaut werden sollte, da dies den CW-Wert um 0,002 Prozent vermindert; die anderen interessiert mehr, ob man aus diesem Lieferwagen nicht mit ein paar kleinen Änderungen ein schickes Cabriolet machen und trotzdem Blumenkohl transportieren könnte! Die Symbolik von Sessel und Blumenkohl amüsiert den Franzosen, was eine der wichtigsten Bedingungen ist, um seine Aufmerksamkeit zu erlangen. Deutsche hingegen, wenn sie sich überhaupt die Mühe machen, die Anzeige zu verstehen, werden diese erfahrungsgemäß als „originell, aber substanzlos" empfinden, zumal sie auch im Text keine wesentlichen Informationen finden.

Die meisten Deutschen empfinden die Anzeige als „originell, aber substanzlos".

Womit wir wieder auf die Ihnen bereits bekannte Faustregel verweisen wollen:

Deutsche wollen „überzeugt" werden,
Franzosen wollen „verführt" werden.

Um zu überzeugen, muss man beweisen,
um zu verführen, muss man überraschen.

Mit anderen Worten: Franzosen erwarten von Ihnen, dass Sie zuerst mit Ausgefallenem und Überraschendem ihre Aufmerksamkeit und Neugierde erwecken. Erst wenn sie den emotionalen Zugang haben, sind sie bereit (geben sie Ihnen die Erlaubnis), sich in die Niederungen der konkreten Detailprobleme, Zahlen und Fakten zu begeben und sich konstruktiv damit zu befassen.

Franzosen sind erst bereit, sich mit Zahlen und Fakten zu befassen, wenn sie den emotionalen Zugang zum Thema haben.

Wir wissen, was Sie jetzt wahrscheinlich zum wiederholten Mal denken werden: „Aber das ist doch nicht vernünftig!" Richtig, aus Sicht des deutschen Autopiloten erscheint dies unvernünftig und gar gefährlich. Wenn Sie

Durch die Verknüpfung deutscher und französischer Vorgehensweisen erreichen Sie mehr und haben mehr Spaß!

aber mit Franzosen wirklich gute, ertragreiche Geschäfte machen wollen, so müssen Sie lernen, wie bereits wiederholt gesagt, die „Un-Vernunftsebene" mit einzubeziehen. Sie werden sehen, dass dies kein Widerspruch ist, denn die Verknüpfung beider Denk- und Vorgehensweisen eröffnet ganz neue Perspektiven. Deutsche Unternehmer und Manager, die die Intelligenz der französischen Businesskultur verstanden und integriert haben, sind sich alle einig, dass sie mehr erreichen und nebenbei auch viel mehr Spaß haben![3]

Originalität

„Mit positiver Aggressivität und spontanem Engagement meistert ein Franzose schwierige Situationen, in denen wir Deutsche uns mit einer gewissen Schwerfälligkeit selbst im Wege stehen. Umwege machen stört ihn nicht, er genießt es sogar, wenn er seine Originalität in schwierigen Situationen spielen lassen kann."

Thomas Mund-Hoym,
Geschäftsführer Albingia Versicherungen, Paris

Abb. II.1: Was deutsche Manager von Franzosen lernen können: Originalität

TIPP Gehen Sie Projekte mit Franzosen nie aus der reinen Nutzenperspektive an. Bauen Sie emotionale Verstärker ein, indem Sie überlegen, wie Sie Ihr Vorhaben oder Ihre Idee auf der Produkt- oder Strategieebene origineller gestalten könnten. Anstatt zu beweisen, warum dies der einzig mögliche Ansatz ist, bereiten Sie möglichst mehrere Ansätze vor, um zu testen, wo Sie den größten Verführungswert haben. Sollte dies nicht möglich sein (erfahrungsgemäß ist dies immer möglich, sogar bei unangenehmen Aufgaben), so überraschen Sie Ihre Partner wenigstens auf der Persönlichkeitsebene durch Humor, Flexibilität und Verständnis für deren Denkweise. Das französische Streben nach Originalität bringt immer einen Perspektivenwechsel mit sich. Es kann sein, dass in Ihrem Projekt wesentlich mehr steckt, als Sie dachten, oder aber, dass es Gefahren beinhaltet, die Sie übersehen haben. Wenn Sie es zulassen, werden Sie entdecken, dass man Spaß nicht bis nach Feierabend hinauszuschieben braucht, sondern das dieser ein integraler und effizienter (!) Bestandteil des Arbeitslebens sein kann.

6.2 Sicherheit versus Herausforderung

Die erste Reaktion deutscher Manager auf diese Gegenüberstellung ist: „Wir nehmen auch Herausforderungen an, sonst hätten wir nie diese Wirtschaft aufbauen können!" Stimmt, nur heute haben wir es nicht mehr mit

[3] Praxisbeispiel: siehe Kapitel 10 „Problemlösungen zu Management/Organisation" unter 10.5 „Zäher Entscheidungsprozess in der französischen Zentrale", S. 336 ff.

einer Aufbau-Wirtschaft in wachsenden Märkten zu tun, sondern mit einer besitzstandwahrenden Wirtschaft, in welcher der Risikofaktor ein erheblich größeres, ja geradezu erdrückendes Gewicht gewonnen hat. So ist in Deutschland die Herausforderung von Vernunfts- und Verantwortungsdenken getragen. Das französische *défi* (Herausforderung) nährt sich hingegen von Träumen und Emotionen.

In Deutschland ist die Herausforderung von Vernunft und Verantwortung getragen, in Frankreich von Traum und Emotionen.

Deutsche hätten am liebsten 100 Prozent eines Projektes im Griff. Da dies vor allem in der heutigen Zeit immer weniger möglich ist, spricht man von einem fünf- bis zehnprozentigen Restrisiko, das in jedem Fall voll erkannt und eingegrenzt wurde. Die Umsetzung eines solchen Projektes stellt für deutsche Manager eine Herausforderung dar, da sie nicht alle Faktoren sicher in der Hand haben. Auf dieser Grundlage gedeiht auch die Angstmotivation[4] in Deutschland wesentlich besser als in Frankreich. Ein Topmanager eines großen deutschen Unternehmens meinte dazu sarkastisch: „Bei jedem herausfordernden Projekt wird bei uns der Konzernstab ‚Bedenkenträger' eingeschaltet. Dieser macht den Beteiligten so lange Angst, bis sie sich fragen, wieso man sich überhaupt mit diesem ‚Wahnsinnsprojekt' befassen konnte."

Deutsche hätten am liebsten 100 Prozent eines Projektes im Griff.

Neue Wege gehen

„Bei Franzosen steht die neue Idee im Vordergrund, bei Deutschen dominieren oft Bedenken. Es ist französische Art, auch unfertige Ideen zu skizzieren, diese im kleinen Kreis offen zu diskutieren und mit Rückendeckung von oberster Stelle zu verwirklichen. Das trägt häufig weiter als eine Abstimmung über alle Hierarchiestufen, die den Bedenken von Anfang an mehr Raum einräumt als der Kreativität."

Prof. Dr. Ernst-Moritz Lipp,
Mitglied des Vorstands Dresdner Bank AG, Frankfurt

Abb. II.2: Was deutsche Manager von Franzosen lernen können: neue Wege gehen

In Frankreich hingegen ist es möglich, dass Projekte mit einem 70-prozentigen (!) Restrisiko angegangen werden. „Wir brauchen 100 Millionen, 30 Millionen sind bereits verfügbar. Legen wir los, der Rest wird sich finden, *on verra bien*!" Dieses „*On-verra-bien*-Syndrom" bringt Deutsche oft an den Rand der Verzweiflung, denn sie stehen fassungslos diesem scheinbar „unverantwortlichen" und „leichtsin-

Das „*On-verra-bien*-Syndrom" bringt Deutsche oft an den Rand der Verzweiflung.

[4] Siehe Teil I, Kapitel 5 unter „Angstmotivation", S. 149 f.

nigen" Handeln gegenüber. Für einen Franzosen wird es im Gegenteil erst dadurch interessant, dass dieses Projekt ein so hohes Wagnis beinhaltet. *„Ca, c'est un vrai défi!"*, wird er sagen, das ist eine echte Herausforderung! So sagte uns ein französischer Ingenieur einmal: „Ein guter Ingenieur muss die Fehlerquote modellieren und unter Kontrolle halten!" Die Praxis zeigt immer wieder, dass die Franzosen sich auf Simulationen verlassen, die die Deutschen zusätzlich noch mit empirischen Tests absichern.

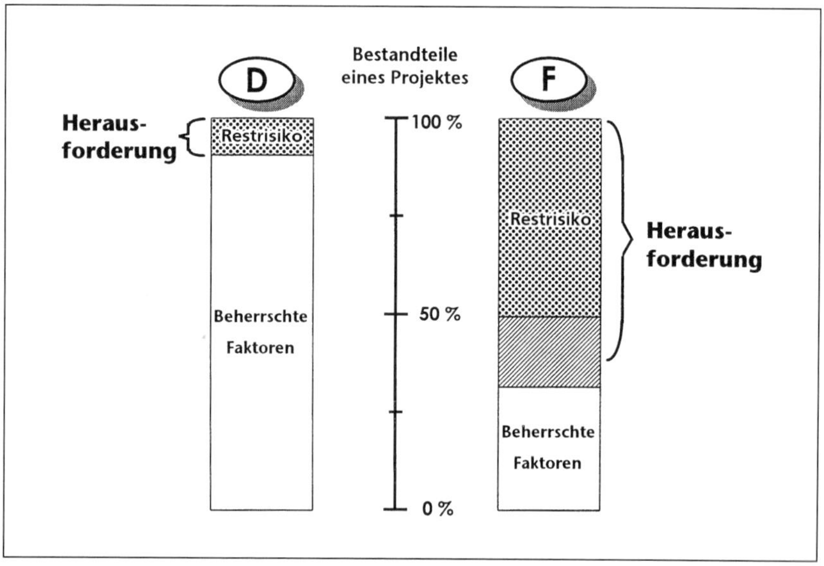

Abb. II.3: Bestandteile eines Projektes: Wann lässt man sich auf ein Projekt ein?

Eine Herausforderung schweißt die individualistischen Egoisten zusammen.

Voraussetzung ist allerdings, dass das Projekt durch seine Originalität, wie oben erläutert, ihre Phantasie stimuliert. Dann wird der Franzose sich mit ganzer Kraft und mit dem unbedingten Vertrauen in sein Système D[5] einsetzen und loslegen. Hier hat er endlich die Gelegenheit zu beweisen, dass er mit schwierigen Situationen fertig wird, dass er Herr der Situation ist.[6] Weiterer Vorteil: Eine Herausforderung schweißt die individualistischen Egoisten zusammen, denn ihre Ehre steht auf dem Spiel. Mit anderen Worten: *Defi* ist ein Managementinstrument, das französische Chefs ganz bewusst einsetzen, um ihre Mitarbeiter zu einem Team zusammenzuschweißen.

Für den deutschen Begriff von Herausforderung haben Franzosen daher nur ein müdes Lächeln übrig. Meistens machen sie eine bekümmerte Mie-

[5] Siehe Teil I, Kapitel 5.6 unter „Funktionalität", S. 182 ff.
[6] Siehe Teil I, Kapitel 4.2 unter „Das französische Schulsystem", S. 116 ff.

ne, wenn sie ihre Rolle im Rahmen des Projektes zugewiesen bekommt: „Da ist doch schon alles klar, man braucht nur noch auszuführen!“ (Für das deutsche Verb „abarbeiten“ gibt es auch keine entsprechende Übersetzung!)

PAUL HORN. „Inside the big pyramide“. Blasinstrumente in der Cheops-Pyramide. Ein faszinierender Klang, der Sie schnell vom Alltagsgeschehen wegbringt und in die richtige Schwingung versetzt, um die „französische“ Seite in Ihnen zu entdecken. Auch die anderen CDs von Paul Horn sind empfehlenswert!

Zum besseren Verständnis müssen wir an dieser Stelle nochmals auf die für Deutsche so wichtige Eigenschaft Zuverlässigkeit zurückkommen. Ein deutscher Manager wird als zuverlässig eingestuft, wenn er ein Projekt in der Hand hat und sein Plansoll erfüllt. „Das hat wie am Schnürchen geklappt“, wird er beglückwünscht und so die Karriereleiter hinauffallen. Zuverlässigkeit in Form von Effizienz bei der Umsetzung im Team oder als Chef sind wichtige Beurteilungskriterien, die es ihm ermöglichen, positiv aufzufallen und weiterzukommen.

Ein deutscher Manager wird als „zuverlässig“ eingestuft, wenn er sein Plansoll erfüllt.

Ganz anders der Franzose:

1. Selbst wenn auch er sich zuverlässige Partner im Geschäftsleben wünscht, so begegnet er dem Begriff Zuverlässigkeit beim Erstkontakt mit großem Misstrauen! Bedeutet er doch gegenüber Fremden (und damit potenziellen Gegnern!) zugleich Transparenz und, schlimmer noch, Berechenbarkeit. In der französischen Business-Kultur ist das sehr gefährlich, denn berechenbares Handeln kann von den anderen individualistischen Egoisten schamlos ausgenutzt werden. Ein Franzose kann allerdings, wie bereits aufgezeigt, genauso zuverlässig wie ein Deutscher sein, wenn bestimmte Voraussetzungen gegeben sind (Haben Sie diese noch präsent? Sonst schnell noch einmal in Teil I nachlesen unter „Vier Wege, wie man einen Franzosen als Partner gewinnt“[7]).

In Frankreich kann berechenbares Handeln von den anderen schamlos ausgenutzt werden.

2. Er wird von Kind an darauf trainiert, in unvorhergesehenen Situationen richtig zu reagieren. Er muss Impulse geben, seine „Truppen“ mit richtigem Instinkt sicher leiten. An seiner Improvisations- und Reaktionsfähigkeit wird seine Führungsfähigkeit gemessen, insbesondere auch von seinen Untergebenen. Wenn diese die kleinste Unsicherheit spüren, werden sie Angst

Die Führungsfähigkeit eines Franzosen wird an seiner Improvisations- und Reaktionsfähigkeit gemessen.

[7] Siehe Teil I, Kapitel 4 „Der grundlegende Unterschied im Sozialverhalten“, S. 106 ff.

bekommen und der Chef seine Autorität verlieren. Mit anderen Worten: Wenn ein Franzose nur das tut, was von ihm erwartet wird, fällt er nie auf und wird sehr schnell zu dem ausführenden „Fußvolk" zählen. Er muss sich also in brenzligen Situationen beweisen, ja diese geradezu suchen, um positiv aufzufallen.

Deutsche sind stark in der Aktion, Franzosen in der Reaktion.

Sicherlich wird Ihnen jetzt ein weiterer Grundkonflikt deutlich: Die französische Risikobereitschaft entsteht aus der Auffassung, dass man nicht alles planen kann, und der damit verbundenen Notwendigkeit, auf das Unvorhersehbare richtig reagieren zu müssen. Dem gegenüber steht die deutsche Auffassung, dass man die Zukunft in den Griff bekommen kann, wenn man nur alles gut plant und Alternativen für alle Fälle vorbereitet. Daraus ergeben sich auch die Stärken und Vorlieben beider Kulturen: Deutsche sind stark in der Aktion, Franzosen in der Reaktion. Ersterer findet Spaß und Genugtuung in der Tatsache, eine Lösung bereit zu haben für eine Situation, die er vorausgesehen hat, Letzterer, indem er den „Trick 17" findet, mit dem er das Ergebnis – wider Erwarten – doch noch erreicht bzw. übertrifft und das sogar mit geringeren Mitteln als geplant!

Beide hindern sich gegenseitig daran, ihre Stärken zu nutzen!

Die Konfliktsituation bei der Zusammenarbeit ist klar ersichtlich: Beide hindern sich gegenseitig daran, ihre Stärken zu nutzen! Jeder strebt genau das Gegenteil an, um seine Fähigkeiten richtig einzusetzen und diese seiner Umwelt zu beweisen. Franzosen stimuliert die „unmögliche" Herausforderung, Deutsche lähmt sie. Deutsche bringt das Gefühl, alles im Griff zu haben, in Hochform, Franzosen langweilen sich. Begeisternde Perspektiven, die bei Franzosen Enthusiasmus und volle Einsatzbereitschaft auslösen, rufen beim Deutschen Skepsis und Zweifel hervor. Die Argumentation der Risikovermeidung, die einem Deutschen das Gefühl der Sicherheit und die Gewissheit der vernünftigen und überlegten Lösung verleiht, löst beim Franzosen das „Was-steckt-dahinter?"-Syndrom aus: „Will der mir etwa Angst machen?"

Wie Sie den Grundwert Herausforderung richtig nutzen können, haben wir in zahlreichen Checklisten und Problemlösungen beschrieben. Hier, weil es so schön ist, noch ein konkretes Beispiel aus dem Alltagsleben:

Praxisbeispiel

Wir hatten ein Seminar, das in einem Hotel einer französischen Hotelkette stattfand, gut vorbereitet (alles im Griff!). 30 Minuten vor Beginn der Veranstaltung, um neun Uhr, testen wir den vom Hotel beschafften Diaprojektor, der prompt ausfällt. Nicole Débrouille, die eilig gerufene Verantwortliche des Hotels, zuckte nur bedauernd mit den Schultern: „Vor 14 Uhr kann ich Ihnen leider keinen neuen Projektor beschaffen!“ Für uns eine mittlere Katastrophe, da wir viele Dias zur Veranschaulichung in das Seminar eingebaut hatten. Nachdem wir ihr unsere missliche Lage geschildert, und sie damit emotional mit einbezogen hatten, wurde Mademoiselle Débrouille schon zugänglicher. Da kam uns die rettende Argumentation: „Letzte Woche hatten wir genau das gleiche Problem im Hotel ‚Le dernier Défi‘ (ein Hotel der schärfsten Konkurrenzkette). Die haben uns innerhalb einer Stunde einen neuen Projektor beschafft!“ Sofort wurde die Hotelmanagerin hellwach: „Mal sehen, was sich machen lässt!“ 55 (nicht 60) Minuten später überbrachte uns eine triumphierend lächelnde Nicole den neuen Projektor! Der Motivationsfaktor Herausforderung verbunden mit einem starken Feindbild hatte seine Wirkung nicht verfehlt. Hätten wir es stattdessen mit Vorwürfen und Druck versucht, nach dem Motto: „Sie sind verantwortlich, ich bin hier zahlender Kunde und habe Anspruch auf einen funktionierenden Projektor!“, wäre der Projektor mit Sicherheit und zum „größten Bedauern“ von Mademoiselle Débrouille erst um 14 Uhr eingetroffen ... frühestens!

Der Motivationsfaktor Herausforderung verbunden mit einem starken Feindbild hatte seine Wirkung nicht verfehlt.

Pioniergeist

„Ein französischer Manager sieht es geradezu als eine Herausforderung an zu beweisen, dass ‚Unmögliches' machbar ist. Als Individualist erobert er den 'Brückenkopf' und hält ihn, bis Verstärkung kommt."

Wolfgang Ebbecke,
Geschäftsführer Andreas Stihl Sàrl, Paris

Abb. II.4: Was deutsche Manager von Franzosen lernen können: Pioniergeist

TIPP

Zu genaue Planung empfinden Franzosen als einengend. Sie wollen nicht nur ein Rädchen im Getriebe sein, das „reibungslos“ funktioniert. Sie können dann sehr schnell zum „Sand im Getriebe“ werden. Legen Sie den Akzent mehr auf das Herausfordernde, Einzigartige des Projektes. Gestehen Sie so weit wie möglich Freiräume zu, aber bleiben Sie ständig erreichbar, und kontrollieren Sie auch von Zeit zu Zeit[8].

Denken Sie immer daran: Motivierte Franzosen können Berge versetzen! Nutzen Sie den Grundwert Herausforderung, um wirklich schwierige Situationen zu meistern, einen Turn-around herbeizuführen oder eine überraschende Offensive zu starten. Gepaart mit der deutschen Stärke der Pla-

[8] Siehe Kapitel 10.11 unter „Checklisten zu Management/Organisation“, S. 346 ff.

nung, die jedoch nur absichernd und nicht dominierend eingesetzt werden sollte, können Sie die Risiken weitgehend mindern, ohne gleich die Franzosen zu demotivieren.

6.3 Anerkennung versus Bewunderung

Auf der einen Seite sachbezogene Anerkennung, auf der anderen Seite personenbezogene Bewunderung

Wer gut plant, jedes Risiko so weit wie möglich ausschaltet und ein gutes Ergebnis unter dem Strich vorzeigen kann, erntet in Deutschland Anerkennung. Wer ein außergewöhnliches Projekt mit hohem Risiko mit Bravour meistert, erntet in Frankreich Bewunderung. Auf der einen Seite sachbezogene Anerkennung, auf der anderen Seite personenbezogene Bewunderung.

Das Streben nach Bewunderung, Ruhm und Prestige wird dem Franzosen in die Wiege gelegt.

Das Streben nach Bewunderung, Ruhm und Prestige wird dem Franzosen in die Wiege gelegt. Für einen französischen Vorstand ist es nahezu ein Muss, ein Buch zu schreiben, das möglichst wenig mit seinem Beruf zu tun hat. Damit stellt er Intelligenz und Kenntnis von Kultur sowie geopolitischer Zusammenhänge unter Beweis. Originalzitat eines französischen Topmanagers während eines Coachings: „Mich nur für einen Geschäftsmann zu halten heißt, mich mit einem Idioten gleichzustellen!“

> Wenn man Franzosen ihre Außergewöhnlichkeit lässt, dann werden sie ganz gewöhnlich!

Die Buchpublikation eines aktiven Managers findet in Deutschland nie Bewunderung, aber auch selten Anerkennung: Es erscheint als nicht seriös, wenn ein viel beschäftigter Vorstand „nebenbei“ noch Zeit findet, ein Buch zu schreiben. So gerieten die Nebentätigkeiten des ehemaliges VW-Vorstands und Buchautors Daniel Goedevert, zunächst als „Querdenker“ gefeiert, sofort in die Schusslinie, als die Unternehmensergebnisse unter Plan lagen.

Deutsche tun sich schwer im Ausdrücken von echter und herzlicher Bewunderung.

Dem Deutschen, der sich „Hurraoptimismus“ und Triumphaktionen aus bitterer Erfahrung heraus selbst verbietet, ist solches Bestreben eher peinlich. Also tut er sich auch schwer im Ausdrücken von echter und herzlicher Bewunderung. So hatte eine französische Tochtergesellschaft stolz eine Weiterentwicklung eines Standardproduktes, sozusagen als Überraschung, zur Muttergesellschaft nach Deutschland geschickt. Vier Wochen später kam das Paket mit einem Begleitbrief der Muttergesellschaft zurück: „... Nach eingehender Prüfung des Gerätes haben wir nichts Beanstandungswertes gefunden. Bitte überarbeiten Sie noch ...(es folgt eine Liste mit 20 technischen Punkten) ... Wir können dann eine Serienfertigung in Erwägung ziehen. Mit freundlichen Grüßen ..." Als wir den beleidigten Franzosen erklärten, dass es sich hierbei um ein echtes Lob der Muttergesellschaft handelte, sahen uns diese nur verständnislos an! Die völlig nüchterne und trockene Mitteilung der Verantwortlichen in der Konzernzentrale empfanden die Franzosen wie einen Schlag ins Gesicht.

1. In Deutschland gilt: Kein Tadel ist ein Lob!
   In Frankreich gilt: Kein Lob ist ein Tadel!
2. Ein Deutscher erwartet ein „Dankeschön!", ein Franzose ein „Bravo!".

Menschenverstand

„Franzosen verlassen sich bei ihren Planungen in erster Linie auf einen klaren Menschenverstand. Meinungen von Experten oder bewährte Denkmodelle werden gerne und bewusst in Frage gestellt. Sie überraschen gerade deshalb oft mit unkonventionellen und praxisgerechten Problemlösungen."

Paul Sprengel,
Geschäftsführer Kleber Industrie GmbH, Mettmann

Abb. II.5: Was deutsche Manager von Franzosen lernen können: Menschenverstand

TIPP

Denken Sie immer daran, dass der Franzose von deutscher Seite respektiert werden will. Vor allem: nie seinen Stolz verletzen! Ein echtes Lob zu seinem Einsatz, seiner Art sich zu organisieren oder wie er ein kniffliges Problem gelöst hat, löst bei ihm verstärktes Engagement für Ihre Belange aus. Dieses Lob muss zum einen von kompetenter Seite (möglichst vom Chef) kommen und vor allem persönlich erfolgen, gegebenenfalls noch zusätzlich in schriftlicher Form. Seinen Einsatz als selbstverständlich zu nehmen („Dafür wird er ja bezahlt!") führt über kurz oder lang zur Demotivation. Ein Franzose arbeitet natürlich auch für das Geld, aber in erster Linie für eine Sache, an die er glaubt, und vor allem für einen Chef, den er bewundert und der ihn zu neuen Horizonten führt.

Franzosen engagieren sich sehr stark, wenn sie von einem Ziel begeistert sind und die Aussicht haben, selbst im Rampenlicht zu stehen. Sie zählen nicht mehr die Überstunden, führen auch am Freitagabend noch Arbeiten aus und kommen selbst am Wochenende. Oft „kostet" es nur ein Lob, einen Ansporn, der von Herzen kommt. Zudem sollten Sie Ihren Partnern und Mitarbeitern ständig bildlich vor Augen führen, wie gefeiert wird, wenn das Ziel erreicht ist.[9]

[9] Siehe Kapitel 10.6 unter „Französische Filiale rebelliert gegen neue Produktionslinie", S. 337 ff.

6.4 Geld versus Macht

Verhältnis zur Macht

Franzosen denken in Machteinheiten! Haben Sie noch die wichtige Faustregel im Kopf? So wie man in Deutschland über Geld und Preis-Leistungs-Verhältnisse spricht, reden die Franzosen über Macht. Es ist das Thema in Bistros, am Arbeitsplatz und selbst beim Familienessen. Ständig beklagt man entweder die Machtverfilzung oder den zu großen Einfluss dieses Politikers oder jenes Unternehmers. Viel wichtiger ist es jedoch, zu wissen und zu erörtern, wer die Nachfolger der jetzigen Machtinhaber sein werden und deren *„Leutnants"*, d.h. deren Vertrauenspersonen und verlängerter Arm.

Macht ist das Thema in Bistros, am Arbeitsplatz und selbst beim Familienessen.

In Deutschland hingegen spricht man in der Öffentlichkeit weit weniger über die politische und ökonomische Macht, etwa bei wirtschaftlichen und personellen Verflechtungen einflussreicher Aktiengesellschaften. Zu viel Macht und zu großer Einfluss wird als negativ gesehen. Daher finden Machtkonzentrationen oft im Verborgenen statt. Diese Machtausübung wird aber weit weniger der Öffentlichkeit preisgegeben, als es in Frankreich der Fall wäre. Kritische Zeitschriften wie „Der Spiegel" haben einen großen Teil ihres Rufes erworben, indem sie Machtverflechtungen aufgedeckten. Kapitalbeteiligungen sind in Deutschland übrigens erst ab 25 Prozent meldepflichtig, in Frankreich und England dagegen bereits bei über fünf Prozent.

In Deutschland wird zu viel Macht und zu großer Einfluss als negativ gesehen.

Ein Beispiel ist der Daimler-Benz-Konzern: Er musste bei der Eingliederung von drei Großunternehmen eine sehr vorsichtige Öffentlichkeitsarbeit betreiben und sich quasi für den großen Machteinfluss entschuldigen. Grundtenor: Wir sind zwar groß, aber sehr nützlich.

Ein Franzose geht davon aus, dass sein Gegenüber (ebenfalls) ein großer Stratege ist und ihn „austricksen" will.

Sein eigenes Machtstreben erfüllt den Franzosen mit starkem Misstrauen gegenüber Fremden. Er geht ganz selbstverständlich davon aus, dass sein Gegenüber (ebenfalls) ein großer Stratege ist und ihn natürlich „austricksen" will. Macht und damit Einfluss zu verlieren ist der Alptraum aller führenden Köpfe Frankreichs. So wachen sowohl die Politiker als auch die Manager darüber, dass französische Traditionsunternehmen nicht in ausländische Hände fallen. Selbst Minderheitsbeteiligungen, wie z.B. die zehnprozentige Beteiligung der Dresdner Bank an der BNP geraten in die öffentliche Diskussion, da die bekanntermaßen „machthungrigen" Deutschen eines Tages auf irgendeine Weise die – um ein Drittel größere – BNP schlucken könnten![10]

Erstes Ziel eines Franzosen in einer Geschäftsverbindung ist daher immer *la maîtrise*, die Kontrolle, d.h. die Macht zu be- oder zu erhalten. Politik und Wirtschaft sind in Frankreich, wie hinlänglich bekannt, eng verflochten. Daher denkt auch der französische Wirtschaftskapitän immer politisch strategisch! Er hat eine tiefe Abneigung gegen 50/50 Joint Ventures und gegen Minderheitsbeteiligungen. Grundsätzlich kann man davon ausgehen, dass Letztere ihn meistens demotivieren und er entweder versuchen wird, die Mehrheit oder zumindest die Sperrminorität zu erhalten, oder dass er als passiver Partner keinen Finger rühren wird. Als individualistischer Egoist ist er überzeugt, von den Partnern, die ja die Macht haben, als *„quantité négligeable"*, also als unbedeutende Minderheit angesehen bzw. behandelt zu werden.

Franzose hegen eine tiefe Abneigung gegen 50/50 Joint Ventures und gegen Minderheitsbeteiligungen.

So wird ein französischer Manager bei Kooperationsverhandlungen ständig um die Pilotage, die Leadership pokern. Seinen deutschen Widerparts, die eher nach sachlichen und pragmatischen Lösungen suchen, ist selten bewusst, dass ihr Kollege taktiert bzw. sie unter dem alleinigen Ziel hinhält, ein Höchstmaß an Macht und somit Einfluss in dem Projekt zu haben. Es gilt also für Sie, ein gewiefter Stratege zu werden, der immer ein paar Züge vorausdenken kann. Das beste Training für Sie, um mit Franzosen effizient zu verhandeln: Schachspielen üben![11]

Das beste Training, um mit Franzosen effizient zu verhandeln: Schachspielen üben!

Deutsche wollen die Macht über die Strukturen,
Franzosen wollen die Macht über die Personen.

Verhältnis zum Geld

Generell gilt, dass man im protestantisch geprägten Deutschland offener über Geld spricht als im katholischen Frankreich, wo das Thema Geld lange Zeit tabu war. Empfindet ein Deutscher den Preis für ein Produkt oder eine Leistung als zu hoch, so wird er offen sagen: „Das ist zu teuer"; in Frankreich dagegen wird man es eher verhaltener mit z.B. *„Ce n'est pas intéressant"* ausdrücken. In vielen Kreisen ziemt es sich einfach nicht, über Geld zu sprechen: *„Ce n'est pas noble"*[12], sagt der Franzose.

[10] Siehe Teil I, Kapitel 3: „Der Einfluss von Vorurteilen auf die Zusammenarbeit", S. 80 ff.
[11] Siehe Checkliste „Gekonnt verhandeln", Kapitel 11.15, S. 387 ff.
[12] Siehe Checkliste „Falsche Freunde": nobel, Kapitel 9.14, S. 330 und Kapitel 6: „Auswirklung der Grundwerte auf die Zusammenarbeit", S. 204 ff.

„Wenn Sie in Deutschland hart arbeiten und dadurch viel Geld verdienen, so ist das in Ordnung. In Frankreich gilt im Gegenteil als gut, wer viel verdient, ohne sich viel anzustrengen. Man wird dies sogar für intelligent halten. Die Deutschen können das wirklich nicht verstehen."

Les Dossiers du Canard

Das typisch deutsche Fakturieren von kleinen Dingen und das genaue Aufrechnen lässt Franzosen an Geldkrämerei und Pfennigfuchserei denken. Dazu einige Beispiele:

Das In-Rechnung-Stellen minimaler Beträge wird als *bassement mercantile* (Kleinkrämerei) empfunden.

Bei gemeinsamen Abendessen im Restaurant ist es in Frankreich nach romanischer Sitte üblich, den Rechnungsbetrag durch die Anzahl der Personen zu teilen, unabhängig davon, wie viel der Einzelne verzehrt hat. Bei Deutschen ruft dies oft ein Gefühl der Ungerechtigkeit und der Benachteiligung hervor; sie ziehen es vor, dass jeder seinen Teil bezahlt: „Beim Geld hört der Spaß auf."

So wurde z.B. einem französischen Kunden, der eine Maschine für mehr als 1 Mio. € geordert hatte, von Deutschland aus für die Lieferung eines nicht serienmäßigen Zusatzteils eine detaillierte Rechnung mit Verpackung und Bearbeitungsgebühr zugestellt. Rechnungswert: 14,50 € + 12,30 € Versandkosten!

In der Verhandlung nennt er den Preis erst am Schluss.

Bei kleinen Summen ist der Franzose meistens sehr großzügig. In der Verhandlung nennt er jedoch den Preis erst am Schluss und meistens unter vielen Verschnörkelungen.[13] Darin hat er eine große Sicherheitsmarge einkalkuliert: Einerseits, um Spielraum für die Verhandlung zu haben, anderseits, um die vielen Extrawünsche seines Kunden erfüllen zu können, von denen Letzterer natürlich erwartet, dass sie nicht gesondert berechnet werden.[14] Man ist eben *grandseigneur* in Frankreich, einfach großzügig und eben nicht *bassement mercantile* (Kleinkrämerei, kleinlich).

Seit Anfang der 90er Jahre hat auch der französische „Capital" Ableger einen Riesenerfolg. Ein Paradox? Nein, es zeigt lediglich, dass sich auch in Frankreich ein Wertewandel vollzieht. Klarer wird der Erfolg dieses Magazins jedoch, wenn wir uns einmal die Aufmachung und die Schwerpunktthemen beider Zeitschriften anschauen. Bereits in der Aufmachung springt der Unterschied geradezu ins Auge: hier die „gediegene" deutsche „Capi-

[13] Siehe Kapitel 12 „Problemlösungen zur Arbeitsweise" unter 12.3 „Ihr französischer Vertriebspartner nimmt Sie nicht zu seinen Kunden mit", S. 400 f.

[14] Siehe dazu auch Checkliste „Gekonnt verhandeln", S. 387 ff.

tal", gehalten in dunklen Farben (Schwarz/Grau), dort die „grelle" französische „Capital" in Rot. Der Farbhintergrund wechselt übrigens jeden Monat: lila, gelb, grün, aber niemals schwarz.

Begnügt sich Capital Deutschland mit zwei Themen, sucht sein französisches Pendant gleich mit fünf Themen Käufer anzuziehen. Schaut man sich die Themen an, so finden wir gleich unsere Grundwerte wieder: Hier „Geld vermehren und verwalten", dort „Strategien zum sozialen Erfolg", die bereits im Vorschulalter (!) definiert werden sollte. Weitere Schwerpunktthemen: Fiats Misserfolge und wie das Unternehmen seinen letzten Trumpf aufspielt, die Bilanz von Jospin und Chirac im Vergleich, die schlechten Geschäfte des französischen Arbeitgeberpräsidenten und ein großer Bericht über die Industrie des Drogen-Business. Alles drin: Macht, Wettbewerb, Strategie und geopolitisches Hintergrundwissen. Es gibt übrigens im Mittelteil auch einen Geldteil ...

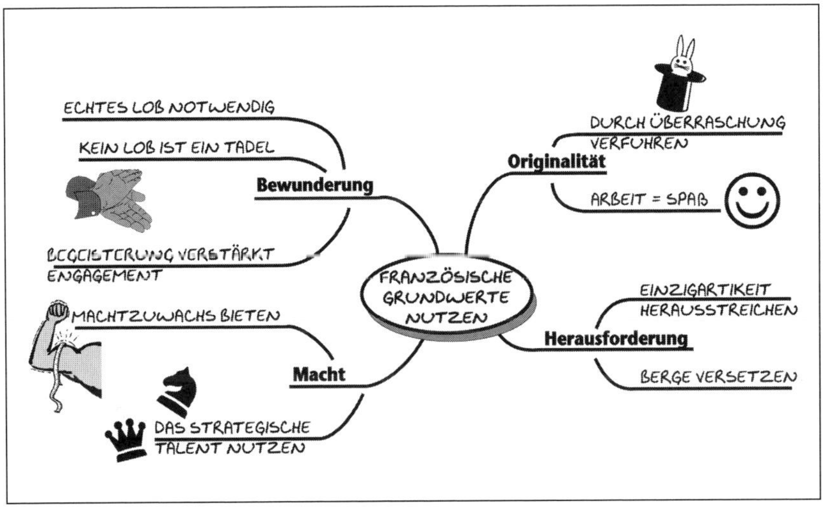

Machen Sie selbst die Probe aufs Exempel: Kaufen Sie sich beide Ausgaben bei Ihrem nächsten Frankreichbesuch, und diskutieren Sie darüber mit Ihren französischen Partnern! Der Erfolg ist garantiert (originelles Thema), und gleichzeitig sensibilisieren Sie Ihre Partner elegant für die unterschiedlichen Motivationsfaktoren.

FAZIT

Der Leitsatz der Deutschen lautet: Wer das Geld hat, hat die Macht ... um mehr Geld zu verdienen! Das französische Pendant dazu lautet: Wer die Macht hat, hat das Geld ... um mehr Macht zu erobern! Wir haben es hier wiederum, wie bereits bei der Konstellation Nutzen/Originalität, mit einem bedeutenden Zielkonflikt zu tun! Auch hier werden Sie sicherlich wieder erkennen, wie schwer es ist, Verhandlungen „syntonisch", also auf der gleichen Wellenlänge, zu führen und Partnerschaften zu dem erhofften Ergebnis zu bringen. Wie viele Enttäuschungen und Revancheaktionen hat es schon auf beiden Seiten gegeben, nur weil man sich nicht dieses Zielkonfliktes bewusst war!

TIPP

Gehen Sie niemals von „partnerschaftlichem" Verhalten nach deutschen Maßstäben aus. Dies ist nicht negativ gemeint, sondern soll Ihnen in Erinnerung rufen, dass der Franzose als individualistischer Egoist es als normal empfindet, dass jeder versucht, den größeren Einfluss auszuüben. Das direkte geschäftliche Interesse in einer Partnerschaft ist selten der materielle Gewinn, sondern der Machtzuwachs. In jedem Fall ist es immer besser, einen Franzosen auf seiner Seite denn zum Gegner zu haben. Ist dies nicht möglich, sollten Sie die Beziehung lieber abbrechen.

Die Finalität des Handelns ist bei Franzosen Machtgewinn, bei Deutschen Geldgewinn.

Das strategische Talent des Franzosen, sein natürlicher und unkomplizierter Umgang mit Macht ist ein Faktor, den Sie vor allem bei Verhandlungen mit weiteren Partnern einsetzen können. Dies bedingt allerdings, dass Sie es geschafft haben, dass Ihre französischen Partner Ihnen so vertrauen, dass sie eine strategische Allianz oder, besser noch, eine auf *complicité* (Vertrautheit) beruhende Partnerschaft mit Ihnen eingehen.[15]

6.5 Gleichheit versus Freiheit

Als vor einiger Zeit in Frankreich die Werbung für Zigaretten vollkommen verboten wurde, flüchteten sich die Tabakhersteller in die Reklame für Feuerzeuge und Streichholzschachteln mit aufgedrucktem Markennamen. Die Franzosen sprachen von „Geniestreich", die Deutschen schüttelten (wieder mal) verständnislos mit dem Kopf. Anders als in Deutschland achtet die Allgemeinheit nicht auf das Einhalten von Gesetzen und Regeln des Einzelnen. In Frankreich wird bewundert, wer Gesetzesauflagen raffiniert umgeht, denn insgeheim ist es der Wunsch jedes Franzosen,

Die Franzosen sprachen von „Geniestreich", die Deutschen schüttelten verständnislos mit dem Kopf.

[15] Siehe Kapitel 7.4: „Wie Sie das Vertrauen Ihrer französischen Partner gewinnen", S. 258 ff.

„denen da oben ein Schnippchen zu schlagen". Dies ist ein notwendiges Ventil, um seinen Missmut gegen so manche Entscheidung von oben auszudrücken. Die Politiker wissen das und lassen daher auch bis zu einem gewissen Grad die Zügel schleifen.

> „Jeder Franzose möchte in den Genuss eines oder mehrerer Privilegien kommen. Das ist seine Art, seine Leidenschaft für die Gleichheit zu beweisen."
>
> *Charles de Gaulle*

Die ausgeprägte Freiheitsliebe verbunden mit dem individualistischen Egoismus führt dazu, dass man Franzosen nicht mit Pflichtgefühl und Vernunft maßregeln kann. So wäre es auch, wie bereits gesagt, in Frankreich unmöglich, das „Fräulein" abzuschaffen, weil es kein „Herrlein" gibt, oder sich an Unternehmer/-innen zu wenden, um das angeblich schwache Geschlecht nicht zu benachteiligen. Wir hoffen übrigens, dass der Autopilot unserer Leser/-innen nicht laufend Alarm schlägt, da wir uns an Sie eher *à la française* wenden, nämlich sehr maskulin. *Pardonnez nous ...*

> **Monsieur Positif**
>
> In Frankreich herrscht folgende Einstellung vor:
>
> Ordnung gilt für alle ... anderen!

Ein weiterer – von deutschen Geschäftsleuten oft genannter – Grund zur Verzweiflung ist die Tatsache, dass sich ein Franzose ungern festlegen und sich erst recht nicht festnageln lässt. Er versucht in der Tat immer, sich noch eine Türe offen zu lassen. *„Oui, mais..."* wird er sagen, oder *„Je suis d'accord sur le principe..."*[16] Damit will er ausdrücken, dass er jetzt, in diesem Moment einverstanden ist, aber sicherlich noch Fragen und Probleme auftauchen werden, an die man jetzt noch nicht denkt. Außerdem könnte er ja auch noch seine Meinung ändern! Und diese Freiheit will er unter allen Umständen behalten. Seine größte Furcht ist, dass irgendjemand Macht über ihn ausüben könnte und er sich in sein Schicksal fügen müsste.

Der Franzose ist ein Meister im Nichtbestätigen von Vereinbarungen.

> **Monsieur Positif**
>
> Freiheit bedeutet Verantwortlichkeit.
>
> Deshalb fürchten sich die meisten Menschen vor ihr.

Viele französische Unternehmer, selbst Vorstände in großen Konzernen, sind ganz offen stolz darauf, dass sie die Freiheit haben, ihren Stand-

***Le volte-face stratégique* – die strategische Kehrtwendung**

[16] Siehe Checkliste: „Wie Sie ein diplomatisches ‚Nein' von einem aufrichtigen ‚Ja' unterscheiden können", Kapitel 9.14, S. 325 ff.

punkt zu ändern oder gar das Gegenteil von dem zu tun, was sie am Vortag gesagt haben. Die Presse spricht dann anerkennend von einem *volte-face stratégique*, einer strategischen Kehrtwendung.

> „Wenn ich morgen das Gegenteil von dem sage, was ich heute gesagt habe, so bin ich stolz darauf. Nur ein Idiot ändert seine Meinung nicht."
>
> *Michel Albert,*
> *ehemaliger Präsident der AGF Versicherungen*

Das deutsche Gerechtigkeits- und Kontinuitätsdenken ist ihm fremd. „Nur ein Idiot ändert seine Meinung nicht" pflegt er, wie der oben zitierte Michel Albert, gerne zu sagen. Es ist ebenfalls wichtig zu wissen, dass das Risiko der Meinungsänderung sehr stark mit dem Faktor Zeit verbunden ist. Dazu eine weitere Faustregel:

> Je größer der zeitliche Abstand zwischen der Zusage und der Ausführung ist, umso größer ist die Wahrscheinlichkeit, dass ein Franzose seine Meinung ändert oder zumindest nuanciert.

Das ist in aller Regel nicht, wie man glauben könnte, böser Wille, sondern resultiert einfach aus der Tatsache, dass in dieser Zeit neue Erkenntnisse und Ideen auftauchen, die er gerne integrieren möchte. „Man könnte doch auch noch ..." oder „Wenn ich so darüber nachdenke, vielleicht wäre es besser ..."(„Après réflexion, je pense qu'il serait préférable de ...")

Fazit

> In Deutschland gelten Gesetze und Vereinbarungen als verbindlich – in Frankreich als Richtlinien.

Die Auswirkungen dieser Faustregel im Geschäftsleben sind die, dass sich Deutsche laufend über die Unbeständigkeit und die Unzuverlässigkeit der Franzosen beklagen und Letztere fürchten, von ihren deutschen Partnern in ein Korsett eingezwängt zu werden, aus dem sie nicht mehr herauskönnen. Hier handelt es sich einmal mehr um einen Teufelskreis: Der eine versucht verzweifelt, den anderen festzunageln, dieser wiederum windet sich mit immer raffinierteren Mitteln, um gerade das zu vermeiden. Deutsche Prozedere werden oft als *atteinte à la liberté* (Angriff auf die – persönliche – Freiheit) empfunden. Als ein deutsches Unternehmen in einer gerade übernommenen französischen Firma die Regelung einführte, dass grundsätzlich alle Bestellun-

Teuflische *self-fullfilling prophecy*: die „bedrohliche Dampfwalze" gegen den *„grand filou"*...

gen über 3.000 € von zwei Unterschriftsberechtigten abgezeichnet werden müssten, fanden die pfiffigen Franzosen ein einfaches Gegenmittel: Sie gaben dem Lieferanten die Anweisung, für eine Bestellung über 15.000 € fünf Rechnungen à 3.000 € auszustellen. Die „bedrohliche Dampfwalze" gegen den *„grand filou"*...!

TIPP

Lassen Sie Ihren französischen Kollegen und Geschäftspartnern Freiraum. Je mehr Sie versuchen werden, diese zu gängeln, umso mehr werden sie den „*Grand-Filou*-Reflex" an den Tag legen. Gehen Sie davon aus, dass neue Aspekte und Änderungswünsche an Sie herangetragen werden. Bleiben Sie offen, und entscheiden Sie dann, ob man etwas davon integrieren könnte oder ob die alte Linie beibehalten werden soll. Lassen Sie Ihre Partner ruhig einmal vom Prozedere abweichen, ohne gleich mit der Faust auf den Tisch zu hauen. Erst wenn es wirklich Überhand nimmt, müssen Sie energisch einen Schlussstrich setzen. Franzosen wissen in der Regel, wie weit sie „zu weit" gehen dürfen, und akzeptieren daher auch eine Maß-Regelung, wenn eben dieses Maß überschritten wurde. Allerdings gilt auch hier wieder: Die Qualität der Beziehung entscheidet über die Qualität des Projektes![17]

Franzosen haben ihre Antennen überall und hören vieles, was Ihnen entgeht. Wichtige neue Aspekte können Ihnen Gefahren vermeiden helfen oder Sie Chancen wahrnehmen lassen. Die permanenten Anregungen und Hinweise der Franzosen haben oft zur Folge, dass am Ende mehr herauskommt als vorgesehen. Neue Ideen, die zunächst störend wirken, können ein Projekt sehr bereichern, wenn sie gut dosiert sind. Außerdem sind sie auch ein gutes Zeichen dafür, dass Ihre französischen Partner motiviert sind.

6.6 Perfektion versus Funktionalität

Auch wenn es inzwischen lange her ist: Die Kommentierung der Eröffnungsfeier der olympischen Winterspiele 1992 in Albertville ist einfach ein Musterbeispiel für die Auswirkungen der beiden obigen Grundwerte, wenn sie aufeinander prallen! Die französische Presse betitelte die Eröffnungsfeier mit fliegenden Menschen, Kostümen aus einer anderen Welt und einem Feuerwerk an Spezialeffekten als „magisch", als „Zauberei".

Le Journal du Dimanche

C'ÉTAIT MAGIQUE !

Wie lauteten die Schlagzeilen der deutschen Presse dagegen? „Das olympische Feuer entflammte zu früh!" und: „Feier mit kleinen Pannen. Zeitplan nicht eingehalten!"

[17] Siehe Kapitel 10.11: Checklisten zu Management/Organisation: „Deligieren", S. 347 f. und „Kontrollieren", S. 349 ff.

Spektakuläre Eröffnungsfeier – Auch Mitterand von „La Ola" angesteckt

Das Feuer entflammte zu früh

RHEIN-ZEITUNG Nr. 34 - Montag, 10. Februar 1992

Eröffnungsfeier katapultierte die Olympia-Welt schon in das nächste Jahrtausend

Begeisterung und Irritation

Futuristischer Zirkus am Drahtseil mit kleinen Pannen – Zeitplan nicht eingehalten

Eine Woche später ist in Welt am Sonntag zu lesen:

WELT am SONNTAG Sonntag, 16. Februar 1992

Bei den XVI. Olympischen Winterspielen in Frankreich häufen sich die Klagen von Sportlern, Funktionären und Trainern über schlechte Organisation

Albertville ist „Chaosville" – Daume spricht von „Gottesstrafe"

Sie ahnen natürlich schon, dass der Autopilot wieder einmal „zugeschlagen" hat! Der französische signalisiert: „Das hat doch im Großen und Ganzen gut geklappt! Jetzt können wir uns bewundern und feiern lassen ..." Der deutsche hingegen analysiert: „Das war zwar ein tolles Spektakel, aber an den Kleinigkeiten hat's wieder mal gehapert. Es war einfach nicht rund, nicht perfekt. Typisch französisch!"

Womit wir bei einem weiteren wichtigen deutsch-französischen Syndrom angelangt wären, das wir in folgender Faustregel festhalten wollen:

> Der Franzose peilt die 80 Prozent Funktionsgerechtigkeit eines Projektes oder eines Produktes an, der Deutsche die 20 Prozent Details, die es perfekt machen (sollten).
>
> *(in Ableitung der Regel von Pareto)*

In der Folge sieht natürlich jeder nur das, was ihn seinem Ziel näher bringt. So bezeichnet der Franzose beispielsweise hartnäckig und fast leidenschaftlich Ergebnisse mit *globalement exact*! Das bringt den deutschen Kollegen natürlich sofort auf die Palme, denn wie kann etwas überhaupt „genau" sein, was „global" ist? Im Gegenteil, das Projekt droht eine Katastrophe zu werden, weil viele Einzelheiten unberücksichtigt bleiben. Womit wir wieder einmal in einer geradezu bilderbuchhaften Konfrontation wären. Was beide nicht wissen:

Das französische *globalement exact*! bringt den deutschen Kollegen auf die Palme.

Für einen Deutschen ist das Detail etwas Nobles. Die Tatsache mit einem winzigen Detail ein Produkt oder einen Projektablauf wesentlich verbessert oder eine Gefahr vermieden zu haben, erfüllt ihn mit Stolz (Grundwert Sicherheit!). Ganz anders der Franzose: Details sind Arbeit für den „einfachen Soldaten", „*l'intendance qui suit*...", mit anderen Worten nicht nobel! Er fühlt sich zu „Größerem" berufen, nämlich die Idee zu haben, die großen Linien aufzuzeigen und die Umsetzung in die Hände seiner Leutnants zu geben, die aufpassen, dass das Ziel *globalement* erreicht wird.

Für einen Deutschen ist das Detail etwas Nobles.

Das Wort *globalement* ist überhaupt das Zauberwort, das für alles herhält: „*Globalement, l'objectif c'est ça*...!" („Die globale Zielvorgabe ist ungefähr diese...") oder „C'était globalement positif!" („Das war im Großen und Ganzen erfolgreich!"). So wird ein Franzose auch selten einen Misserfolg zugeben: „*C'était quand-même une expérience globalement réussie!*" („Das war trotzdem im Großen und Ganzen ein erfolgreiches Experiment!"), denn es gibt ja viele positive Aspekte, deren Auswirkungen man zurzeit noch gar nicht absehen kann. Sein deutscher Kollege würde zur Rechenschaft gezogen, warum dieses und jenes nicht geklappt hat, obwohl das Projekt im „Großen und Ganzen erfolgreich" war. Nach deutscher Terminologie würde man eher von „so gerade noch gut gegangen" sprechen...

Trotz allem war diese Erfahrung im Großen und Ganzen ein Erfolg!

In Besprechungen und Verhandlungen taucht das „80/20-Syndrom" im veränderter Form wieder auf. Dazu eine neue Faustregel:

> Franzosen sehen das Zukunftspozential,
> Deutsche das Risikopotenzial!

Im Allgemeinen gehen Franzosen zu Beginn eines Projektes mit einer globalen Idee, von der sie begeistert sind, in eine Besprechung, in welcher sie neue Partner „anstecken" bzw. motivieren wollen. Sie wollen zum Beispiel das größte Flugzeug der Welt bauen, das gleichzeitig von nur einem Piloten bedient werden kann. Die typische Reaktion des deutschen Autopiloten wird natürlich sein: „Wer soll das kaufen?" „Was wird das kosten?" „Ist das überhaupt vernünftig?" „Wie soll das finanziert werden?" usw. In der Wahr-Nehmung des Franzosen ist das Kritik am Detail und damit zweitrangig und vor allem destruktiv für die erste Gesprächsrunde![18] Sie spüren einfach die phantastische Möglichkeit, einen neuen Markt zu schaffen, die Grenzen der Techno-

Nachhaken, das Festhalten an Kleinigkeiten wird als kleinkariert, ja destruktiv empfunden.

[18] Siehe dazu Kapitel 10.3: „Französischer Chef duldet keinen Widerspruch", S. 333 f. und 9.12 „Kritischer Aktenvermerk schlägt wie eine Bombe in Frankreich ein", S. 315 ff.

logie ein weiteres Stück hinauszuschieben und aller Welt zu wieder einmal das *génie français* zu beweisen. Das deutsche Nachhaken, das Festhalten an Kleinigkeiten wird in dieser Phase als kleinkariert, ja sogar als feindliche Einstellung empfunden. Man ist doch gekommen, um über eine Idee zu diskutieren. Vielleicht kommt in der gemeinsamen Diskussion noch etwas viel Besseres heraus! Der Deutsche, dem das Handfeste, das Konkrete fehlt, hat in dieser Situation ständig das Gefühl, über „Luftschlösser" zu reden: „Das ist doch Zukunftsmusik!"

Franzosen lernen, Ziele zu erreichen, obwohl ihnen die Mittel dazu fehlen.

Auch hier gilt es wieder, statt mit einem überlegenen Lächeln auf diesen französischen Luftikus herabzusehen, die Intelligenz des französischen Systems zu begreifen. Denn da, wo Deutsche noch (zer-)reden und ausdiskutieren, handelt der Franzose schon längst, wenn er die Sache *globalement* spürt, eben den emotionalen Zugang[19] zu ihr hat. Er wird sich nicht im Detail der 20 Prozent verlieren, sondern sein Handeln auf die wichtigsten Eckpfeiler des Projektes stützen. Für ihn stellt das effizientes Handeln dar: *aller à l'essentiel* (sich an das Wesentliche halten).

Deutsche wachsen mit der Gewissheit auf, dass sie Ziele nur erreichen können, wenn die Mittel dazu zur Verfügung stehen. Franzosen hingegen lernen, Ziele zu erreichen, obwohl ihnen die Mittel dazu fehlen. Daher sind sie in vielen Bereichen konkurrenzfähiger, denn wo deutsche Unternehmen zum Teil heute noch nach der Maxime „Abspecken kann man immer noch!" handeln, konzipieren und produzieren Franzosen funktionsgerecht, eben so gut wie nötig, und nicht so gut wie möglich!

Monsieur Positif

Ein deutsches Ehepaar bekommt Nachwuchs. Nach zwei Jahren hat der Junge noch kein einziges Wort gesprochen, woraufhin die Eltern beunruhigt einen Arzt zu Rate ziehen. Dieser bestätigt jedoch, dass alles in Ordnung sei und dass der Junge zu gegebener Zeit schon zu sprechen beginnen werde. Innerhalb der nächsten drei Jahre bleibt der Junge weiterhin stumm, doch die Ärzte können nichts Besonderes finden.

Nach fünf Jahren sitzt die Familie am Mittagstisch. Plötzlich nörgelt der Junge: „Mama, die Suppe ist versalzen." Ungläubig sehen die Eltern ihr Kind an: „Junge, du kannst ja sprechen. Wieso hast du bisher denn nie etwas gesagt?" Darauf der Junge: „Wozu? Bisher war ja alles in Ordnung."

[19] Siehe Kapitel 6.1 unter „Nutzen/Rentabilität versus Originalität", S. 204 ff.

Ein gutes Beispiel dafür ist die IT-Technologie: In praktisch jedem unserer Beratungsprojekte gibt es Schwierigkeiten in diesem Bereich, weil die Franzosen meist eine oder gar zwei Generationen weiter sind. Grund: Sie installieren ein neues Programm, wenn es *globalement* läuft, und machen die restlichen Anpassungen *on the job*, in der Praxis. Viele deutsche Unternehmen installieren erst, wenn das Programm 99-prozentig läuft ... und brauchen zwei Jahre mehr! Am Ende gibt es trotzdem ein Unentschieden, weil die Franzosen zwar technisch weiter sind, aber statt ihr Programm zu standardisieren, dieses so individualisiert haben, dass Außenstehende überhaupt keinen Durchblick mehr haben. Es ist zwar originell und funktionsgerecht für die Benutzer, die es mitentwickelt und ständig verbessert haben, aber fast unbrauchbar in einem Konzernverbund oder in einer Kooperation. Folglich argumentiert die deutsche Seite, dass ihr System zwar technologisch etwas rückständiger und schwerfälliger, dafür aber einfacher zu handhaben ist. Ein im wahrsten Sinne des Wortes vorprogrammierter Konflikt! Was wäre aber, wenn beide Partner es schaffen würden, einfache und benutzerfreundliche Programme zu schaffen, die gleichzeitig anpassungsfähig und technisch Spitze sind? Wenn das keine Herausforderung ist ...!

Ein vorprogrammierter Konflikt

Experimentieren

„Franzosen haben die natürliche Bereitschaft zum kreativen Experimentieren. Dabei können sie gleichzeitig in zwei gegensätzliche Richtungen denken. Das kommt dem Primat des Handelns, das für eine erfolgreiche Unternehmensführung unerlässlich ist, sehr entgegen."

Wilhelm Fuchs,
Mitglied des Vorstands Stora Feldmühle AG, Düsseldorf

Abb. II.6: Was deutsche Manager von Franzosen lernen können: Experimentieren

TIPP

Seien Sie sich immer bewusst, dass Festhalten an Kleinigkeiten und Details Franzosen stark demotiviert. Gleichzeitig riskieren Sie, dass Ihre Partner den Respekt vor Ihnen verlieren, denn um diese Art von Fragen und kleinen Problemen kümmert sich ein Manager „von Niveau" nicht. Sobald jedoch die Richtung „global" stimmt und eine prinzipielle Einigung über das Projekt erzielt wurde, sind sie auch bereit, ja erwarten sogar eine Strukturierung, die allerdings nicht zu sehr ins Detail gehen und eine Tür für Änderungen offen lassen sollte.

Der Umkehrschluss daraus für Sie: Wenn ein Franzose Ihr Projekt im Detail kritisiert, so heißt das im Klartext: „Ich will nicht!"

Detaildenken macht oft übervorsichtig und kleinlich. Im feinen Raster des „Perfektionssiebes“ bleiben selbst hervorragende Projekte hängen. Die französische Begeisterung, ausgelöst durch ein motivierendes Zukunftspotenzial, setzt vieles in Bewegung und schafft auch Unterstützung durch die Umwelt.

Franzosen sind es außerdem gewohnt, das Beste aus den vorhandenen Mitteln zu machen. Sie können daher mit weniger Aufwand Ihre Ziele erreichen und somit viele Kosten sparen, vorausgesetzt, Sie können sich einen Ruck geben und denken:

Einfach gemoppelt hält auch!

Auswirkungen auf die Kreativität

Deutsche Kreativität ist wenig sichtbar und tritt selten in den Vordergrund.

Ist der Franzose kreativ und der Deutsche nicht? Dies würde dem gängigen Vorurteil entsprechen. Tatsache ist, dass deutsche Kreativität eher weniger sichtbar ist bzw. selten in den Vordergrund tritt. Sehen wir uns nur einmal den Automobilbereich an: Die Franzosen haben auch im 21. Jahrhundert mit dem Peugeot 206, den Renaults Avantime und Vel Satis und vorher mit der Entwicklung des Renault Espace Zeichen für die Zukunft gesetzt. Von der Konzeption her vollkommen überdacht, haben sie dem Markt neue Impulse gegeben. So haben Großraumlimousinen vom Typ „Espace“ einen immer stärker wachsenden Marktanteil. Aus Deutschland kommen dagegen seit den 80er Jahren praktisch nur noch überarbeitete Modelle auf den Markt (Golf 1, Golf 2 , Golf 3, Golf 4 ...) oder technisch perfekte Hochpreislimousinen. Dort wird Kreativität eben eher für die Verbesserung der Qualität im Detail eingesetzt denn für wegweisende neue Entwicklungen.[20]

Viele der bahnbrechenden Erfindungen des letzten Jahrhunderts kamen aus Deutschland.

Verbesserungsinnovation hier, Durchbruchsinnovation dort! So haben die Franzosen auch in Bereichen wie der Telekommunikation (Minitel), Schienenverkehr (TGV) und Raumfahrt (Ariane, hier sind die Deutschen immerhin beteiligt!) richtungsweisende Neuerungen durchgesetzt. Können Deutsche also keine Durchbruchsinnovationen schaffen? Das ist nachweisbar falsch, denn viele der bahnbrechenden Erfindungen des letzten Jahrhunderts kamen aus Deutschland. Beraterstar Roland Berger weist seit Jahren unermüdlich auf diesen Mangel hin. Deutsche können also kreativ sein, sind es aber anscheinend nicht mehr. Wir können dieser Meinung nicht ganz folgen. Unserer Ansicht nach drückt

[20] Siehe Problemlösung 12.2: „Ständige Qualitätsprobleme in Frankreich“, S. 398 ff.

sich die Kreativität der Deutschen nur anders aus, sie hat sich in eine „typisch deutsche“ Richtung verlagert, und das kann in der heutigen Zeit sehr gefährlich werden. Am Beispiel der Unterschiede zwischen der deutschen und der französischen Kreativität lässt sich dies gut aufzeigen.

Deutsche versus französische Kreativität

1. Global gegen Detail

Franzosen erfinden z.B. einen Rasenmäher für den Mond! Alle Welt wird den Kopf schütteln ob dieser „typisch französischen“ Idee. Die Franzosen stört das aber nicht sonderlich, denn *globalement* haben sie bereits ihr Ziel erreicht: Irgendwie wird sich die Erfindung in anderen Bereichen schon nutzen lassen, und außerdem haben sie weltweit Aufsehen erregt, was erstens Balsam für den Grundwert „Bewunderung“ ist und zweitens die Touriskasse zukünftig noch stärker klingeln lassen wird.

Die Deutschen hingegen erfinden den Rasenmäher für... Linkshänder! Zwar freuen sich die Linkshänder, die (deutsche) Fachpresse wird begeistert berichten, aber wer darüber hinaus interessiert sich dafür? Sicherlich, die deutschen Ingenieure waren letztlich genauso kreativ wie die Franzosen, nur im Detail! Wir finden hier das „80/20-Syndrom“[21] wieder, übertragen auf die Kreativität: Franzosen lieben globale, bahnbrechende Erfindungen, Deutsche lieben die Verbesserung und ständige Perfektionierung bestehender Ideen und Produkte! Konsequenz: Über das Bahnbrechende, Aufsehenerregende wird berichtet, Detailverbesserungen interessieren nur die direkte Zielgruppe. So kann Mercedes beispielsweise ein 50.000 € teures Auto verkaufen, indem das Unternehmen in Anzeigen nur auf den patentierten Scheibenwischer mit 98-prozentiger (!) Reinigung der Sichtfläche verweist. Franzosen kämen sich bei einer solchen Anzeige für dumm verkauft vor!

Franzosen lieben globale, bahnbrechende Erfindungen. Ist die Idee umgesetzt, so muss schnell etwas Neues her. Deutsche lieben die Verbesserung und ständige Perfektionierung bestehender Ideen und Produkte!

2. Genie gegen Tüftler

Der Deutsche kommt durch „Tüfteln“ zu neuen Ideen, indem er von Bestehendem ausgeht, daran arbeitet und es verbessert. Der Franzose dagegen liebt es, von einer ganz abstrakten, ja, verrückten Idee auszugehen, und diese zu materialisieren, d.h. vom Geistigen ins Materielle umzusetzen. (Übrigens: Die Bezeichnung *ingénieur* kommt von *génie.*) Die Finalität ist dabei oft weniger der Gebrauchs- und Nutzwert, sondern bewiesen zu haben, etwas vollkommen Neues oder gar „Unmögliches“ umsetzen zu können. Das „Genie“ zapft die Botschaften aus der Zukunft an, es spürt etwas und

[21] Siehe „Perfektion versus Funktionalität“, S. 223 ff.

kümmert sich wenig um die kommerzielle Verwertbar- oder Umsetzbarkeit. Ist dann allerdings die „geniale“ Idee umgesetzt, so verlieren Franzosen relativ schnell das Interesse. Etwas Neues muss her![22] Ein deutscher Tüftler hingegen wird hartnäckig weiterarbeiten, bis alles perfekt funktioniert. Nachteil: Oft ist das Ergebnis überperfekt, sei es an den Kundenbedürfnissen vorbei oder aufgrund des Aufwandes zu teuer. Ein typisches Klagelied deutscher Filialen in Frankreich ist daher auch die hohe Preisniveau deutscher Produkte aufgrund der Überperfektionierung.

3. Fehlschläge sind normal – Fehlschläge sind zu vermeiden
Franzosen lassen sich von der Begeisterung über das Zukunftspotenzial einer Idee tragen, in dem Bewusstsein, eine Bauchlandung zu riskieren. Sie wissen aber, dass derartige Fehlschläge toleriert oder sogar akzeptiert werden. Das deutsche Nutzen- und Rentabilitätsdenken hingegen lässt nur Ideen zu, die so weit ausgearbeitet wurden, dass das Restrisiko „vertretbar“ ist.[23] Fehler werden nicht toleriert, Verantwortliche sofort zur Rechenschaft gezogen. Das fördert natürlich eher Schutzreflexe denn Risikobereitschaft. Begeisterungsfähigkeit, zwar gefordert von Kreativitätsspezialisten, ist immer noch suspekt. Im „Überschwang der Emotionen“ könnte man ja über das Ziel hinausschießen. Also, „bitte kein Hurraoptimismus!“

4. Zielflexibilität gegen Zielerreichung
Franzosen starten mit einem „globalen Ziel“ (*„globalement l'objectif c'est ça!“*), wohl wissend, dass das Endergebnis anders aussehen wird: Entweder, hofft man, kommt mehr dabei heraus oder etwas anderes! Das sind die beiden qualitativen Ziele, die zählen, und in beiden Fällen wird man von Erfolg sprechen. In Deutschland hingegen wird der qualitative Erfolg daran gemessen, inwieweit das vorgegebene Ziel erreicht wurde. In erstem Fall ist Flexibilität und Offenheit gefragt, im zweiten Fall reine Zielstrebigkeit und Umsetzungsdenken. Gerade dieses starre Gerüst der Umsetzung innerhalb der vorgegebenen Linie wird von Franzosen in der Zusammenarbeit mit Deutschen immer wieder als Zwangsjacke empfunden. Die logische Reaktion des egoistischen Individualisten: „Wie komme ich da so schnell wie möglich heraus?“

5. Kreativität gegen Kreativitätstechnik
Franzosen lassen Kreativität zu, wenn sie da ist. Die besten Ideen kommen nämlich erwiesenermaßen gerade dann, wenn es keiner erwartet. Mit und sogar für diesen Überraschungsmoment lebt der Franzose. Ob im privaten oder im beruflichen Umfeld, Kreativität ist immer willkommen, ja sogar gefordert. Der Nachteil ist natürlich, dass oft zu viel herumgesponnen wird, Sitzungen ausufern und Ziele (selbst „globale“) aus den Augen verloren

---

22 Siehe Kapitel 6.7: „Beständigkeit versus Wechsel“, S. 232 ff.
23 Siehe Kapitel 6.2: „Sicherheit versus Herausforderung“, S. 208 f.

werden. Doch hier haben die Franzosen sich in den letzten Jahren stark verbessert, nicht zuletzt durch die enge Zusammenarbeit mit Deutschen, die eben Zielstrebigkeit und den qualitativen Umsetzungsaspekt mit eingebracht haben. In Deutschland selbst spricht man gerne von Kreativitäts-„Techniken“: Alles, was den Zusatz „Technik“ trägt, wird anscheinend eher ernst genommen. Denn in dem Wort „Technik“ steckt impliziert auch der Begriff „Methode“! Ergo vermittelt eine Kreativitäts-„Technik“ das Gefühl, das man Kreativität in den Griff bekommt, das heißt planen kann. Franzosen erzählen uns immer wieder, dass sie in Deutschland zu Kreativitätssitzungen „zwischen vier und fünf Uhr“ eingeladen wurden. Natürlich gibt es nichts Abschreckenderes für einen Franzosen, als zu einem bestimmten Zeitpunkt „kreativ“ sein zu müssen. Nach der Logik der deutschen Business-Kultur muss jedoch aus jeder Sitzung etwas herauskommen, also muss auch eine einstündige Kreativitätssitzung zu einem Ergebnis führen! Sicherlich bringen Kreativitätstechniken in solchen Sitzungen Ergebnisse, fragt sich nur welche. Bei der Kreativität, wie auch im gesamten zwischenmenschlichen Bereich sind wir an den Grenzen der Wissenschaft angelangt: Man kann zwar Handlungen vorausplanen, aber nicht die Ergebnisse. Für Franzosen kommen aus solchen Sitzungen jedenfalls nur „schlechte Kompromisse“ heraus, die sie folglich später auch erheblich zu korrigieren, wenn nicht gar zu boykottieren versuchen!

Franzosen sind immer ganz verdutzt, humorvolle und kreative Deutsche zu erleben.

Der Vertiefungsteil zeigt plastisch auf: Praktisch alle von der neueren Kreativitätsforschung geforderten Eigenschaften werden in der französischen Business-Kultur unbewusst angewandt. Deutsche bremsen sich selbst durch übertriebenes Nutzen- und Sicherheitsdenken sowie durch die Angst, lächerlich zu wirken oder für Fehlschläge verantwortlich gemacht zu werden. Den Beweis, dass es auch anders geht, liefern neue Bereiche wie die Umwelttechnik: Hier hat Deutschland ganz klar die Nase vorn. Alle unsere deutsch-französischen Workshops beweisen ebenfalls: Sobald deutsche Manager sich wohl fühlen, Spaß und Lockerheit zulassen, bringen sie genauso gute, wenn nicht sogar bessere Ideen als die französischen Kollegen. Letztere sind dann immer ganz verdutzt, sowohl humorvolle als auch kreative Deutsche zu erleben. Eine bessere Eigenwerbung gibt es nicht!

Krisen managen – Probleme lösen
„Französische Manager sind Individualisten und betrachten Krisen als persönliche Herausforderung. Mit Intuition und Kreativität gehen sie neue, oft unkonventionelle Wege bei der Lösung komplexer vernetzter Probleme, stellen Expertenmeinungen in Frage und beweisen Pioniergeist bei der Erschließung neuer Märkte in Krisenzeiten."

Udo Hück,
Geschäftsführer Deutsche Telekom, Paris

Abb. II.7: Was deutsche Manager von Franzosen lernen können: Krisen managen – Probleme lösen

TIPP

Die Idee ist der Motor, nicht, ob die Sache realistisch und vernünftig ist. Wenn Sie an einer Idee immer nur die 20 Prozent Details sehen, die nicht gelöst wurden oder nicht umsetzbar erscheinen, so werden Sie sehr schnell Ihre französischen Partner demotivieren. Lassen Sie „Spinnereien" zu, ohne tatenlos zusehen. Gestatten Sie sich, mitzumachen/mitzulachen! So schlagen gleich Sie drei Fliegen mit einer Klappe: Sie beweisen Ihren Kollegen, dass Sie aus Fleisch und Blut sind, Sie erhalten oft überraschend positive Ergebnisse, und Sie haben auch noch Spaß dabei! (Wenn das nicht effizient ist ...).

Und noch ein Tipp: Setzen Sie für sich im Stillen gleich eine Stunde mehr für die Besprechung an. Damit stehen Sie selbst nicht so unter Zeitdruck, und Ihre französischen Partner werden sich über Ihre Gelassenheit wundern.

Französische Kreativität können Sie unbedingt für grundsätzliche Neuerungen und das Finden vollkommen anderer Ansätze nutzen. Wenn Sie ständig gut hinhören, werden Sie oftmals auch in Gesprächen und Diskussionen phantastische Ideen bekommen, die Sie zur Verbesserung von Produkten, Organisationsabläufen und auch dem Erspüren neuer Märkte nutzen können. Denken Sie immer daran: Den Franzosen ist oft die Tragweite und Verwertungsmöglichkeit ihrer Ideen gar nicht bewusst. Viele deutsche Manager haben nur durch empathisches Zuhören, Nachhaken und Pragmatismus erstaunliche wirtschaftliche Erfolge in der Zusammenarbeit mit Franzosen erzielt.

6.7 Beständigkeit versus Wechsel

Der Franzose lernt, alles Bestehende grundsätzlich in Frage zu stellen.

„Wer A sagt muss nicht B sagen, er kann auch erkennen, dass A falsch war!" Dieser Ausspruch kommt kurioserweise von einem Deutschen, denn er stammt von Bertolt Brecht. Kurioserweise deshalb, weil er genau der französischen Devise entspricht, nie etwas als absolut richtig oder wahr anzuerkennen. „Ich bin Nachfahre von Descartes, also stelle ich in Frage", sagt er voller Stolz. In der Tat ist die ganze französische Ausbildung darauf ausgerichtet, Grundsätze und Meinungen permanent in Frage zu stellen. Hier finden wir auch den großen Unterschied zur deutschen konstruktiven Kritik: Der französische *esprit critique* basiert auf dem Leitgedanken, vorgegebene Ansätze und Prinzipien dauernd in Frage zu stellen, um somit immer Abstand zu halten und sicherzustellen, dass das Grundsätzliche stimmt, und nicht, das Detail zu finden, in dem „der Teufel steckt"!

Für einen „Scoop" kann man sich der Bewunderung anderer sicher sein.

„Messieurs, wir haben uns auf der ganzen Linie geirrt!", verkündet freudestrahlend ein Manager in einer Sitzung. Alles zuckt zusammen, jeder hatte es doch geahnt, aber nun ist ein anderer zuvorgekommen, um den Beweis dafür anzutreten. Einen „Scoop" nennt man so etwas, und derjenige kann sich – wenn auch nicht immer wohlgefälliger – Bewunderung gewiss sein. Denn er ist derjenige (der Kluge!), der drauf gekommen ist!

Ein solches Verhalten wird natürlich in der Zusammenarbeit mit Deutschen zu einem Störfaktor ersten Ranges! Da hat nun das ganze Team seit Wochen an dem Projekt gearbeitet, und die Franzosen haben nichts mehr getan, denn „wir haben uns ja auf der ganzen Linie geirrt" ! Nur leider gibt man dies erst beim nächsten Treffen bekannt, und die vorgebrachten Argumente scheinen zwar für Franzosen einleuchtend, aber für Deutsche fehlt es neben der Form auch an „Fleisch". Also entscheidet man kurzerhand, dass so wie bisher weitergemacht wird, und erlegt den Franzosen auf, das Versäumte nun mit verdoppelten Anstrengungen nachzuholen. Wenn Sie bis hierher alles aufmerksam gelesen haben, dürften Sie das notwendige Basiswissen besitzen, um sich selbst die Folgen auszumalen, welche derartige Anweisungen auf die Motivation und damit auf die Handlungen von Franzosen haben ... (vielleicht haben Sie es sogar bereits selbst erlebt!).

Häufiger Wechsel sowohl der Geschäftspolitik, als auch der Verantwortlichen

Umgekehrt haben Sie, zugegebenermaßen, auch nicht viel mehr Wahl. Denn Manager französischer Tochtergesellschaften in Deutschland beklagen sich laufend sowohl über die häufigen Wechsel der Geschäftspolitik als auch der Verantwortlichen für das Deutschlandgeschäft. Letztere wechseln im Rythmus zwischen sechs Monaten und zwei Jahren, nach dem Motto: „Wer rastet, der rostet!" Außerdem ist der deutsche Markt ja nicht besonders motivierend ...[24]

[24] Siehe Teil I, Kapitel 3: „Der Einfluss von Vorurteilen auf die Zusammenarbeit", S. 80 ff.

Es ist sehr schwer, Franzosen für einen längeren Zeitraum zum Durchhalten einer Strategie zu bewegen.

Franzosen für einen längeren Zeitraum zum Durchhalten einer Strategie zu bewegen ist in der Tat äußerst schwer. Das ist auch einer der Gründe für deren manchmal geradezu klägliches Versagen auf dem deutschen Markt! Denn hier wird Stehvermögen und Beharrlichkeit verlangt, und das sind nun einmal nicht die Stärken der großen französischen Strategen, die sofort wissen wollen, ob die neue Idee zündet oder eine andere Geschäftspolitik greift. Unabschätzbar sind die Verluste, auch an Image, die sich französische Firmen nur aufgrund ihrer Ungeduld und Unstetigkeit in Deutschland eingebrockt haben.

Aufgrund ihres ständigen Strebens nach (Ab)Wechs(e)l(ung) empfinden Franzosen die deutschen Manager auch meist als *lourd*, was so viel heißt wie „schwerfällig", „unflexibel" und „langsam". Es geht Ihnen einfach gegen den Strich, dass die Entscheidungsfindung so lange dauert und dass diese dann nicht mehr in Frage gestellt oder zumindest modifiziert werden kann.

Wechsel anstatt Beständigkeit finden wir auch zwischen Wirtschaft und Politik. Anders als in Deutschland, wo dies eher die Ausnahme ist, wechseln Politiker in die Wirtschaft, oder Manager gehen in die Politik. So ging Edith Cresson nach ihrem unfreiwilligen Abgang als Premierministerin zu dem Privatkonzern Schneider, um dort als Consultant das Osteuropageschäft auszubauen. Und für die Präsidentschaftswahlen 2002 brachte sich der ehemalige Air-France-Chef Christian Blanc als ernsthafter Kandidat mit dem Slogan *l'ami public* („Der Freund der Bevölkerung") ins Gespräch.

TIPP

Gehen Sie nie davon aus, dass alles wie besprochen getan wird. Haken Sie lieber öfter nach, aber einfühlsam. Umgekehrt müssen Sie auch immer auf Meinungswechsel französischer Chefs gefasst sein. Seien Sie sich immer bewusst, dass alles Bekannte für Franzosen grundsätzlich langweilig ist, so auch z.B. Tagesordnungen, die ja einen Ablauf von vornherein, manchmal sogar bis hin zur erlaubten Redezeit, festlegen. Halten Sie Ihre französischen Partner und Kollegen ständig in Atem, bauen Sie Scoops ein, auch in Form von Witzen, ça donne de l'oxygène (Das bringt Sauerstoff!).

Im Grundwert „Wechsel" ist die berühmte französische Flexibilität begründet. Bei Chaossituationen, wo das bewährte deutsche Prozedere zusammenbricht, schlägt die Stunde der Franzosen! Des Weiteren bringen Ihnen deren Diskussionsbeiträge oftmals fruchtbaren Perspektivenwechsel. Schon manche Fehlentscheidung ist vermieden worden, weil ein Franzose mit einer Grundsatzfrage den Schwachpunkt eines von den Spezialisten bereits abgesegneten Konzeptes erkannt hat.

Flexibilität
„Franzosen beeindrucken immer wieder durch ihr hohes Maß an Flexibilität. Neue, unerwartete Situationen werden mit geradezu spielerischer Leichtigkeit als willkommene Herausforderung aufgefasst und gemeistert. Eine Veränderung ist keine Bedrohung, sondern eine Chance."

Karl-Heinz Peter,
Vorstandvorsitzender Merck-Clevenot S.A., Paris

Abb. II.8: Was deutsche Manager von Franzosen lernen können: Flexibilität

6.8 Freizeit versus Spaß

Das Verhalten junger Deutscher im Arbeitsleben ist weiterhin durch „Seriösität" geprägt.

Deutsche suchen inzwischen auch Spaß bei der Arbeit. Toll, könnte man meinen, dann sind Deutsche und Franzosen ja endlich auf der gleichen Wellenlänge. Irrtum! Zum einen ist Spaß haben in Frankreich ein meist sehr anstrengender Job, denn er fällt eben meist in die Arbeitszeit, und zum anderen bleibt eine Programmierung der Autopiloten in beiden Ländern weiterhin bestehen: Auch junge Deutsche haben immer noch ihre „Arbeitsdiskette", denn ihr Verhalten im Arbeitsleben ist weiterhin durch „Seriosität" (= Vernunft und Ernsthaftigkeit) geprägt. So werden sie schnell nervös, wenn die Zielerreichung durch zu viele Emotionen gefährdet erscheint.

Franzosen lassen sich andererseits trotz aller TQM-Zirkel weiterhin nicht davon abhalten, in den stressigsten Situationen Witze zu machen oder jede Menge Zeit mit Beziehungspflege zu verbringen, obwohl die „Deadline" bedrohlich nahe rückt! Da Manager und ehrgeizige Ingenieure, trotz 35-Stunden-Woche, meistens die doppelte Anzahl an Wochenstunden arbeiten, bedeutet Freizeit für sie meistens, sich von der Erschöpfung zu erholen und den – oft spärlichen – Rest der Zeit mit der Familie zu verbringen. Für Hobbys bleibt da nicht viel Zeit. Aber das sind sie ja von Kind an gewöhnt.

Klassische Konflikte, die sich daraus ergeben, sind:

- Gemeinsame Mittagessen im Unternehmen stressen: Deutsche wollen meistens schnell essen, um nicht zu viel Zeit zu verlieren, denn die Tagesziele müssen erreicht werden, möglichst innerhalb der normalen Arbeitszeit. Franzosen nutzen das Mittagessen als willkommenen Break, um zu entstressen, Beziehungen zu pflegen und Informationen auszutauschen. Im Schnitt verbringen Deutsche 30 bis 45 Minuten und Franzosen 60 bis 90 Minuten beim Mittagessen.

- Nach Feierabend geht mancher Deutscher noch mit den Kollegen ein Bier trinken oder gemeinsam Sport treiben. Die Franzosen haben mit Beziehungspflege nach Feierabend wenig im Sinn: Erstens haben sie den ganzen Tag damit viel Zeit verbracht, zweitens wollen sie abends nichts mehr mit ihren Kollegen zu tun haben. Da zählt nur noch die Familie. Daher das Klagen vieler Deutscher, die dieses Verhalten als „Abschottung“ wahrnehmen. Jedoch je mehr der Deutsche von den Franzosen als „biererenst“ wahrgenommen wird, umso mehr ist diese Abschottung reell.
- Deutsche gehen ins Wochenende, Franzosen arbeiten durch. Wenn es brennt, und das tut es bekanntlich oft in Frankreich, so haben die Chefs keine Hemmungen, von ihren Mitarbeitern zu verlangen, einen Teil ihres Wochenendes oder sogar das ganze Wochenende für die Firma zu opfern. In Deutschland ist dieses jedoch heilig. Auch wenn es vorkommt, dass Deutsche mal ein Wochenende opfern (übrigens häufiger in deutsch-französischen Firmen bzw. Joint Ventures denn in anderen Unternehmen), so bleibt das doch eher die Ausnahme. Franzosen empfinden dies als sehr ungerecht und interpretieren das deutsche Verhalten als „geringe Motivation“. Typische Aussage von Franzosen: „Freitags sind die Deutschen ab 15 Uhr auf dem Tennisplatz.“ Auch ohne Druck vom Chef verlängern französische Manager Sitzungen abends, wenn man merkt, man ist gut dabei vorangekommen. Ein Abrechen der Deutschen wegen der Feierabendplanung wirkt als kalte Dusche.
- Gebuchter Urlaub ist unverrückbar. Ein Klassiker, der Franzosen regelmäßig auf die Palme treibt: Ein wichtiger Auftrag kommt herein, eine Notlage tritt auf, und zähneknirschend, aber wie selbstverständlich verschiebt der Franzose seinen Urlaub oder lässt seine Familie alleine abreisen. Undenkbar für die meisten Deutschen: Der Urlaub ist gebucht und praktisch unantastbar. Deutsche Firmen, die ihre Angestellten bitten, ihren Urlaub zu verschieben, müssen schon in einer riesigen Notlage sein, um solch einen Schritt zu tun. Ein Beispiel, das uns Franzosen völlig konsterniert erzählten: Der Chef eines deutschen Unternehmens, das die Franzosen im Juni übernommen hatten, fuhr im Juli ungerührt für vier Wochen (!) in Urlaub. Der war schließlich seit Januar gebucht ...

Ein Beispiel dafür, dass auch inzwischen Franzosen auf den Geschmack gekommen sind: In einem Flugzeug trafen wir einen Manager, der vier Jahre vorher notgedrungen (aus Karrieregründen) für drei Jahre nach Frankfurt ging. Wir hatten ihn damals gecoacht und sein erklärtes Ziel war, die „Deutschlandepisode“ so schnell wie möglich hinter sich zu bringen. Wir fragten also, ob er nun wieder plangemäß in Paris sei. Antwort: „Ich bin doch nicht verrückt! Ich bleibe in Deutschland, denn zum ersten Mal in meinem Leben habe ich ein geregeltes Privatleben, sehe meine Kinder meistens jeden Abend, und am Wochenende kann man ja nur Freizeit machen, denn alles ist geschlossen, und keinem deutschen Kollegen oder Chef würde es einfallen, am Wochenende über Arbeit zu sprechen ...“ Er ist inzwischen seit sieben Jahren in Deutschland als Chef der Niederlassung eines großen französischen Konzerns.

Endlich ein geregeltes Familienleben!

TIPP

Damit keine Missverständnisse aufkommen:
Wir sagen nicht, dass Deutsche weniger arbeiten oder weniger „Opfer“ für die Firma bringen. Die Einstellung zum „verdienten“ Urlaub oder Wochenende ist jedoch eine andere. In Notsituationen sagt man: „O.K., Ärmel hochkrempeln und durch!“ Stunden und Tage werden nicht gezählt, bis die Situation bereinigt ist. Und sobald die Lage wieder normal ist, setzt man alles dran, nie wieder in eine solche Notlage zu kommen und wenn möglich die geopferte Freizeit nachzuholen.

In Frankreich und insbesondere in den Pariser Konzernzentralen gilt hingegen: Unvorhergesehenes geschieht laufend, und wer zu etwas kommen will, hat sein Privat- und Familienleben hintenanzustellen. Das entspricht nicht dem gängigen Klischee der Franzosen, die „arbeiten, um zu leben“, nicht wahr?

Motivierte Franzosen haben meistens keine Probleme, ihre Freizeitpläne auf die Firmenbelange abzustellen. Daraus erwächst eine größere Flexibilität, die durch die Einführung der 35-Stunden-Woche noch gewachsen ist: Gelegentlich samstags zu arbeiten kann ein ganz normaler Bestandteil des offiziellen Arbeitsvertrages sein.

Wenn die Beziehung, das Ziel motivierend ist (Herausforderung) und die zu erwartende Belohnung stimmt (Machteinheiten, Bewunderung und natürlich auch Geldeinheiten), so können Sie auch über den Arbeitsvertrag hinaus – und ohne Gewissensbisse – erwarten, dass Ihre französischen Mitarbeiter ein oder mehrere Wochenenden opfern.

FAZIT

- Die Unvernunftsebene ständig mit einbeziehen: Franzosen wollen überrascht und verführt werden. Alles Vorhersehbare und Standardisierte langweilt und muss deshalb durch emotionale Verstärker ausgeschmückt werden.
- Unterschiedliche Herausforderung: Für den Deutschen besteht eine Herausforderung in dem Wagnis, ein zehnprozentiges Restrisiko einzugehen – für den Franzosen sind 70 Prozent Restrisiko eine Herausforderung, die man in Erwägung ziehen kann!
- Wenn man Franzosen ihre Außergewöhnlichkeit lässt, werden sie ganz gewöhnlich.
- Franzosen streben immer nach Macht, weil sie als egoistische Individualisten davon ausgehen, dass der andere mächtiger werden will als er selbst. Sie wollen die Kontrolle er- und behalten, um mehr Macht zu erzielen. Geld ist nur ein Mittel zur Machterreichung und Erhaltung.
- Der Teufelskreis: Der Deutsche versucht verzweifelt, den Franzosen festzunageln. Dieser wiederum windet sich mit immer raffinierteren Mitteln, um gerade das zu vermeiden. Ergebnis: Die „bedrohliche Dampfwalze" gegen den *„grand filou"*...
- Das 80/20-Syndrom: Der Franzose nennt 80-prozentige Zielerreichung *globalement exact* und wendet sich dem nächsten Projekt zu, der Deutsche setzt seine ganze Energie ein, um die fehlenden 20 Prozent so perfekt wie möglich zu machen. Franzosen sehen die 80 Prozent Zukunftspotenzial, Deutsche die 20 Prozent Risikopotenzial!
- Unterschiedliche Kreativität: Deutsche tüfteln und verbessern im Detail, Franzosen lieben geniale, bahnbrechende Erfindungen.
- Der französische *esprit critique* stellt grundsätzlich in Frage. Man will mit einem ganz anderen Ansatz einen Perspektivenwechsel erreichen. Deutsche Kritik geht ins Detail, um alle möglichen Risiken auszuloten und um das Projekt in den Griff zu bekommen!
- Franzosen empfinden Deutsche als schwerfällig und unflexibel, weil die Entscheidungsfindung oft lange dauert und der einmal getroffene Beschluss nicht mehr in Frage gestellt werden kann.
- Franzosen haben eine andere Einstellung zur Freizeit als Deutsche: Es ist praktisch normal, wesentlich mehr zu arbeiten und auch Wochenende und Urlaube zu opfern, wenn man zu etwas kommen will. Sie erleben daher Deutsche, die auf ihrem Recht auf Wochenende und Urlaub bestehen, als demotiviert und sogar als „dreist und arrogant".

„Kinder sind Menschen, die wissen, dass es Größeres gibt als sie.“

Rupert Lay

7 Wie Sie Ihre französischen Partner richtig motivieren und deren Vertrauen gewinnen

Wir haben im vorigen Kapitel den Zündstoff aufgezeigt, den das Aufeinanderprallen der Grundwerte der jeweiligen Business-Kulturen ergibt. Dabei ist natürlich zu beachten, dass gewisse Grundwerte im Privatleben oft völlig anders bewertet werden als im Geschäftsleben. So kann ein Deutscher zum Beispiel im Privatleben sehr wohl das Originelle schätzen, diesen Aspekt allerdings im täglichen Berufsleben in Deutschland nur äußerst selten erleben oder sogar selbst einbringen.

Umgekehrt gibt es auch Franzosen, die sich persönlich sehr stark in den deutschen Grundwerten wiederfinden. Daher kann man auf Franzosen treffen, die „deutscher als ein Deutscher“ sind, genau wie umgekehrt ein Deutscher „französischer als ein Franzose“ sein kann. Dies betrifft allerdings den Aspekt der Persönlichkeitsstruktur, den wir in diesem Handbuch nur streifen können. Im folgenden Kapitel geht es uns vielmehr darum, Ihnen zu vermitteln, wie Sie die Grundwerte als Motivationsfaktoren konkret nutzen können:

- Warum stellen die Grundwerte gleichzeitig Stärken und Schwächen dar?
- Welche Wirkung hat die Anwendung deutscher Motivationsfaktoren zwangsläufig auf Franzosen?
- Das Geheimnis, das Sie unweigerlich effizient macht!
- Wie gewinnen Sie das Vertrauen französischer Partner?
- Inwieweit können Sie die Erkenntnisse auch auf andere Situationen übertragen, die über das Deutsch-Französische hinausgehen?

7.1 Die Stärken und Schwächen der jeweiligen Grundwerte

Die Grundwerte sollen keine Dogmen sein. Sie sind nicht ohne weiteres auf jedermann bzw. alle Situationen zu übertragen, sondern sie repräsentieren eher die Business-Kultur als Ganzes. Für sich genommen sind sie jedoch positive Werte. Die Gefahr liegt in ihrer Überbetonung. So bleibt bei reinem

Auch ein Deutscher kann das Originelle schätzen. Die Grundwerte stellen keine Dogmen, sondern positive Werte dar.

Nutzenstreben die Lebensfreude auf der Strecke, bei Überperfektionierung leidet die Innovationsfreude usw. Originalität allein bringt zwar Spaß, aber selten etwas Konkretes, alles bleibt Wunschtraum. Zu viel Wagemut kann zur Leichtsinnigkeit ausufern, und nur nach Bewunderung zu streben schafft oft mehr Feinde als Freunde.

Der bekannte Managementprofessor Werner Simon hat diese Tatsache im Zusammenhang mit der Kunst der Unternehmensführung so formuliert:

> „Stabilisierung von Bewährtem und Konstanz einerseits, Flexibilität und Kreativität andererseits lassen sich nur durch eine Kombination von Ordnung und Chaos erreichen.
> Ordnung alleine hat Blei unter dem Hintern,
> Chaos alleine verliert den Boden unter den Füßen.
> Gutes Management ist die Gratwanderung, bei der sich Chaos und Ordnung ständig die Waage halten."
>
> *Prof. Dr. Werner Simon*

Die Dosierung macht's!

Die Kunst der Anwendung der Grundwerte als Motivationsfaktoren ist genau diese ständige Gratwanderung: abschätzen, ab wann die positiven Aspekte in negative umschlagen. Mit anderen Worten: Die Dosierung macht's!

Das Perfektionsstreben wird zur Schwäche, alles in Frage zu stellen zur Stärke.

Dass jeder Grundwert sowohl eine Stärke, als auch eine Schwäche sein kann, zeigt folgendes Beispiel: Das Perfektionsstreben hat der deutschen Industrie den weltweiten Ruf des „Made in Germany" eingebracht. Heute, in einem immer schneller wechselnden Umfeld, wo es auf flexible Anpassung und Reaktion auf neue Bedürfnisse ankommt, wird die gleiche Stärke zu einem Hindernis. In stabilen Zeiten standen sich die Franzosen oft selbst im Wege, da sie immer wieder in Frage stellten. Heute, in einer Zeit, in der alles in Frage gestellt wird, ziehen sie gerade aus diesem Grundwert starken Nutzen!

Eigenschaften und Denkweisen können heute Stärken und morgen Schwächen sein und umgekehrt.

Was lernen wir daraus? Eigenschaften und Denkweisen können heute Stärken und morgen Schwächen sein und umgekehrt. Interkulturelles Denken und Handeln setzt also Offenheit und Bescheidenheit voraus. Deshalb müssen wir wegkommen vom „Besser-als"- und hin zum „Anders-als"-Denken. Aus dieser Sicht kann man den anderen eher als Ergänzung wahrnehmen und situationsbedingt entscheiden, welcher Grundwert die Handlungen bestimmen soll. Es ist also nicht entscheidend, ob sich bestimmte Grundwerte bisher als „besser" oder „vernünftiger" erwiesen haben, sondern zu erkennen, ob die aktuelle Situation nicht andere Talente und Verhaltensweisen erfordert, um das Beste aus ihr zu machen.

In diesem Sinne war auch unser Aufruf[1] „Was deutsche Manager von Franzosen lernen können!" gemeint, den wir 1994 in Zusammenarbeit mit der Süddeutschen Zeitung veröffentlichten, eine Aufforderung, die ergänzenden Eigenschaften französischer Manager wahrzunehmen und davon zu profitieren. Acht dieser Statements frankreicherfahrener deutscher Manager haben wir in diesem Teil nochmals aufgeführt.

Die unvermeidliche Wirkung der jeweiligen Grundwerte auf die andere Kultur

Grundwerte helfen, ein tieferes Verständnis für die andere und für die eigene Kultur zu erhalten.

Sie fragen sich jetzt sicherlich, was man denn mit den Grundwerten konkret anfangen kann. Wie kann man diese Kenntnisse einsetzen, um schwierige Situationen zu meistern? Nun, zuerst einmal helfen die Grundwerte uns vor allem, ein tieferes Verständnis für die andere, aber auch für die eigene Kultur zu erhalten. Hand aufs Herz: Haben Sie sich schon einmal ernsthaft mit Ihren eigenen Kulturmustern auseinander gesetzt, um zu verstehen, was Sie zum Handeln bewegt? Dabei ist dies der beste Weg zum Selbst-Bewusstsein: Man kennt sich nicht nur selbst besser, sondern kann auch andere besser verstehen und ... wird weniger manipulierbar!

Monsieur Positif
Sie kooperieren? Gegen wen?

Mit mehr Selbst-Bewusstsein schaffen Sie die Basis, andere Denk- und Verhaltensweisen nicht mehr zu be- bzw. verurteilen. Wenn wir in unserem täglichen Tun und Handeln immer den Reflex hätten, uns zunächst einmal zu fragen, welches die Bedürfnisse und Motivationen der Menschen sind, mit denen wir zusammenarbeiten und -leben,[2] würden die Konflikte drastisch zurückgehen und die Produktivität exponentiell zunehmen. Diese Produktionszuwächse gingen dann nicht mehr zu Lasten der menschlichen Würde und fundamentaler – in der heutigen Wirtschaft hinter ökonomischen Imperativen zurückstehender – Bedürfnisse, sondern sie würden durch deren Integration erreicht werden!

***Impossible n'est pas français*: Produktivität mit Menschenwürde**

[1] Siehe Teil I, Kapitel 3.2: „Franzosen als Vorbild?", S. 81 ff.
[2] Siehe Teil I, Kapitel 5: „Motivation: der Schlüssel zur erfolgreichen Kooperation", S. 146 ff.

Nur durch die Einbeziehung der immateriellen Werte und Bedürfnisse aller Mitwirkenden können reelle Synergieeffekte und damit eine höhere Produktivität erreicht werden. Wir nennen Produktivität mit Menschenwürde. Nun, man muss ja bekanntlich das Unmögliche träumen, um das Mögliche zu erreichen! Und Sie wissen ja: *Impossible n'est pas français*!

Damit Ihr Autopilot jetzt nicht ob dieses kurzen philosophischen Ausflugs wegen Mangel an Konkretem Alarm schlägt, lassen Sie nun einmal die jeweiligen Grundwerte in der Gegenüberstellung auf sich einwirken:

Grundwerte der Franzosen:	**der Deutschen:**
◆ Macht	◆ Geld
◆ Originalität	◆ Nutzen/Rentabilität
◆ Herausforderung	◆ Sicherheit
◆ Bewunderung	◆ Anerkennung
◆ Freiheit	◆ Gleichheit
◆ Funktionalität	◆ Perfektion
◆ Wechsel/Wandel	◆ Beständigkeit
◆ Spaß	◆ Freizeit

Abb. II.9: Deutsche und französische Grundwerte

Der eine wirkt „einschläfernd", der andere „unseriös".

Wie werden Sie, Ihrer Meinung nach, auf Ihre französischen Partner und Kollegen wirken, wenn Sie versuchen, diese für ein Projekt zu gewinnen, das nach deutschen Grundwerten entworfen wurde? Die Antwort kommt aus (leidgeprüftem) französischem Munde wie im Chor: „Einschläfernd und einfallslos!" Wenn umgekehrt ein französischer Manager versucht, Sie mit französischen Grundwerten zu motivieren, was wird er unvermeidlich erreichen? „Bestenfalls", sagen die (ebenfalls leidgeprüften) deutschen Manager, „nehmen wir ihn nicht ernst, schlimmstenfalls werfen wir ihn raus!"

Wir befinden uns demnach genau in der bereits angesprochenen paradoxen Situation, dass Deutsche und Franzosen sich ungewollt gegenseitig demotivieren, nur weil sie nach ihren jeweiligen Grundwerten denken und handeln! Und obendrein bestätigen sie permanent die „Richtigkeit" der Vorurteile.[3]

[3] Siehe Teil I, Kapitel 5 „Motivation: der Schlüssel zur erfolgrechen Kooperation", S. 146 ff.

Die Finalität des Handelns liegt für einen französischen Manager in der Erreichung von *noblesse*. Er wird demnach bedacht sein, nur „noble" Dinge zu tun. „Nobel" sind in Frankreich geistige bzw. intellektuelle Tätigkeiten (also eher Kopf- denn Handarbeit), ein umfassendes kulturelles und geopolitisches Wissen zu besitzen sowie komplexe Zusammenhänge in Modellen darzustellen. Er möchte immer nahe der Macht sein oder besser noch selbst der Mächtige sein (*„jouer dans la cour des grands!"* – „im Hof der Großen mitspielen!") und strebt demnach eher immaterielle Erfolge wie Macht und Bewunderung an.

Für den Franzosen liegt die Finalität des Handelns in der Erreichung von *noblesse*.

Für den deutschen Manager liegt die Finalität des Handelns in der Suche nach der „absoluten Wahrheit", dem einzig Richtigen, dem Beständigen, dem Reinen. Er scheut keine Anstrengung und macht sich notfalls auch die Hände schmutzig, um zu wissen, ob etwas „schwarz" oder „weiß" ist. Er strebt eher sichtbare materielle Erfolge wie Geld und Besitztümer an.

Die Suche nach der „absoluten Wahrheit"

Beide Parteien verhalten sich nicht nur aneinander vorbei, sondern Ziele und Motivationen sind vollkommen unterschiedlich, ja sogar gegensätzlich. Deutlicher kann man wohl kaum aufzeigen, wie groß das potenzielle Konfliktpotenzial zwischen Managern beider Kulturen sein kann. Ist bereits die Anbahnung einer Partnerschaft schwierig[4], so sind die Ansichten, wie gemeinsame Ziele definiert und erreicht werden sollen, oft nahezu unvereinbar!

Ziele und Motivationen sind vollkommen unterschiedlich.

7.2 Wie Sie diese Erkenntnisse konkret nutzen können

Inwieweit kann man die Erkenntnisse aus den Grundwerten konkret nutzen und sogar auf andere Bereiche des täglichen (Zusammen-) Lebens übertragen? Wenn Sie tiefer in die Analyse einsteigen, werden Sie sehen, dass Sie mit dem „Werkzeug" Grundwerte sogar weit über das Deutsch-Französische hinausgehen und gleichzeitig Ihr Verständnis für die französische Business-Kultur weiter vertiefen können.

Emotio versus Ratio

Das Erste, was bei der Gegenüberstellung der Grundwerte ins Auge fällt, ist die offensichtliche Möglichkeit der Zuordnung in emotionale und rationale Verhaltensweisen. Diese Konstellation finden wir in einem ganz anderen Bereich wieder: unserem Großhirn! Bekanntermaßen haben rechte und lin-

[4] Siehe Teil I, Kapitel 4.5: „Auswirkungen auf die Zusammenarbeit", S. 126 ff.

ke Gehirnhälfte grundsätzlich verschiedene Funktionen und nehmen unterschiedliche Art von Informationen wahr:[5]

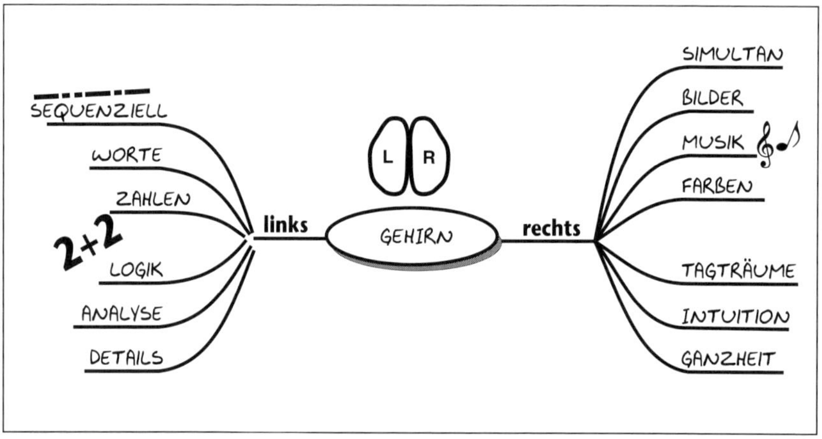

Abb. II.10: Funktionen der Gehirnhälften

Konkret heißt das: Der Franzose, obwohl sehr rational erzogen, handelt emotionaler, lebt eher seine Gefühle und drückt sie auch aus. Der rationaler (sachlich!) agierende Deutsche versucht, Gefühle eher verstandesmäßig zu erfassen, in den Griff zu kriegen. Wie heißt es doch so schön? „Der Deutsche lebt, um zu arbeiten – der Franzose arbeitet, um zu leben!" Selbst wenn dieses Klischee inzwischen vollkommen veraltet ist (welcher Deutsche ist freitags noch nach 14 Uhr in seiner Firma anzutreffen?), so weist uns dieser Spruch auf etwas anderes hin: Der Franzose lebt seine Emotionen auch bei der Arbeit, der Deutsche meistens erst nach „Feierabend"[6].

Franzosen leben ihre Emotionen auch bei der Arbeit, Deutsche meistens erst nach „Feierabend".

Mit anderen Worten: Deutsche kennen und empfinden auch die französischen Grundwerte, genauso wie sie eine rechte und linke Gehirnhälfte besitzen, befinden sich aber entweder in der einen oder der anderen Verhaltens- und Empfindungsweise. Franzosen hingegen leben und arbeiten ganzheitlicher: Sie trennen weniger zwischen emotional und rational, sondern „switchen" ständig hin und her, allerdings mit einer stärkeren Tendenz zum Emotionalen. Das macht sie einerseits aus deutscher Sicht so sympathisch und kreativ, zum anderen jedoch auch so unvorhersehbar und „unsystematisch". Wenn es darauf ankommt, können sie alle Emotionen fallen lassen und ungemein sachlich und autoritär werden. In diesem Fall haben Sie es allerdings meistens mit einem Gegner und

Deutsche kennen und empfinden auch die französischen Grundwerte.

[5] Mit der Funktionsweise des Hirns haben wir uns bereits kurz im Teil I, Kapitel 1 unter „ganzheitliche Sicht" befasst.

[6] Siehe Teil I, Kapitel 4.7: „Die Ventile des gemeinschaftlichen Egoisten", S. 135 ff.

nicht mit einem Partner zu tun: Ein Franzose, der Druck ausübt, will sich keine Blöße geben und konzentriert sich stark auf die Erreichung seiner eigenen Ziele... und lässt den Partner schaffen! Diese Verhaltensweisen können ohne weiteres als einer der größten Störfaktoren in der deutsch-französischen Zusammenarbeit bezeichnet werden.

Ein Franzose, der Druck ausübt, will sich keine Blöße geben.

Fällt Ihnen jetzt auf, wie optimal sich beide Seiten ergänzen? Genau wie rechte und linke Gehirnhälfte komplementär sind, so können sich die deutschen und französischen Grundwerte gegenseitig auf fabelhafte Weise (unter-)stützen: Originalität und Nutzen gibt nützliche Neuerungen, die zudem noch Spaß machen, Sicherheit und Herausforderung schränken die Risiken ein, ohne die Chancen zu vermindern usw. Die Komplementarität zwischen Deutschen und Franzosen kann allerdings erst dann wirksam werden, wenn beide Seiten aufhören, ihre eigenen Grundwerte für die überlegeneren zu halten, und zu einem „Anders-als"-Denken kommen. Solange eine Rivalität zwischen „rechter und linker Gehirnhälfte" besteht, können beide nicht ihr Potenzial entfalten, denn die Energie verpufft im ständigen Kampf um den besseren Weg.

Solange eine Rivalität besteht, verpufft die Energie im ständigen Kampf um den besseren Weg.

Das Geheimnis, das Sie unweigerlich effizient macht!

Diese Überschrift klingt zwar etwas reißerisch (vielleicht schaltet Ihr Autopilot gerade seinen Skepsisfilter ein ...), aber sie stimmt dennoch! Alle in Frankreich erfolgreichen Manager und Unternehmer wenden, meist unbewusst, ein Effizienzgeheimnis an, das wir Ihnen jetzt preisgeben. Es ist, eben weil es meist unbewusst angewandt wird, unseres Wissens in dieser Form noch nie veröffentlicht worden und in zahlreichen Beratungen entstandenes empirisches Know-how. Wir sind heute absolut überzeugt: Wenn Sie die folgenden Erkenntnisse tief greifend verstehen, haben Sie den Schlüssel in der Hand, wie Sie Ihre französischen Partner und Kollegen für Ihre Ziele motivieren können! Das Beste daran: Sie können dieses Verhalten täglich ganz leicht und ohne Risiko trainieren! Wir wollen uns dazu zunächst jedoch auf eine ganz andere Ebene begeben, die Ihnen nicht nur das Verständnis für Ihre französischen Kollegen erleichtern wird, sondern Ihnen auch konkrete Hinweise gibt, wie Sie die Reaktionen von Franzosen besser einschätzen und voraussehen können.

Alle erfolgreichen Manager wenden dieses Effizienzgeheimnis an.

Vielleicht ist Ihnen die inzwischen weltweit verbreitete „Transaktionsanalyse"[7] bekannt? Sie besagt, stark vereinfacht, dass alle Menschen auf drei so

[7] Buchtipp: eingänglich und umfassend: „Die Transaktionsanalyse" von Ian Stewart und Vann Joines, Herder-Verlag.

genannten „Ich-Ebenen“ denken, reagieren und kommunizieren, von denen jede, je nach Situation und emotionaler Lage, in den Vordergrund treten kann.

Wir haben diese Ebenen in der folgenden Tabelle stichpunktartig zusammengefasst:[8]

<table>
<tr><th colspan="3">Die drei „Ich-Ebenen“</th></tr>
<tr><th>Kind-Ich</th><th>Erwachsenen-Ich</th><th>Eltern-Ich</th></tr>
<tr><td>denkt und reagiert emotional</td><td>denkt und reagiert abwägend</td><td>denkt und reagiert erfahrungsbezogen</td></tr>
<tr><td>Das natürliche Kind:
◆ reagiert gefühlsmäßig und impulsiv wie ein Kind – zeigt Lust oder Unlust</td><td rowspan="3">Der reife und reflektierte Teil der Persönlichkeit:
◆ konzentriert sich auf Fakten
◆ denkt analytisch
◆ beurteilt logisch
◆ versucht die Tatsachen zu erfassen
◆ ist tolerant
◆ schafft Ausgleich zwischen Emotio und Ratio</td><td>Die kontrollierten und autoritären Eltern:
◆ beurteilen nach „richtig und falsch“, „gut und böse“</td></tr>
<tr><td>Das kreative und gerissene Kind:
◆ ist trotzig, rebellisch, intuitiv und manipuliert</td><td rowspan="2">Die fürsorglichen und liebevollen Eltern:
◆ planen vor und machen sich Sorgen
◆ sind hilfsbereit und trösten</td></tr>
<tr><td>Das angepasste Kind:
◆ tut, was die Eltern sagen
◆ hat Schuldgefühle, geht Kompromisse ein</td></tr>
</table>

Abb. II.11: Die drei „Ich-Ebenen“

Eine typische Situation, die man anhand der Transaktionsanalyse analysieren kann, ist die folgende:

Ein eiliger Fluggast der Business-Class kommt zum überfüllten Schalter und möchte kurzfristig umbuchen, um eine frühere Maschine zu bekommen.

Antwort des Angestellten:
„Immer der Reihe nach. Sie müssen warten wie alle anderen. Da könnte ja jeder kommen!“

[8] Die richtige Anwendung der Transaktionsanalyse bedingt eine umfassende therapeutische Ausbildung. Wir nutzen hier nur einige leicht verständliche Aussagen, um das „Beziehungsdrama“ zwischen Deutschen und Franzosen aufzuschlüsseln.

- Er reagiert belehrend und autoritär aus dem „Eltern-Ich“ heraus.

Die Reaktion des Fluggastes:
„Eine Unverschämtheit ist das! Und das nennt man Kundendienst! Wie heißt Ihr Chef?“

- Der Fluggast reagiert emotional, d.h. impulsiv, beleidigend und drohend (petzend) und aus dem „Kind-Ich“ heraus.

Der Chef kommt, hört sich beide Seiten an und sagt:
„Ich kann Ihre Empörung verstehen, Herr Müller, zumal Sie Business-Class fliegen und damit Anspruch auf bevorzugte Bedienung haben. Bitte haben Sie aber auch Verständnis für unsere Angestellten. Sie sind bei diesem Andrang etwas überfordert. Wir werden unser Bestes tun, damit Sie die frühere Maschine noch bekommen. Sollte es nicht mehr klappen, werden wir Sie bei einer anderen Fluggesellschaft unterbringen.“

- Der Chef reagiert mit dem Erwachsenen-Ich, indem er realistisch die Situation beschreibt, dabei aber beide Seiten fair mit einbezieht und eine Lösung anbietet.

Was passiert nun, wenn wir dieses Schema auf unsere Grundwerte übertragen? Wir werden feststellen, dass wir auf der französischen Seite tendenziell „Kind-Ich“-Werte finden und auf der deutschen Seite eher „Eltern-Ich“-Werte: Kinder lieben alles Neue und Originelle, sie lieben die Herausforderung („Du wirst der Beste sein!“) und wollen bewundert werden („Toll hast du das gemacht!“). Sie streben wie selbstverständlich nach Macht, sind kreativ und suchen die Abwechslung. Eltern hingegen stellen alles in Bezug zum Nutzen („Es muss etwas dabei herauskommen!“), planen vor und sind ängstlich fürsorgend („Zieh dir lieber einen Pullover an, sonst wirst du krank“). Versuchen wir einmal, uns die Grundwerte unter dieser Perspektive anzusehen, und den einzelnen Begriffen typische Eltern- und Kindaussagen und -fragen zuzuordnen:

Kind-Ich	Eltern-Ich
Macht: „Fressen oder gefressen werden!"	**Geld:** „Was kommt unter dem Strich dabei heraus?"
Originalität: „Toll, das hat's noch nie gegeben!"	**Nutzen:** „Was bringt das?"
Herausforderung: „Keiner glaubt uns, dass wir das schaffen werden!"	**Sicherheit:** „Haben wir wirklich alles bedacht?"
Bewunderung: „Unglaublich, dass Sie das geschafft haben!"	**Anerkennung:** „Sie haben sich um unser Unternehmen verdient gemacht!"
Freiheit: „Kümmern Sie sich um Ihren eigenen Kram!"	**Gleichheit:** „Wenn das jeder täte!"
Funktionalität: „Hauptsache, es läuft!"	**Perfektion:** „Doppelt gemoppelt hält besser!"
Kreativität: „Ich habe eine Superidee!"	**Qualität:** „Made in Germany!"
Wechsel: „Das könnte man anders viel besser machen!"	**Beständigkeit:** „Solange uns keiner beweist, dass es falsch ist, ist es richtig!"

Abb. II.12: Das Kind-Ich und das Erwachsenen-Ich

Merken Sie, wie einfach es ist, aneinander vorbeizureden? Sicherlich wird Ihnen jetzt deutlicher, wie es zum *Dialogue des sourds* („Gespräch unter Tauben"), wie der Franzose sagt, kommt. Nun ein ganz konkretes deutsch-französisches Beispiel, wie es sich immer wieder abspielt:

F: „Bevor wir zur Tagesordnung kommen, muss ich etwas ganz Wichtiges mit Ihnen besprechen!"
D: „Muss das sein? Wir haben doch nicht viel Zeit und sowieso ein gedrängtes Programm!"
F: „Ja, denn ich habe eine Superidee: Wir bauen das erste Auto der Welt mit Biomotor!"
D: „Was soll denn das?"
F: „Nun, damit könnten wir allen unseren Konkurrenten eins auswischen, da wir die Ersten sind!"
D: „Haben Sie eigentlich schon mal an die Entwicklungskosten gedacht? Wer soll denn das finanzieren?"

F: „Ach, das Geld werden wir schon auftreiben! Was zählt, ist die Idee!"
D: „Also hören Sie mal, so was muss in Ruhe überlegt werden. Haben Sie eigentlich schon einen Plan dafür?"
F: „Das sind doch Details! Wir müssen uns doch erst mal global einig sein!"
D: „Also das klingt mir reichlich unausgegoren. Machen Sie mir erst mal ein anständiges Konzept, dann sehen wir weiter. Kommen wir zurück zur Tagesordnung!"

Wir haben es mit einem typischen „Eltern-Kind"-Konflikt zu tun.

Sollten Sie sich beim Lesen an ähnliche Erlebnisse mit Ihren französischen Partnern erinnert haben, so ist das natürlich „reiner Zufall"! Bitte werden Sie sich bewusst: Wir haben es in der deutsch-französischen Zusammenarbeit laufend mit einem typischen „Eltern-Kind"-Konflikt zu tun: der erfahrene und – vermeintlich – vernünftigere „Vater" (sprich Deutsche), der doch nur das Beste für sein Kind (und natürlich auch für sich selbst) will, gegen das begeisterte, impulsive, unvernünftige und zuweilen gar störrische „Kind" (sprich Franzose).

Deutsche werden erst nach Feierabend zu „Kindern".

Achtung, bitte jetzt nicht frohlocken, nach dem Motto: „Ich hab's doch gewusst, die Franzosen sind wie Kinder, wir Deutschen sind eben die Vernünftigeren!" Wir sagen nicht, dass Franzosen „Kinder" sind und dass man sie entsprechend behandeln sollte, sondern dass sich ihr Handeln tendenziell im Rahmen der positiven und negativen Eigenschaften des „Kind-Ichs" bewegt. Diese Verhaltensweisen sind in jedem Menschen, gleich welcher Kultur, vorhanden, auch oder gerade bei Deutschen. Letztere verdrängen diese Tatsache lediglich und leben ihr „Kind-Ich" erst nach Feierabend aus.

Wenn Sie sich unter diesem Aspekt nochmals die Aussage von Brigitte Sauzay[9] vor Augen führen, wird Ihnen sicherlich einiges klar:

„Die Deutschen lieben die Franzosen, respektieren sie jedoch nicht. Die Franzosen respektieren die Deutschen, ‚lieben' sie aber nicht wirklich! Die Deutschen wollen geliebt und die Franzosen respektiert werden."

Eltern wollen geliebt, und Kinder wollen respektiert werden ...

Was wollen Eltern von ihren Kindern? Natürlich geliebt werden, denn Respekt haben sie ja in der Regel aufgrund ihrer Autoritätsposition. Und was wollen Kinder von ihren Eltern? Natürlich respektiert werden, Anerkennung finden für ihre Ideen, Sichtweisen und Gefühle! Aber wir Eltern

[9] Siehe Teil I, Kapitel 3.9: „Sympathie und Anerkennung", S. 103 ff.

haben meist nichts Besseres zu tun, als alles zu kritisieren und auf den Nutzen zu prüfen. „Dein Lego-Haus hat nicht mal Fenster, und die Türe ist ja unter dem Dach. Mach das erst mal richtig!"

Seien Sie „liebenswert", und Sie werden Franzosen als talentierte und einsatzfreudige Partner schätzen lernen.

Konkret heißt das: Ihre französischen Partner, Mitarbeiter und Kollegen möchten in erster Linie von Ihnen in ihrem Anderssein respektiert werden! In dem Maße also, in dem Sie Ihren französischen Partnern und Kollegen das Gefühl geben, sich ausdrücken zu können und ernst genommen zu werden, werden Sie diese für sich gewinnen und als talentierte und einsatzfreudige Partner schätzen lernen. Wie sagten wir bereits im Kapitel „Sympathie versus Anerkennung": Wenn man Franzosen ihre Außergewöhnlichkeit lässt, dann werden sie ganz gewöhnlich! Der angenehme Nebeneffekt: Sie zeigen sich „liebenswert" und werden somit auch als Deutsche(r) Anerkennung und sogar Zuneigung erfahren, die nicht mehr nur auf dem Respekt vor der deutschen Wirtschaftsmacht und ihrer Effizienz beruht, sondern Ihnen persönlich gilt!

Und nun zu unserem Geheimnis: Haben Sie schon einmal versucht, ein Kind mit rationalen Argumenten zu einem bestimmten Verhalten zu bringen bzw. für etwas zu motivieren? Zum Beispiel: „Iss den Spinat, das ist gesund!" Da dies mit Sicherheit gescheitert ist, haben Sie zu anderen Mitteln gegriffen:

- Möglichkeit 1: Druck
  „Wenn du den Spinat nicht aufisst, musst du gleich ins Bett!"
- Möglichkeit 2: Feindbild
  „Wenn du den Spinat isst, wirst du so stark, dass dich keiner mehr verhauen kann!"
- Möglichkeit 3: Herausforderung und Bewunderung
  „Das schaffst du nie, alles aufzuessen!"
- Möglichkeit 4: Sympathie
  „Einen Löffel für Mami, einen für Tante Emma ...!"

Durch den Umweg über das Emotionale wird das Ergebnis erreicht.

Was haben die vier Möglichkeiten gemeinsam? Sie beziehen die emotionale Ebene mit ein. Durch den Umweg über das Emotionale wird das gewünschte Ergebnis erreicht![10] Wie kann man diese Erkenntnis jetzt konkret auf den Umgang mit französischen Partnern übertragen? Nun, Sie können mit Ihren französischen Partnern alle

[10] Erinnern Sie diese vier Möglichkeiten nicht an ein wichtiges Kapitel in Teil I? Dann schlagen Sie noch mal schnell nach: „Vier Wege, wie man einen Franzosen als Partner gewinnt", Kapitel 4.10, S. 141 f.

Ihre Ziele erreichen, wenn Sie nicht die direkte, sachliche (Eltern-)Argumentation, sondern den „Umweg“ über die Emotion benutzen!

Damit der hinter dieser wichtigen Aussage steckende Mechanismus deutlicher wird, hier noch ein konkretes Beispiel, wie leicht man Kinder (de-)motivieren kann:

- Szene 1: Ein Fünfjähriger soll Skifahren lernen: Der Vater fährt im Schneeflug vor ihm her: „Fahr mir nach, es ist ganz leicht! Hab keine Angst, du kannst dir nicht wehtun!“ Nach zehn Minuten ständigen Aufsammelns des meuternden Sohnes: „Stell dich nicht so an, es ist doch ganz einfach! In deinem Alter konnte ich das schon! Und nur weil es schneit, brauchst du nicht so ein Theater zu machen!“ Abbruch der Bemühungen, ein erschöpfter Vater und ein herzerweichend weinender Sohn vollziehen einen viel beachteten Abgang.
- Szene 2: Der gleiche Fünfjährige am nächsten Tag mit seinem Onkel: „Lass uns Flugzeug spielen! Also pass auf: Ich bin ein großes Flugzeug und du ein kleines! Ich fahre vor dir her, und du musst mich einholen!“ Großes Gejuchze des Jungen, der vollkommen vergisst, dass er gar nicht fahren kann! „Achtung, es schneit, wir kommen in ein Unwetter!“ Voller Eifer stürzt sich der Kleine ins „Unwetter“, um das „große Flugzeug“ nicht aus den Augen zu verlieren. Ergebnis: Nach einer Stunde fährt der Junge allein und angstfrei den Berg herunter und hat einen Riesenspaß dabei!

Wie Sie sehen, haben hier zwei verschiedene Verhaltensweisen sehr unterschiedliche Ergebnisse produziert. Die erste Szene erinnert schon fast auf tragikomische Weise an deutsch-französische Kooperationen: Der engagierte Deutsche, der sich viel Mühe gibt, seinen skeptischen französischen Partner mit Sachkompetenz und Fakten zu überzeugen und schließlich entweder kopfschüttelnd aufgibt oder mit der Faust auf den Tisch haut. Und in Szene 2 sehen wir den gleichen Deutschen ungläubig staunend, dass der so demotiviert scheinende Franzose in kurzer Zeit Unmögliches auf die Beine gestellt hat, nur weil er den Konkurrenten eins auswischen wollte!

Sie erhalten Nutzen und Rentabilität, wenn Sie den „Umweg" über die französischen Grundwerte nehmen.

Quintessenz: Das Geheimnis des effizienten Umgangs mit französischen Partnern besteht darin, dass Sie Ihren Nutzen und die Rentabilität genau dann erreichen, wenn Sie den „Umweg“ über die französischen Grundwerte nehmen. So wird ein Franzose rentabel arbeiten, wenn er damit z.B. die englische Filiale ausstechen kann. Er wird alle Aspekte eines Projektes mit Begeisterung beleuchten, bevor er loslegt, wenn wegen eines möglichen kleinen Fehlers seine Ehre auf dem Spiel steht. Die Qualität der französischen Autos hat seit den 80er Jahren erheblich zugenommen, nicht weil die Franzosen plötzlich ihre Liebe zur Total Quality entdeckt hätten, sondern weil sie bessere Autos als die Deutschen und vor allem die Japaner bauen wollen. Das materielle Ergebnis, wie Zielerreichung nach Plan, Gewinn, Umsatzsteigerung usw., ist also nur ein Nebenprodukt des Handelns! Bitte prägen Sie sich diesen Satz gut ein. Deshalb folgt er hier nochmals als ...

Das materielle Ergebnis ist für Franzosen nur ein Nebenprodukt und nicht eigentliches Ziel des Handelns!

Jetzt wissen Sie auch, wie gute französische Manager ihre Mitarbeiter motivieren: genau so! Erkennen Sie jetzt, warum Sie die „Unvernunftsebene" in der Zusammenarbeit mit Franzosen einbeziehen müssen? Wenn Sie diesen „Eltern-Kind"-Konflikt auf der Kommunikationsebene wirklich verstehen und akzeptieren können, dann besitzen Sie den Schlüssel nicht nur für den Umgang mit Franzosen, sondern auch für viele andere Situationen im täglichen Leben. Und Sie können Ihre Fähigkeit der Einbeziehung der Unvernunftsebene ganz einfach trainieren: Denken Sie an den Umgang mit (Ihren) Kindern: wie Sie diese motivieren, warum Sie Ihre Erziehungsziele manchmal nicht erreichen usw. Denken Sie aber auch daran, welche Freuden uns Kinder bereiten und welche überraschenden Momente und Emotionen diese uns bescheren können. Wenn Sie immer noch mit der Stirn runzeln sollten, weil „Kindereien" doch im Business nichts zu suchen haben, dann halten Sie sich einfach an die Fakten, die wir bisher aufgezeigt haben: Franzosen verehren ihren Chef oder Präsidenten wie einen geliebten Vater. Und sie fürchten ihn gleichzeitig ob seiner Strenge und seiner Macht. Sie können gegen die Autorität rebellieren wie Jugendliche in der Pubertät und sich ihr fügen wie Kinder mit einem schlechten Gewissen.

Verändern Sie Ihre Einstellung, und Sie werden die Zusammenarbeit als bereichernd erleben.

Nur, und es sei nochmals betont: Sie haben es eben nicht mit „Kindern" zu tun, sondern mit knallharten Managern und Unternehmern, welche die emotionalen Aspekte des Business um ein Vielfaches besser als der durchschnittliche Deutsche beherrschen! Sie werden diese Karte kompromisslos ausspielen, solange sie ihr Gegenüber als Feind ansehen! Wenn Sie in Anerkennung dieser Tatsachen auf Ihre französischen Partner zugehen können, dann werden Sie die

Sie haben es mit knallharten Managern zu tun, welche die emotionalen Aspekte des Business um ein Vielfaches besser beherrschen!

Zusammenarbeit ganz anders erleben: Sie haben sich nämlich selbst geändert, sind offener, flexibler und auch humorvoller geworden. Und damit schaffen Sie die Voraussetzung, dass aus dem „unvernünftigen“ Kind ein vertrauensvolles wird, das Ihnen auch zuhört und sich Ihren Argumenten nicht mehr verschließt: Jedes Kind weiß, dass der Spaß auch mal ein Ende haben muss, weil es sonst verhungern würde ...

TIPP

Vermeiden Sie in jedem Falle ein Überheblichkeitsdenken des Eltern-Ichs nach dem Motto: „Die Franzosen sind eben wie Kinder. Wir ‚Eltern‘ haben schließlich die größere Erfahrung und außerdem erwiesenermaßen die leistungsfähigere Wirtschaft!“ Ein solches, selbst unausgesprochenes Denken spürt Ihr Gegenüber – das so genannte „Kind“ – sehr deutlich und kann dann zu einem äußerst nüchtern kalkulierenden Widerpart werden, vor dem Sie sich in Acht nehmen müssen.

Halten Sie Ihr kritisches und beurteilendes Eltern-Ich im Griff. Trainieren Sie vielmehr Ihr Erwachsenen-Ich, welches immer beide Seiten betrachtet und sozusagen als Schiedsrichter auftritt. Das Erwachsenen-Ich stellt Fragen wie:

- Wie und warum ist das passiert?
- Was meint er/sie wirklich?
- Welche wirklichen Bedürfnisse/Ängste stehen dahinter?
- Warum fühle ich mich jetzt unwohl, was hat das mit mir zu tun?
- Welche Alternativen gibt es?
- Wie kommen wir zu einer „Win-win“-Lösung?

Intensität der Motivation im Laufe der Zeit

Wenn Sie die deutsche und die französische Motivationskurve auf einer Intensitäts- und einer Zeitachse vergleichen, wird ein weiterer großer Unterschied sehr plastisch deutlich:

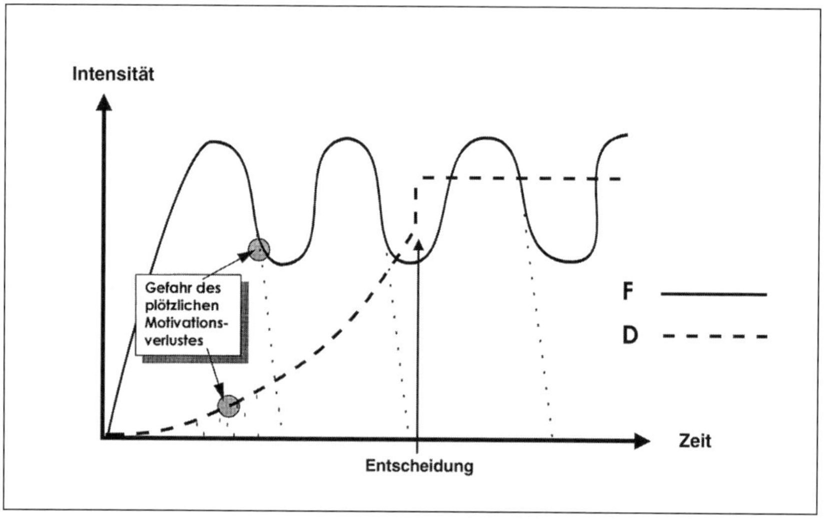

Abb. II.13: Deutsche und französische Motivationskurven

„Nach eingehender Prüfung ... abgelehnt!"

Die deutsche Motivationskurve steigt zu Beginn eines Projektes (Vorschlags- und Konzeptphase) nur sehr langsam und zögernd an (manche Franzosen meinen sogar zynisch, diese müsste zunächst nach unten gehen ...). Diese erste Phase ist in der Tat ausschlaggebend für die Zukunft des Projektes und kann daher jederzeit zur Aufgabe führen (Begründung der „Abteilung Bedenkenträger": „Nach eingehender Prüfung ... abgelehnt!"). Mit fortschreitender Dauer und dem „Segen" der einzelnen Spezialisten steigt die deutsche Motivationskurve bis zur Entscheidung bzw. Genehmigung an. Ist das Projekt „abgesegnet", so geht die Kurve steil nach oben, um sich auf hohem Niveau einzupendeln. Denn jetzt geht es um die Zielerreichung, ein fast magisches Wort für Deutsche: Wenn endlich, nach langem Hin und Her die Entscheidung getroffen wurde, wird nicht mehr lange diskutiert, sondern „auf Biegen und Brechen durchgezogen". (Wer A sagt, muss auch B sagen)!

Die französische Motivationskurve hingegen steigt in aller Regel zu Beginn sprunghaft an („die Superidee!"), kippt jedoch nach Abklingen der ersten Begeisterung, verbunden mit der Ernüchterung, welche „niederen" Arbeiten alle notwendig sind, um das Ziel zu erreichen, abrupt wieder ab. Hier muss sofort ein Impuls erfolgen, damit dieser Abschwung in einen erneuten Aufschwung übergeht. Dieses Auf und Ab begleitet meistens das gesamte Projekt. Mit anderen Worten: Die Motivation kann jederzeit wieder nachlassen.

Last in – First out: Franzosen muss man ständig „Zückerchen geben".

Gunter Lorenz, langjähriger Geschäftsführer von BMW France, beschrieb das einmal so: „Ich muss bei meinen Franzosen jeden Morgen an der Motivationskurbel drehen!" Wir nennen dieses Verhalten das „LiFo-Syndrom": Last in – First out! Was zuletzt emotional am stärksten besetzt ist, dem wird Ihr französischer Kollege Vorrang geben. Das ist zugegebenermaßen zum Haareausraufen, aber leider ein *état de fait*, ein unabänderlicher Zustand, den Sie in allen romanischen Ländern mehr oder weniger ausgeprägt antreffen werden. Hier hilft nur eins: am Ball bleiben und regelmäßige Motivationsschübe in Form von neuen Impulsen geben! Wir geben Ihnen dazu gerne ein Stichwort: „Zückerchen geben"...

Was Franzosen auf die Palme bringt: „Immer der Reihe nach!"

Aber auch die Deutschen schaffen es mit Leichtigkeit, die Franzosen regelmäßig auf die Palme zu bringen. Schuld daran ist zum einen der Drang nach Zielerreichung („Solange du mir nicht bewiesen hast, dass ich Unrecht habe, habe ich Recht!"), zum anderen das „FiFo-Syndrom"(First in – First out!) „Immer der Reihe nach, keine Sonderrechte! Abwarten, bis Ihr Vorgang an die Reihe kommt!", und so weiter. Franzosen, die noch schnell eine zusätzliche Idee einfügen oder ein Änderung vorschlagen wollen, laufen hier voll auf.

Schwebende Franzosen und bierernste Deutsche

Sehen wir uns die beiden Kurven an, so erkennen wir eindrucksvoll grafisch dargestellt die Tragikomödie, die zwangsläufig bei jedem gemeinsamen Projekt abläuft: Die einen *„tout feu, tout flamme"* („Feuer und Flamme" oder „Himmelhochjauchzend – zu Tode betrübt!"), die anderen skeptisch und abwartend. Seit 1984, der Gründung unserer Unternehmensberatung, gehört es zu unserem „täglichen Brot", deutschen Managern zu erklären, warum die Franzosen „da oben schweben" und dass sie trotzdem ernst zu nehmen sind, und der anderen Seite die „bierernsten" und Kleinigkeiten diskutierenden Partner wieder „schmackhaft" zu machen.

TIPP

Nein, auf Franzosen ist wirklich „kein Verlass", jedenfalls nicht im deutschen Sinn. Lassen Sie Begeisterung zu, nehmen Sie allerdings die in diesem Zustand gemachten Zusagen und Versprechungen nicht für bare Münze. Sie sind zwar meistens aufrichtig gemeint, werden aber erst umgesetzt, wenn es mit dem Projekt wirklich ernst wird. Halten Sie sich immer das LiFo-Syndrom vor Augen, und geben Sie rechtzeitig „Zückerchen". Wenn so Ihr Sympathiewert steigt, können Sie auf einmal sehr zuverlässige Franzosen erleben.

Sie können nie wegdelegieren: Die französische Motivationskurve zwingt Sie zu ständigem Kontakt und „Temperaturmessen". Halten Sie den Kontakt kurz, aber beziehen Sie die neuesten Erkenntnisse ständig in Ihre Planung mit ein. So sind Sie näher am Geschehen und können rechtzeitig auf neue Verhältnisse reagieren.

Sie werden bei Franzosen viel erreichen, wenn Sie ein „nicht planmäßiges" Anliegen haben: Es muss Ihnen nur gelingen, Ihrer Sache den entsprechenden emotionalen Anstrich zu geben, damit diese für Ihren Kollegen zur Priorität wird.

Durch die Begeisterungsfähigkeit der Franzosen können Sie in Frankreich Projekte durchsetzen, die in Deutschland unmöglich wären. Sie können diese vor allem in Zeiträumen durchsetzen, die jeder verantwortungsbewusste deutsche Manager als „unrealistisch" abtun würde bzw. müsste.

Weiterer Vorteil: Sie können sehr kurzfristig planen und auf die schnelle Reaktion der Franzosen rechnen. Im Klartext: Da, wo sie in Deutschland schon mit einer mittleren Katastrophe ankommen müssen, um einen Termin in weniger als zwei Wochen zu erhalten („Vorher geht's beim besten Willen nicht, alles bereits verplant!"), wirft ein Franzose sämtliche Termine für Sie um, wenn er Sie schätzt und richtig motiviert ist! Denn Deutsche schauen nach Leerstellen im Terminkalender, ein Franzose, bei dem Sie emotionale Priorität haben, fragt sich: „Was kann ich verlegen?"

Sie sehen, es lohnt sich also in jedem Falle, wenn Sie sich von der Einstellung „das Mögliche zu schaffen" lösen und mehr in Richtung „Berge versetzen" denken. Voraussetzung ist allerdings nicht nur die richtige Motivation, sondern dass Ihre französischen Partner absolutes Vertrauen in Sie haben.

7.3 Was Deutsche und Franzosen lieben und fürchten

Nachdem wir so weit gekommen sind, wollen wir uns nochmals den banal erscheinenden, aber wesentlichen Grundsatz in Erinnerung rufen, dass der Mensch grundsätzlich nach dem strebt, was ihm Spaß und Erfolg bringt, und zu vermeiden sucht, was ihm Angst bereitet. Sie müssten jetzt in der Lage sein, selbst aufzulisten, was Deutsche und Franzosen jeweils mögen und fürchten.

Hier ist unser Vorschlag der „Erfolgs-, Spaß- und Angstfaktoren" in der deutschen und französischen Business-Kultur. Die Auflistung erhebt weder den Anspruch auf Vollständigkeit noch darauf, die „absolute Wahrheit" zu repräsentieren. Nehmen Sie es einfach *globalement exact*!

Erfolgs-, Spaß- und Angstfaktoren in der deutschen und französischen Business-Kultur	
Erfolg heißt für den Deutschen: ◆ ein Ziel wie geplant zu erreichen ◆ etwas Nützliches getan zu haben ◆ angemessene Rentabilität erzielt zu haben ◆ die Qualität eines Produktes oder einer Dienstleistung weiter verbessert zu haben ◆ mit Partnern gemeinsam etwas erreicht zu haben	**Erfolg heißt für den Franzosen:** ◆ mehr als das Erwartete zu erreichen ◆ etwas Originelles, Bahnbrechendes geschaffen zu haben ◆ der Erste oder Beste geworden zu sein ◆ den Rivalen ein Bein gestellt zu haben ◆ die *Lettres de noblesse* zu erhalten, d.h. zu einer Elite zu gehören
Was dem Deutschen Spaß macht: ◆ sich zu spezialisieren ◆ nützliche Ideen zu haben ◆ als zuverlässig zu gelten ◆ als Fachmann anerkannt zu sein ◆ Abläufe zu systematisieren und zu standardisieren ◆ Risiken von vornherein auszuschalten und Lösungen bereitzuhalten	**Was dem Franzosen Spaß macht:** ◆ ständig etwas Neues zu tun ◆ verrückte Ideen zu haben ◆ unberechenbar zu sein ◆ als Genie bewundert zu werden ◆ andere zu verführen ◆ Denkfehler zu finden und ein Konzept in Frage zu stellen ◆ Risiken einzugehen, die wirkliche Herausforderungen darstellen
Der Deutsche fürchtet: ◆ ein instabiles Umfeld ◆ unvorhergesehene Ereignisse ◆ Chefs, die unklare Anweisungen geben ◆ nicht einschätzbare Geschäftspartner ◆ unrentable Projekte ◆ zur Rechenschaft gezogen zu werden	**Der Franzose fürchtet:** ◆ Einengung seiner persönlichen Freiheit ◆ Chefs, die den Überblick verlieren ◆ monotones (Ab-) Arbeiten ◆ raffiniertere Geschäftspartner als er selbst ◆ nicht genug Macht zu haben ◆ abhängig zu werden ◆ das Gesicht zu verlieren

Abb. II.14: Erfolgs-, Spaß- und Angstfaktoren in der deutschen und französischen Business-Kultur

Stecken Sie sich diese Auflistung in Ihren Terminkalender. Lesen Sie sie zur Problemanalyse durch oder bevor Sie etwas mit Franzosen unternehmen. Sie werden unweigerlich auf den Grund stoßen, warum etwas nicht so gelaufen ist wie vorhergesehen. Nutzen Sie als zusätzliche Unterstützung unsere Checklisten und Problemlösungen. Diese werden Ihnen helfen, systematisch die wesentlichen Störfaktoren herauszufiltern und, bei regelmäßiger Anwendung, Herr über Ihren Autopiloten zu werden.

FAZIT

- Unterschiedliche Ziele und Motivationen: Die Finalität des Handelns liegt für den einen in der Erreichung der *„noblesse"* („Adelsbrief"), für den anderen in der Suche nach der „absoluten Wahrheit". Der Franzose strebt immaterielle Erfolge wie Macht und Bewunderung, der Deutsche materielle Erfolge wie Geld und Besitztümer an.
- Der *dialogue de sourds* („Dialog der Tauben oder Gehörlosen", aneinander vorbeireden) kennzeichnet die Kommunikation auf unterschiedlichen „Ich-Ebenen": Deutsche denken und reagieren meist aus dem erfahrungsbezogenen Eltern-Ich heraus, Franzosen eher aus dem emotionalen Kind-Ich.
- Erwartungshaltung von Franzosen: Sie möchten in erster Linie von ihren deutschen Partnern und Kollegen in ihrem Anderssein respektiert werden!
- Das Geheimnis des effizienten Umgangs mit französischen Partnern besteht darin, dass Nutzen und Rentabilität über den Umweg der französischen Grundwerte erreicht wird!
- Das LiFo-Syndrom: Last in – First out, kennzeichnet typische Reaktionen und Verhaltensweisen in romanischen Ländern: Das, was emotional am stärksten besetzt ist, hat immer Priorität.
- Erfolg heißt für Franzosen: mehr als das Erwartete zu erreichen, etwas Originelles, Bahnbrechendes erfunden zu haben, der Erste oder Beste geworden zu sein, den Rivalen ein Bein gestellt zu haben und zu einer Elite zu gehören.

7.4 Wie Sie das Vertrauen Ihrer französischen Partner gewinnen

Vertrauen: Produktivitätsfaktor Nummer Eins

Das Erste, wonach zwei einander fremde Menschen beim Kennenlernen streben, ist der Aufbau einer Vertrauensbasis! Dies gilt sowohl für das Privat- als auch für das Geschäftsleben, allerdings mit einem Unterschied: Im

Privatleben kann man sich meistens seinen Umgang auswählen, im Geschäftsleben selten.

Ob wir es wahrhaben wollen oder nicht: Im Geschäftsleben wird die meiste Energie investiert ...

1. ... in Absicherungsmaßnahmen aufgrund von bestehendem oder wachsendem Misstrauen
2. ... in Revanchemaßnahmen aufgrund von enttäuschtem Vertrauen

Gerade bei Joint Ventures und Mergers ist es ein großer Irrtum, eine effektive Zusammenarbeit auf reiner Vertragsbasis zu beginnen.

Dies gilt zum einen unternehmensintern für die Beziehungen unter Kollegen, wo Neid und Missgunst zu Grabenkämpfen führen. Es gilt aber auch und vor allem für die Beziehungen zwischen Unternehmen, wo oft ganze Heerscharen von Rechtsanwälten damit beschäftigt sind, mögliche Konflikte von vornherein zu vermeiden, oder häufiger, bestehende Konflikte auf dem Rechtswege zu regeln. Nun zeigt es sich gerade bei Joint Ventures und Mergers, dass es ein großer Irrtum ist, eine effektive[11] Zusammenarbeit auf einer solchen Basis beginnen zu wollen. In allen diesbezüglichen Untersuchungen[12] wird immer wieder betont, dass die weichen Faktoren ausschlaggebend für den Erfolg oder den Misserfolg einer Kooperation sind, selbst wenn die harten Faktoren optimal zusammenpassen.

> **Monsieur Positif**
> Sagt das Huhn zum Schwein: „Lass uns kooperieren. Ich sorge für das Ei und du für den Schinken."

Steigendes Misstrauen löst die negative Synergiespirale[13] aus, die bekanntermaßen zur K.-o.-Operation führt! Um die wachsenden Konflikte in Grenzen zu halten, wird ein Management by Schadensbegrenzung betrieben, welches reine Energievergeudung ist!

> Misstrauen ist der Produktivitätsengpass Nummer eins!
>
> Ist die Beziehungsebene bereinigt, wird im Problemlösungsbereich ein Quantensprung erreicht.

Die Rechnung ist simpel und einleuchtend: Energie, die wir nicht mehr in die Überwindung von Absicherungsmaßnahmen und das Vorhersehen oder Ausbügeln von Revanchemaßnahmen stecken müssen, kann produktivitätsfördernd – statt (im besten Fall) produktivätshaltend – eingesetzt wer-

[11] Siehe Teil I, Kapitel 1.2: „Der Unterschied zwischen Effizienz und Effektivität", S. 41 f.
[12] Harvardmanager 2/95: „Unternehmenspartnerschaften: Langsam zueinander finden"
[13] Siehe Teil I, Kapitel 2: „Der Autopilot", S. 51 ff.

den. Je mehr man Misstrauen und enttäuschtes Vertrauen reduziert, umso mehr steigt die Lust an der Kooperation, Zusammen-Arbeit wird Zusammen-Wirken, die Selbstorganisation nimmt zu, und Ideen werden eingebracht anstatt zurückgehalten. Kurzum, die Produktivität entwickelt sich synergetisch: Die erwarteten Ziele werden wesentlich leichter erreicht oder gar übertroffen, in der Regel sogar beides![14]

Je mehr man Misstrauen reduziert, umso mehr steigt die Lust an der Kooperation.

Wir haben bereits in Teil I den japanischen Manager zitiert,[15] der als größte Stärke der Japaner deren geringeren Energieaufwand für den Aufbau einer Vertrauensbasis sieht. Hier nun der japanisch-amerikanische Historiker und Bestsellerautor Francis Fukuyama, der China glatt die Fähigkeit des von allen vorausgesagten Aufstiegs zur Wirtschaftsweltmacht abstreitet:[16]

> „Vertrauen ist ausschlaggebend für den Wohlstand und die Wirtschaftskraft eines Landes. Das mag in Ihren Ohren fremd klingen, weil die meisten Ökonomen nur Faktoren wie Arbeit, Kapital oder Technologie in ihre Modelle mit einbeziehen. Aber diese Modelle erklären bestenfalls drei Viertel der Wirtschaft. Der Rest ist Vertrauen."
>
> „In Japan und Deutschland gibt es ein hohes Maß an Vertrauen. Nicht zuletzt deshalb gehören die beiden Länder zu den führenden Wirtschaftsnationen. In China dagegen ist das Vertrauensniveau niedrig. Das ist der Grund, weshalb ich gerade auf China große Probleme zukommen sehe."

Vertrauen basiert auf der Annahme, dass der andere mir gegenüber wohlwollend eingestellt ist:

- „Der andere wird mich nicht an der Erreichung meiner Ziele hindern!" (Minimalfall)
- „Der Partner teilt die gleichen Werte und Ziele und wird mich daher bei der Erreichung unterstützen!" (Optimalfall)

In beiden Fällen habe ich den Vorteil, keine Energie in Absicherungsmaßnahmen investieren zu müssen. Mit anderen Worten:

> Vertrauen ist die Bereitschaft, sich verletzbar zu machen.

Voraussetzung dafür ist die immer wieder geforderte „Offenheit". Aber das ist gerade das Schwierige zwischen Wort und Tat: Was schön und logisch klingt, ist noch lange nicht in die Praxis umgesetzt. Denn was öffnet uns?

---

[14] Siehe Teil I, Kapitel 2.3 unter „Die positive Synergiespirale", S. 79.
[15] Siehe Teil I, Kapitel 1.1: „Was sind inkulturelle Missverständnisse?", S. 27.
[16] „Der Westen hat die Kraft", Interview in: „manager magazin", 5/96.

Unter welchen Voraussetzungen werden Sie bereit, sich „verletzbar" zu machen?

Unter welchen Voraussetzungen werden Sie bereit, sich „verletzbar" zu machen? Es ist also, nachdem wir uns sehr viel bewusster über die unterschiedlichen kulturellen Programmierungen unserer Autopiloten geworden sind, von äußerster Wichtigkeit, dass wir uns abschließend einmal damit auseinander setzen, wie überhaupt Vertrauen in Deutschland und Frankreich aufgebaut wird.

Vertrauensaufbau in Deutschland

Überprüfen Sie einmal an sich selbst: Welche Kriterien hat die deutsche Business-Kultur Ihrem Autopiloten einprogrammiert, an denen Sie beurteilen werden, ob Sie jemandem Vertrauen schenken oder nicht?

Sicherlich werden auch bei Ihnen Kriterien wie Zuverlässlichkeit, Pünktlichkeit, effizientes Handeln, Sachlichkeit, Referenzen, strukturiertes Vorgehen, klares Konzept, Korrektheit und natürlich die Qualität der Produkte oder Dienstleistungen ganz oben stehen. Sie werden „kritisch hinterfragen" und Ihr Gegenüber auf „Herz und Nieren" testen. Ist diese erste Klippe überwunden, so werden Informationen und Eindrücke überprüft, mit Konkurrenten verglichen.

Die Vertrauenswürdigkeit muss konkret bewiesen werden.

Das heißt also: Um in Deutschland Vertrauen gewährt zu bekommen, muss die Vertrauenswürdigkeit konkret bewiesen werden, sei es durch langjährige Referenzen und/oder durch sachlich überzeugendes Verhalten und Argumentieren. Fehlen die Referenzen, muss das Vertrauen erst verdient, das heißt über einen längeren Zeitraum hinweg aufgebaut werden. Ausschlaggebend ist die erwiesene Qualität der Arbeit bzw. des Produktes. Entscheidend, wenn auch immer mehr branchenabhängig, kann auch das Alter sein: Gerade im Industriebereich wird Alter mit Erfahrung und daher größerer Glaubwürdigkeit verbunden.

Ist die Vertrauensbasis erst einmal da, dann gilt sie in der Regel dauerhaft und wird selten in Frage gestellt. Hier tritt der Grundwert Beständigkeit in den Vordergrund: Gute Leistungen und Zuverlässigkeit werden nicht nur finanziell, sondern auch mit einem Treuebonus belohnt. Umgekehrt ist es daher auch sehr schwer, einmal enttäuschtes Vertrauen wieder zurückzugewinnen. Nicht umsonst lautete einer der wichtigsten Grundsätze von Robert Bosch:

„Lieber Geld verlieren als das Vertrauen unserer Kunden!"

Vertrauensaufbau in Frankreich

Wie gewohnt bauen Franzosen eine Vertrauensbasis, nach ganz anderen, ja wieder einmal gegensätzlichen Kriterien auf! So wird der automatische Pilot Ihres französischen Gegenübers beim Erstkontakt vor allem Persönlichkeit, Originalität, Phantasie, Flexibilität, Reaktionsvermögen, Spontaneität, Humor, Schlagfertigkeit, Ausbildung und den direkten Machteinfluss aufgrund von Beziehungen und Kontakten bewerten.

Ein Franzose versucht zunächst grundsätzlich zu erkunden, was sein Gegenüber im Bauch hat.

Ein Franzose empfindet als individualistischer Egoist[17] immer ein (gesundes) Misstrauen bei einem Erstkontakt. Deshalb versucht er zunächst grundsätzlich, sein Gegenüber aus dem Konzept zu bringen, um zu sehen, „was dieser im Bauch hat" („*ce qu'il a dans le ventre*"). Reagieren Sie in dieser Situation gelassen, schlagfertig, ja mit Humor, so haben Sie es bereits zu 80 Prozent (*globalement*) geschafft. In der restlichen verbleibenden Zeit müssen Sie lediglich von Zeit zu Zeit diesen ersten wichtigen positiven Eindruck bestätigen. Hier haben Sie auch den Grund für die große Bedeutung der Geschäftsessen[18]: Bei ersten Kontakten läuft hier zwischen den Zeilen ein Frage- und Antwortspiel ab, das dem unbefangenen Laien vollkommen entgeht. In einer zwei- bis dreistündigen „Speiseschlacht" stehen oft Millionen, wenn nicht Milliarden auf dem Spiel, ohne dass diese jemals angesprochen werden.

Joël Robuchon, der bekannte französische Dreisternekoch, sagte dazu in einem Interview im Figaro:

„Trotz der Krise gehen die Firmenchefs wieder verstärkt ins Restaurant. Sie haben verstanden, dass man eher Lust bereiten denn Mitleid erregen sollte. Wenn man einen bedeutenden Kunden überzeugen will, ist es unerlässlich, diesen zu ehren, indem man nicht an einigen Details spart, die diesen an der Seriosität des Unternehmens zweifeln lassen könnte."
(N.B.: Mit „Details" meint er natürlich die beachtliche Rechnung, die dem Gastgeber in einem Dreisternerestaurant präsentiert wird ...)

Übrigens: Ist die Vertrauensbasis bereits vorhanden, so sind lange Geschäftsessen bei Franzosen in der Regel nur ein Zeichen dafür, dass man Lust hat, miteinander *un moment agréable*, einen angenehmen Augenblick, zu verbringen, aus dem sich zudem ja ungeahnte Ideen und Möglichkeiten ergeben könnten ...[18]

TIPP

In Deutschland wird Vertrauen verdient und ist sachbezogen.
In Frankreich wird Vertrauen spontan gewährt (oder auch nicht) und ist personenbezogen.

---

[17] Siehe Teil I, Kapitel 4 „Der grundlegende Unterschied im Sozialverhalten, S. 106 ff.

[18] Siehe Kapitel 8.2: Problemlösungen zur Beziehungsebene unter „Lästige Geschäftsessen", S. 272 ff.

Daher ist es auch so wichtig, in die erste Begegnung mit Franzosen viel Zeit zu investieren, worauf wir hier nochmals ausdrücklich hinweisen möchten. Zwar hat man nach den Maßstäben der deutschen Business-Kultur ständig das Gefühl, Zeit zu verlieren, doch ist diese Zeit die beste Investition, um nachher Zeit zu gewinnen!

Auswirkungen des unterschiedlichen Vertrauensaufbaus auf die Zusammenarbeit

Geschäftsessen:

Franzosen gehen vor der Vertragsunterzeichnung miteinander essen, Deutsche danach.

Franzosen gehen vor der Vertragsunterzeichnung miteinander essen, Deutsche danach: Erstere wollen sich gegenseitig beschnuppern, um Stärken, Schwächen sowie Absichten auszukundschaften, kurzum, sie wollen die gleiche Wellenlänge finden. Letztere wollen jede emotionale Einflussnahme vermeiden, um nur nach sachlichen Kriterien zu entscheiden. Ist dies geschehen, kann auch der Mensch zu seinem Recht kommen: „Das muss gefeiert werden!“

Akquisitionsgespräche:

Deutsche Verkäufer schicken potenziellen Kunden zunächst ausführliches Informationsmaterial, das in der Regel gründlich gelesen wird. Im ersten Gespräch stellt der potenzielle Kunde auf dieser Grundlage detaillierte Fragen, um die fachliche Kompetenz zu überprüfen und um sich genauestens zu informieren.

„Keine Sorge, ich habe, was Sie brauchen!“

Der französische Verkäufer schickt zwar ebenfalls eine Broschüre, die nach deutschen Maßstäben jedoch bestenfalls unter „Werbeprospekt“ laufen würde. Mehr ist nicht nötig, denn sie wird sowieso nicht gelesen, sondern nur kurz durchgeschaut. Beim ersten Kontakt wird der umworbene Kunde meist mit gerunzelter Stirn sagen, dass er sich dunkel erinnere, die Broschüre erhalten zu haben, sie aber leider nicht mehr wiederfindet. Darauf ist der französische Käufer natürlich vorbereitet, und so wird er je nach Gefühl auf den Kunden eingehen, um schnell zu erfahren, wo er seinen Angriff ansetzen kann. Ein Standardsatz jedes französischen Verkäufers ist: „*Ne vous inquiétez pas, j'ai ce qu'il vous faut !*“ („Keine Sorge, ich habe, was Sie brauchen!“).

Ein deutscher Verkäufer fühlt sich daher in Frankreich oft unwohl, weil er weder konkrete Fragen gestellt bekommt noch der Kunde seine Bedürfnisse klar beschreibt. Diese sind nämlich mehr oder weniger variabel, je nachdem, ob der Verkäufer schnell eine Vertrauensbasis schafft oder nicht. Um in dem Gespräch wieder die Oberhand zu erhalten, neigt ein Deutscher dazu, sein Verkaufskonzept runterzuspulen. Damit bestätigt er wieder einmal das Bild vom „Dampfwalzendeutschen“.

Der französische Verkaufsprofi in Deutschland hingegen ist irritiert ob der präzisen Fragen seines Kunden und des klar umrissenen Bedürfnisses, über das dieser diskutieren will. Da sich das Ganze auch noch unter „Zeitdruck“ abspielt („In einer halben Stunde sind wir ja sicherlich durch!“), bekommt er kein Gefühl für die Persönlichkeit seines Gegenübers und muss sich nur mit sachlichen Detailfragen, auf die er selten vorbereitet ist, auseinander setzen. Um wieder die Oberhand zu gewinnen, wird er versuchen, seine Schwächen mit Hinweisen auf andere Produkte oder Möglichkeiten vergessen zu machen. Damit beweist er natürlich das hartnäckige Vorurteil, dass Franzosen „unseriös“ und „konzeptlos“ sind.

Unter „Zeitdruck“ bekommt der Franzose kein Gefühl für die Persönlichkeit seines Gegenübers.

Bewerbungen:
Bewerbungen in Deutschland sind drei Zentimeter dick und beinhalten von den Abiturzeugnissen bis hin zur aktuellen Tätigkeit alle Nachweise für Kompetenzen und Ausbildung. Der Begleitbrief kommt in der Regel aus der Textverarbeitung. Französische Bewerbungen beinhalten lediglich einen kurzen Lebenslauf (maximal zwei Seiten) sowie einen handgeschriebenen Begleitbrief (*une lettre de motivation*). Dieser soll neugierig machen, die Persönlichkeit zum Ausdruck bringen und wird meist für graphologische Gutachten herangezogen. Sie wirken auf Deutsche substanzlos und wandern meist direkt in den Papierkorb. Deutsche Bewerbungen machen französische Personalchefs hingegen misstrauisch: „So viel Papier! Was steckt dahinter? Der scheint ja sehr unsicher zu sein, wenn er so viele Beweise anführt!“, und sie erleiden systematisch das gleiche Schicksal der vertikalen Ablage.

Bewerbungen in Deutschland sind drei Zentimeter dick, französische beinhalten lediglich einen kurzen Lebenslauf von maximal zwei Seiten.

Ausbildung / Trainee / Altersunterschied:
Dem frisch diplomierten französischen Jungmanager (Durchschnittsalter 23 Jahre) wird nach drei Monaten im Unternehmen sofort Verantwortung übertragen, und er wird ins kalte Wasser geworfen. Er hat ja eine harte Schulzeit hinter sich und mit seinem Abschluss bewiesen, was er kann. Damit genießt er ein Prestige und einen Vertrauensvorschuss.

Dem französischen Jungmanager wird sofort Verantwortung übertragen.

Sein deutsches Pendant (Durchschnittsalter 29 Jahre) muss erst eine zwei- bis dreijährige Trainee-Ausbildung absolvieren, bevor er eine erste verantwortungsvolle Aufgabe erhält. Denn er hat ja bisher nur studiert, jetzt fängt der Ernst des Lebens an: Er muss erst mal in der Praxis beweisen, was in ihm steckt. Trotz seines Abschlusses genießt er also relativ wenig Prestige bei den Kollegen und muss sich das Vertrauen erst verdienen.

Jetzt fängt der Ernst des Lebens an!

So werden oft junge, ehrgeizige Studienabgänger mit geringer Berufserfahrung von französischen Muttergesellschaften nach Deutschland geschickt, die als Vorgesetzte auf gestandene deutsche Manager und Meister treffen. Gerade im Ingenieurbereich ist der Unterschied frappierend: Bei unseren Beratungsprojekten in deutsch-französischen Joint Ventures sind die deutschen Ingenieure im Durchschnitt um sieben Jahre älter als die französischen Kollegen.

Marktaufbau:
Franzosen sind es gewohnt, mit einer neuen Idee oder einem Produkt entweder direkt zu landen oder abzublitzen. Oft wenden sie sich an ihre ehemaligen Kameraden von der gleichen Hochschule, die inzwischen an den Schaltstellen bei potenziellen Kunden sitzen. Im Industriebereich kommen französische Firmen auf diese Weise sehr schnell zu Pilotanwendungen und Referenzen. Deutschen Firmen fehlen auf dem französischen Markt oft diese Beziehungen, die sie dann meist teuer in Form eines Vertriebsmanns bzw. eines Lobbyisten mit dem entsprechenden *Carnet d'adresses* (Adressbuch) einkaufen müssen. Dies ist auch der Grund, warum gute französische Verkäufer oft mehr verdienen als der Chef des deutschen Mutterhauses: Die Kunden kaufen weniger marken- denn personenbezogen. Wechselt ein Verkäufer zur Konkurrenz, so nimmt er meist wesentlich mehr Kunden mit als ein vergleichbarer deutscher Kollege.

Franzosen sind es gewohnt, mit einer neuen Idee oder einem Produkt entweder direkt zu landen oder abzublitzen.

Gute französische Verkäufer verdienen oft mehr als der Chef des deutschen Mutterhauses.

In Deutschland hingegen scheitern die Franzosen oft: Drei bis fünf Jahre durchzuhalten, bis man den Ruf der Zuverlässigkeit erworben hat, bedeutet für den Durchschnittsfranzosen eine Ewigkeit. Meist gibt er bereits nach sechs Monaten auf, wenn die gewünschten Ergebnisse nicht erreicht wurden. Hier finden Sie einen weiteren Grund für den Ruf, der vielen französischen Firmen auf dem deutschen Markt anhängt: mangelnde Investitionsbereitschaft und fehlende Kontinuität der Anstrengungen.

Daher können wir die Motivationskurve getrost auch Vertrauenskurve nennen:

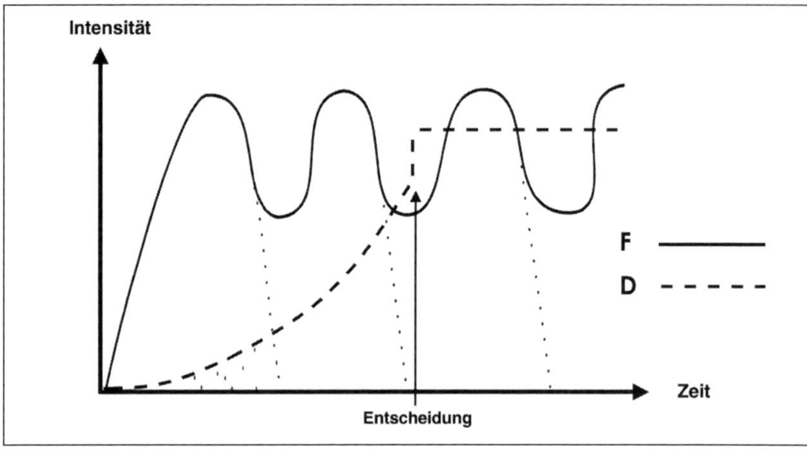

Abb. II.15: Die Vertrauenskurve der Deutschen und Franzosen

Franzosen schütteln über das blinde Vertrauen vieler Deutscher den Kopf.

Hier schneller Vertrauensaufbau durch persönliche Eindrücke, durch Sympathie, die allerdings jederzeit wieder entzogen werden kann. Dort schrittweiser Vertrauensaufbau, sachbezogen und untermauert durch überprüfbares Verhalten. Ist die Vertrauensbasis erreicht, kann dies geradezu in eine Art blindes Vertrauen oder Nibelungentreue umschlagen. Darüber schütteln die Franzosen wiederum ungläubig den Kopf, wie das folgende Beispiel zeigt:

Praxisbeispiel

Ein französischer Niederlassungsleiter wendete sich fast flehend mit der Bitte an uns, ihm einen Tipp zu geben, wie er die lästigen Revisoren der Muttergesellschaft loswerden könne. Diese tauchten nahezu alle drei Monate in den unterschiedlichen Abteilungen auf. Vorausgegangen waren allerdings große Verluste, verursacht von seinem Vorgänger, der die lange Leine der Muttergesellschaft weidlich ausgenutzt hatte. Wir rieten ihm, dass jede Abteilung zwei oder drei neue Computerstatistiken erstellen und diese den Verantwortlichen in Deutschland unverlangt, aber regelmäßig zum Zehnten eines jeden Monats mit einem Kommentar versehen zusenden sollte.

Für die erfindungsreichen Franzosen war dies eine Leichtigkeit: Zunächst skeptisch, aber dann mit viel Enthusiasmus (denn die Strategie war originell) machten sie sich an die Arbeit. Die Reaktion kam schneller als erwartet. Bereits nach vier Monaten beglückwünschte (!) die Muttergesellschaft die Filiale zu ihrer Informations- und Controllingpolitik. Sie bat darum, aufgrund „fehlender freier Kapazitäten" zukünftig nur noch drei der zwölf Statistiken regelmäßig zu übersenden.

Drei Jahre später berichtete der Geschäftsführer ungläubig: „Seitdem ist nie wieder ein Revisor bei uns aufgetaucht. Wir könnten jetzt sogar eine parallele Buchführung haben, kein Mensch in Deutschland würde etwas merken!"

VISION: „The Music of Hildegard von Bingen". Wenn Sie auch einmal etwas Extravagantes probieren wollen: Ein Mix von spiritueller, geistlicher Musik aus dem 12. Jahrhundert und modernen Rhythmen. Sehr originell, aber nicht jedermanns Geschmack. Genau das macht diese CD interessant. Passt doch gut zum Thema, oder?

7.5 Nicht „besser-als", sondern „anders-als"

Intox gegen Sachverständige

Franzosen sind über die emotionale, Deutsche über die rationale Ebene manipulierbar. Erstere sind sich dessen bewusst (fallen aber trotzdem freudig immer wieder darauf hinein), Letztere weniger: In Frankreich nennt man den Versuch, emotional zu manipulieren, „Intox", in Deutschland führen Sachverständige „abgesicherte" Zahlen und Statistiken an, die niemand in Frage stellt. So konnte es sich eine Automobilfirma in Deutschland erlauben, der staunenden potenziellen Kundschaft in großen Anzeigen sinngemäß zu erläutern: Untersuchungen haben ergeben, dass die Mitarbeiter in Unternehmen mit Firmenwagen unserer Marke um 67,6 Prozent höher motiviert sind! Man lese, staune und kaufe, denn immerhin steckte dahinter ein seriöses wissenschaftliches Institut. Selbst wenn dies ein Extrembeispiel ist, werden Sie sicherlich mit uns übereinstimmen, dass es in Deutschland geradezu an Majestätsbeleidigung grenzt, einem „Herrn Professor Dr. Spezialisten", der tiefgründige Statistiken fachmännisch und mit ernster Miene erläutert, Manipulation zu unterstellen. Dies ist jedoch genau das, was der Franzose empfindet, wenn ihm ein deutscher Manager seine Chartware auf den Tageslichtprojektor legt und diese detailliert erläutert: „Was versucht der mir da unterzujubeln?"

Je mehr Papier, Statistiken und Zahlenmaterial aufgefahren werden, umso skeptischer reagiert der Franzose.

Umgekehrt ist (natürlich) die Reaktion auf deutscher Seite: Je mehr Emotionen im Spiel sind, umso mehr verschließt man sich.

Es ist einfacher, sachlich zu sein, denn Freude vorzutäuschen.

Fazit: Beide Seiten sind manipulierbar, wobei es die Franzosen gegenüber Deutschen eigentlich leichter haben. Denn es ist einfacher, ein paar Zahlen in Kurven umzusetzen und diese sachlich zu interpretieren, als Freude und Enthusiasmus vorzutäuschen.

Wir wollten zum Abschluss die Schwächen beider Systeme aufzeigen, um nochmals deutlich zu machen, dass es kein absolut gutes oder schlechtes kulturelles System gibt. Jedes hat seine Stärken und Schwächen. In der Kooperation kommt es allerdings darauf an, sich auch der eigenen Schwächen bewusst zu sein und zu ihnen zu stehen, anstatt sie zu vertuschen. Aus diesem Selbst-Bewusstsein erwächst die Bescheidenheit, auf der Kooperation gedeihen kann. Sie führt vom „Besser-als"- hin zum „Anders-als"-Denken. Auf dieser Erkenntnis beruht auch der Spruch von Antoine de St. Exupéry, der das Denken und Handeln aller JPB-Mitarbeiter prägt:

Bin ich anders als du, bin ich dir nicht abträglich,
sondern vielmehr eine Bereicherung!

TIPP

Versuchen Sie weniger, Franzosen zu überzeugen, sondern vielmehr, sie für sich einzunehmen. Seien Sie sich bewusst, dass französische Geschäftsleute zu gewieften Strategen werden können, sobald die zwischenmenschliche Basis nicht stimmt. Dann können Sie seine Achtung nur gewinnen, wenn Sie selbst noch gewiefter sind. Das ist allerdings anstrengend und sicher nicht effizient. Besser ist es, mehr Zeit für den persönlichen Vertrauensaufbau zu verwenden. Also: Seien Sie liebenswert! Andernfalls, sofern möglich, ist es besser, den Betreffenden auszutauschen oder die Ansprechpartner zu wechseln. *Business is human ...*

Vorsicht jedoch vor blindem Vertrauen, denn dieses kann schamlos ausgenutzt werden, wenn die Beziehungsebene nicht stimmt! „Vertrauen ist gut – Kontrolle ist besser", sagt man auch in Deutschland. An dieser Stelle ist Kontrolle jedoch eher mit Wachsamkeit gleichzusetzen.

Aufgrund der größeren Spontaneität in den zwischenmenschlichen Beziehungen können Sie in Frankreich bzw. mit Franzosen vieles schneller erreichen, sobald die „Chemie stimmt". Türen öffnen sich, „Unmögliches" wird möglich, wenn Sie mit Witz und Intelligenz Sympathien erobern. Wie viele Manager bestätigen, ist dabei weniger die Beherrschung der Sprache wichtig, sondern Lockerheit, Gelassenheit und Flexibilität. Achtung aber: Das Vertrauen kann jederzeit, und oftmals auch nur aus strategischen Gründen, entzogen werden.

Abschließen wollen wir jedoch mit einem Auszug aus dem bekannten Buch „Der Prophet" von Khalil Gibram. Er stellt die beste Synthèse[19] der Komplementarität – nicht nur zwischen Deutschen und Franzosen – dar, die wir uns vorstellen können:

Von Vernunft und Leidenschaft

„Vernunft und Leidenschaft sind das Ruder und die Segel eurer seefahrenden Seele. Sind Segel oder Ruder gebrochen, so könnt ihr euch nur noch hin und her werfen und treiben lassen oder auf offener See zum Stillstand gezwungen werden.

Denn Vernunft, wo sie allein waltet, ist eine einschränkende Kraft; und Leidenschaft ohne Wärter ist eine Flamme, die ihrer Selbstverzehrung entgegenbrennt."

Kahlil Gibran

FAZIT

- Vertrauen ist der wichtigste Produktivitätsfaktor, weil Energie, Kreativität und Mittel nicht mehr in Absicherungsmaßnahmen und das Vorhersehen oder Ausbügeln von Revanchemaßnahmen gesteckt werden müssen. Alle Ressourcen werden – statt zur Schadensbegrenzung – produktivitätsfördernd eingesetzt.
- Vertrauen wird in Frankreich vor allem über die persönlichen Eigenschaften aufgebaut. Ausschlaggebend sind Originalität, Phantasie, Flexibilität, Reaktionsvermögen, Spontaneität, Humor, Schlagfertigkeit, Ausbildung und der Machteinfluss einer Person.
- Die Schwäche der französischen Business-Kultur liegt in der stark ausgeprägten emotionalen Reaktion auf Botschaften und Ereignisse. Die deutsche Business-Kultur ist hingegen anfällig für glaubwürdig vermittelte Zahlen und Statistiken. Beide sind also manipulierbar, die einen über die emotionale, die anderen über die rationale Ebene.
- Besser-als-Denken macht blind für die Vorteile, die andere Ansichten und Eigenschaften mit sich bringen. Es fördert den Wettbewerb und die Rivalität anstatt unsere Fähigkeit zum komplementären Zusammenwirken. Anders-als-Denken befähigt zu erkennen, ob eine Situation nicht andere Talente und Verhaltensweisen erfordert, um das Beste aus ihr zu machen.

[19] Siehe Checkliste „Falsche Freunde", Kapitel 9.14, S. 328 ff.

„Wenn du mit Franzosen etwas aufbauen willst,
dann trommle nicht deine Landsleute zusammen,
um Geschäfte zu tätigen,
Aufträge reinzuholen und Waren zu produzieren,
sondern lehre sie die Sehnsucht nach neuen Erkenntnissen,
Abenteuern und interessanten Menschen."

Jochen Peter Breuer & Pierre de Bartha
in Ableitung des Zitates von
Antoine de Saint-Exupéry[20]

[20] Original siehe Kapitel 6.1 unter „Nutzen/Rentabilität versus Originalität", S. 204 ff.

8 Problemlösungen zur Beziehungsebene

8.1 Die wesentlichen Unterschiede

Über diesen, aus unserer Sicht, wichtigsten Bereich ist bereits alles gesagt. Trotzdem könnte man noch etliche Bücher mit der Analyse des deutsch-französischen „Beziehungsdramas“ füllen.

Deutsche streben zunächst eher eine sachliche bzw. fachliche Akzeptanz ihres Gegenübers an und klammern das unsachliche und beeinflussende Persönliche aus. Letzteres wird erst mit der Zeit aufgebaut oder bleibt außen vor. Franzosen hingegen suchen meist, genau umgekehrt, zunächst die emotionale Akzeptanz unter Einbeziehung der persönlichen Ebene. Vertraut ein Franzose der Person, so wird er auch zum konstruktiven Geschäftspartner. Allerdings bleibt nahezu immer ein gewisser Vorbehalt, es sei denn, man hat emotional stark bindende Gemeinsamkeiten, wie z.B. die gleiche (Elite-) Schulausbildung, eine gemeinsam gemeisterte Gefahr oder ein schwieriges, aber erfolgreich abgeschlossenes Geschäft.

Franzosen suchen zunächst die emotionale Akzeptanz unter Einbeziehung der persönlichen Ebene.

Die größte Schwierigkeit erwächst für Deutsche aus der Tatsache, dass man sehr viel Zeit mit dem „Beziehungskram“ verbringen muss, was als Zeitverlust empfunden wird. Dies umso mehr, wenn man für einen Tag aus Deutschland angereist ist und die Tagesordnung bis zum Rückflug ohnehin kaum abgehandelt werden kann. Aus französischer Sicht ist es genau diese deutsche Ungeduld, die als „unzivilisiert“ und oft „bedrohlich“ empfunden wird. Denn wenn Franzosen so auftreten, also betont sachlich, so steckt dahinter in der Regel eindeutig die Absicht zu zeigen, wer der „Herr im Hause“ ist. Man will Macht zeigen und auch nutzen. Botschaft: Der Partner soll gefälligst schaffen!

Wenn Franzosen betont sachlich auftreten, wollen sie meist zeigen, wer „Herr im Haus“ ist.

Für Deutsche ist es also unbedingt nötig, sich die Zeit zu nehmen, die Beziehungsebene aufzubauen und ständig zu klären. Und das nicht erst nach Feierabend! Sonst laufen sie Gefahr, ständig als lebendige Bestätigung des Vorurteils der deutschen Dampfwalze hinhalten zu müssen. Ergebnis: Die Zeit, die nicht in den Aufbau der Beziehungsebene investiert wurde, muss jetzt in die Kontrolle und die Druckausübung für das „Management by Scha-

Um Zeit zu gewinnen, müssen Sie zuerst Zeit „verlieren“!

densbegrenzung“ investiert werden. Also: Um Zeit zu gewinnen, müssen Sie zuerst Zeit „verlieren“!

8.2 Lästige Geschäftsessen

Die Situation:
Karl-Heinz Richter, Chef eines Dienstleistungsunternehmens, ist zu Kooperationsverhandlungen in Paris. Großzügig lädt er seine französischen Geschäftspartner zum Mittagessen in ein gutes Restaurant ein. Als der Chef de Cuisine Vorspeisen „frisch vom Markt“ anbietet, unterbricht Richter, unter Zeitdruck stehend, diesen kurz angebunden: „Danke, für mich nur ein Steak und Salat und kein Dessert!“ Die Franzosen folgen seinem Beispiel, sind aber zunehmend einsilbiger, die anfänglich gute Atmosphäre ist dahin.

Die Wahr-Nehmung aus deutscher Sicht
Was ist nur mit denen los? Jetzt lade ich sie schon in ein gutes Restaurant ein, und dann machen die so ein Gesicht. Sie wissen doch, dass wir nicht viel Zeit haben. Im Übrigen hätten sie ja eine Vorspeise nehmen können, ich hab sie nicht davon abgehalten.

Typische Aussagen: „Diese ewigen langen Geschäftsessen gehen mir auf den Geist. Da geht der Flieger um 18 Uhr, und um 15 Uhr bestellt man gerade den Nachtisch!“

Die Wahr-Nehmung aus französischer Sicht
Was für ein Banause! Der hat ja überhaupt keine Kultur! Lädt uns in ein gutes Restaurant ein und genießt nicht einmal die Küche und das Ambiente. Da hätten wir ja gleich einen Hamburger essen können. Das kann ja heiter werden für die zukünftigen Geschäfte. Wollen wir lieber auf der Hut sein.

Mögliche Problemlösung
Regel Nr. 1: Laden Sie nicht förmlich ins Restaurant ein. Das geschieht meistens implizit: Entweder der Gastgeber zahlt oder derjenige, der beim letzten Mal eingeladen wurde.

Regel Nr. 2: Die Wahl des Restaurants ist Ausdruck für die Wertschätzung, die Sie Ihrem Partner entgegenbringen. Wollen Sie ihn besonders ehren, laden Sie ihn in Ihr Lieblingsrestaurant oder in ein besonders gutes ein.

Regel Nr. 3: Je besser das Restaurant, umso mehr Zeit sollten Sie sich nehmen. Es ist ein großer Affront, auch für den Küchenchef, kein Menü (Vorspeise, Hauptgang, Dessert) zu wählen und dann sogar nur ein Steak zu essen.

Regel Nr. 4: Es gibt durchaus gute Restaurants, in denen man innerhalb von 1 1/2 Stunden, essen kann. Planen Sie diese mindestens ein und setzen Sie sich nicht selbst unter Zeitdruck, insbesondere beim ersten Treffen. Stimmt die Beziehungsebene, können Sie auch mit Franzosen „schnell mal zwischendurch" etwas essen. Sprechen Sie sich diesbezüglich nur vorher ab.

Regel Nr. 5: Viele Franzosen trinken heute keinen Alkohol mehr zum Mittagessen. Im guten Restaurant ist ein entsprechender Wein zum Essen allerdings obligatorisch. Möchten Sie trotzdem keinen Alkohol trinken, so lassen Sie sich zumindest ein Glas einschenken, und nippen Sie einfach von Zeit zu Zeit daran. Damit lassen Sie Ihren französischen Partner nicht alleine.

Regel Nr. 6: Während des Essens geschieht das Wichtigste für den weiteren Verlauf der Geschäfte, vor allem am Anfang einer Kooperation: Man beschnuppert sich, um die gemeinsame Wellenlänge zu finden. Selten wird das Geschäft angesprochen, eher anscheinend Belangloses.

Überraschen Sie Ihre Geschäftspartner mit humorvollen Bemerkungen und originellen Kenntnissen. Themen, die sehr gut ankommen, sind z.B.: Kenntnisse über andere Länder aus Reisen, verblüffendes Wissen z.B. über Denk- und Lebensweisen in Deutschland, Ihre persönliche Meinung zur aktuellen politischen und wirtschaftlichen Situation in Deutschland und natürlich alles, was Sie an Frankreich lieben (wenn Sie nichts lieben, vermeiden Sie das Thema lieber...).

Zeigen Sie sich auch interessiert für den persönlichen Lebensweg Ihrer Partner, ohne diese jedoch auszufragen. Zeigen Sie sich interessiert an allem, was anders ist. Laden Sie die Atmosphäre positiv auf, um gemeinsame Interessen zu finden.

Regel Nr. 7: Desserts und anschließender Kaffee sind ein nahezu unantastbares Ritual in Frankreich. Wenn Sie kein Dessert wollen, lassen Sie möglichst zunächst Ihre Partner wählen, damit diese nicht wider Willen Ihrem Beispiel folgen.

Regel Nr. 8: Jetzt beginnt meistens die wichtigste Phase des Essens: Man kommt urplötzlich zum Geschäftsthema zurück. Je nach dem „Zustand" der Beziehungsebene werden Ihre französischen Partner kurz angebunden, höflich zurückhaltend oder sehr aktiv, ja sogar Feuer und Flamme sein.

Im letzteren Fall nutzen Sie den Moment, und drängen Sie nicht auf die Rückkehr ins Büro. Sie können jetzt Nägel mit Köpfen machen und später im Büro die Details regeln.

Regel Nr. 9: Bezahlen Sie diskret, oder lassen Sie Ihren Partner diskret bezahlen. Keine langen Scheingefechte nach dem Motto: „Ach bitte, lassen Sie mich das doch machen!“ „Nein, nein, das übernehme ich!“ Meistens ist implizit sowieso klar, wer zahlt (siehe Regel Nr. 1).

Überprüfen Sie auch nicht die Rechnung im Detail, außer wenn der Betrag wirklich viel höher als erwartet erscheint. Das wirkt kleinlich. Zahlen Sie mit Kreditkarte, das ist eleganter, und nehmen Sie einige Zwei-Euro-Stücke mit. Wenn Sie zufrieden sind, geben Sie ca. zehn Prozent Trinkgeld. Auch an der Garderobe gibt man in der Regel 2 €, wenn Sie der Einladende sind.

Regel Nr. 10: Wenn Sie eingeladen wurden, bedanken Sie sich bei Ihrem Gastgeber, wenn Sie aufstehen oder beim Verlassen des Restaurants, aber nicht zu überschwenglich. Haben Sie das Essen genossen, so bleiben Sie möglichst in der Stimmung, und denken Sie nicht direkt wieder an die verbleibende Tagesordnung. Machen Sie vielmehr innerlich eine Analyse der Situation über den Zustand der Beziehungsebene.

Wenn das Geschäftsessen positiv verlaufen ist, werden Sie eine spürbar angenehmere Atmosphäre feststellen und effektivere Verhandlungen mit Ihren französischen Partnern führen.

Übrigens: Überlassen Sie bei weiteren Geschäftsessen möglichst den Franzosen die Gesprächsinitiative. So können Sie nichts falsch machen, denn auch hier gibt es keine Regel: Manche Franzosen wollen auch beim Essen über das Geschäft reden, andere wiederum schätzen mehr persönliche Themen.

Zum Nachlesen und Vertiefen

- Checkliste „‚Benimmregeln‘: kleine Unterschiede, auf die es ankommen kann“ (Kapitel 8.12, S. 293 ff).
- Checkliste „Falsche Freunde“ (Kapitel 9.14, S. 328 ff).

8.3 Keine Unterstützung vom Werk in Frankreich

Die Situation:
Ein von der französischen Niederlassung produziertes Produkt soll auf einer Messe in Deutschland ausgestellt werden. Es kommt allerdings nur geringe Unterstützung vom Werk in Frankreich, um die nötigen Vorbereitungen zu treffen und Anpassungen vorzunehmen.

Die Wahr-Nehmung aus deutscher Sicht
Die Leute im Partner- bzw. Tochterwerk in Frankreich interessieren sich nur für den französischen Markt. Unsere Bedürfnisse und die unserer Kunden in Deutschland und im Export sind zweitrangig. Was für Egoisten!

Die Wahr-Nehmung aus französischer Sicht
Hier gibt es gleich mehrere Möglichkeiten:

1. Beziehungsebene stimmt nicht
Die Deutschen wollen sowieso immer alles anders. Sollen sie doch sehen, wie sie zurechtkommen!

2. Zu großer Druck im Inlandsgeschäft
Mein Chef steht mir wegen einer dringenden Lieferung auf den Füßen. Wenn wir einen Augenblick Zeit haben, werden wir uns um die Messe in Deutschland kümmern.

3. Die Bitte um Hilfestellung aus Deutschland ist untergegangen oder ist mit zu wenig Nachdruck gestellt worden: Da kümmert sich schon jemand drum. Ich habe anderes zu tun!

Mögliche Problemlösung
Fall 1: Hier liegt einiges im Argen, was nicht auf die Schnelle geklärt werden kann. Im schlimmsten Fall bleibt hier nur die direkte Machtausübung, also Druck und Androhung von Konsequenzen. Anschließend muss auf der Beziehungsebene dringend Klarheit geschaffen werden.

Fall 2: Die Lösung kann nur über das direkte Einbeziehen der Autoritätsperson vor Ort, also des Chefs, kommen. Entweder der Druck ist wirklich zu groß, dann muss dieser Prioritäten setzen, oder es ist nur ein Vorwand. Dann ist energisches Durchgreifen angebracht.

Fall 3: Die Bitte um Hilfestellung hatte keinen emotionalen Hintergrund, der eine sofortige Handlung ausgelöst hätte. Sie müssen unbedingt etwas finden, damit sich Ihre französischen Partner emotional mit Ihren Belangen identifizieren: Feindbild aufbauen („Euer schärfster Konkurrent ist direkt neben unserem Stand!“), Verständnis für deren Lage zeigen und dann an den Stolz Ihrer französischen Kollegen appellieren („Ohne euch schaffen wir's nicht!“). Selbst wenn Sie sich dabei nicht gut fühlen, Sie haben wenigstens das Ergebnis....

Für zukünftige Fälle:
Machen Sie einen französischen Kollegen ausfindig, zu dem Sie einen guten Draht haben und der ein genügendes Maß an Gewicht in der Hierarchie hat.

Zum Nachlesen und Vertiefen

- Teil I, Kapitel 4.10: „Vier Wege, wie man einen Franzosen als Partner gewinnt“ zum Thema „Gemeinsames Feindbild“, S. 141 f.
- Teil I, Kapitel 5.6 „Die französischen Grundwerte“ unter Grundwert „Bewunderung“ zum Thema „Stolz“, S. 175 ff.

8.4 Die erste Ansprache

Die Situation:
Der neue deutsche Chef macht Bekanntschaft mit seiner französischen Führungsmannschaft. Nach einer kurzen persönlichen Vorstellung aller Anwesenden legt er sehr sachlich seine Ziele und die Unternehmensstrategie dar. Er betont insbesondere mehrmals, was sich aufgrund von Irrtümern in der Vergangenheit alles ändern müsse. Als er um Fragen und Wortmeldungen bittet, herrscht nur betretenes Schweigen. In der Folge erhält er kaum handfeste Informationen und stellt auch wenig Initiative bei den Führungskräften fest.

Die Wahr-Nehmung aus deutscher Sicht
Ich lege meinen neuen Mitarbeitern alle Karten auf den Tisch. Dann wissen sie wenigstens, wo sie dran sind. Feiern können wir, wenn die ersten Ziele erreicht sind.

Typische Aussagen: „Probleme spreche ich immer direkt an. Aber anstatt mit mir zu diskutieren, herrscht nur Schweigen!“

Die Wahr-Nehmung aus französischer Sicht
Das scheint ja so ein typischer Deutscher zu sein. Nimmt sich keine Zeit, uns kennen zu lernen, und legt schon Ziele fest, ohne überhaupt das Unternehmen zu kennen. Für die Fehler der Vergangenheit können wir doch nichts.

Bei dem müssen wir vorsichtig sein, das ist ein ganz Gefährlicher, und obendrein hat er keinen Humor!

Mögliche Problemlösung
Beim Erstkontakt gilt, egal in welcher Situation: Beziehung aufbauen, sich einfühlen und dann erst die wichtigen Sachinhalte vermitteln. Es geht hier nur ums „Beschnuppern". Ein kurzer Händedruck für jeden (nicht germanisch fest!), möglichst mit einem herzlichen Lächeln verbunden (zeigen Sie, dass Sie Mensch sind!), wirkt da schon Wunder.

Gehen Sie zunächst etwas ausführlicher auf Ihren persönlichen Lebensweg ein, und erläutern Sie, wie Sie nach Frankreich gekommen sind. Sagen Sie, was Sie an Frankreich und den Franzosen schätzen, und fügen Sie einen Schuss Humor hinzu, z.B. was für Sie als Deutscher etwas schwierig am Anfang ist.

Bitten Sie dann jeden Franzosen, sich kurz vorzustellen. Unterbrechen Sie ruhig, und stellen Sie Zwischenfragen, denn das ist Ausdruck für Ihr Interesse. Erst dann sollten Sie ganz globale Ziele vorgeben und nachher mit allen wichtigen Leuten einzeln sprechen, um ein Gefühl für die „geheimen Regeln" im Unternehmen zu bekommen und wer für Sie eine Vertrauensperson sein könnte.

Zum Nachlesen und Vertiefen
- zum Thema „Entscheiden und Ziele setzen" siehe „Checklisten zu Management/Organisation" (Kapitel 10.11, S. 346 f).
- Checkliste „Ich bin zum neuen Chef einer französischen Filiale in Deutschland ernannt worden. Wie gehe ich vor?" (Kapitel 10.11, S. 358 f).

8.5 Französischer Partner kündigt einen Deutschlandbesuch an

Die Situation:
Ein französischer Finanzchef der Partnerfirma kündigt bei seinem deutschen Kollegen Siebert einen Besuch an. Er möchte am Vorabend kommen, um seine deutschen Partner besser kennen zu lernen, und eventuell über ein neues Projekt sprechen. Außerdem könne man ja noch die übrigen offenen Punkte aus der letzten Besprechung regeln.

Die Wahr-Nehmung aus deutscher Sicht
Was soll ich denn anderthalb Tage lang mit dem anfangen? Ich kann mir die Zeit auch nicht aus den Fingern saugen! Wir haben noch nicht mal die

Punkte der letzten Besprechung abgehakt, da kommt der schon mit einem neuen Projekt!

Typische Aussagen: „Franzosen haben entweder zu viel oder gar keine Zeit. Dazwischen gibt es gar nichts!"

Die Wahr-Nehmung aus französischer Sicht
Möglichkeit 1: *„Je vais prendre la température!"* („Ich werde mal den Puls fühlen!") Ich muss endlich mal die deutschen Partner besser kennen lernen, um ein Gefühl dafür zu bekommen, was man mit denen machen kann und was nicht.

Möglichkeit 2: *„Je vais préparer le terrain!"* („Ich werde die Verhandlungsbasis vorbereiten!") Jetzt eine günstige Gelegenheit, mit denen über ein neues Projekt zu sprechen, das wir gestern im Direktionskomitee besprochen haben. Denn ohne die Deutschen ist da nichts zu machen. Da lohnt es sich schon, sich etwas Zeit zu nehmen.

Möglichkeit 3: *„Il y a anguille sous roche!"* („Irgendetwas stinkt da!"/ „Da steckt doch was dahinter?") Die Deutschen verbergen uns etwas. Das müssen wir unbedingt herausbekommen.

Mögliche Problemlösung
Möglichkeiten 1 und 2: Wenn ein Franzose sich Zeit nimmt, steckt in jedem Fall die Absicht dahinter, ein besseres Gefühl für die Personen und Vorgänge in der Partnerfirma zu bekommen. Er möchte erkennen, wie die aktuelle Strategie der Firma aussieht und was mit den Führungspersönlichkeiten „unternehmbar" ist.

Nehmen Sie sich die Zeit, und gehen Sie ohne einen besonderen Plan in dieses Treffen. Zeigen Sie Ihrem Partner Ihre Stadt, nehmen Sie ihn in Ihr Lieblingslokal mit (möglichst keine französische Küche!). Die Konversation wird ganz natürlicherweise auf das Wesentliche kommen.

Lassen Sie ihn mit wichtigen Leuten Ihres Unternehmens zusammenkommen. Wenn Sie merken, dass die Beziehungsebene stimmt, können Sie ohne Probleme eine „sachlichere" Tonart anschlagen und alle offen stehenden Punkte ansprechen. Sicherlich wird Ihr französischer Partner dann irgendwann mit seinem „Scoop" auf Sie zukommen!

Möglichkeit 3: Wenn der Verdacht berechtigt ist, müssen Sie selbst wissen, was Sie tun. Stellen Sie jedoch unberechtigtes Misstrauen fest, so versuchen Sie zu erkunden, was dahinter steckt. Entspannen Sie die Situation, indem Sie sich Zeit nehmen, und versuchen Sie dem Verhalten und den Andeutungen Ihres französischen Partners zu entnehmen, worauf er hinauswill.

Stimmt die Beziehungsebene, dann sprechen Sie es ganz offen an: Stellen Sie die Vertrauensfrage! Sie werden dann Antworten bekommen wie z.B.: „Oh, ich vertraue Ihnen voll und ganz. Aber in unserem Unternehmen gibt es einige, die sich fragen, ob die Deutschen nicht das und das vorhaben ...“

Gelingt es Ihnen nicht, das Misstrauen zu beseitigen, seien Sie zukünftig auf der Hut, denn Sie können dann nicht mehr von einer konstruktiven Partnerschaft ausgehen.

8.6 Verhalten gegenüber französischen Managerinnen

Die Situation:
In einer wichtigen Verhandlung ist auch eine französische Managerin dabei, die offensichtlich in ihrem Unternehmen respektiert ist. Die attraktive Frau, sehr elegant gekleidet, zeigt sich als sehr resolut auftretende Managerin. Die deutsche Seite hält sich stark zurück und weiß nicht so recht, wie sie sich verhalten soll.

Die Wahr-Nehmung aus deutscher Sicht
Man kann doch mit einer Frau gegenüber nicht so knallhart auftreten. Aber wieso verhält die sich so autoritär und ist so kurz angebunden? Wenn die ein Mann wäre, würde ich der glatt eine reinhauen ...

Typische Aussagen: „Die französischen Managerinnen weiß man nie so richtig zu nehmen. Entweder Sie verwirren mich durch ihren Charme, den sie ganz unverfroren ausspielen, oder sie sind knallhart.“

Die Wahr-Nehmung aus französischer Sicht
Mal sehen, was die Herren Deutschen so vorhaben. Denen lasse ich keine Sekunde Atempause und treibe sie in die Enge, bis ich weiß, was die für ein Spiel spielen. Komisch, dass die sich so zurückhalten. Und Humor scheinen die auch keinen zu haben ...

Mögliche Problemlösung
Sie können davon ausgehen, dass französische Frauen in verantwortungsvollen Positionen sehr hart im Austeilen, aber auch im Nehmen sind. Sie haben meistens, wie ihre männlichen Kollegen, ebenfalls eine Eliteschulausbildung hinter sich und oft besser abgeschlossen als ihre männlichen Kollegen. Sie haben mehrere Vorteile gegenüber deutschen Kolleginnen: Berufs-

tätige Frauen in verantwortlichen Positionen sind in Frankreich in den meisten Branchen normal und nicht die Ausnahme, wie leider noch allzu oft in Deutschland.

Zudem brauchen Sie nicht, wie viele deutsche Managerinnen, ihre weibliche Seite durch diskrete Kleidung zu verbergen, sondern kehren diese sogar sehr selbstbewusst hervor. Charme, Lächeln und Humor erwarten sie auch von ihren männlichen Kollegen, was deutsche Manager oft verwirrt, bemüht man sich doch in germanischen Gefilden gewissenhaft um Neutralität, um nicht als „Sexist" verschrien zu werden.

„Gemischte" Verhandlungen und Besprechungen sind in Frankreich wesentlich mehr von der Mann-Frau-Beziehung durchwoben. In Deutschland verschiebt man das geflissentlich auf den Feierabend.

Aber auch hier können wir keine Standardlösung bieten: In dem obigen Fall, der häufig anzutreffen ist, sollten Sie versuchen, die „kämpferische" Haltung der französischen Managerin mit Gelassenheit zu parieren. Stecken Sie Ihre Grenzen ab, und übernehmen Sie ruhig mal die Initiative, indem Sie mit Humor die Atmosphäre entspannen.

In jedem Fall schätzen praktisch alle französischen Frauen im Geschäftsleben elegante, diskret originelle Kleidung bei Männern (bitte keine „Micky-Maus"-Krawatten, diese wirken in Frankreich geradezu lächerlich) und höfliche Umgangsformen. Sie wissen ehrliche Komplimente (keine Platitüden) richtig einzuordnen und fordern diese geradezu heraus. Wer hier nicht richtig zu reagieren weiß, hat schon einen Minuspunkt.

Achtung: Manche Frauen sind echte „Ver-Führungskräfte" und lassen ihren Charme spielen, um ihre Ziele zu erreichen. (Das ist guter Krieg!) Bei dem Spiel mit dem Feuer bestehen aber klare Grenzen, die nicht überschritten werden dürfen. Die Win win-Situation stellt sich wie folgt dar:

Der Mann und Manager genießt die Abwechslung, Emotion und Intuition, welche eine Frau ins öde (Männer-) Geschäftsleben bringen kann, die Frau und Managerin stellt ihre berufliche Kompetenz in den Vordergrund, genießt und erwartet aber gleichzeitig die Aufmerksamkeit des Mannes ihr persönlich gegenüber.

8.7 Auftreten als deutsche Managerin

Die Situation:
Dagmar Hinz ist Produktmanagerin in einem Pharmaunternehmen. Bei Besprechungen und Verhandlungen mit Franzosen sieht sie sich immer wieder eindeutigen Bemerkungen ausgesetzt. Je mehr sie sich darüber aufregt und sich dieses Verhalten verbietet, umso mehr ufert es aus.

Die Wahr-Nehmung aus deutscher Sicht
Ich bin hier in meiner Eigenschaft als Managerin. Unverschämt, was sich diese Franzosen herausnehmen. Zuerst sind sie ja noch ganz sympathisch, aber mit der Zeit gehen einem diese Anspielungen schwer auf den Geist. Das ist ja schon Missachtung, was die Kerle mit mir treiben! Ich kann mich ja gar nicht mehr richtig konzentrieren. Gleich kracht's aber.

Typische Aussagen: „Franzosen sind Machos. Die respektieren eine Frau im Unternehmen noch weniger als bei uns in Deutschland!" – „Franzosen nehmen mich einfach nicht ernst!"

Die Wahr-Nehmung aus französischer Sicht
Toll, eine Deutsche, endlich mal eine Abwechslung von den spröden Deutschen, mit ihr können wir vielleicht etwas mehr Spaß haben. Mal sehen, wie sie so reagiert.

Oh, sie versteht kein Spaß, scheint ja verdammt verklemmt zu sein! „*On va la décoincer!*" (Die werden wir „entklemmen"). Na dann werden wir mal ein bisschen mit ihr spielen. Mal sehen, wie viel sie aushält!

Mögliche Problemlösung
Paradoxerweise geschieht in Frankreich, wie in allen romanischen Ländern, etwas sehr Positives, das deutsche Managerinnen oder Unternehmerinnen oft verwirrt, ja sogar als Affront auffassen: Eine Frau wird zunächst als Frau wahrgenommen und nicht als sachkompetente Verhandlungspartnerin oder Kollegin.

Entsprechend gehört zum Begrüßungsritual das uralte Ein- und Abschätzungsritual zwischen Mann und Frau: Es wird offen oder verdeckt geflirtet! Französische Frauen beherrschen dieses Spiel auch im Geschäftsleben meisterhaft. Sie setzen ganz bewusst ihre weiblichen „Waffen" ein, um die Standhaftigkeit ihres männlichen Gegenübers zu testen oder gar ins Wanken zu bringen.

Wer das Spiel nicht mitspielt, wie z.B. viele deutsche Frauen, die sich missachtet fühlen, läuft Gefahr, hochgenommen zu werden. Viele Franzosen berichten uns, dass sie gerade das defensive Verhalten deutscher Frauen so sehr amüsiert, dass sie versuchen, dieses aufzubrechen.

Seien Sie also möglichst natürlich, und setzen Sie die Grenzen mit Humor, Einfühlungsvermögen und wenn möglich Schlagfertigkeit. Wenn es zu sehr ausufert, sprechen Sie Ihre Gesprächspartner einfach auf deren Kinder an. Das wirkt meistens radikal.

Je gelassener Sie sind, umso schneller werden Ihre Gesprächspartner Sie akzeptieren und zur Tagesordnung übergehen. Wenn Sie sich gestatten, so zu sein, wie Sie (im Privatleben) sind, werden Sie eine angenehme Überraschung erleben: Weibliche Eigenschaften wie Intuition und Einfühlungsvermögen sind in Frankreich sehr geschätzt. Sie können sich also in der Regel natürlicher und entspannter geben als in Deutschland, wo viele Managerinnen sich hinter einer „männlichen" Maske verstecken, um ernst genommen zu werden.

Wenn Sie das schaffen und sich akzeptiert fühlen, können Sie das Spielchen sogar umgekehrt mit den Franzosen spielen: Fragen Sie z.B. mit einem schüchternen und verführerischen Lächeln: *„Oh, François, j'ai un énorme service à vous demander, mais je n'ose pas..."* („Ach François, ich hätte eine große Bitte an Sie, aber ich wage es nicht..."). Lassen Sie sich mal überraschen, wie Franzosen plötzlich alles stehen lassen und für Sie rennen... (das „LiFo-"Syndrom wirkt plötzlich zu Ihren Gunsten)! Kurzum, fassen Sie es als Kompliment auf, dass man(n) Sie als Frau behandelt!

Übrigens, falls Sie jetzt etwas ungehalten über diesen „unseriösen" Tipp sind, so ist dies eine ganz normale Reaktion Ihres deutschen Autopiloten!

Zum Nachlesen und Vertiefen

- Problemlösung „Anrede: ‚Jean-Louis' oder ‚Monsieur Convivial'?" (Teil II, Kapitel 8.11, S. 287)
- Teil II, Kapitel 7 unter „Motivationskurve", S. 254 und 266.

8.8 Franzosen missbrauchen unsere Hilfsbereitschaft

Die Situation:

Der Automobilzulieferer Freud AG hat ein neues CAD-System eingeführt, das von allen Auslandsfilialen übernommen werden musste. In Frankreich läuft es mehr schlecht als recht. Großzügig bietet die Muttergesellschaft ihrer französischen Tochtergesellschaft Hilfe an, um die nötigen Maßnahmen zu treffen.

Die angereisten Fachleute gehen natürlich davon aus, dass die französischen Kollegen sie tatkräftig unterstützen. Das erweist sich schnell als Illusion: Keiner bleibt länger als 30 Minuten, ohne gleich wieder nach dringenden anderen Angelegenheiten zu sehen.

Die Wahr-Nehmung aus deutscher Sicht
Wir nehmen uns die Zeit, nur um ihnen zu helfen, und die französischen Kollegen rennen rein und raus. Eine Stunde später warten wir immer noch. Überhaupt sind sie nur halb bei der Sache. So können sie die Funktionsweise der Software gar nicht verstehen. Nun stehen wir da und verlieren unsere Zeit. Wir fühlen uns einfach nicht respektiert, von Dankbarkeit gar nicht zu reden!

Typische Aussagen: „Bei denen herrscht permanenter Notstand, wie kann man da vernünftige Arbeit leisten?"
„Nie hören wir von Franzosen mal ein Dankeschön!"

Die Wahr-Nehmung aus französischer Sicht
Die haben uns ihr System ja aufgedrückt, jetzt sollen sie sehen, wie sie es ans Laufen bekommen. Die wissen sowieso alles besser! Ich habe Dringenderes zu tun, als mich für einen Depp verkaufen zu lassen!

Mögliche Problemlösung
Hier haben wir es mit einem typischen Boykottverhalten zu tun. Die Franzosen geben zu verstehen: „Du kannst mich mal!" Je mehr Argumente (wie z.B. „Seid doch vernünftig", „Ihr müsst doch einsehen, dass ...") die deutsche Seite in dieser Situation bringt, umso mehr fühlt sich der Franzose geohrfeigt bzw. freut er sich, mit seinem Verhalten Verärgerung hervorzurufen!

Auslöser ist in diesem Fall die Tatsache, dass die Franzosen ein System übernehmen mussten, an dessen Auswahl sie nicht beteiligt waren und in das sie keine eigene Kreativität einbringen können. Appelle an die Vernunft bringen hier überhaupt nichts.

Entweder muss Druck angewandt werden (der Chef soll eben die entsprechenden Mitarbeiter abstellen), was natürlich die schlechteste Lösung darstellt, oder das Problem muss an der Basis angegangen werden: Wie können die französischen Kollegen für das System gewonnen werden?

Auf jedem Fall ist hier nichts ohne den Mann vor Ort zu machen. Wenn der entscheidende Mann dagegen ist, werden auch die Mitarbeiter nicht konstruktiv daran arbeiten. Richten Sie also Ihre Energien auf die Motivation der Schlüsselpersonen, anstatt zu versuchen, die ganze Belegschaft zu überzeugen oder mit großem Aufwand zu kontrollieren.

Zum Nachlesen und Vertiefen

- Teil I, Kapitel 4 „Der grundlegende Unterschied im Sozialverhalten, S. 106 ff.

8.9 Allem, was aus Deutschland kommt, wird systematisch misstraut!

Die Situation:
Ein deutsches Unternehmen der Spielzeugbranche hat ein führendes französisches Unternehmen mit einer sehr komplementären Produktpalette übernommen. Als Zeichen des guten Willens übernimmt man das französische Management unverändert und setzt nur im Bereich Finanzen einen Mann aus den eigenen Reihen ein.

Überraschenderweise bleiben die Franzosen jedoch sehr misstrauisch und sind alles andere als kooperativ. Als man nach sechs Monaten erste Maßnahmen trifft, um an der Organisationsstruktur etwas zu ändern, ist direkt Aufruhr bei den Mitarbeitern. Sogar mit Streiks wird gedroht!

Die Wahr-Nehmung aus deutscher Sicht
Da tut man alles, um eine vernünftige Partnerschaft aufzubauen, und das ist der Dank. Wenn das so weitergeht, müssen wir bald andere Seiten aufziehen.

Typische Aussage: „Unsere Gutmütigkeit wird ständig ausgenutzt!"

Die Wahr-Nehmung aus französischer Sicht
Die haben doch die Macht! Wenn die jetzt noch keine Maßnahmen ergreifen, dann doch nur, um uns einzuschläfern! Wir müssen wachsam bleiben, sonst sind wir schnell ein Opfer der deutschen Dampfwalze!

Mögliche Problemlösung
Bei jeder Firmenübernahme, auch innerhalb eines Landes, ist die Beziehungsebene das größte Problem. Wichtig ist zunächst nämlich der Abbau des verständlichen Misstrauens des Aufgekauften dem Aufkäufer gegenüber.

Im oben geschilderten Fall zeigt sich jedoch sehr gut die interkulturelle Dimension, welche die Problematik der allgemeinen Kooperationsmecha-

nismen noch verstärkt. Denn beim individualistischen Egoisten helfen oft auch die bestgemeinten Maßnahmen nicht, das Misstrauen abzubauen. Die misstrauischen Franzosen vermuten hinter allem taktische Manöver, um ihre Wachsamkeit einzuschläfern und sie vertrauensselig zu machen.
Hier hilft nur eins: Sie müssen sich Zeit nehmen, um nicht nur die Sachaspekte zu besprechen, sondern um die Beziehungsebene aufzubauen. Das Nichtgesagte muss angesprochen werden, indem sich beide Seiten mit den Problemen und Sichtweisen des Partners befassen.

Gleichzeitig muss eine zwischenmenschliche Annäherung erfolgen, insbesondere mit den französischen Führungskräften. Solange diese nämlich misstrauisch bleiben, stecken sie Ihre ganze Truppe an. Auch müssen eventuelle Störelemente im Unternehmen identifiziert werden, die schon aus Prinzip Widerstand (*résistance*) gegen die „deutschen Eroberer" leisten. Das ist ein klassisches Szenario bei jeder Übernahme eines französischen durch ein deutsches Unternehmen.

Konzentrieren Sie Ihre Energie in jedem Fall darauf, Vertrauensleute im Unternehmen zu gewinnen, die Sie ständig über die aktuellen Entwicklungen und Stimmungslage auf dem Laufenden halten. Das schützt vor bösen Überraschungen!

Zum Nachlesen und Vertiefen

- Checkliste „Zehn Maßnahmen, die Sie nach der Akquisition einer französischen Firma unbedingt treffen sollten" (Kapitel 11.15), S. 390 ff.

8.10 Entsandter beim Frankreichpartner: die Schlüsselposition

Die Situation:
Zwei Dienstleistungsunternehmen beabsichtigen, ihre bisher eher lockere Partnerschaft zu intensivieren. Zu diesem Zweck schickt jedes Unternehmen einen Manager zum Partner, der sich dort für die Kooperationsbelange einsetzen soll.

Dr. Arnold Waldbach merkt sehr schnell, dass er trotz bester Französischkenntnisse auf wenig Akzeptanz bei seinen französischen Kollegen stößt. Er wird nur wenig ins konkrete Tagesgeschäft mit einbezogen und hat mehr und mehr das Gefühl, ausgegrenzt zu sein. Nur Didier Pitié, mit dem er sich ganz gut versteht, versorgt in ab und zu mit mehr als Standardinformationen.

Die Wahr-Nehmung aus deutscher Sicht
Nie hätte ich gedacht, dass ich es so schwer haben würde! Jetzt bin ich schon sechs Monate hier und bekomme weder Aufgaben noch Informationen zugetragen! Insbesondere meine Kollegen „Eliteschulabsolventen" schneiden mich. Sie scheinen andauernd zu testen, was ich alles nicht weiß. Da muss man manchmal schon aus der Haut fahren, um etwas Respekt zu erhalten.
Gott sei Dank, dass Herr Pitié nicht so ist, er weiht mich ab und zu mal ein, so dass ich auch mal hinter die Kulissen schauen kann.

Die Wahr-Nehmung aus französischer Sicht
Waldbach? Na ja, ganz nett, aber ein bisschen schwerfällig. Eben ein typischer Deutscher, auch wenn er ganz gut Französisch spricht. Scheint jedenfalls nicht viel Humor zu haben, denn wenn man ihm ein bisschen auf den Zahn fühlt, reagiert er gleich ungehalten. Muss halt sehen, wie er zurecht- kommt...

Mögliche Problemlösung
Franzosen spielen anfangs mit Waldbach das Spielchen der *tentative de déstabilisation* (Versuch, ihn aus dem Konzept zu bringen). Er wird als neuer Kollege regelrecht auf Reaktivität und Schlagfertigkeit getestet, um beurteilen zu können, ob man ihm vertrauen und ins Team integrieren kann.

Da Waldbach diese Spielchen nicht gewohnt ist, reagiert er ungehalten und wird damit als „typischer Deutscher" wahrgenommen. Folglich gehört er nicht dazu und erhält keine Infos: Im Land der individualistischen Individualisten ist die Information nämlich eine Holschuld und keine Bringschuld, es sei denn, man hat selbst Einfluss oder die Sympathien wichtiger Informanten.

Wenn Sie vor diesem Problem stehen, gibt es nur zwei Möglichkeiten: Entweder Sie schaffen es auf der Sympathieebene, wie Waldbach ansatzweise mit Pitié, damit die französischen Kollegen Lust haben, Sie mehr mit einzubeziehen. Oder aber Sie lassen durchblicken bzw. spüren, dass Sie Macht haben.

Im vorliegenden Fall haben die Franzosen beispielsweise ihr Verhalten vollkommen geändert, seit Waldbach einem Direktor mitteilte: „Unser Vorstand trifft keine Entscheidung über die Zusammenarbeit, ohne sich vorher mit mir abgestimmt zu haben!" Plötzlich wurde er von vielen Franzosen geachtet und von manchen sogar hofiert!

Auch hier ist wieder klar zu erkennen: Mit Franzosen heißt es zuerst, eine emotionale Akzeptanz aufzubauen, erst dann ist sachliche Akzeptanz möglich!

Seien Sie sich generell bewusst:

- Entsandte sind regelrechte Botschafter Ihres Unternehmens. Es heißt also hier, die richtige „Verführungskraft" einzusetzen, die mehr über diplomatisches und taktisches Geschick verfügt denn über Sachkompetenz!
- Auswahlkriterien sind also eher Menschenverstand und möglichst perfekte Sprachkenntnisse, die im Idealfall bereits im Land selbst erworben wurden. Es geht darum, dass die Franzosen spüren: Dieser Kollege mag unser Land, unsere Kultur, er beurteilt uns nicht, mit ihm macht's Spaß.
- Entsandte sollten unbedingt interkulturell ausgebildet bzw. gecoacht werden.
- Entsandte müssen unbedingt mit genügend Verantwortung (Macht) in ihrer Position versehen werden, um etwas bewirken zu können. Ansonsten werden sie nur eine kostspielige und nutzlose Präsenz beim Partner darstellen.

Zum Nachlesen und Vertiefen

- Teil I, Kapitel 4.10: „Vier Wege, wie man einen Franzosen als Partner gewinnt", S. 141 ff.
- Kapitel 9.1: Einleitung „Problemlösungen zur Kommunikation", S. 296 f.
- Teil I, Kapitel 5.6: „Die französischen Grundwerte" zum Grundwert „Macht", S. 165 ff.

8.11 Anrede: „Jean-Louis" oder „Monsieur Convivial"?

Die Situation:
Hans Grefrath kooperiert seit einigen Monaten mit Jean-Louis Convivial. Anlässlich einer Besprechung redet ihn Convivial, wie nebenbei, mit „Hans" an. Grefrath weiß das nicht zu deuten und zieht es vor, seinen französischen Partner weiterhin mit „Monsieur Convivial" anzusprechen. Auch Jean-Louis Convivial sagt wieder „Herr Grefrath", als sei nichts gewesen.

Die Wahr-Nehmung aus deutscher Sicht
Wieso redet er mich plötzlich aus heiterem Himmel mit Vornamen an? Das war wohl ein Ausrutscher! Am besten tun, als hätte ich es überhört.

Die Wahr-Nehmung aus französischer Sicht
Schade! Ich dachte mir, der Grefrath ist ganz nett, wir könnten etwas weniger formal miteinander umgehen. Offensichtlich stimmt es doch, dass die Deutschen so formalistisch und zurückhaltend sind!

Mögliche Problemlösung

Auch im Bereich der Ansprache gilt die für Deutsche unangenehme Formel: „In der französischen Kultur gibt es keine Regel"! Diese ist von der Branche, von der Unternehmens- bzw. Abteilungskultur und von der Persönlichkeitsstruktur des Chefs abhängig! Jede Form der Ansprache ist möglich: „Sie" mit Nachnamen, „Sie" mit Vornamen, „du" mit Nachnamen und „du" mit Vornamen. Es kann sogar in einem Direktionsgremium unterschiedliche Formen der Ansprache geben: Der Chef duzt alle, wird jedoch von den anderen gesiezt. Oder er duzt einige, andere wiederum nicht. Generell gesehen, setzt sich in Frankreich immer mehr das „Sie" verbunden mit dem „Vornamen" durch. Vornamen erlauben es, sich näher zu kommen, durch das gleichzeitige „Sie" ist eine Respektdistanz gewahrt.

Franzosen sind immer wieder verblüfft, wie „formal" deutsche Manager ihre Sekretärinnen selbst nach jahrelanger Zusammenarbeit noch ansprechen. In Frankreich heißt es da meistens, „Isabelle, bringen Sie mir bitte ..." – „Ja, Monsieur!" (eher schockierend für das deutsche Gleichheitsprinzip). In Frankreich ist in den meisten Fällen die Hierarchiedistanz das Ausschlaggebende!

Das können Sie tun: In Frankreich ist der Übergang zum Duzen bzw. zum Vornamen nicht so förmlich wie in Deutschland: Jean-Louis Convivial hat Hans Grefrath ein implizites Angebot gemacht, sich näher zu kommen. Der Franzose lässt Ihnen (seinem Ansprechpartner) dadurch die Wahl: Entweder Sie wollen nicht und Sie reden ihn weiter an, wie bisher (ohne in die peinliche Situation zu geraten, offen abzulehnen), oder Sie reden ihn von dem Zeitpunkt auch mit seinem Vornamen an. Wenn Sie in solch eine Situation kommen, ist dies a priori positiv! Denn Ihr französischer Partner und Kollege signalisiert Ihnen, dass er gerne informeller mit Ihnen kommunizieren möchte und damit Distanz abbaut.

Überhören Sie das Angebot, geraten Sie schnell in Gefahr, das Bild des „typischen Deutschen" zu bestätigen! Wenn Sie es allerdings wirklich nicht wollen (es gibt auch Franzosen, die manchmal zu schnell vertraulich werden wollen), so bleiben Sie bewusst beim Nachnahmen und dem Sie! Überlassen Sie am besten die Initiative den Franzosen, es sei denn, Sie sind der Chef. In dem Fall wird es meistens schwierig sein, auch wenn Sie es anbieten: Sie sind nämlich der *„Patron"*, und damit *„Monsieur"*!

Zum Nachlesen und Vertiefen

- Teil II, Kapitel 7 „Wie Sie Ihre französischen Partner richtig motivieren und deren Vertrauen gewinnen", S. 239 ff.

8.12 Checklisten zur Beziehungsebene

Kennzeichen eines motivierten, positiv eingestellten Franzosen

Lernen Sie grundsätzlich, Ihre Ansprechpartner nach der Persönlichkeitsstruktur zu unterscheiden. Eine Möglichkeit dafür ist z.B. der Ansatz des JPB-SYNERGOGRAM´s® (Beschreibung in Harvardmanager 2/94 „Vive la différence!“).

Persönlichkeitsstruktur: kontaktfreudig / sympathisch / intuitiv:

- baut auf der vorhandenen Idee auf
- wird sehr redselig
- wird vertraulich
- verliert den Bezug zur Zeit, möchte die Besprechung ausdehnen
- möchte beim Mittagessen weiterdiskutieren
- sieht keine Schwierigkeiten mehr, alles ist machbar

Persönlichkeitsstruktur: spontan / impulsiv / mitreißend:

- wird sehr aktiv, gestikuliert noch mehr
- konzentriert sich mehr und mehr auf Sie, geht weniger auf Störungen ein
- bringt Zusatzideen, baut auf Ihren Ansätzen auf
- sprudelt über vor Kreativität
- lässt Sie überhaupt nicht mehr ausreden
- sieht das Zukunftspotenzial und möchte sofort loslegen
- verspricht alles Mögliche, wenn's nur losgeht
- kennt nichts Unmögliches mehr

Persönlichkeitsstruktur: zurückhaltend / introvertiert / analytisch / intellektuell:

- hinterfragt konstruktiv
- beugt sich mehr vor, nähert sich körperlich
- taut auf, lässt seine „Skepsismaske“ fallen
- befasst sich mit der Realisierbarkeit
- lächelt mehr

Kennzeichen eines demotivierten, skeptischen Franzosen

Persönlichkeitsstruktur: kontaktfreudig / sympathisch / intuitiv:

- beklagt sich über alles Mögliche
- redet um den heißen Brei herum, verschlüsselt Aussagen
- wird *gros filou*, macht Ablenkungsmanöver
- schaut Ihnen noch weniger in die Augen
- bauscht Probleme auf, kann weinerlich werden
- nutzt das Mittagessen, um seine Probleme breit zu walzen

Persönlichkeitsstruktur: spontan / impulsiv / mitreißend:

- kritisiert spontan
- bringt vollkommen andere Ideen und Ansätze
- möchte nur von seiner Idee sprechen
- lässt sein Gegenüber spüren, dass er auf dem Holzweg ist
- geht auf Konfrontation
- hört überhaupt nicht mehr zu
- lässt Dampf ab durch bissige, ironische Bemerkungen
- wird unruhig
- unterbricht noch mehr als gewöhnlich

Persönlichkeitsstruktur: zurückhaltend / introvertiert / analytisch / intellektuell:

- hinterfragt destruktiv, bleibt jedoch sachlich
- stellt sich dumm und/oder versucht, Sie auflaufen zu lassen
- wird zum Strategen, um seinen Vorteil herauszuholen
- verschlüsselt seine Aussagen noch mehr
- geht körperlich noch mehr auf Distanz
- wird undurchschaubar (speziell „Grande-École"-Absolventen)
- befasst sich mit den Schwächen des Projektes
- legt sich weniger denn je fest

Einige Grundregeln für den Umgang (nicht nur) mit Franzosen

- Sorgen Sie dafür, selbst möglichst entspannt zu sein: Heute ist der erste Tag vom Rest Ihres Lebens!
- Seien Sie positiv: Lassen Sie sich überraschen!

- Denken Sie global: Lassen Sie sich von dem Zukunftspotenzial motivieren und nicht von dem Risikopotenzial abschrecken.
- Bleiben Sie gelassen: Es kommt immer anders als geplant!
- Bringen Sie Ihren Gesprächspartner in eine positive Grundhaltung: Ich bin nicht Ihr Feind, aber das Problem muss vom Tisch!
- Wechseln Sie die Perspektive: Wie sieht mein Gegenüber die Situation?
- Seien Sie einfühlsam: Welche Gefühle und Ängste stecken hinter dieser Reaktion? Wo liegt sein/ihr größtes Problem?
- Hinterfragen Sie: Wie und unter welchen Umständen ist die Situation entstanden? Was sind die Konsequenzen?
- Bauen Sie Vertrautheit auf: Zeigen Sie Verständnis, und stellen Sie Ihre Sachzwänge dar, ohne diese aufzubauschen.
- Hören Sie zu, nutzen Sie die Pause: Öffnet sich mein Gesprächspartner? Wie reagiert er? Welche Worte benutzt er, um seine Situation zu beschreiben?
- Seien Sie wachsam: Lernen Sie, Inhalts- und Beziehungsebene zu unterscheiden.
- Sprechen Sie auf dem gleichen Lautstärkelevel oder leiser: Wenn Sie französisch sprechen, seien Sie sich bewusst, dass Ihr Akzent, verbunden mit lauter Aussprache, sehr barsch ankommen kann.
- Benutzen Sie Ihre Intelligenz positiv: Sprechen Sie von Lösungen, anstatt die negativen Konsequenzen der Probleme auszumalen.
- Zeigen Sie, dass Sie Mensch sind: LACHEN SIE MAL!

So pflegen Sie die Beziehung zu Ihrem französischen Kollegen über die Distanz hinweg

Wenn Sie eine gut funktionierende Beziehung zu einem oder gar mehreren französischen Kollegen aufgebaut haben, so verfügen Sie über ein „Kapital", das Sie keinesfalls brachliegen lassen sollten. Denn über die viel angenehmere Zusammenarbeit hinaus haben Sie dort einen Vertrauensmann (*un complice*), der Sie über Neuigkeiten, strategische Entscheidungen und „Scoops" auf dem Laufenden hält. Des Weiteren können Sie vertrauensvoll Ihre eigenen Ideen an seinem Feedback testen. Hier einige Hinweise, wie Sie die Beziehung pflegen können.

1. Investieren Sie in die Beziehungseffizienz
Nach deutschem Maßstab muss alles seinen klaren Nutzen haben. Betrachten Sie die Kontaktpflege daher als besonders wichtigen indirekten Nutzen: Die Zeit, die Sie dafür investieren, zahlt sich nachher voll wieder aus. Ihr

complice wird Ihnen Hintergründe für Verhaltensweisen von Kollegen erklären, für Sie etwas erledigen, Sie warnen, wenn etwas für Sie oder Ihr Unternehmen brenzlig sein könnte, usw.! Er tut es dann nicht der Sache wegen, sondern weil Sie es sind!

2. Halten Sie ständigen Kontakt

Eines der wichtigsten Kommunikationsmittel dafür ist das Telefon. In Frankreich wird es weidlich genutzt, um Informationen auszutauschen und Kontakte zu pflegen. Daher sind in der Regel die Telefonrechnungen der Frankreichniederlassungen wesentlich höher als in Deutschland.

Fühlen Sie möglichst einmal wöchentlich der „Beziehung auf den Puls" *(„prendre la temperature")*, indem Sie zum Telefon greifen und die Zauberformel *„Alors quoi de neuf?"* („Also, was gibt's Neues?") aussprechen. Die meisten französischen Gesprächspartner werden Ihnen daraufhin mitteilen, was sie gerade beschäftigt, bzw. wie es ihnen geht oder welches Ereignis der letzten Zeit sie besonders beeindruckt hat. Auf diese Weise beginnt ein Pingpongspiel: jede Seite erwartet, dass der andere den Ball aufnimmt und zurückspielt. Vielleicht kommt auch nur eine sehr knappe Antwort, weil der andere gerade großen Druck hat. In diesem Fall rufen Sie einfach später noch mal an.

3. Schicken Sie mal ein originelles Fax

Überraschen Sie Ihre französischen Kollegen öfters mal mit einem Fax, wo mal nichts „Amtliches" draufsteht. Zum Beispiel einen originellen Witz oder Spruch oder ein knifflige Aufgabe. Stoff dafür gibt Ihnen unser „Monsieur Positif" und der „Perspektivenwechsel" in diesem Handbuch zur Genüge! Je öfter Sie gemeinsam lachen und auch mal Nichtberufliches austauschen, umso mehr werden Sie von den positiven Seiten der französischen Kultur profitieren. Und ganz nebenbei wird Ihnen die Zusammenarbeit viel Spaß machen! Das ist die Synergie zwischen den Grundwerten Nutzen und Originalität!

4. Bleiben Sie authentisch

Eine solche Art der Kontaktpflege ist vielleicht – vor allem im Berufsleben – nicht jedermanns Sache. Zumal man in Deutschland ja eher gewohnt ist, kurz und bündig zur „Sache" zu kommen. Daher ist es wichtig, dass Sie sich dabei nicht verstellen, sondern authentisch bleiben, sonst wird es kaum funktionieren.

5. Reisen Sie am Vorabend an

Lassen Sie keine Gelegenheit aus, ein gemeinsames Essen am Vorabend oder nach einem offiziellen Treffen anzubieten, um sich mal wieder auszutauschen ... Sie brauchen kein schlechtes Gewissen zu haben, es kommt nämlich meistens etwas sehr Nützliches dabei heraus, und zudem macht es noch Spaß!

6. Schicken Sie den „Aufzug zurück"
„Renvoyer l'assenseur" („sich revanchieren" bzw. „Eine Hand wäscht die andere"):Diese in Frankreich sehr geläufige Redewendung heißt nichts anderes, als sich für einen Gefallen zu revanchieren. Hat Ihr französischer Kollege zum Beispiel Sorgen, so können Sie ihm vielleicht einen kleinen Tipp geben oder Verständnis zeigen. Gibt er Ihnen eine interessante Information, so sollten Sie ihm ebenfalls sofort oder zu einem anderen Zeitpunkt etwas zukommen lassen. Das funktioniert übrigens besonders deshalb, weil es für Franzosen einen wichtigen Macht- und Prestigefaktor bedeutet, Informationen als Erster zu bekommen („Scoops").

„Benimmregeln": kleine Unterschiede, auf die es ankommen kann

Anrede/Namen und Titel

- Ansprache: „Monsieur", „Madame" und „Mademoiselle" ohne Nachnamen
- Mündlich werden Titel wie „Dr." und „Prof." nicht benutzt. Ausnahme: Rechtsanwälte und Rechtsanwältinnen werden mit „Maître" angesprochen und Ärzte einfach mit „Docteur".
- Hände werden sehr häufig gegeben – Vorsicht vor dem „Händezerquetschen" und -schütteln.
- wenn Handkuss, dann ausschließlich für Ehefrauen und nicht im Freien

Gesprächsthemen

- leidenschaftliche und stundenlange Diskussion über ein einziges Thema vermeiden (kein Zerreden)
- Vorsicht bei Themen wie Geld, Kosten, Preise, „vernünftiges" Handeln, Politik und Religion
- Frivolität bei ernsten Themen gelassen hinnehmen
- belehrende Erläuterungen unterlassen
- Bei Geschäftsessen können die wichtigsten Botschaften oftmals erst zum Schluss, und dann meist unterschwellig aufkommen (*entre la poire et le fromage*).

Getränke

- Am Tisch trinkt der Franzose meistens Leitungswasser oder Wasser ohne bzw. mit wenig Kohlensäure für den Durst, und in einem zweiten Glas (dem kleineren) Wein für den Genuss.

- kein systematisches Zuprosten wie in Deutschland
- Franzosen trinken viel *café* (starker Expresso), wünschen sie einen geschreckten „Express" bitte *café allongé* bestellen; deutscher Kaffee wird oft als „Spülwasser" bezeichnet!

Zu Tisch / im Restaurant

- Franzosen in Deutschland auch in ein gutes deutsches Restaurant mitnehmen (keine Komplexe wegen „Savoir-vivre" haben)
- Franzosen frühstücken oftmals ohne Teller.
- Fleisch: deutsches „medium" entspricht in Frankreich dem *bien cuit.*
- Salat wird als eigenständiger Gang nach dem Hauptgang serviert; Salatblätter falten (nicht zerschneiden)
- Geschäftsessen bei Erstkontakten können sich bis in den Nachmittag hineinziehen.
- Im Freundeskreis wird die Rechnung meistens einfach durch die Anzahl der Köpfe geteilt, Einzelabrechnen gilt als kleinlich.
- Trinkgeld: nach dem Bezahlen, fünf bis zehn Prozent des Rechnungsbetrags bar auf dem Tisch lassen

Sie werden eingeladen

- Geschäftliche Erstkontakte erfolgen selten zu Hause (das Niveau des Restaurants ist aussagefähig).
- ab zehn Minuten nach vereinbarter Zeit vor der Tür stehen
- Aperitif (auch Whisky) dient nicht nur als Appetitanreger, sondern auch als „Wartetakt" für die Verspäteten.
- keine Wohnungsbesichtigung, wenn Gastgeber nicht dazu auffordert

Geschenke / Neujahrswünsche

- Blumen verpackt lassen (keine Chrysanthemen, Nelken und Hortensien, Vorsicht bei roten Rosen)
- Männern keine Blumen schenken
- Geschenke gleich auspacken
- Eine Französin wird nie „älter als 39 Jahre".
- Neujahrswünsche werden ohne weiteres noch bis in den Februar verschickt.
- Freundschaften sind ungezwungen (man braucht sich nicht regelmäßig zu schreiben).

Sie sind Gastgeber

- Aperitif anbieten (Portwein, Whisky, Fruchtsäfte, Sekt, besser Champagner oder Kir und Appetithappen)
- Abendbrot nicht zu früh servieren: Vor 20 Uhr ist der Franzose nicht hungrig!
- Franzosen nie ohne „Vorwarnung" nur Aufschnitt oder eine Suppe auftischen (er ist mindestens drei Gänge gewohnt)
- Mitgebrachte Getränke oder Schokolade werden am gleichen Abend serviert.
- kein „Baguette", sondern ein Sortiment guter deutschen Brotarten auftischen
- guten Wein zum Essen, nicht danach
- Nach dem Abendbrot trinken Franzosen gern *café* (siehe unter „Getränke") oder auch Kräutertee (*tisane*).
- das Programm der Einladung nicht verplanen: „gemütlich" bedeutet ungezwungen!

Feten / Feste

- Vorsicht vor dem Biergelage (Franzosen haben oftmals Angst bzw. sogar Abscheu davor)
- Auf „feuchten" Festen lassen sich Franzosen selten gehen! Vorsicht: Auch hier bleibt die Hierarchie gewahrt!
- vom „Erst-nach-Feierabend-Denken" Abstriche machen

Kleiderordnung

- wird nicht so streng gehandhabt. Oft der gute Mittelweg: Pulli und Schal oder Krawatte, die man ggf. ausziehen kann. Am besten vorher anfragen

Sonstiges

- Geht ein Mann mit einer Frau auf dem Bürgersteig spazieren, hält er sich auf der Bordsteinseite des Gehweges.
- Taxi: ausschließlich hinten einsteigen

9 Problemlösungen zur Kommunikation

9.1 Die wesentlichen Unterschiede

In den Bereich der Kommunikation fällt das Übertragen und Austauschen von Botschaften. Drei wichtige Unterschiede sind verantwortlich für häufige Friktionen im Geschäftsleben zwischen Deutschen und Franzosen:

Holschuld gegen Bringschuld

1. die Tatsache, dass Deutsche selbstverständlich davon ausgehen, dass ihnen alle wichtigen Informationen für die Ausübung ihrer Tätigkeit zukommen, also Bringschuld sind. Franzosen hingegen sehen Informationen als Holschuld an: Man geht „Informationen fischen" (*à la pêche aux informations*), weshalb sowohl Chefs als auch deren Mitarbeiter manchmal häufiger im Flur, an der Kaffeemaschine oder am Fotokopierer anzutreffen sind denn im Büro. Deutsche, die an ihrem Schreibtisch sitzend Informationen (er-)warten, sind hoffnungslos verloren. Wer das Spiel nicht mitspielt oder über kein *réseau*, ein Netzwerk an Informanten, verfügt, gerät hoffnungslos ins Abseits!

Franzosen bevorzugen mündliche Informationsübermittlung und haben eine große Abneigung gegenüber zu viel schriftlichem Prozedere.

2. Deutsche sagen direkt heraus, was sie denken, und geben es, bei Bedarf, auch noch schriftlich. Explizites Kommunizieren und schriftliches Festhalten sind Eckpfeiler deutschen Effizienzdenkens. In Frankreich eckt dieses Verhalten allerdings eher an: Dort bevorzugt man die mündliche Informationsübermittlung und hat eine große Abneigung gegenüber zu viel schriftlichem Prozedere. Daher sind Deutsche oft frustriert und verwirrt, weil sie sich nicht genug informiert fühlen, während Franzosen gereizt und ungeduldig werden aufgrund der vielen als überflüssig empfundenen Detailinformationen. Zudem drückt sich ein Franzose eher „durch die Blume" (implizit) aus, um sein Gegenüber nicht bloßzustellen. Tritt ein französischer Manager allerdings explizit und direkt auf, so dokumentiert er in der Regel dadurch seinen Machtanspruch. Daran erkennt man wieder die unfehlbare Logik der Wahr-Nehmung: Die deutsche Direktheit gegenüber Franzosen wird folgerichtig als Beweis für den deutschen Machtanspruch anstatt als aufrichtig empfunden, wie es der Autopilot eines Deutschen signalisieren würde.

3. Deutsche gehen meist gut vorbereitet in Besprechungen, um Entscheidungen zu treffen, und Franzosen zwecks Gedankenaustausch. Man könnte es auch so formulieren: In Deutschland fängt eine Besprechung mit der Terminfestlegung an, in Frankreich hört sie nie auf! Denn der eigentliche

Teil einer Besprechung findet in Frankreich meist vorher oder nachher statt. Ein Grund mehr, auf dem Flur nach Informationen zu fischen, denn hier bereiten sich Entscheidungen vor, die später in der Besprechung nur noch pro forma getroffen werden. Genauso gut kann selbige Entscheidung am nächsten Tag wieder rückgängig gemacht werden. Grund: Die Situation hat sich geändert, oder der Chef hat es sich anders überlegt. Wiederum wird derjenige am schnellsten davon Wind bekommen, der in der „richtigen" Besprechung ist, zum Beispiel am Fotokopierer nahe dem Chefbüro oder bei einem Vertrauten des Chefs.

Der eigentliche Teil einer Besprechung findet in Frankreich meist vorher oder nachher statt.

Die richtige Kommunikation in Frankreich ist eine harte Übung für deutsche Manager und Unternehmer: Zum einen muss alles möglichst positiviert werden, um gute Stimmung zu machen, zum anderen müssen sie sich im impliziten Stil üben, um nicht sofort als Dampfwalze unangenehm aufzufallen. Überdies sind sie gezwungen, einen Teil ihrer kostbaren Zeit dafür aufbringen, sich ein Informantennetz zu schaffen und möglichst oft an der richtigen Stelle zu sein, wo Informationen weitergegeben werden.

Informationsmanagement

In Frankreich ist Information nicht Bringschuld, sondern Holschuld. Daher sind französische Manager ständig in Interaktion und suchen geradezu den Kontakt. Dies erleichtert Entscheidungsprozesse, insbesondere in Situationen, wo schnelle Reaktionen den Ausschlag geben.

Hans-Joachim Egermann,
Geschäftsführer Bosch Telekom Frankreich

Abb. II.16: Was deutsche Manager von Franzosen lernen können: Informationsmanagement

9.2 Franzosen kritisieren neues Produkt: untauglich für den französischen Markt

Die Situation:

Ein deutsches Unternehmen der Lebensmittelbranche klagt über mangelhaftes Mitwirken der französischen Vertriebsniederlassung in der Entwicklungsphase neuer Produkte. So weisen die französischen Verantwortlichen eine neue Fertigsuppe mit dem Hinweis zurück, der Zwiebelgeschmack würde beim französischen Verbraucher auf Ablehnung stoßen. Verwunderung und Verärgerung in der Zentrale, hatte man doch schon in der Konzeptionsphase die einzelnen Länder per Checkliste um Hinweise gebeten, welche Besonderheiten beachtet werden müssten.

Die Wahr-Nehmung aus deutscher Sicht
Um unsere Auslandsfilialen von Anfang an mit einzubeziehen, verschicken wir Fragebögen zu landesspezifischen Kundenbedürfnissen und Normen. Die Franzosen machen einfach nicht mit, sie füllen offensichtlich unseren Fragebogen ohne Sorgfalt aus, und bei der Einführung des neuen Produktes kommen sie mit tausend Argumenten, warum das Produkt so in Frankreich keine Chance hat! Unglaublich!

Die Wahr-Nehmung aus französischer Sicht
Wir bekommen die neuen Produkte immer wieder vorgestellt, ohne in der Konzeptionsphase mit einbezogen zu werden! Es stimmt schon, dass wir vor einem Jahr mal ein Formular erhalten haben, aber das füllen wir nur aus, weil wir wissen, wie wichtig Formulare für Deutsche sind! So bekommt man doch kein Gefühl für ein neues Produkt! Und schließlich kann man nicht an alles denken, wenn man nicht selbst an der Konzeption mitwirkt!

Mögliche Problemlösung
Franzosen über Checklisten bei einer Neuentwicklung zu beteiligen ist aussichtslos. Sie werden sich erst dann kreativ und konstruktiv beteiligen, wenn sie die Chance haben, sich durch einen gemeinsamen Gedankenaustausch in die Sache hineinzudenken bzw. hineinzufühlen. Das schafft Motivation und somit Kreativität.

Genauso ist es hoffnungslos, einem Franzosen bezüglich einer Angelegenheit, die ihm nicht besonders am Herzen liegt, zu sagen: „Mach dir mal Gedanken darüber, lass mal sacken und komm wieder auf mich zu!" Hier fehlt zum einen der Druck und zum anderen die nötige Herausforderung. Überlegen Sie sich, wie Sie Ihre französischen Kollegen bereits in der Konzeptionsphase einbinden können, um so auch von deren Kreativität zu profitieren. Geben Sie diesen einen emotionalen Zugang zum neuen Produkt, denn nur über Papier werden Sie keine Emotionen, und damit auch keine Motivationsfaktoren hinüberbringen.

9.3 Chaotische, konzeptlose Besprechungen ohne konkrete Ergebnisse

Die Situation:
In einem deutsch-französischen Joint Venture soll die Organisationsstruktur der gemeinsamen Filiale diskutiert werden. Die deutsche Seite zieht ein fertiges Konzept aus der Tasche, dass seit drei Monaten vorbereitet und von allen Seiten durchleuchtet wurde.

Obwohl die Entscheidungen über die personelle Besetzung bereits vor zwei Wochen verabschiedet wurden, beginnen die Franzosen die Besprechung mit diesbezüglichen Änderungswünschen. Als die Deutschen diese ablehnen und endlich zur Tagesordnung kommen wollen, verlässt der französische Chef mit einem seiner Mitarbeiter wegen einer „dringenden Angelegenheit“ für fünf Minuten den Raum. Als die deutsche Delegation endlich ihr Konzept vorstellen kann, wird der Vortragende ständig durch Fragen unterbrochen, was ihn vollkommen durcheinander bringt. Zusätzlich bringen die Franzosen neue Ideen ein, sprechen durcheinander, so dass allen Deutschen der Kopf schwirrt. Die Besprechung endet ohne konkrete Ergebnisse. Kein einziger Punkt wurde richtig ausdiskutiert.

Die Wahr-Nehmung aus deutscher Sicht
Wir hatten vereinbart, dass jede Seite für die Besprechung Vorschläge ausarbeitet. Von französischer Seite kommt jedoch nichts Konkretes, und zudem halten sie sich in keiner Weise an die Tagesordnung. Wenn wir dann endlich unser Konzept unterbreiten wollen, werden lediglich einige Punkte andiskutiert. Es geht in alle Richtungen drunter und drüber. Das reine Chaos! Was für ein Zeitverlust!

Typische Aussagen: „Die Franzosen kommen nie vorbereitet in Besprechungen!“, „Meine Gesprächspartner hören nicht zu und fallen mir dauernd ins Wort.“

Die Wahr-Nehmung aus französischer Sicht
Was die Deutschen für Papier produzieren! Man fragt sich, wie sie die Zeit dafür finden! In der Besprechung wollen sie längst überholte Tagesordnungen einhalten und weichen keinen Zentimeter von ihren vorbereiteten Plänen ab, anstatt auch mal auf andere Argumente oder Ansätze einzugehen. Die steuern immer wieder das Gespräch auf ihre Ziele. Wir lassen uns doch nicht unter Druck setzen, um Entscheidungen zu treffen, die noch gar nicht spruchreif sind. Wir müssen uns immer vor dieser deutschen Dampfwalze in Acht nehmen! Was für eine Zeitverschwendung!

Typische Aussagen: „Meine deutschen Gesprächspartner machen, was sie wollen, ohne meine Meinung zu hören. Das Schlimmste: Die machen immer so weiter, obwohl der Schaden zusehends größer wird!“

Mögliche Problemlösung
Grundkonflikt ist hier, wie meistens in zwischenmenschlichen Problemsituationen, den Unterschied in den Erwartungshaltungen zu suchen. Beide Seiten haben das Gefühl, Zeit zu verlieren, denn jeder versteht etwas ganz anders unter einer effizienten Besprechung.

Der Konflikt entsteht alleine schon dadurch, dass die Deutschen über Punkt X entscheiden wollen (man hat sich ja intensiv darauf vorbereitet), während die Franzosen mit der Erwartung kommen, an einer *réunion de réflexion*, sprich einem „Brainstorming“, teilzunehmen. Sie erwarten assoziatives Denken, den Vergleich globaler Alternativen und Gedankenaustausch, bis jeder das Gefühl hat: So stimmt die Sache, wir sind uns über das Prinzip einig! Dann erst geht kann diskutiert werden, wie man die Umsetzung angeht!

Eine Tagesordnung ist daher in Frankreich nur ein Anhaltspunkt. Sie kann eingehalten werden, dies muss aber nicht so sein, wenn die aktuellen Umstände oder neue Ideen neue Prioritäten setzen. Den Ablauf vorzuprogrammieren und im ständigen Soll-Ist-Vergleich durchzuziehen bedeutet, Stress vorzuprogrammieren!

Stellen Sie sich folgende Fragen:
Vor der Besprechung „den Puls fühlen“:
- Was ist gerade Priorität bei dem französischen Chef? Hat er neue Ideen, andere Probleme oder Vorschläge?
- Was soll mit dem Punkt X der Tagesordnung geschehen? Eine Entscheidung, ein Abstimmen oder ein Gedankenaustausch?
- Welche Absichten haben wir? Mit welchem Mindestergebnis wollen wir aus der Besprechung herausgehen?
- Wie kann ich auf den aktuellen oder wahrscheinlichen Prioritäten der Franzosen meine Ziele aufbauen?

Zum Nachlesen und Vertiefen
- Checkliste „Besprechungen: Einstellung und Verhaltensweisen“ (Kapitel 9.14, S. 319 f).

9.4 Keine Kompromisse mit Franzosen

Die Situation:
Hans Kempf, Marketingdirektor eines deutschen Landmaschinenherstellers, und seine Kollegen hatten hart gearbeitet, nach zwei Tagen Marathonsitzung stand der neue Marketingplan fest. Unter anderem sollte in ganz Westeuropa eine neue Werbekampagne gestartet werden, um die Marktanteile auszubauen. Sofort bereiste Kempf die europäischen Filialen, um die neue Strategie des Mutterhauses zu erläutern. In Frankreich allerdings stießen die Pläne der deutschen Strategen auf wenig Begeisterung, insbesondere widersprach man der Werbekampagne. Kempf wollte keine Zeit verlieren und schlug daher einen Kompromiss vor: Die Franzosen sollten

den Einband der neuen Werbebroschüre selbst gestalten, die Produktseiten aber aus dem Mutterhaus übernehmen und übersetzen. Als Kempf auf eine rasche Antwort drängte, sagte der Geschäftsführer: „*C'est envisageable* ..." („Das könnte in Betracht gezogen werden ...!") Als einige Wochen später eine europaweite Anzeigen und Plakataktion gestartet werden sollte, hatte der Direktor in Frankreich keinen Finger gerührt, um die Gestaltung der Werbebroschüre in Angriff zu nehmen. Er legte im Gegenteil eine neue Version vor, die sich auch inhaltlich wesentlich von der vereinbarten Form unterschied.

Die Wahr-Nehmung aus deutscher Sicht
Gott sei Dank sind sie vernünftig geworden. Mit diesem Kompromiss habe ich sie auf unsere Linie gebracht, dachte Kempf, und fuhr nach Spanien weiter. Als er, unter enormem Zeitdruck stehend, unerwartet die vollkommen andere Version aus Frankreich sah, bekam er einen Tobsuchtsanfall: Kein Verlass auf diese Franzosen, immer wollen sie alles anders!

Typische Aussagen: „Nach langer Diskussion wurde eine Entscheidung getroffen, die Franzosen, die vor der Entscheidung nicht einverstanden waren, haben am nächsten Tag die Entscheidung nicht umgesetzt!"

„Nicht unterschriebene Statements of Work haben für Franzosen keine Gültigkeit, man kann sich nicht auf sie beziehen oder sich darauf verlassen.

„Es ist schwierig, französischen Partnern einen Kompromiss vorzuschlagen, ohne dass diese Haltung als Schwäche ausgelegt wird!"

„Franzosen sagen nie klar ‚Ja' oder ‚Nein'!"

Die Wahr-Nehmung aus französischer Sicht
Kempfs Vorschläge sind ganz gut. Diese mögen ja in Deutschland und in anderen Ländern umsetzbar sein – aber in Frankreich ...? Wir werden uns etwas Neues und Originelleres ausdenken. Mit unserer Werbeagentur schaffen wir das im Handumdrehen.

Mögliche Problemlösung
Franzosen sind Meister im Nichtbestätigen von Vereinbarungen. Diese Faustregel von Klaus W. Herterich müsste Ihnen noch von Teil I beim Durchlesen dieses Beispiels in den Ohren klingen. Nur allzu oft gibt man sich auf deutscher Seite mit einem bedingten „Ja" zufrieden, das man herausgehört zu haben glaubt oder meistens eher wünscht. Dabei handelt es sich meistens um ein handfestes „Nein", das einem aber nur durch geschicktes Nachfassen und -fragen präzisiert wird. Wer sich dafür nicht die

Zeit nimmt, riskiert, schwer enttäuscht zu werden, und sieht sich dann mit Aussagen wie z.B.: „Ich glaubte Ihnen zu verstehen gegeben haben, dass ..." oder „Ich hatte doch zum Ausdruck gebracht, dass ich nicht ganz einverstanden war..." konfrontiert.

Um Ihnen hier eine Hilfestellung zu bieten, haben wir eine ganze Checkliste erstellt mit den häufigsten Möglichkeiten, wie ein Franzose „Nein" sagt. Tauchen diese oder ähnliche Formulierungen auf, heißt es für Sie immer: Achtung, nachfassen! Selbst auf die Gefahr hin, dass Sie Ihren Flieger verpassen. Denn sonst waren Sie vielleicht effizient, aber nicht effektiv...!

Übrigens, Auslöser für das französische „Jein" war in diesem Fall der vorgeschlagene Kompromiss. Kompromisse demotivieren den Franzosen, da er Abstriche von seiner eigenen Position machen muss. Aus französischer Sicht hätte es noch einige bessere Lösungen gegeben, welche die Interessen beider Seiten berücksichtigten, aber Kempf wollte ja nicht weiter diskutieren ...

In einem solchen Fall bleiben Ihnen nur zwei Möglichkeiten:

1. entweder knallhart bleiben, aber dann viel Energie für Druck und Kontrolle einsetzen
2. Konzept loslassen, abwartende Haltung einnehmen und schauen, was der Partner will. Vor allem: nicht alle Karten von vornherein auf den Tisch legen, eigene Ziele eher übertreiben, um anschließend nachgeben zu können

Zum Nachlesen und Vertiefen

- zu „effektiv": Teil I, Kapitel 1.2, S. 39 ff.
- zu „Kompromiss": Teil I, Kapitel 4.4 und 4.5, S. 125 ff. und Checkliste „Falsche Freunde", Kapitel 9.14, S. 328 ff.
- Checkliste „Gekonnt verhandeln", Kapitel 11.15, S. 387 ff.

9.5 Der französische Kollege bestand darauf, das Besprechungsprotokoll zu schreiben. Trotz Nachhaken kam es nie!

Die Situation:

Es findet eine Besprechung unter Kollegen gleichen hierarchischen Niveaus statt. Während der Sitzung besteht Charles Têtu darauf, das Protokoll selbst zu schreiben. In den kommenden zwei Wochen muss die deutsche Seite zweimal nachhaken, das Protokoll wird nämlich für anstehende Entscheidungen in der Geschäftsleitung dringend benötigt. Doch Têtu schickt einfach nichts!

Die Wahr-Nehmung aus deutscher Sicht
Warum besteht er zuerst unbedingt drauf, das Protokoll zu schreiben, und tut es nachher nicht? Zweimal erkläre ich ihm per Fax und dann per Telefon, dass wir es dringend benötigen. Jetzt muss ich es doch selbst schreiben!

Typische Aussagen: „Franzosen halten Zusagen nicht ein!" „Die Franzosen sind rücksichtslos!"

Die Wahr-Nehmung aus französischer Sicht
Es gibt hierfür erfahrungsgemäß drei Möglichkeiten:

1. Ich wollte es wirklich und kam nicht dazu! (LiFo-Syndrom) Aber wenn er mich weiterhin mit diesem vorwurfsvollen und rücksichtslosen Ton kommandiert, kann er lange darauf warten!

2. Mein Chef hat mich als *éclaireur* (Kundschafter) geschickt, um ihm zu berichten, wie die deutsche Position ist.

3. Wenn ich das Protokoll schreibe, bin ich sicher, dass die Formulierung im unseren Sinn sein wird. Also schinde ich noch etwas Zeit heraus, um die aktuellen Entwicklungen abzuwarten.

Mögliche Problemlösung
zu 1.: Außer wenn Têtu ein Chaot ist, ist wahrscheinlich das deutsch-direkte sachliche Nachhaken beleidigend angekommen (barscher Befehlston des Faxes mit Beigeschmack von Schuldzuweisung). Also Boykott.

zu 2.: Anzeichen für diese Alternative: Têtu hätte während der Sitzung wenig Input gegeben, nur viel mitgeschrieben.

zu 3.: Anzeichen für dieses strategische Mittel: Têtu hätte geschickt und aktiv während der Sitzung die Diskussion immer wieder in bestimmte Bahnen gelenkt.

Was können Sie tun?
- Seien Sie immer vorsichtig mit schriftlichem Nachhaken. Fassen Sie eher telefonisch auf freundliche Weise nach, z.B.: „Soyez gentil ..." (Seien Sie so nett ...)

- Schreiben Sie einfach selbst das Protokoll, und schicken Sie es mit kleiner Kurzmitteilung an den Kollegen (mit freundlicher Bemerkung: „Sorry! Dringend im eigenen Hause benötigt!")
- Schalten Sie immer Ihren „Was-steckt-dahinter"-Reflex ein. Es ist wichtig, dass Sie lernen, das Verhalten Ihrer französischen Widerparts richtig einzuschätzen und nicht einfach durch den deutschen Autopiloten („typisch französische Unzuverlässigkeit") zu beurteilen. Denn in solchem Verhalten sind wesentliche Hinweise auf Motivationen und Absichten verborgen, insbesondere wenn die Beziehungsebene (noch) nicht stimmt! Diese Hinweise müssen Sie dann wie ein Puzzle durch zusätzliche Informationen zu einem schlüssigen Bild zusammensetzen.

Zum Nachlesen und Vertiefen

- Teil I, Kapitel 4: „Der grundlegende Unterschied im Sozialverhalten", S. 106 ff.

9.6 Informationen gibt's nur vom Chef

Die Situation:
Die PRIMA AG, mittelständischer schwäbischer Maschinenbauer, hat vor einigen Monaten eine alteingesessene Firma EUPHORI SA im Elsass erworben. Vertriebschef Hans-Herbert Hierber braucht dringend eine Information bezüglich eines Auftrages und wendet sich an Paul Surpris, Sachbearbeiter für die Auftragsbearbeitung bei EUPHORI. Am nächsten Tag ruft ihn der französische PDG (Président Directeur Général) Michel Repris an und erklärt, dass sich Maurice Shinté, der Vorgesetzte von Paul Surpris, bei ihm beschwert habe. Begründung: Dieser „direkte Eingriff" hätte für große Verwirrung gesorgt.

Die Wahr-Nehmung aus deutscher Sicht
Was soll das? Paul Surpris hat den Vorgang in Bearbeitung, wozu soll ich mich dann an Shinté wenden? Was soll den da überhaupt Verwirrung schaffen? Wenn sich Shinté um so einen Kleinkram kümmert, hat er nicht genug zu tun!

Die Wahr-Nehmung aus französischer Sicht

- Paul Surpris: Ich hab's ja gewusst, die Deutschen reißen das Ruder an sich. Jetzt umgehen sie schon meinen Chef, demnächst wird also auch unser PDG ersetzt, durch einen Deutschen natürlich!
- Maurice Shinté: Was soll das? Wenn das Schule macht, dass ein *grand patron* aus Deutschland direkt meine Mitarbeiter anruft, ohne dass ich

Bescheid weiß, dann verliere ich meine Glaubwürdigkeit. Wenn mein *patron* überhaupt noch etwas zu sagen hat, soll er den Deutschen Bescheid geben, solche *interventions* (Eingriffe) in Zukunft gefälligst zu unterlassen!

Mögliche Problemlösung

Die Verwirrung entsteht aufgrund das unterschiedliche Hierarchieverständnisses und der Tatsache, dass die Machtverhältnisse nach der Übernahme aus französischer Sicht noch unklar sind. Der individualistische Egoist geht davon aus, dass die neuen Machtinhaber seine derzeitigen *patrons* nur noch formal in ihrer Position aufrechterhält, um die Machtübernahme *en douceur* (sachte, mit Bedacht) durchzuziehen. Ergo werden Sie immer mit einer viel stärkeren „Wait-and-see"-Haltung der französischen Mitarbeiter nach einer Übernahme rechnen müssen als bei einem vergleichbaren deutschen Unternehmen. Diese abwartende Haltung wird sich auch nicht ändern, wenn die offiziellen Organigramme bekannt gegeben werden. Erst wenn die Mitarbeiter fühlen, dass diese mit den inoffiziellen Hierarchien übereinstimmen, werden die Gerüchte aufhören. Das ist einerseits eine Frage der Zeit, andererseits aber auch eine Sache der Kohärenz. Die offiziellen Chefs müssen ihre Macht auch konkret und für jedermann sichtbar nutzen (können), sonst wartet der Rest der Truppe bei jeder Anweisung immer nur auf den Gegenbefehl.

Bei Firmenübernahmen müssen deutsche Unternehmen, die Franzosen an der Spitze des übernommenen Unternehmens lassen, daher sehr vorsichtig sein. Klären Sie Ihre deutschen Führungskräfte diesbezüglich auf, und leiten Sie ihre Anfragen, selbst einfache, vor allem in der Anfangsphase über die französischen Vorgesetzten.

Zum Nachlesen und Vertiefen

- Teil II Kapitel 6.4 „Geld versus Macht", S. 216 ff.
- Checkliste „Zehn Maßnahmen, die Sie nach der Akquisition einer französischen Firma unbedingt treffen sollten" (Kapitel 11.15, S. 390ff).

9.7 Dringend erwartete Informationen kommen nicht

Die Situation:

Länderreferent Plotz benötigt dringend einige statistische Zahlen für die nächste Vorstandssitzung von der französischen Filiale. Er schickt dem Finanzdirektor Enretrait folgendes Fax:

Für eine kurzfristig angesetzte Vorstandssitzung benötigen wir dringend folgende Zahlen:

- Umsatzentwicklung 1. Quartal
- Marktentwicklung seit 18 Monaten bis zum Stichtag Quartalsende
- Soll/Ist-Vergleich Kostenentwicklung zum gleichen Stichtag
  Wir bitten um Übersendung bis spätestens morgen, 16 Uhr.
  Freundschaftlich
  Plotz Dr. Fröhlich

Am nächsten Tag um 16 Uhr liegt das erwartete Fax nicht vor. Wütend greift Plotz zum Telefon, um Druck zu machen. Die Sekretärin versichert, Enretrait das Fax persönlich überreicht zu haben. Sie findet es unter den zahlreichen Akten und Papieren auf dessen Schreibtisch ... unbearbeitet. Enretrait ist jedoch vor morgen nicht mehr erreichbar.

Die Wahr-Nehmung aus deutscher Sicht
So etwas von Unzuverlässigkeit! Das macht Enretrait extra. Das gibt einen geharnischten Aktenvermerk. Der wird sich noch wundern!

Typische Aussagen: „Angeforderte Zahlen und Informationen kommen entweder immer zu spät oder unvollständig!"

Die Wahr-Nehmung aus französischer Sicht
Da kommt ein anonymes Fax („Wir bitten ...", kann der nicht für sich alleine sprechen?) und verfügt einfach so über meine Zeit. Warum ruft er nicht einfach an und bespricht die Sache mit mir? Ich will wissen, was die mit den Zahlen machen ...

Der Tonfall gefällt mir erst recht nicht: „Bis morgen 16 Uhr!" Das ist ja ein Befehl! Ich bin schließlich nicht sein Untergebener! Ich habe Wichtigeres zu tun. Wenn es ihm wirklich so dringend ist, wird er schon anrufen.
Im Übrigen: Warum wollen die gerade diese Zahlen? Wollen die unser Budget kürzen oder jemanden feuern (vielleicht sogar mich ...)?

Mögliche Problemlösung
Mögliche Ursache 1: Die unpersönliche und formelle Ansprache schockt:

- Die „Wir"-Form, die Doppelunterschrift und die sachlichen, trockenen Anweisungen klingen distanziert und wie Befehle (der Vorstand ist Plotz' Chef, nicht seiner!).
- Schriftliche Mitteilungen und das „Festnageln" (was genau zu tun ist und bis wann) kommen „kalt" an, insbesondere wenn keine oder wenige persönliche Beziehungen bestehen (Plotz kennt er nur per Schriftverkehr und durch zwei Besprechungen).

Mögliche Ursache 2: zu wenig Informationen:

- Die Informationen haben keinen emotionalen Wert, denn sie gehen nicht über das Geschriebene hinaus (das wirklich Interessante ist das „Warum" und „Wozu", denn es könnte sich ja dahinter eine Chance bzw. eine Gefahr verbergen!). „Wenn ich den Kontext kenne, kann ich vielleicht sinnvollere Daten geben."

Weitere mögliche Ursachen:

- Enretrait glaubt nicht an die Dringlichkeit, da in Frankreich immer alles „dringend" ist! Er verfällt daher in ein typisches französisches Verhaltensmuster: „Ich habe Dringenderes zu tun. Mal abwarten, ob wirklich Druck kommt!"
- bei Antipathie: bewusstes Boykottieren von Plotz

Was Sie tun können: Generell sollten Sie in solchen Fällen immer vorher telefonieren. Geben Sie dabei möglichst interessante Hintergrundinformationen, damit sich der französische Partner mit der Aufgabe identifizieren kann. Als Verstärker können Sie Ihre persönliche Situation noch emotional aufladen: „Bei uns ist alles in Aufruhr! Ich bin genauso unter Druck! Die da oben schaffen uns noch eines Tages!"

Auch wenn Ihr Kollege Ihnen die Informationen zugesagt hat, fassen Sie in jedem Fall nach, aber unter Vorwand und in höflicher Form! Beziehen Sie die französische Sekretärin mit ein. Am besten versuchen Sie, diese als „Verbündete" zu gewinnen.

Bauen Sie Pufferzeiten ein: Geben Sie zwölf Uhr vor, wenn Sie die Informationen bis 16 Uhr brauchen. Machen Sie sich einen Spaß daraus. Denken Sie daran: „Das ist guter Krieg!"

Hilft das alles nichts, dann sollten Sie versuchen, über andere Kanäle an die Informationen zu kommen. Schalten Sie notfalls den Frankreich-Chef ein, ohne sich jedoch in große Schuldzuweisungen zu ergehen. Schicken Sie auf keinen Fall eine schriftliche Maßregelung. Dann wird offener Krieg ausbrechen. Versuchen Sie eher, nachher im persönlichen Gespräch den Vorfall zu klären.

In jedem Fall sollten Sie ein besseres persönliches Verhältnis aufbauen, damit sich solche oder ähnliche Vorfälle nicht mehr wiederholen.

Zum Nachlesen und Vertiefen

- Teil I, Kapitel 4: „Der grundlegende Unterschied im Sozialverhalten", S. 106 ff.

9.8 Nach sechs Monaten entdecken Sie, dass der Franzose gut Deutsch spricht!

Die Situation:
Dr. Hans Karsten arbeitet seit sechs Monaten mit einem französischen Abteilungsleiter seiner Partnerfirma in Frankreich, Jean Cachotier. Karsten bemüht sich mit Englisch und geringen Französischkenntnissen, die Kommunikation mit Cachotier so gut wie möglich zu gestalten. Eines Tages, stellt sich heraus, dass Cachotier fließend Deutsch spricht!

Die Wahr-Nehmung aus deutscher Sicht
Ich rackere mich seit sechs Monaten mit meinen paar Brocken Französisch ab, und auf einmal antwortet mir Cachotier in fehlerfreiem Deutsch! So eine Frechheit, wie konnte er mich so auf den Arm nehmen?

Typische Aussagen: „Die Franzosen weigern sich, eine andere Sprache zu sprechen."

„Die Franzosen machen sich schnell über einen Ausländer lustig, der ihre schöne Sprache nicht perfekt beherrscht."

„Auf geringe Sprachkenntnisse wird wenig Rücksicht genommen."

„Unseren Konversationssprache ist Englisch. Trotzdem schalten die französischen Partner immer wieder auf Französisch um, womit wir Deutschen ausgegrenzt sind!"

Die Wahr-Nehmung aus französischer Sicht
Hierfür gibt es zwei mögliche Erklärungen:

1. Misstrauen zu Anfang einer Partnerschaft: Erst mal sehen, wie der Karsten ist. Außerdem habe ich dann mehr Zeit zum Überlegen! Nach sechs Monaten: Der ist ja ziemlich offen und naiv. Sprechen wir lieber deutsch, sonst geht es viel zu langsam vorwärts. Er wird mir mein kleines Versteckspiel schon nicht übel nehmen. Das war ja guter Krieg, hätte er an meiner Stelle auch so gemacht!

2. Gehemmtheit: Was wird er von mir denken, wenn ich Fehler mache? Er kann ja gar nicht richtig einschätzen. Der wird denken, ich komme aus der Gosse! Nach sechs Monaten: „Der Hans ist ja ganz nett, wir kennen uns jetzt gut genug. Ich werde mal mit ihm deutsch sprechen, da wird er sich sicher freuen!

Mögliche Problemlösung
Hier hilft nur Verständnis für die Hintergründe:

1. Im ersten Fall wurden die Sprachkenntnisse ganz klar strategisch eingesetzt, da der „Partner" Karsten aus Sicht des individualistischen Egoisten noch ein potenzieller Feind oder Gegner war. Gerne setzen die Franzosen dieses Mittel auch in Verhandlungen ein, um herauszubekommen, welche Strategien der „Feind" ausheckt.

2. Die Gehemmtheit im zweiten Fall resultiert aus dem ganz anderen Stellenwert der Sprache in Frankreich als in der deutschen Kultur: Sie ist nicht nur Kommunikationsmittel, sondern Ausdruck der Persönlichkeit. Hier sind Franzosen ausnahmsweise mal absolute Perfektionisten. Man schämt sich, Sprach- oder Grammatikfehler zu machen (speziell in gehobenen Kreisen). Dies wäre gleichzusetzen mit Mangel an Erziehung bzw. Niveau. Ein Franzose weiß, dass er nicht daran gemessen wird, was er sagt, sondern wie er es sagt! Dieses Gefühl des Beurteilung überträgt ein Franzose auch unbewusst auf einen Fremden, dessen Sprache er beherrscht. Was wird er von mir denken, wenn ich Fehler mache? Hinzu kommt, dass er sich in einer Fremdsprache nicht geistreich (Originalität) und zwischen den Zeilen ausdrücken kann. Ein vergleichbares Gefühl kennen Sie sicherlich auch: Stellen Sie sich mal vor, Sie müssten in Deutschland auf den Hof Ihres besten Kunden mit einem alten verrosteten und verbeulten Auto fahren. Wie würden Sie sich fühlen? Sehr wahrscheinlich wurden Sie den Wagen möglichst weit entfernt abstellen, denn Ihr Kunde könnte ja von dem Zustand Ihres Wagens auf Ihre Kompetenz und Zuverlässigkeit schließen ... Sicherlich können Sie jetzt besser nachempfinden, wie sich Ihr französischer Partner fühlt. Übrigens: Weil ihm die eigenen Fehler peinlich sind, wird er auch Sie selten korrigieren, selbst wenn Sie ihn darum bitten, um Ihr Französisch zu verbessern.

Das soll Ihnen aber keine Angst einjagen, Ihre Französischkenntnisse zu nutzen: Ein offener Franzose wird es natürlich schätzen, dass Sie seine Sprache sprechen. Fragen Sie allerdings einen Franzosen, den Sie gut kennen (damit er Ihnen ehrlich antwortet), ob Sie einen starken Akzent haben. Falls ja, könnten Sie durch die harte Ausdrucksweise ungewollt aggressiv wirken und das Dampfwalzensyndrom hervorrufen.

Wenn die Franzosen bei Arbeitssitzungen vom Englischen ins Französische umschalten, ist dies nicht zwangsläufig strategisch bedingt. Meist handelt es sich um einen unbewussten emotionalen Ausrutscher, da es ihnen in der Fremdsprache zu langsam und humorlos vorwärtsgeht. Machen Sie Ihre

Kollegen in diesem Fall mit einem verständnisvollen Augenzwinkern darauf aufmerksam. Dann werden sie sich wieder (für eine Weile) anstrengen!

Also: Wenn Ihr französischer Partner plötzlich deutsch spricht, sollten Sie darüber nicht empört, sondern erfreut sein: Entweder stimmen jetzt die Beziehungsebenen, oder das Ende des „Schützengrabenkrieges“ ist in Sicht. Sie haben es geschafft!

Zum Nachlesen und Vertiefen

- Teil I, Kapitel 4: „Der grundlegende Unterschied im Sozialverhalten“ (Misstrauen am Anfang), S. 106 ff.
- Kapitel 5.6 „Die französischen Grundwerte“, Grundwert „Originalität“, S. 168 ff.

9.9 Neues Marketingbudget: Eine gut vorbereitete Präsentation wird ständig unterbrochen

Die Situation:
Karl Picht, seit einem Jahr Marketingleiter einer französischen Filiale in Deutschland, berichtet zum ersten Mal vor seiner Pariser Geschäftsleitung über die Jahresergebnisse seiner Abteilung. In tagelanger Arbeit hat er seinen Vortrag in Französisch ausgearbeitet und durch 20 Folien visualisiert. Es geht darum, das Budget für das kommende Geschäftsjahr mit einer Erhöhung von 12,5 Prozent genehmigt zu bekommen. Nach kurzer Zeit ist Picht vollständig aus dem Konzept. Er wird ständig unterbrochen, einige Franzosen gehen rein und raus, andere hören gar nicht richtig hin oder sprechen unter sich. Schlimmer noch: Zwischendurch kommen Grundsatzfragen („Sollten wir nicht einfach unsere erfolgreiche Werbekampagne aus Frankreich übernehmen?“), die ihn das Schlimmste befürchten lassen. Vollends gestresst, entschließt er sich zu einem Appel an den gemeinsamen Erfolg und legt alle Stärken und Schwächen der deutschen Niederlassung aus seiner Sicht offen. Plötzlich herrscht Ruhe im Raum. Die Entscheidung wird vertagt. Einige Wochen später fällt das Verdikt: keine Budgeterhöhung und Anweisung, möglichst viele Werbekonzepte aus Frankreich zu übernehmen.

Die Wahr-Nehmung aus deutscher Sicht
Wie kann man mich so rücksichtslos behandeln! Kreuz und quer werde ich mit Fragen beschossen. So bringen sie meinen Vortrag durcheinander, ich muss ständig durch die nächsten Folien wühlen, um die entsprechenden Antworten zu finden. Sie könnten doch warten, bis ich auf die betreffende Punkte zu sprechen komme! Außerdem bin ich derjenige, der sich hier die

Mühe macht, in einer Fremdsprache zu sprechen. Ich habe wohl das Recht auf ein Mindestmaß an fairer Behandlung! Schließlich bringt unsere Filiale ca. 23 Prozent des Gruppenumsatzes mit überdurchschnittlichem Gewinnbeitrag. Ein klarer Beweis für unsere Leistungsfähigkeit und Professionalität!

Die Wahr-Nehmung aus französischer Sicht
Anfangs: Mal schauen, was der Kollege so draufhat. Hat er Format, ist er originell oder wieder nur ein typischer Deutscher?
Nach fünf Minuten: Wie langweilig, wieder mal deutsche Chartware, anstatt *aller à l'essentiel* (zum Wesentlichen zu kommen). Ich gehe mal schnell einen Telefonanruf erledigen, verpassen werde ich ja nicht viel.
Die verbleibenden Zuhörer: Die Deutschen haben wirklich kein *esprit de synthèse*. Fordern wir ihn mal ein bisschen, mal sehen wie er reagiert.
Beim Vortrag der Stärken und Schwächen: Was soll denn das? Will der etwa Mitleid erregen? Was ist denn das für ein Jammerlappen? Vorsicht!

Mögliche Problemlösung
Vorträge in Frankreich gehören zu den härtesten Pflichtübungen für deutsche Manager! Denn zuerst kommt der Test! Besonders wenn der Vortragende ein „Neuling" ist, wird er nicht nur am Inhalt seines Vortrages gemessen, sondern an der Souveränität der Darstellungsweise! Nach dem Motto: „Mal sehen, was du draufhast!" werden unter Umständen sogar absichtlich unfaire Bemerkungen gemacht, unerwartete Fragen gestellt, so genannte *questionspiège* (Fallfragen) oder die Spielregeln kurzfristig geändert („Bitte beschränken Sie Ihren Vortrag auf zehn Minuten!" ... anstatt den vorgesehenen 30 Minuten!). Hier geht es darum, den Vortragenden auf Stand- bzw. Rüttelfestigkeit (also Reaktionsfähigkeit) zu testen. Das nennt sich *tentative de déstabilisation* (Versuch, jemanden aus dem Konzept zu bringen). Dieses Verhalten, das in Deutschland als Sabotage aufgefasst würde, ist in Frankreich ganz normal.

Wer bei dieser Prüfung durchfällt, wird bestenfalls ignoriert und schlimmstenfalls gnadenlos fertig gemacht! Bestehen Sie diese jedoch, merken Sie sofort einen Wandel im Verhalten der Teilnehmer: Sie werden plötzlich sehr aufmerksam, konstruktiv und sogar verständnisvoll. Sie sind als einer der ihren akzeptiert! Diese Prüfung steht Ihnen umso sicherer bevor, je mehr hochkarätige Eliteschulabsolventen Sie im Publikum haben oder wenn Ihre französischen Partner in der Machtposition sind (Mutterhaus, Einkäufer etc.).

Andere Möglichkeiten: Das ständige Unterbrechen kann auch andere Bedeutungen haben, das merken Sie jedoch an der Art der Unterbrechungen.

Negativ: Werden Detailfragen kalt, nüchtern oder mit kaum verhehlten Grinsen gestellt, bleiben die Teilnehmer zurückgelehnt in ihren Stühlen, so ist dies Ausdruck von Misstrauen, Demotivation, Abweisung oder gar Sabotage. Da hilft nur eins: herausfinden, was nicht stimmt (emotionale Ebene, strategischer Interessenkonflikt etc.).

Positiv: Werden viele Fragen spontan gestellt und entfacht sich gleich im Teilnehmerkreis eine Diskussion, so spricht dies im Gegenteil für starkes Interesse. Sie haben dann einen Gruppenprozess durch assoziatives Denken ausgelöst, in dem auf eine Idee eine andere folgt. Selbst wenn Ihnen der Kopf schwirrt: Gehen Sie möglichst gleich auf die Fragen ein, Ihr roter Faden wird jetzt unwesentlich, denn Sie sind zu einem Teil der Gruppe geworden. Wird es zu wild, verweisen sollten Sie humorvoll auf Ihre deutsche Herkunft, und die individualistische Egoisten werden etwas mehr Rücksicht nehmen, für ein paar Minuten ... (denn die Emotion lässt die guten Absichten schnell wieder vergessen).

Achtung, wenn Sie von Ihren Stärken und Schwächen sprechen: Diese mit Pragmatismus gepaarte Offenheit ist in gemeinschaftlich egoistischen Ländern zwar üblich, löst beim individualistischen Egoisten jedoch Misstrauen aus: Es ist äußerst ungewöhnlich, im großem Kreis und noch dazu vor Personen, die einem noch nicht vertraut sind, seine Schwächen offen zu legen. Das ist ein Schuss ins eigene Knie! Schwächen sollten Sie höchstens als „notwendige Optimierungsmaßnahmen" bezeichnen. Umgekehrt ist es für Franzosen immer wieder erstaunlich, wenn wir ihnen erklären, dass es deutsche Kunden beruhigt, wenn eigene Schwachpunkte angesprochen werden. Das spricht für Realismus und Kompetenz!

Zum Nachlesen und Vertiefen

- Kapitel 5.6: „Die französischen Grundwerte", Grundwert „Originalität", S. 168 ff.
- Checkliste „So bereiten Sie einen guten Vortrag vor" (Kapitel 9.14, S. 321 ff).

9.10 Konzeptloser Vortrag oder französische Diskussionstaktik?

Die Situation:
Jean-Louis Enthousiaste beabsichtigt, ein innovatives Produkt einem deutschen Managerkreis schmackhaft zu machen. Er erhofft sich Unterstützung bei der Fertigstellung des Produktes und eventuell sogar den Verkauf einer Lizenz. Sein Vortrag ist ein Flop: Die deutschen Partner erfahren wenig

Konkretes und hören nur vollmundige Versprechen über phantastische Marktchancen. Enthousiaste verliert kein Wort über Schwachpunkte und begegnet kritischen Fragen nur ausweichend: „Das ist kein Problem!"

Die Wahr-Nehmung aus deutscher Sicht
Anstatt eines hieb- und stichfesten Konzeptes werden uns nur globale Philosophien und strategische Überlegungen präsentiert. Bei kritischem Nachhaken bleibt er sprachlos. Weder handfeste Informationen noch sonstiges Greifbares. Alles nur Zukunftsmusik!

Typische Aussagen: „Vorträge von Franzosen sind entweder so brillant, dass sie keiner versteht, oder vollkommen konzeptlos."

Die Wahr-Nehmung aus französischer Sicht
Natürlich brachte ich zunächst meine *points forts* (herausragenden Stärken), um zu testen, welche Argumente am besten ziehen. Aber man fühlt sich ja wie vor einem Tribunal: Die Deutschen starrten mich nur an, wahrscheinlich um mich einzuschüchtern. Keine Fragen während des Vortrages, aber danach lauter primitive Detailfragen, die vollkommen irrelevant waren. Die begreifen einfach nicht den Sinn des Produktes und die einmalige Chance, die wir haben!

Mögliche Problemlösung
Der Eindruck auf deutscher Seite, dass Franzosen „konzeptlos" sind, ist leicht erklärbar: In Frankreich versucht man nicht, mit einem ausfeilten Konzept zu überzeugen, man verführt mit einem *concept*, das eher einen globalen Ansatz, eine vage Idee darstellt. Man möchte immer als Erstes sicherstellen, dass das Grundprinzip die andere Seite anspricht und motiviert. Deswegen bauen Franzosen eine Projekt- oder Produktvorstellung ganz anders auf als in Deutschland. Vorangestellt wird der Geist, die Philosophie bzw. die Vision des Projektes. Mit wenigen Schlagworten wird getestet, wie das Publikum reagiert. Es entsteht meistens sehr schnell ein Dialog, der es ermöglicht, die Argumentation dem Publikum anzupassen. Wegen des fehlenden Dialoges und der dann gestellten kritischen Detailfragen kam sich Jean-Louis Enthousiaste wie vor einem Tribunal vor. Die typische Antwort „Das ist kein Problem" erweckt geradezu deutsches Misstrauen: „Was will der vertuschen?"

Die deutsche Wahr-Nehmung, dass Franzosen sich nie vorbereiten, ist ebenfalls leicht nachzuvollziehen, denn die Art der Vorbereitung ist ganz unterschiedlich. Diese besteht darin, sich vorher nur Gedanken über zwei wesentliche Fragen zu machen: 1.: „Welche Punkte sind die wichtigsten und für uns unabdinglich?" und 2.: „Worüber wollen wir auf keinen Fall sprechen, welche Themen sollten wir vermeiden?" Mit diesen Eckpfeilern geht man in die Besprechung oder Verhandlung, nach dem Motto *on verra bien!* (schauen wir mal), hinein. Während der Sitzung lässt man einen Versuchsballon aufsteigen (*on envoie un ballon d'essai*), um zu sehen, wie die andere Seite reagiert. Je nachdem was greift oder nicht, wird angepasst. Unerwünschte Themen werden geschickt umgangen, manchmal durch Zeitspiel.

Dieses Problem kann man nur lösen, indem die betreffenden Seiten sich dieser Mechanismen und der damit verbundenen diametral unterschiedlichen Erwartungshaltungen bewusst werden, sonst wird jede Seite nur ihre Vorurteile verstärken!

Zum Nachlesen und Vertiefen

- Checkliste „Falsche Freunde" unter „Konzept/*concept*" (Kapitel 9.14, S. 328 ff).
- Problemlösung „Ausgefeiltes Kooperationskonzept bleibt ohne Reaktion" (Kapitel 11.2, S. 365 f).
- Checkliste „So bereiten Sie einen Vortrag vor" (Kapitel 9.14, S. 321 ff).

9.11 Vertrauliche Informationen an Sachbearbeiter

Die Situation:
Deutsche und französische Bereichsleiter halten eine Besprechung ab. Viele sehr unterschiedliche Themen werden besprochen. Die Protokollführung erfolgt auf deutscher Seite. Auf den Verteiler kommen nicht nur alle Anwesenden, sondern auch betroffene Abwesende. Drei Tage später ruft ein französischer Abteilungsleiter wütend an: „Was haben Sousfifre und Müller auf dem Verteiler zu suchen? Solche vertraulichen Informationen gehen die überhaupt nichts an!"

Die Wahr-Nehmung aus deutscher Sicht
Information ist eine Bringschuld! Jeder hat Informationen, die sein Aufgabengebiet betreffen, zu erhalten. Wenn er im Protokoll auf der rechten Seite seinen Namen sieht, weiß er sofort, was ihn betrifft. Außerdem, was soll diese Geheimtuerei? Was soll da schon vertraulich gewesen sein?

Die Wahr-Nehmung aus französischer Sicht
Wie kann dieser verantwortungslose Idiot dem Sousfifre und dem Müller strategisch wichtige Informationen einfach zugehen lassen? Das geht die doch überhaupt nichts an! Welche Gerüchte wird das wieder auslösen? Und wie stehe ich jetzt da?

Mögliche Problemlösung

Qui détient l'information détient le pouvoir (Wer über die Information verfügt, hat die Macht) ist eine gängige Redewendung in Frankreich. Demzufolge ist eine Information für den in Machteinheiten zählenden individualistischen Egoisten selbstverständlich, eine Holschuld. Daher macht man sich in Frankreich grundsätzlich viele Gedanken darüber, wer auf den Verteiler kommt (wenn es einen gibt!). Hinzu kommt, wieder einmal, eine unterschiedliche Wortinterpretation: Was ist vertraulich und was nicht? Informationen, die aus deutscher Sicht sachdienlich sind, stellen für Franzosen strategisch-politische Angelegenheiten dar. Und da viele Mitarbeiter auf Teilinformationen lauern, um sich sofort eigene Interpretationen zurechtzustricken („Was steckt dahinter?"), ahnt man auf deutscher Seite oft nicht, welche Gerüchte scheinbar harmlose Informationen auslösen können. Daher können Franzosen bestimmte weitergegebene Informationen wie einen Messerstich in den Rücken empfinden.

Stimmen Sie daher immer mit Ihren französischen Partnern ab, wer auf den Verteiler soll. Gegebenenfalls kann nur ein Auszug aus dem Protokoll den betroffenen Personen zugeleitet werden.

Zum Nachlesen und Vertiefen

- Einführung „Problemlösungen zur Kommunikation" (Kapitel 9.1, S. 296 f).
- Teil I., Kapitel 4 „Der grundlegende Unterschied im Sozialverhalten" zum Thema „Was steckt dahinter?", S. 106 ff.

9.12 Kritischer Aktenvermerk schlägt wie eine Bombe in Frankreich ein

Die Situation:

Seit Monaten läuft in der vor kurzem erworbenen französischen Niederlassung vieles schief. Alle Appelle an die Vernunft scheinen nicht zu nutzen. Reiner Helle, Länderreferent in der Muttergesellschaft, sammelt seit daher alle Fakten, indem er die deutschen Abteilungsleiter bittet, ihm alle Vorfälle per Aktenvermerk zu übersenden. Auf dieser Grundlage erstellt er eine offizielle Aktennotiz, in der alle Vorkommnisse chronologisch aufgelistet sind, und übersendet diese der Geschäftsführung in Frankreich mit der Bitte um Stellungnahme. Gleichzeitig erwartet er Vorschläge für Verbesserungsmaßnahmen und Optimierung der Abläufe zwischen Frankreich und Deutschland. Statt einer Antwort kamen nur Aussagen wie *On s'en occupe!* (wir kümmern uns drum). Zwei Wochen später wird Helle zu seinem Chef bestellt: Sein Aktenvermerk hatte in Frankreich große Aufregung verursacht!

Die Wahr-Nehmung aus deutscher Sicht
Wenn Probleme auftreten, gibt es doch nichts Normaleres, als diese aufzulisten und konsequent zu durchleuchten. Damit haben wir eine sachliche Basis, die nicht anfechtbar ist. Dann kann man gemeinsam Lösungen erarbeiten. Die Franzosen fehlt es wirklich an Pragmatismus!

Die Wahr-Nehmung aus französischer Sicht
Diese Aktennotiz ist eine Bombe! Das ist hinterhältig, wir werden einfach an die Wand gestellt! Wir werden offiziell angeschuldigt und auch noch schriftlich bloßgestellt! Brutaler kann man mit uns nicht umgehen! Da gibt nur eins: *Enterrer le dossier!* (Den Fall „beerdigen", d.h. untergehen lassen), sonst gibt es bei uns einen Aufstand! Außerdem werde ich mich sofort bei der Direktion in Deutschland beschweren!

Mögliche Problemlösung
Eine solche offizielle Aktennotiz ist ungefähr das Schlimmste, was man auf deutscher Seite machen kann! Zum Glück ist diese Notiz nicht in Umlauf gebracht worden, und der französische Geschäftsführer hat in seinen deutschen Chef einen verständnisvollen Ansprechpartner gefunden.
Obwohl darüber auch in Deutschland keiner erfreut wäre, hat man dort gelernt, das Sachliche vom Emotionalen zu unterscheiden. Wenn die Reklamation sachlich begründet ist, hat man seinen Ehrgeiz in die Tasche zu stecken! Dies ist jedoch ein Wunschtraum in allen südländischen Kulturen. Für den individualistischen Egoisten haben das Wahren des Gesichts und der Stolz oberste Priorität. Der Umgang mit Franzosen ist also für Deutsche äußerst schwierig, da sie ständig sachliche Ohrfeigen verteilen.
Wenn Sie vor einem solchen Problem stehen, sollten Sie möglichst Punkt für Punkt einzeln mit den jeweiligen Betroffenen ansprechen. Falls es sich nicht bessert, müssen natürlich schwerere Geschütze aufgefahren werden.
Wichtig ist, die Beziehung nicht zu belasten, denn sie ist ausschlaggebend für die zukünftige Zusammenarbeit, die Vorwürfe positiv und eher mündlich zu formulieren. Zum Beispiel: „Wir benötigen die Spezifikationen zusammen mit den Aufträgen" kommt ganz anders an als: „Die Spezifikationen werden uns grundsätzlich mit durchschnittlich 2,5 Wochen Verspätung eingereicht!" An dem entschlossenen und ernsten Tonfall, mit dem man sich ausdrückt, merkt der Franzose ganz genau, was Sache ist, und einen entsprechenden Ordnungsruf wird er auch als vollkommen legitim empfinden.

> Wichtig ist bei Franzosen nicht, was Sie sagen, sondern wie Sie es sagen!

Zum Nachlesen und Vertiefen

- Teil I, Kapitel 1.1 „Erhalten Sie gerne Ohrfeigen?“, S. 27 ff.
- Problemlösung „Französischer Chef duldet keinen Widerspruch“ (Kapitel 10.3, S. 333 f).

9.13 Eine mobilisierende Rede halten

Die Situation:
Die Lehndorff-Gruppe ist in einer schwierigen Lage. Vorstandschef Axel Sobota will persönlich seiner Niederlassung in Frankreich die Unternehmensentwicklung und Strategie darstellen und die Belegschaft darauf einschwören. In brillantem Französisch präsentiert er detaillierte Umsatzstatistiken, liest ein realistisches Statement zur zukünftigen Entwicklung ab, in welchem er aus Vernunftgründen notwendige Umstrukturierungsmaßnahmen im Gesamtkonzern andeutet. Optimistisch appelliert er am Ende an die gemeinschaftliche Verantwortung aller Mitarbeiter für den Erfolg des Konzerns. Der Beifall ist jedoch nur verhalten, vereinzelt sind sogar Pfiffe zu hören. Zwei Tage später rufen die Gewerkschaften zu einem Warnstreik auf.

Die Wahr-Nehmung aus deutscher Sicht
Da ist man offen und ehrlich, und das ist der Dank dafür! Warum kann man mit Franzosen nicht vernünftig reden? Hinter allem und jedem vermuten sie eine Gemeinheit!

Typische Aussagen: „Es ist ungeheuer schwierig, das Misstrauen einer französischen Belegschaft abzubauen. Selbst wenn man alle Karten auf den Tisch legt, wird es nicht besser!“

Die Wahr-Nehmung aus französischer Sicht
Ein französischer *patron*, der mit Details argumentiert und sich hinter Zahlen versteckt wie Sobota „will nicht die volle Wahrheit sagen“. „*Ça cache quelque chose…!*“ („Da steckt was dahinter!“) Alles nur Show, um uns zu beruhigen! Aber uns legt der nicht rein. Indirekt hat er klar signalisiert, dass bei uns abgebaut wird…!“

Mögliche Problemlösung
In diesem Fall hat die Belegschaft Angst um die Arbeitsplätze. Sie befürchtet deren Abbau eher im Ausland denn im deutschen Mutterhaus. Die Tatsache, dass der Vorstandsvorsitzende persönlich kommt, bestärkt die Erwartung, dass gravierende Entscheidungen getroffen wurden, insbesondere für Frankreich.

Die WAHR-Nehmung der Franzosen wird durch folgende Formfehler bestätigt:

- Von dem exzellenten Französisch Sobotas leiten viele Franzosen unbewusst ab, dass er wie ein französischer Chef denkt und handelt. Da die Rede schon vorbereitet war und abgelesen wurde, vermuten die Mitarbeiter, dass der Chef nur ja kein falsches Wort sagen wollte. Außerdem scheint er selbst nicht mehr an den Erfolg zu glauben, da er nur vorsichtige Andeutungen macht und sehr emotionslos spricht.
- Gemeinschaftliche Formulierungen, die an die bloße Vernunft appellieren („gemeinsame Anstrengungen ...“; „alle im gleichen Boot ...“ usw.) klingen somit besonders heuchlerisch.
- Ein französischer patron, der mit Details argumentiert und sich hinter Zahlen versteckt wie Sobota, „will nicht die volle Wahrheit sagen“. Die ausführlichen Erläuterungen und Zahlen wurden daher als Ablenkungsmanöver empfunden und klingen wie Rechtfertigungen, um unpopuläre Maßnahmen zu ergreifen.

In einem solchen Fall sollten Sie weniger Text vorbereiten und nur die globale Linien vorgeben. Nennen Sie weniger präzise Zahlen und Fakten, sondern eher Trends und Größenordnungen. Reden Sie aus dem Bauch heraus, und improvisieren Sie von Zeit zu Zeit. Ehrlichkeit kommt von Herzen, und das Publikum spürt das. Gehen Sie flexibel auf Einwürfe aus dem Publikum ein, und nehmen Sie diese wenn möglich sogar mit Humor. Vermitteln Sie persönliches Engagement und Betroffenheit. Denken Sie auch daran, positive Leistungen herausheben.

Wenn dies von Ihrer Persönlichkeitsstruktur her nicht möglich ist, schicken Sie besser einen geeigneteren Stellvertreter, oder halten Sie den Vortrag auf Deutsch mit Dolmetscher.

Aus dieser Situation ist nur schwer wieder herauszukommen, wenn das Kind einmal in den Brunnen gefallen ist! Ein langer Verhandlungsmarathon nach französischer Art steht Ihnen bevor. Versuchen Sie mit allen Mitteln, mit konkreten Maßnahmen und Zusagen eine Vertrauensbasis wiederherzustellen.

Zum Nachlesen und Vertiefen

- Problemlösung „So bereiten Sie einen guten Vortrag vor“ (Kapitel 9.14, S. 321 ff).
- Checkliste „So verhandeln Sie effizient mit französischen Gewerkschaften“ (Kapitel 11.15, S. 393 ff).

9.14 Checklisten zur Kommunikation

Besprechungen: Einstellung und Verhaltensweisen

In Frankreich gibt es hauptsächlich drei Besprechungsarten: den Informationsaustausch (*réunion de réflexion* = Brainstorming), die Besprechung zwecks Entscheidung oder zwecks Abstimmung. Alle drei können sowohl informell stattfinden, nämlich in der Vor- oder Nachbesprechung auf dem Flur, im Büro des Chefs unter vier oder sechs Augen usw., als auch formell in der Besprechung selbst. Die wichtigeren sind in der Regel die informellen. Auf diese können Sie sich allerdings nicht vorbereiten: Informelle Besprechungen finden spontan statt, je nach Situation. Das Nachfolgende gilt daher für die formelle Besprechung.

1. Lassen Sie sich überraschen

- Grundsätzlich gilt: Ablauf vorprogrammieren heißt, Stress vorprogrammieren! Vor allem: Gehen Sie niemals mit einem Fragenkatalog in eine Besprechung, insbesondere wenn es die erste ist. Das kommt an wie ein Verhör!
- Die Tagesordnung stellt nur eine Richtlinie dar. Rechnen Sie daher mit Änderungen, sowohl was die Tagesordnung betrifft als auch bei den Teilnehmern.
- Wenn möglich, klären Sie bereits im Vorfeld ab, ob Ihre französischen Kollegen ein Brainstorming machen, Entscheidungen treffen, oder sich abstimmen wollen.

2. Beugen Sie vor

- Nehmen Sie sich die Liste der Erfolgs-, Spaß- und Angstfaktoren aus Kapitel 8.3 vor, und begeben Sie sich von der „6er“- in die „9er“-Perspektive. Gestatten Sie sich ruhig selbst, ein bisschen „herumzuspinnen“, wenn Sie sich in die Erwartungshaltung der Franzosen hineinversetzen. Das macht Spaß und ist sehr effizient!
- Planen Sie Pufferzeiten ein. Nicht weil die Franzosen zwangsläufig zu spät kommen (Achtung Vor-Urteil!), sondern weil sie sich bei steigender Motivation oder wachsendem Druck mehr Zeit nehmen! TIPP: Buchen Sie zum Beispiel ein späteres Flugzeug, geben Sie jedoch die frühere Maschine als Abflugzeit an. Damit sind Sie selbst ruhiger und beweisen Flexibilität („Ich nehme einfach die spätere Maschine!“).
- Sondieren Sie bereits am Vortag, oder – wenn Sie abgeholt werden – auf der Fahrt vom Flughafen die emotionalen Prioritäten des (der) Franzosen. Somit können Sie sich bereits einstellen oder, wie nebenbei, die Aufmerksamkeit auf die Sie interessierenden Punkte lenken.

3. Spielen Sie das Spiel der Syntonie

- Zu Anfang kommen oft Emotionen bei den französischen Kollegen hoch: Späße, Anspielungen, Selbstdarstellungen, aktuelle Probleme usw. Lassen Sie dies zu, und machen Sie mit. Das dient der Syntonisierung, das heißt dem Einpendeln der Teilnehmer auf die gleiche Wellenlänge.
- Merke: Ohne Syntonie (= Beziehungseffizienz) erreichen Sie keine Sacheffizienz! (Erinnern Sie sich? BE + SE = EE !) Ist diese erreicht, geht es entweder direkt zum Thema, oder eine Idee bzw. Situation zieht die Aufmerksamkeit aller Teilnehmer auf sich.

4. Bleiben Sie gelassen

- Geben Sie Ihrer Intuition Mitspracherecht, und bleiben Sie bei Unterbrechungen gelassen. Gehen Sie bewusst von der Tagesordnung ab, wenn Sie merken, dass dies der Zeitpunkt ist, ein wichtiges Problem zu lösen oder eine Idee zu entwickeln.
- Versuchen Sie, bei zu weitem Abschweifen behutsam zum Thema zurückzuführen. Sagen Sie es „durch die Blume", und achten Sie auf den Nationalstolz. Harsche Verweise von deutscher Seite provozieren nur das Gegenteil.
- Gestatten Sie sich, auch mal zu scherzen und zu lachen, denn nüchterne Sachlichkeit wirkt einschläfernd.

5. Fassen Sie zusammen, formulieren Sie eine Quintessenz

- Denken Sie daran, dass es wichtig ist, sich zunächst über das Prinzipielle zu einigen, bevor man in die „Niederungen" der Details herabsteigt.
- Wenn möglich, fassen Sie regelmäßig das Prinzipielle zusammen, und achten Sie auf die Reaktion der französischen Partner. Sie erhalten meistens klare Hinweise, ob deren Einverständnis nur gespielt oder reell ist.
- Fassen Sie zum Schluss das Besprochene in einer Quintessenz (*synthèse*) zusammen.

6. Rechnen Sie mit Änderungen, bleiben Sie am Ball

- Sie wissen, dass Beschlüsse nicht unbedingt verbindlich sind. Denken Sie daran: „A" kann auch falsch sein!
- Seien Sie sich im Klaren, dass Protokolle oftmals als nur unverbindliche Absichtserklärungen darstellen.
- Halten Sie unbedingt Kontakt. Seien Sie möglichst bei den Nachbesprechungen dabei, oder stellen Sie sicher, dass Sie Änderungen so schnell wie möglich erfahren.

So bereiten Sie einen guten Vortrag vor

Die wichtige Faustregel: „Franzosen wollen nicht überzeugt, sondern verführt werden" gilt insbesondere bei einem Vortrag. Ein linear aufgebauter Vortrag mit viel „Chartware", einer ausgefeilten Folge von projizierten Tabellen und Zahlen, bewirkt Langeweile, oder schlimmer noch Misstrauen: „Was versucht er zu vertuschen?" Daher müssen Sie bei der Vorbereitung genauso viel Gewicht auf die Form wie auf den Inhalt legen.

1. Bereiten Sie Ihr Publikum vor

- Zunächst ist es wichtig, zu wissen, welche Kenntnisse die französischen Kollegen von deutschen Gepflogenheiten haben. Sonst besteht die große Gefahr, dass Sie Ihre Aussagen überhaupt nicht nachvollziehen können. Beispiel: Gebräuche im französischen Handel und im deutschen Handel, Erwartungen des französischen und des deutschen Verbrauchers etc.
- Integrieren Sie daher einen kurzen Abriss in Ihre Präsentation. Besser noch: Schneiden Sie das Thema im Vorfeld „wie aus heiterem Himmel" bei allen möglichen informellen Gesprächen an, z. B. in Form von Anekdoten. So schaffen Sie mit der Taktik des „steten Tropfens" allmählich ein Bewusstsein für die Unterschiede.

2. Bestimmen Sie zunächst die wesentlichen Eckpfeiler

- Schälen Sie *globalement* die wesentlichen Informationen heraus (*messages forts*), die Sie rüberbringen wollen.
- Bereiten Sie Alternativen vor, damit Sie je nachdem, wie Ihre Argumente greifen, flexibel reagieren können (siehe Punkt 7).

3. Bringen Sie Farbe in Ihren Vortrag

- Unterstreichen Sie jede Aussage lebendig und geistreich, also möglichst mit einem plastischen bzw. originellen Beispiel. Damit vermeiden Sie, dass Ihre französischen Zuhörer abschalten.
- Benutzen Sie kreative und farbige Charts. Aber bitte nicht überladen: Ihre Charts sollten nur wenige Schlüsselbegriffe aufzeigen und ruhig einmal zwischendurch einen Witz (Cartoon) enthalten. Wenn Sie Ihre Zuhörer zum Lachen bringen, haben Sie schon halb gewonnen.

4. Beginnen Sie mit einer griffigen Einführung

- Lassen Sie zu Beginn etwas Persönliches oder Humorvolles einfließen. Sehr gut kommen auch kleine philosophische Weisheiten an (dieses Handbuch erhält einige!). Aber bitte keine Witze à la „amerikanisch", sondern zum Beispiel Ihr persönliches Erleben der kulturellen Unterschiede, eine kurze Anekdote, die zum Thema passt, Bemerkungen zum

Umfeld usw. (Stoff für Anekdoten finden Sie in diesem Handbuch in Hülle und Fülle!) Damit zeigen Sie sich menschlich und lockern auf.

- Vermeiden Sie lange historische Abrisse zur Einführung. Das bewirkt nur Gereiztheit und Ungeduld, sondern präsentieren Sie in wenigen Worten Inhalt, Sinn und Aufbau des Vortages.

5. *Allez à l'essentiel*: Halten Sie sich an das Wesentliche

- Konzentrieren Sie sich auf das „WAS" anstatt auf das „WIE". Bringen Sie zunächst das Wesentliche rüber, den Geist der Sache!
- Sie müssen zunächst den „Test" bestehen, d.h. von Ihrem Zuhörerkreis als interessant und nicht belehrend eingestuft werden, vor allem, wenn die Franzosen Sie noch nicht kennen. Umsetzungen und Prozedere sind erst interessant, wenn Sie globales Einverständnis in Ihrem Zuhörerkreis über das Prinzip haben.

6. Argumentieren Sie mit Vorteilen und Aussichten

- Begeistern Sie mit Potenzialen und Zukunftschancen. Nutzen Sie ruhig Feindbilder, indem Sie plastisch aufzeigen, welche lästigen Konkurrenten (oder ungeliebten Abteilungen) so aus dem Feld geschlagen werden können.
- Angstmotivation (sprich Risikovermeidung) greift in Frankreich nicht. Je mehr Sie beweisen wollen, wie gut Sie alles im Griff haben, umso mehr werden Ihre Argumente als „Intox" (Manipulation) empfunden. Das erzeugt eher Misstrauen: „Was will der uns unterjubeln?" oder: „Ist der sich nicht sicher?"

7. Fordern Sie Fragen aus dem Publikum heraus

- Machen Sie kurze Pausen, die dem Publikum die Möglichkeit geben, auf das Gesagte zu reagieren. Seien Sie nicht erstaunt, wenn man Sie unterbricht. Dies ist eher ein Zeichen, dass Ihre französischen Partner Ihnen zuhören, anstatt auf Stand-by zu schalten.
- Hören Sie heraus, welche Argumente besonders greifen, und vertiefen Sie diese (evtl. durch weitere Beispiele).
- Bauen Sie auf Einwände auf, auch wenn Sie dadurch Ihren Leitfaden verlassen. Wenn Sie immer Ihre Eckpfeiler (siehe 2.) im Kopf haben, wird Ihnen das keine Schwierigkeit bereiten.

8. Suggerieren Sie, anstatt zu beweisen

- Je hartnäckiger Sie an Ihrem Konzept festhalten, desto mehr erzeugen Sie die Reaktion: „Diesem Besserwisser werden wir das Gegenteil beweisen!“ Immer wieder vorgebrachte Beweise hören sich hingegen wie Rechtfertigungen an und wirken wie Unsicherheit.

- Gebrauchen Sie daher offene Formulierungen wie: „Ich würde vorschlagen …“ oder: „Es wäre eine Möglichkeit, diese Richtung einzuschlagen …“ Einwänden können Sie zunächst mit einem: „Das ist auch eine Idee“ oder: „Darüber könnte man auch einmal nachdenken!“ begegnen.
- Nutzen Sie die Frageform: „Kennen wir unsere Konkurrenz wirklich genau genug?“ anstatt: „Fakt ist, wir kennen unsere Konkurrenz nicht!“

9. Bleiben Sie locker und *incollable* („nicht festnagelbar“)

- Ihr Auftreten und Ihre ganze Körperhaltung sollte locker sein. Vermeiden Sie vor allem eine zu ernsthafte Miene, und lesen Sie möglichst nicht vom Blatt ab.
- Stellen Sie sich eher vor Ihr Publikum, als dass Sie sitzen. Bleiben Sie in Kontakt mit der Gruppe, und verstecken Sie sich nicht hinter dem Tageslichtprojektor. So bringen Sie im wahrsten Sinne des Wortes Bewegung ins Spiel.
- Halten Sie Detailinformation auf Abruf bereit: Wenn Sie schlagfertig auf Fragen reagieren können und zudem noch Charts darüber auflegen, imponieren Sie durch Ihre Flexibilität: „Das ist kein Deutscher!“

10. Enden Sie mit einer *Synthèse*

- *Synthèse* bedeutet in Frankreich, das Wesentliche vom Unwesentlichen zu trennen. Das Wort *Synthèse* ist eine Art „Zauberwort“, denn sobald Sie es aussprechen, ist Ihnen die uneingeschränkte Aufmerksamkeit des Saales sicher! Der Autopilot jedes Franzosen ist darauf getrimmt: „Wenn ich jetzt aufpasse, bekomme ich das Wesentliche mit!“
- Hier geht es also eher darum, den Kern Ihrer Botschaft zum Schluss konzentriert rüberzubringen, und zwar als Quintessenz. Darin liegt die Würze, mit der Sie Ihren Vortrag abrunden und eine abschließende Diskussion auslösen.

11. Bleiben Sie am Ball

- Selbst wenn Ihr Vortrag gelungen erscheint, halten Sie auch nachher ständig Kontakt zu den Entscheidungsträgern. Denn viele Fragen tauchen erst nachher auf, vor allem, wenn die erste Begeisterung abgeklungen ist. Denken sie an das „LiFo“[1]-Syndrom: „Aus den Augen, aus dem Herz!“
- Haben Sie keine Angst davor, nachher nicht 100-prozentig zu erreichen, was Sie angekündigt haben. Franzosen sind auch schon mit 80 Prozent *globalement* zufrieden!

[1] LiFo = Last in-first out.

Gewinner- und Verliererverhalten im Umgang (nicht nur) mit Franzosen

Verliererverhalten	Gewinnerverhalten
◆ Der ruft sowieso nicht an!	◆ Ich fasse später noch mal nach, vielleicht ruft er sogar zurück!
◆ Typisch, wir schaffen wieder mal nur die Hälfte vom Programm!	◆ Sprechen wir über das Wesentliche, damit Raum für neue Aspekte bleibt.
◆ Wegen deren Schwafelei werde ich noch meinen Flieger verpassen ...	◆ Jetzt wird´s interessant. Dann nehme ich eben den nächsten Flieger!
◆ Denen haben wir mal gezeigt, was Effizienz ist!	◆ Wir haben es wohl etwas übertrieben. Das müssen wir gleich morgen wieder zurechtbiegen.
◆ Das sind doch Luftgebilde!	◆ Interessant, daraus könnte man vielleicht etwas machen!
◆ Diese ewigen Mittagessen. Was für ein Zeitverlust!	◆ Wirklich gut, das Essen. Und was man dabei alles für interessante Informationen erhält ...
◆ Für solchen Firlefanz habe ich keine Zeit!	◆ Ich lasse mich überraschen, mal abwarten, was dabei herauskommt.
◆ Erst die Arbeit, dann das Vergnügen!	◆ Arbeiten wir mit Vergnügen. Spaß muss sein!
◆ So steht´s im Vertrag! Ich bestehe darauf ...	◆ Darüber sollten wir bei einem guten Essen noch mal sprechen ...
◆ Sicher ist sicher!	◆ Wer wagt, gewinnt!
◆ Mal wieder typisch französisch ...	◆ Damit kann ich leben ...
◆ Ich will das jetzt ausdiskutieren.	◆ Halten wir den Punkt fest. Machen wir erst einmal global weiter.

◆ Und was kommt unter dem Strich dabei heraus?	◆ Ihre Idee ist interessant! Haben Sie auch schon einmal die finanziellen Aspekte näher betrachtet?
◆ Seine Sie nicht so empfindlich!	◆ Ich verstehe sehr gut, dass Sie darüber aufgebracht sind!
◆ Nein, keinesfalls!	◆ Wenn man es von dieser Seite betrachtet, haben Sie Recht!
◆ Ich habe meine Anweisungen. Ich kann nicht anders!	◆ Wie kommen wir da raus?
◆ Das kann nicht sein!	◆ Das überrascht mich! Erzählen Sie mal!
◆ Wo steht das?	◆ Gibt es eine Quelle, wo man das nachlesen kann?
◆ Tun Sie das gefälligst!	◆ Ich gehe davon aus, dass ich mich auf Sie verlassen kann!
◆ Der muss doch einsehen, dass das der bessere Weg ist!	◆ Wie kann ich ihm meine Lösung schmackhaft machen?
◆ Wer A sagt, muss auch B sagen!	◆ ACHTUNG: A könnte auch falsch sein!
◆ Vom sachlichen Standpunkt her ist das doch völlig irrelevant!	◆ Abwarten und erst mal Dampf ablassen. Dann kommen wir auch wieder zur Sache.

Wie Sie ein diplomatisches „Ja" von einem aufrichtigen „Ja" unterscheiden können

Wie Sie an den folgenden Beispielen sehen, gibt es wesentlich mehr Redewendungen, um durch die Blume „NON“ als „OUI“ zu sagen. Grundsätzlich, und das ist zugegebenermaßen zum Haareausraufen, können viele „Nein-Redewendungen“ auch „Ja“ ausdrücken. Daher müssen Sie sehr genau auf die Gesten, Tonlage und Körperbewegungen achten, welche die

Aussage begleiten. Art und Umfang dieser Reaktionen hängen (natürlich) wieder stark von der Persönlichkeitsstruktur ab.

Eher „*Non*“:

- „*Vraiment?*“ / „Echt?“
- „*Croyez-vous?*“ / „Glauben Sie?“
- „*Il serait peut-être préférable de ...*“ / „Es wäre vielleicht besser...“
- „*Vos propos méritent d'être un peu nuancés ...*“ / „Ihre Aussagen sind es wert, etwas nuanciert zu werden ...“
- „*Je voudrais mettre un ‚bémol‘...*“ / „Ich möchte das relativieren ...“
- „*Je ne suis pas certain que cette idée soit, à proprement parler, la meilleure ...*“ / „Ich bin mir nicht sicher, dass diese Idee, um es genau zu sagen, die beste ist ...“
- „*Je ne suis pas tout à fait convaincu, que ...*“ / „Ich bin nicht vollkommen überzeugt, dass ...“
- „*Je crains que cela ne soit difficile ...*“ / „Ich fürchte, dies wird nicht leicht sein ...“
- „*A vrai dire ...*“ / „Ehrlich gesagt ...“
- „*Oui, mais ...*“ / „Ja, aber...“

„*Oui*“, „*Non*“ oder neutral (je nach Betonung und Kontext):

- „*On peut voir ça comme ça ...*“ / „Das kann man so sehen ...“
- „*Pourquoi pas?*“ / „Warum nicht?“
- „*C'est une idée ...*“ / „Das wäre eine Idee ...“
- „*C'est envisageable ...*“ / „Das könnte man in Erwägung ziehen ...“
- „*C'est à voir...*“ / „Mal sehen ...“

Sowohl „*Oui*“ als „*Non*“:

- „*Si vous voulez ...*“ / „Wenn Sie wollen ...“
- „*C'est intéressant!*“ / „Das ist interessant!“
- „*Ce n'est pas idiot ...*“ / „Nicht dumm ...“
- „*Intéressant comme approche*“ / „Interessanter Ansatz“
- „*Ca mérite réflexion ...*“ / „Darüber lohnt es sich, nachzudenken ...“
- „*Cela dépend ...*“ / „Es hängt davon ab“

Formulierungen, die das vorher Gesagte absolut in Fragestellen können:

- „*Oui, mais ...*“ / „Ja, aber...“

- „*Toutefois, je pense que* ...“ / „Jedoch, denke ich, dass ...“
- „*Certes, mais* ...“ / „Gewiss, aber...“
- „*Malgré tout* ...“ / „Trotzdem ...“
- „*Sur le principe, oui, mais* ...“ / „Im Prinzip ja, aber...“
- „*Théoriquement oui, mais* ...“ / „Theoritisch ja, aber...“

Ein Tipp: Lernen Sie diese Formulierungen auswendig. Wenn Sie damit umgehen lernen, sind auch Sie in der Lage, diplomatisch „Nein“ zu sagen.

Dialog unter Gehörlosen: Wie Deutsche und Franzosen aneinander vorbeireden

Was der Franzose sagt	Was der Franzose wirklich meint	Was der Deutsche versteht
• Ich habe ein Konzept.	• Ich habe eine Idee.	• Ich habe einen ausgearbeiteten Rohentwurf.
• Ich bin nicht überzeugt, dass dieses Projekt das beste ist.	• Ich halte es für den größten Mist.	• Ich muss noch ein paar bessere Argumente bringen.
• Wenn Sie wollen.	• Ich schalte ab oder meinetwegen.	• Jetzt habe ich ihn endlich auf meiner Linie.
• Es wäre vielleicht sinnvoll, sich um diese Akte zu kümmern.	• Ich möchte, dass Sie das sofort erledigen.	• Der andere fragt mich, wer das wohl machen könnte.
• Wir werden sehen.	• Irgendwie werden wir das schon schaffen. Hauptsache, wir fangen endlich an.	• Der andere ist verantwortungslos (konzeptlos).
• Das ist ein netter Kerl. (*il est gentil*)	• Er lässt sich leicht ausnützen.	• Er ist nett.

Was der Deutsche sagt	Was der Deutsche wirklich meint	Was der Franzose versteht
◆ Hier ist mein Konzept.	◆ Ich habe an dem Projekt intensiv gearbeitet.	◆ Der Deutsche will mir seine Idee aufzwingen.
◆ Zunächst mal zum Prozedere.	◆ Ohne Ablaufplanung kein Erfolg	◆ Der andere will mich in sein Schema zwängen.
◆ Ich habe einen Verbesserungsvorschlag.	◆ Ich bin im Prinzip einverstanden.	◆ Der andere will mein Projekt kippen.
◆ Ehrlich gesagt ...	◆ Ich will ganz offen sein.	◆ Der andere verbirgt etwas.
◆ Wir müssen das ausdiskutieren.	◆ Der Teufel steckt im Detail.	◆ Kleinkrämerei. (Um die Einzelheiten sollen sich andere kümmern.)
◆ Was kommt unter dem Strich dabei heraus?	◆ Bleiben wir auf dem Boden der Tatsachen.	◆ Der Deutsche hat immer nur seine Rentabilität im Kopf.

Falsche Freunde: gleiche Begriffe mit unterschiedlicher Bedeutung

Begriff	Deutschland	Frankreich
Effizienz/ *efficacité*	Das Geplante erreichen, Soll und Ist im Griff haben. Alles klappt wie am Schnürchen	Mehr als das Geplante erreichen, schnell und gewandt auf Unvorhergesehenes reagieren
Herausforderung/*défi*	1–20% Restrisiko	50–70% Restrisiko
Improvisation/*improvisation*	Dilettantisch	Intelligent, mit geringstem Aufwand das Ziel erreichen, flexibel bleiben, Unvorhergesehenes gelassen meistern können. Das

Begriff	Deutschland	Frankreich
		Système D, das „D" steht für se *débrouiller* („sich durchwursteln") ist der Stolz jedes Franzosen. Er saugt es praktisch mit der Muttermilch auf. Es ist der französische „Zaubertrank", will heißen: „Wir finden immer eine Lösung, *on verra bien* ...!"
Katastrophe/ *catastrophe*	Passieren selten in Deutschland. Wird nur gebraucht, wenn es wirklich eine ist. Beunruhigt stark	Passieren „dauernd" in Frankreich, da schlimme Situationen emotional aufgebauscht werden. Daher geht der Franzose mit „Katastrophen" gelassener um und gebraucht das Wort häufiger. Er reagiert entsprechend ruhiger, wenn dieses Wort im Munde eines sehr stark beunruhigten Deutschen auftaucht, er kann ja nicht wissen, dass es wirklich eine ist...
Komplize/ *complice*	Gefährte, meist im verbrecherischen Sinn	Vertrauter, jemand mit dem man durch dick und dünn geht (complice/*complicité*)
Kompromiss/ *compromis*	Eine vernünftige Lösung, bei der beide Seiten aufeinander zugehen, indem sie Abstriche machen	Eine schlechte Lösung, bei der jeder verloren hat. Kompromisse einzugehen wird oft als Schwäche ausgelegt.
Konzept/ *concept*	Rohfassung, eine ausgearbeitete Idee, deren Umsetzung angestrebt wird. Ist präzise und konkret. Das „WIE"...	Eine erste Idee, ein Begriff. Ist abstrakt und allgemein gehalten. Das „WAS" ... Entsprechendes Wort für „Konzept" im Französischen: *avant-projet/projet/plan d'action*

Begriff	Deutschland	Frankreich
Kritik/ *critique*	Konstruktive Kritik, auch am Detail, zeigt Kompetenz und Engagement. Durch die kritische Beleuchtung aller Aspekte werden Dinge klarer und Entscheidungen leichter. Keine Kritik zu üben oder zu erhalten gilt als verdächtig.	Kritik am Detail gilt als negativ und destruktiv. Heißt im Klartext: „Ich will nicht!" Im positiven Sinne gebrauchen Franzosen den Begriff „*esprit critique*", der zu einer kritischen Analyse herausfordert, die meist zu völligem Infragestellen des Ansatzes bzw. Projektes führt.
nobel/ *noble*	Wird meistens mit adelig, einer Adelsfamilie gleichgesetzt	Gilt auch für Adelige, aber mehr als Bewertung von Tätigkeiten und Ideen. So sind z.B. geistige Tätigkeiten nobel, manuelle jedoch nicht. „*Cette idée manque de noblesse!*" heißt, dass dieser Idee das Noble fehlt.
Strategie/ *stratégie*	Wirtschaftliche Unternehmensziele setzen und den Weg zu deren Erreichung möglichst präzise festlegen. Hypothesen vermeiden, sich auf das Wahrscheinliche stützen	Machtpolitische Unternehmensziele setzen, geopolitische Zusammenhänge einbeziehen. Hypothesen aufstellen, Alternativen zur Hand haben (oft Taktik). Wird global und flexibel definiert. Entsprechendes Wort im Französischen: *plan stratégique*, oft sogar *plan opérationnel*
Synthese/ *synthèse*	Zusammenfassung des „Für" und „Wider"	Das Wesentliche, die Quintessenz. *Esprit de synthèse*: Fähigkeit, das Wesentliche vom Unwesentlichen zu unterscheiden

10 Problemlösungen zu Management/ Organisation

10.1 Die wesentlichen Unterschiede

Jeder deutsche Manager und Unternehmer, der Franzosen zu führen hat, sollte sich unbedingt mehrmals das Kapitel „Sozialverhalten“ in Teil I durchlesen und, wenn's sein muss, sogar unter das Kopfkissen legen.[1] Denn die meisten Unterschiede im Führungsstil und in der Organisation von Unternehmen haben hier ihren Ursprung.

Gratwanderung zwischen Management by Feeling und Management by Druck

Franzosen brauchen einen Chef, den sie spüren, denn er ist es, der bestimmt, ob Prozedere verbindlich sind oder nicht. Er weist die Richtung und schöpft die Autorität dafür weniger aus seiner Sachkompetenz denn aus seinem Überblick als Generalist und aus seiner Menschenkenntnis. Nur ein Chef, der seine Mitarbeiter durchschaut, wird von diesen respektiert. So ist Mitarbeiterführung in Frankreich eine ständige Gratwanderung zwischen Management by Feeling und Management by Druck.

Ein französischer Chef muss ständig zwischen allen Vorgängen hin und her „zappen“.

Chef sein ist in Frankreich keine Funktion, sondern ein Status. Der französische patron wird seinen Mitarbeitern große Ziele vorgeben und deren Erreichung delegieren, ohne sich viel um das „Wie“ zu kümmern. Das haben seine Führungskräfte selbst zu entscheiden. Allerdings wird er immer jede Kleinigkeit sehen und alle wichtigen Entscheidungen und Vorkommnisse im Kopf haben, um mit seinen Mitarbeitern jederzeit den „Punkt“ zu machen, eine Kurzanalyse der Situation, um gegebenenfalls neue Anweisungen zu geben. Ein französischer Chef kann also nicht „wegdelegieren“ wie sein deutsches Pendant, das sich auf seine Mitarbeiter verlässt und den Vorgang bis zur „Wiedervorlage“ in 14 Tagen aus den Augen – aus dem Sinn hat. Er muss sozusagen ständig zwischen allen Vorgängen hin und her „zappen“. In großen Unternehmen umgibt er sich mit Vertrauensleuten, die über die Umsetzung seiner Entscheidungen wachen und ihm die tägliche Kleinarbeit abnehmen.

Ein französischer Chef entscheidet allein und selbstverantwortlich.

Und natürlich erwarten Franzosen von ihrem Chef klare Aussagen und Stellungnahmen. Ein wirklicher französischer Chef fragt Spezialisten höchstens um deren Meinung, entscheidet aber allein und selbstverantwortlich

[1] Siehe Kapitel 10.11 „Checklisten zum Management“, S. 346 ff.

über die Geschicke des Unternehmens. Konsensentscheidungen sind höchst selten und werden von der Umgebung schnell als Schwäche ausgelegt. Ein guter Chef diskutiert jedoch häufig mit seinen Mitarbeitern und Spezialisten und gibt diesen durch die ständige Interaktion das Gefühl, einen Beitrag zur Entscheidung zu leisten.

10.2 Franzose will immer den obersten Chef sprechen

Die Situation:
Dr. Helmut Richter ist verzweifelt: Dauernd will ihn sein französischer Joint Venture-Partner, Raymond Leroy, persönlich sprechen, auch wegen kleinster Kleinigkeiten. Gleichzeitig weigert sich Leroy, mit Richters Sekretärin zu sprechen und Termine abzustimmen, obwohl diese von Richter bevollmächtigt ist und solche Vorgänge ständig selbstständig bearbeitet.

Die Wahr-Nehmung aus deutscher Sicht
Immer wieder spricht mich Leroy persönlich an. Jedes Mal sage ich ihm, dass der jeweilige Abteilungsleiter bzw. meine Sekretärin das viel besser regeln kann und er sich direkt mit diesen abstimmen soll. Aber nein, das möchte er doch lieber mit mir direkt bereden! So was von uneffizient!

Die Wahr-Nehmung aus französischer Sicht
Warum verweist der mich immer an seine Untergebenen oder gar seine Sekretärin? Die kenne ich doch kaum, und außerdem haben die nicht den Überblick. Die kommen einem immer mit allen möglichen Details. Wenn ich das nicht mit Richter direkt regele, geht das daneben. Er ist der Chef, also wird er das Nötige veranlassen. Er braucht doch nur zu delegieren. Alles andere ist doch vollkommen uneffizient!

Mögliche Problemlösung
In Deutschland sagt man: „Gehe nicht zum Fürsten, wenn du nicht gerufen wirst!“ In Frankreich hingegen: „Es ist immer ratsamer, den lieben Gott anzusprechen als seine Heiligen!“

Aus französischer Sicht sollte man immer mit dem obersten Chef sprechen, um

- eine Entscheidung gleich zu erhalten oder zu beschleunigen,
- eine blockierende Instanz zu umgehen,
- durch das Gespräch etwas strategisch Wichtiges bzw. die neuesten Informationen („Scoops“) zu erfahren. Denn: „Wer über die Information verfügt, verfügt über die Macht!“

- den Puls zu fühlen (*prendre la température*), wie die aktuelle Einstellung zu dem einen oder anderen Vorhaben ist!

Manche Franzosen halten es auch für unter ihrer Würde, sich mit Leuten abzustimmen, die unter ihrem hierarchischen Niveau sind!

Dieser interkulturelle Konflikt sollte auf jeden Fall offen angesprochen werden. Sie können dazu die beiden einleitenden Sprichwörter benutzen. Damit haben Sie einen humorvollen und intelligenten Einstieg und wirken nicht belehrend!

Auch die unterschiedlichen Aufgaben einer Sekretärin sollten erklärt werden: Deutsche Sekretärinnen haben i.d.R. viel größere Aufgabenfelder und Verantwortungen als ihre französischen Kolleginnen. Letztere müssen nämlich einen großen Teil ihrer Tätigkeit mit dem Abschirmen ihres Chefs verbringen, eben weil jeder mit ihm sprechen will!

Machen Sie Ihren französischen Partnern deutsche Entscheidungswege deutlich, insbesondere dass Verantwortliche bei Entscheidungen nicht „kurzgeschlossen“ werden.

Falls dies alles nichts nutzt, muss Ihre Sekretärin „französisch“ werden und die Anrufe aus Frankreich mehr filtern: Sie muss den Grund des Anrufs herausborchen und gegebenenfalls geschicktes und diplomatisches Abblocken lernen.

Zum Nachlesen und Vertiefen

- Teil I, Kapitel 4.6: „Auswirkungen auf das Management“, S. 130 ff.
- Checkliste „Suchen Sie sich ‚*la perle rare*‘: die ideale Assistentin“, S. 360 f.
- Teil I, Kapitel 6.7: „Beständigkeit versus Wechsel“ unter „Scoop“, S. 232ff.

10.3 Französischer Chef duldet keinen Widerspruch

Die Situation:

Obwohl mehrere Mitarbeiter den Ausführungen ihres Chefs, Michel Coléreux, kritisch gegenüberstehen, kommt keinerlei Widerspruch. Stefan Trotzig, ein deutscher Sachbearbeiter, der seit kurzem erst in Frankreich ist, wendet daher an ihrer Stelle ein: „Das sehe ich anders: Aufgrund verschiedener Gegebenheiten ist das so nicht umsetzbar!“ Er wird sofort abgekanzelt und nach der Besprechung von Coléreux unter vier Augen darauf hingewiesen, derartiges Verhalten zukünftig zu unterlassen.

Die Wahr-Nehmung aus deutscher Sicht
Wenn es keiner wagt, muss ihm doch einer sagen, was Sache ist. Mein Beitrag war natürlich konstruktiv gemeint! Wünschen sich französische Chefs nur „Jasager"? Ein Mitarbeiter muss doch auch in Frankreich innerhalb seines Verantwortungsbereiches Stellung nehmen können!

Die Wahr-Nehmung aus französischer Sicht
Für wen hält sich denn dieser arrogante deutsche Schnösel? Meine Anweisungen hier vor versammelter Mannschaft in Frage zu stellen! Das grenzt ja an Meuterei!

Mögliche Problemlösung
Die Aussagen eines französischen Chefs sind zunächst einmal Gesetz. Es folgen entweder positive Stellungnahmen oder gar keine. Mutige Skeptiker fragen höchstens durch die Blume: „Wie würden Sie sich das in jenem Kontext vorstellen?" Wenn Sie nach guter deutscher Sitte in dieser Phase konstruktive sachliche Kritik anbringen, wird dies aus französischem Empfinden entweder als destruktiv aufgefasst oder als Anzeichen von klarer Demotivation (also Gefahr für den Chef)! In funktionierenden französischen Teams erfolgt die Kritik im kleinen Kreis durch Vertrauensleute des patrons.

Sie sollten immer die folgenden zwei Grundprinzipien vor Augen haben:

- Franzosen trennen nicht das Sachliche vom Emotionalen!
- Kritik kann man bei französischen Partnern oder Chefs erst anbringen, wenn diese spüren, dass man voll hinter dem globalen Prinzip steht!

Halten Sie also Ihren Autopiloten im Griff, und bauen Sie möglichst ein vertrauensvolles Verhältnis zu Ihrem Chef auf: Dann können Sie ihm diesen Unterschied erklären, und er wird auch offen sein für Ihre konstruktive Kritik, aber nur unter vier Augen ...!

Zum Nachlesen und Vertiefen
- Checkliste „Falsche Freunde" (Kapitel 9.14).

10.4 Deutsches Mutterhaus übernimmt ein gut funktionierendes französisches Verfahren

Die Situation:
Nach der Übernahme eines französischen Unternehmens überprüfen Controller und Vertriebsleute die dortigen Prozedere und Abläufe. Kostengünstige und intelligente Lösungen werden nach dem Benchmarking-Prinzip ohne viel Aufhebens im Mutterhaus übernommen.

Die Wahr-Nehmung aus deutscher Sicht
Die Franzosen regeln diese Angelegenheit pragmatischer bzw. kostengünstiger als wir. Das machen wir ab jetzt auch so. Das gehört zu den Synergien, die wir uns beim Unternehmenskauf erhofften!

Die Wahr-Nehmung aus französischer Sicht
Die Deutschen sind eifersüchtig, dass wir schlauer waren. Deswegen sagen sie nichts und klauen einfach unsere Ideen, ohne ein Wort zu sagen. Das ist typisch deutsche Arroganz!

Mögliche Problemlösung
Ein weiteres Beispiel für pragmatisches deutsches Vorgehen, das in Frankreich eine schallende (interkulturelle) Ohrfeige ist! Wie Sie ja wissen, ist ein wichtiger französischer Grundwert die „Bewunderung". Des Weiteren haben Sie sicherlich noch in Erinnerung, dass die Franzose gerade von Deutschen, die ihnen immer als Modell vorgehalten werden, Lob erhoffen. Wenn Sie also eine französische Lösung oder Idee praktisch kommentarlos im Sinne des gemeinschaftlichen Egoisten (Ist doch normal, wir arbeiten ja zusammen!) übernehmen, so lösen Sie damit erheblichen Frust bei Ihren französischen Kollegen aus.

In diesem Fall ließ die Muttergesellschaft in der Hauszeitschrift einen ausführlichen Artikel über die intelligenten französischen Verfahren erscheinen, in dem große Bewunderung für die organisatorische Leistung bzw. Pfiffigkeit der Franzosen durchklang. Eine hochrangige deutsche Führungskraft erwähnte die Angelegenheit nochmals ausdrücklich bei seiner nächsten Rede vor der französischen Mannschaft. Die Franzosen waren unheimlich stolz darauf und legen sich seither noch mehr ins Zeug, um die Muttergesellschaft in weiteren Bereichen zu übertrumpfen!

Typischer Kommentar einer deutschen Führungskraft: „Toll, die haben ihren Ruhm, und wir das Ergebnis!" Wichtig daran ist jedoch, dass in Deutschland eine echte Bewunderung der Leistung der Franzosen besteht, auch wenn man immer noch den Aufwand, um die „Ruhmestaten" publik zu machen, für etwas übertrieben hält ...

Zum Nachlesen und Vertiefen

- Teil I, Kapitel 5, S. 146 ff. und Teil II, Kapitel 6.3 zum Thema „Bewunderung", S. 214 f.

10.5 Zäher Entscheidungsprozess in der französischen Zentrale

Die Situation:
Eine französische Filiale in Deutschland steckt in einer schwierigen Situation: Es sind dringende Investitionen nötig, um den Marktanteil in Deutschland zumindest halten zu können. Ein detailliertes Strategiekonzept liegt der Muttergesellschaft vor. Trotz wiederholtem Drängen des deutschen Geschäftsführers entscheidet die Pariser Zentrale einfach nicht. Entweder kommt keine Antwort, oder es werden weitere Berichte, Marktuntersuchungen und Statistiken verlangt ...

Die Wahr-Nehmung aus deutscher Sicht
Die Zeit läuft uns weg, und die Franzosen verlangen noch mehr Informationen und Zeit, um sich zu entscheiden. Mit der Standardantwort „Warten Sie auf unsere Entscheidung" können wir nichts anfangen! Wir müssen jetzt handeln, sonst ist es zu spät!

Die Wahr-Nehmung aus französischer Sicht
Die Deutschen machen Druck, um uns eine Entscheidung aus der Nase zu ziehen. Mir ist die ganze Angelegenheit unbehaglich. *„Je ne sens pas!"* („Ich fühle die Sache nicht!") Die sollen ruhig noch ein bisschen warten, bis die Marktlage klarer ist. Außerdem: *„Ils n'ont qu'à se débrouiller!"* (Die sollen sich nicht so anstellen und andere – weniger kostspielige – Lösungen finden!)

Mögliche Problemlösung
Seien Sie sich immer bewusst: Über Papier, Zahlen und Statistiken erzeugt man bei Franzosen kein Interesse. Verlangt ein französischer Patron viel Papier, heißt es entweder er ist nicht interessiert, oder er schiebt die Entscheidung auf die lange Bank! Um zu entscheiden, braucht der französische Chef nämlich in der Regel nur zwei Faktoren: das Gespür für die Sache und die *Synthèse*. Also geht es erst einmal darum, dass er sich emotional mit Ihrem Problem identifiziert.

Im vorliegenden Fall ist der deutsche Geschäftsführer, dem das Problem wirklich unter den Nägeln brannte, wirklich aufs Ganze gegangen: Nach eingehender Beratung entschloss er sich, bei gleichzeitiger Beachtung der Unternehmenskultur und der Persönlichkeitsstrukturen der wichtigsten Entscheidungsträger, es mit dem Grundwert Originalität zu versuchen. Er beauftragte einen Zeichner, die Situation in einer humorvollen Comic-Zeichnung auszudrücken. Darauf war zu sehen: Links ein See mit Liegestühlen und Cocktailgetränken, daneben ein Schild „Schreibt Bericht – wartet auf Entscheidung". Rechts, einen schwer beladenen Holzkarren, der von schwitzenden Menschen in Schwarz-Rot-Gold mühsam in Richtung eines engen Bergwegs mit lauernden Wölfen (Konkurrenz) geschoben wird. Dieser Weg heißt „Erfolgsweg", während der Weg zum See den Namen „Weg der Leichtigkeit" trägt. Das Ganze wurde überschrieben mit: „Quo vadis?"

Vor der nächsten Direktionssitzung schickte er die Zeichnung (natürlich mit starkem Herzklopfen) als Deckblatt nach Paris, dahinter die verlangten neuen Unterlagen und Informationen. Vor dem Meeting in der Pariser Zentrale grüßten ihn schon im Flur zwei Direktoren mit auffallender Herzlichkeit. Siehe da, sein Anliegen wurde zum Thema Nummer eins der Besprechung. Auch wenn nicht alle Anwesenden die Message in den richtigen Hals bekamen, so schätzte man doch die Originalität und den *„culot"* („Dreistigkeit"). Es wurden viele Scherze und Anspielungen über die Zeichnung gemacht. Die Entscheidung fiel innerhalb von 20 Minuten zugunsten des von Deutschland vorgeschlagenen Investments!

Achtung: Dies ist keine Musterlösung, sondern eine mögliche Problemlösung! Anstatt diese einfach zu kopieren, raten wir Ihnen, sich besser etwas Originelles einfallen zu lassen, das auf Ihre spezifische Situation zugeschnitten ist!

Zum Nachlesen und Vertiefen

- Checkliste „Falsche Freunde" unter *„Synthèse"* (Kapitel 9.14).
- Teil I, Kapitel 5.6 „Die französischen Grundwerte" Grundwert „Originalität", S. 168 ff. und Teil II, Kapitel 6.1 „Nutzen/Rentabilität versus Originalität", S. 204 f.

10.6 Französische Filiale rebelliert gegen neue Produktionslinie

Die Situation:

Die HAUBER AG hat im letzten Jahr mit den besten Spezialisten ein neues Konzept für eine vollautomatisierte Produktionslinie entwickelt. Diese Linie soll, wie bereits in zwei anderen Auslandsfilialen erfolgreich durchgeführt, auch die veraltete Anlage in dem französischen Werk ersetzen. Als die

Ingenieure und Monteure die französischen Mitarbeiter anweisen wollten, stießen sie auf Widerstand in Form von Passivität, unkonstruktiver Kritik bis hin zu offener Ablehnung.

Die Wahr-Nehmung aus deutscher Sicht
Unsere Leute verlieren ihre Zeit. Fast kein Franzose zeigte guten Willen, um sich in die Anlage hineinzudenken. Jetzt stehen wir da, es wird offen gemauert, boykottiert. Die Mitarbeiter sollten doch einsehen, dass ihre Arbeitsplätze auf dem Spiel stehen, wenn wir nicht produzieren und planmäßig liefern können!

Die Wahr-Nehmung aus französischer Sicht
Die Deutschen haben uns nicht einmal gefragt, was wir brauchen. Die Würfel sind gezinkt: Man drückt uns eine Anlage auf, und wir werden für die Ergebnisse verantwortlich gemacht! Die Anlage ist absolut inflexibel. Mit der bisherigen konnte man innerhalb von 15 Minuten auf unterschiedliche Auftragsspezifikation umrüsten. Jetzt braucht man dafür eine Stunde! Die deutschen Besserwisser (Ingenieure) sollen doch ihren Dreck alleine machen!

Mögliche Problemlösung
Es nutzt nichts, bei rebellierenden Mitarbeitern an die Vernunft zu appellieren! Jens Schmidt, der neu eingesetzte deutsche Geschäftsführer, ein alter Hase im Frankreichgeschäft, ging wie folgt vor:

1. Als Erstes hörte er sich die Gegenargumente der Franzosen verständnisvoll an und gab ihnen in vielen Punkten durchaus Recht. Damit fühlten sich die französischen Mitarbeiter verstanden und ernst genommen. Erst ab diesen Moment kann überhaupt eine vernünftige Diskussion stattfinden!

2. Dann ließ er durchblicken, dass vieles an der Anlage „typisch deutsch" sei. Mit der Muttergesellschaft müsse man die Sache ganz anders, und zwar raffinierter angehen! Damit zeigte er: Ich bin in eurem Boot und kein verlängerter Arm der Zentrale. Wir bilden eine strategische „Verschwörung" gegen unser gemeinsames Feindbild: die Muttergesellschaft!

3. Als Nächstes wies er seine Mitarbeiter an, sich in die Anlage voll hineinzudenken, um alle möglichen Denkfehler und Verbesserungsmöglichkeiten ausfindig zu machen. Motto: „Denen (in der Zentrale) werden wir es zeigen. Wir (die Verschwörung: Franzosen und der deutsche Chef) sind doch schlauer!"

Voller Begeisterung machten sich die Franzosen an die Arbeit. Zwei Wochen später, inklusive durchgearbeiteten Wochenenden (!), brachten die

Franzosen stolz ihren Bericht zum Chef. Schmidt hatte die Motivation über Grundwerte „Herausforderung“ und „Bewunderung“ geschaffen, und die emotionale Identifikation mit der Aufgabe erreicht.

4. Nun erklärte Schmidt den Franzosen, er würde die Anlage, entgegen der Anweisung der Muttergesellschaft, vom einem neutralen französischen Sachverständigen begutachten lassen. Er sei sicher, dass sich dessen Ergebnisse zum größten Teil mit den von ihnen herausgearbeiteten decken werden! Damit zeigte er, dass er an seine Mannschaft glaubt und auf sie setzt. Indem er sogar eine Anweisung aus der Zentrale missachtet, bewies er Mut und Gerissenheit und wurde von den Franzosen als Chef fast angebetet. Für Schmidt würden sie durchs Feuer gehen!

Die Expertenmeinung stimmte, wie vorausgesehen, weitgehend mit dem eigenen Bericht überein. Die Zentrale reagierte positiv: Sie erkannte die Verbesserungsvorschläge nicht nur für Frankreich an, sondern passte auch die eigene Produktionsanlage und die in allen Filialen den französischen Vorschlägen an. Besonders wichtig: Die „Urheberrechte“ der Franzosen wurden ausführlich in der Hauszeitschrift erwähnt.

Inzwischen werden Mitarbeiter aus allen Ländern zur Ausbildung nach Frankreich geschickt! Sie ist seit mehreren Jahren eine Vorbildfiliale! Das Leistungsniveau ist überdurchschnittlich, und es kommen weiterhin wertvolle technische Impulse aus Frankreich. Die weltweiten Synergien werden in der Unternehmensgruppe genutzt.

An diesem Fallbeispiel erkennt man, wie man französisches „Mauern“ in Synergie umwandeln kann, vorausgesetzt, man spricht die betroffenen Mitarbeiter geschickt über die richtigen Grundwerte an!

Zum Nachlesen und Vertiefen

- Teil I, Kapitel 5, und Teil II, Kapitel 6 Grundwerte „Herausforderung“ und „Bewunderung“ zum Thema „Demotivierter Franzose“.

10.7 Was tun, wenn man einen französischen Mitarbeiter bei einem Fehler ertappt?

Die Situation:

Im Rahmen von einer TQM-Maßnahme in der Frankreichniederlassung entdeckt Hubert Lefautif schwerwiegende Fahrlässigkeit in der bisherigen Bearbeitung eines Vorganges. Rudi Zornig, sein deutscher Vorgesetzter, zieht ihn vor versammelter Mannschaft zur Rechenschaft. Aber Lefautif sieht seine Schuld nicht ein und ist in der neuen Ablauforganisation einfach nicht mehr richtig einzubinden.

Die Wahr-Nehmung aus deutscher Sicht
Er muss doch seine Fehler einsehen! Erst vertuschen, dann nur Aussagen wie *Eh bien voilà!* (Nun, so ist es eben!) Lefautif soll schleunigst durch konsequenten Einsatz seinen Fehler wieder gutmachen. Sonst müssen wir uns von diesem langjährigen Mitarbeiter trennen!

Typische Aussagen: „Franzosen wollen Ihre Fehler nicht eingestehen."

Die Wahr-Nehmung aus französischer Sicht
Na gut, es stimmt schon, dass ich Mist gebaut habe! Aber das ist doch kein Grund, mich so zu demütigen. Wenn der mich so behandelt, werde ich ihm das auf irgendeine Weise noch heimzahlen! („Il va me le payer!")

Mögliche Problemlösung
Im katholisch geprägten Frankreich ist die Fehlerkultur eine andere als in Deutschland. Es ist sehr schwer, gar fast unmöglich, über Schuldbewusstsein etwas zu erreichen! Fehler sind etwas Menschliches (man erhält ja über die Beichte die Absolution ...)! Daher muss man derartige Situationen mit den stolzen individualistischen Egoisten anders angehen:

„Schuld-Zugestehen" vor versammelter Mannschaft ist sehr demütigend. Sie können in einer solchen Situation ruhig Dampf ablassen, indem Sie Ihre (gerechtfertigten) Gefühle und die Konsequenzen beschreiben.

Wollen Sie weiterhin auf den Mitarbeiter setzen, so sollten Sie ihm einen Vertrauensvorschuss geben, indem Sie mit den Grundwerten „Herausforderung" und „Bewunderung" seine Ehre aufs Spiel setzen! Geben Sie ihm eine Verantwortung (zum Beispiel für ein kleines Team). Er solle sich etwas Schlaues einfallen lassen, um dem Maßstab X gerecht zu sein. Setzen Sie ein kurzfristiges Zeitlimit. So wissen Sie in Kürze, ob Ihr Mitarbeiter weiterhin motiviert ist und ob er die Fähigkeiten besitzt, die Ihr Vertrauen auch zukünftig verdienen!

Wenn Sie Fehler eines Mitarbeiters decken (und somit dessen Gesicht wahren), wird er lange in Ihrer Schuld bleiben. Brauchen Sie mal seinen Einsatz am Freitagabend, so wird er seine Wochenendpläne kippen, und zwar nicht der Sache wegen, sondern weil Sie es sind!

Zum Nachlesen und Vertiefen
- Checkliste „Ich bin zum neuen Chef in Frankreich ernannt worden" (Kapitel 10.11, S. 355 ff).

10.8 Als Chef Autoritätsverluste vermeiden

Die Situation:
Dr. Heino Neumann, Dipl.-Ingenieur in einem Unternehmen für Mess- und Regeltechnik, ist seit kurzem neuer Filialleiter der Frankreichniederlassung. Eine wichtige Messe steht vor der Tür, verbunden mit der entsprechenden Hektik. Der Stand ist noch nicht fertig, und die Hälfte des Materials ist noch auf dem Lastwagen. Kurzerhand krempelt Neumann die Ärmel hoch und packt mit an, ohne die verwunderten Blicke seiner französischen Mitarbeiter zu bemerken. Im Anschluss an den anstrengenden ersten Messetag lädt er seine Mitarbeiter zu einem feuchtfröhlichen Stadtbummel. Neumann trinkt einen über den Durst und kommt nur mit Hilfe eines Mitarbeiters in sein Hotelzimmer. Am nächsten Tag stellt er eine merkliche Zurückhaltung bei seinen Mitarbeitern fest. Zudem scheinen sie ihn nicht mehr ganz ernst zu nehmen ...

Die Wahr-Nehmung aus deutscher Sicht
Selbst wenn ich der Chef bin, wir sind ein Team, da muss auch ich mit anpacken. Und heute Abend machen wir mal so richtig einen drauf, da lernt man sich besser kennen, das ist gut für die Chemie. Dann sehen die, dass ein Chef auch ein Mensch ist.

Die Wahr-Nehmung aus französischer Sicht
Komisch, unser neuer Chef packt mit aus. Ist der am Ende gar kein Ingenieur? Haben uns die von Muttergesellschaft irgendeinen aus der dritten Reihe geschickt?

Unglaublich, wie der sich gehen lässt! Wie kann man nur so viel trinken? Der verliert ja die Kontrolle über sich. Das ist kein Chef, mit dem können wir's nicht weit bringen!

Mögliche Problemlösung
Vorsicht bei zu kumpelhaftem Verhalten! Franzosen sind Chefs gewohnt, die immer ein gewisse Distanz wahren, ohne gleich distanziert zu wirken. Eine bekannte Anekdote über Staatspräsident François Mitterrand illustriert dies: Ein Bekannter wollte allzu vertraulich werden und sagte: „François, wir könnten uns eigentlich duzen!“ Worauf Mitterrand trocken antwortete: „Wenn SIE wollen ...“ Nicht selten sind auch auf einer Baustelle mehrere Ingenieure zu beobachten, die miteinander diskutierend einem Arbeiter zuschauen, wie er den ganzen Vormittag eine Grube aushebt.

Ein französischer Chef hat die „noble“ Aufgabe, das Unternehmen zu führen, ein Ingenieur hat die „noble“ Tätigkeit der geistigen Konzeption, und man lässt dies seine Umwelt spüren. Ist der nötige Respekt da, wird auch eine Annäherung möglich, die ein deutscher Manager als Teambuilding bezeichnen würde. Das Paradoxe ist, dass sich Franzosen mit ihrem Chef durchaus duzen können, was wiederum in Deutschland selten ist, unter gleichzeitiger Wahrung der gehörigen Distanz.

Für Sie heißt das: Halten Sie sich zunächst zurück, bis Sie ein besseres Gefühl für Ihr Team und dessen bisherige Führungsgewohnheiten haben. Dabei sollten Sie durchaus freundlich sein (gerade als Deutscher!) und diskussionsbereit. Halten sie Ihre Türe auf, aber ziehen Sie klare Grenzen, wenn Sie alleine oder ungestört sein wollen. Und vor allem: Alkohol ja, aber nie einen über den Durst trinken! Sie werden selten französische Chefs oder Manager erleben, die so viel trinken, dass sie die Herrschaft über sich verlieren. Das ist mit Gesichtsverlust gleichzusetzen und automatisch mit Autoritätsverlust verbunden.

Zum Nachlesen und Vertiefen

- Checkliste „Falsche Freunde“ unter „nobel“ (Kapitel 9.14, S. 328 ff).
- Problemlösung „Anrede: ‚Jean-Louis‘ oder ‚Monsieur Convivial‘“ (Kapitel 8.11, S. 287).

10.9 Mitarbeiter immer wieder neu motivieren

Die Situation:
Endlich hat Dieter Heimermann alle französischen Mitarbeiter auf seiner Linie. Es herrscht eine fast euphorische Stimmung, denn es besteht die Aussicht, in einem Bereich die Marktführung zu übernehmen. Die Aufgaben sind verteilt, und die nächste Besprechung bezüglich des Projektes für in 14 Tagen angesetzt. Am nächsten Tag merkt er zufällig beim Gang durch eine Abteilung, dass mehrere Mitarbeiter mit ganz anderen Dingen beschäftigt sind. Als er sie darauf anspricht, lassen sie sofort alles stehen und liegen und wenden sich den vereinbarten Aufgaben zu.

Die Wahr-Nehmung aus deutscher Sicht
Unglaublich, da haben wir alles ganz klar abgesprochen, und dann machen die was ganz anderes. Wenn ich nicht zufällig vorbeigekommen wäre, hätten die das glatt vergessen. Die ganze Begeisterung von gestern war wie verflogen. Es ist zum Haareausraufen!

Typische Aussagen: „Ich komme mit der Sprunghaftigkeit der Franzosen nicht zurecht: Auf anfängliche Begeisterung folgt Ernüchterung, dann Verzweiflung, dann wieder Begeisterung!"

„Es fällt mir schwer, das Ausmaß des Interesses von Franzosen an Geschäftsbeziehungen einzuschätzen. Auf begeisterte ausgemalte Perspektivenschilderungen folgen bei konkreten brieflichen Detailfragen keine Antworten."

Die Wahr-Nehmung aus französischer Sicht
Klar, das ist ein tolles Projekt, aber wir haben ja 14 Tage Zeit. Da kann man noch schnell etwas anderes Dringendes erledigen. Außerdem kann der Chef es sich ja noch mal anders überlegen. Warten wir mal ab, was er bei der nächsten Begegnung sagt.

Mögliche Problemlösung
Das ist ein typisches „LiFo"-Problem: Zwar ist man in Frankreich schnell Feuer und Flamme, aber genauso schnell setzt sich die Emotion auch wieder. Gehen Sie als Chef eines französischen Teams nie davon aus, Ihre Mitarbeiter ein für alle Male motiviert zu haben. Sie müssen in Frankreich ständig ein Management by walking around betreiben: immer hinter Ihren Leuten stehen und an der Motivationskurbel drehen. Denken Sie an das französische Sprichwort: „Aus den Augen – aus dem Herz"!

Wenden Sie das ganze Motivationsarsenal an, das wir Ihnen in diesem Know-how-Paket geben: Nummer eins werden, Feindbild aufzeigen, Appell an die Ehre („Die Muttergesellschaft glaubt nicht, das wir das schaffen") usw. Wenn Sie beliebt bei Ihren Mitarbeitern sind, können Sie noch den Joker spielen: „Wenn wir das nicht schaffen, bringt Ihr mich persönlich in Gefahr!"

Fällt Ihnen das zu schwer, so sollten Sie sich unbedingt mit Vertrauensleuten umgeben, denen Sie diese Rolle delegieren, ohne aber die Fäden ganz aus der Hand zu geben. Der Chef muss immer sichtbar, und besser noch, spürbar sein!

Zum Nachlesen und Vertiefen
- Kapitel 5: „Motivation: Der Schlüssel zur erfolgreichen Kooperation", unter „Motivationskurve", S. 254, 266.

10.10 Geschäftsführer widersetzt sich Anweisungen der französischen Muttergesellschaft

Die Situation:
Eine Charge Lebensmittelkonserven war mit einem Bazillus aufgrund einer defekten Maschine infiziert. In Belgien gab es bereits erste Fälle von leichten Vergiftungen. Heiko Kannenmacher, Geschäftsführer der Niederlassung in Deutschland, wollte daraufhin sofort die gesamte ausgelieferte Ware dieses Sortiments vom Markt zurückziehen. Trotz handfester Argumente lehnte die französische Muttergesellschaft mit der Begründung ab, alle betroffenen Chargen seien identifiziert, es sei wahrscheinlich, dass Deutschland überhaupt nicht mit infizierter Ware beliefert wurde. Die Einleitung präventiver Maßnahmen wurde bis zum Abschluss der Untersuchungen strikt untersagt. Die deutsche Presse machte schon Anstalten, die Firma aufs Korn zu nehmen. Daraufhin zog der deutsche Geschäftsführer die Ware eigenmächtig vom Markt zurück. Er wurde daraufhin entlassen.

Die Wahr-Nehmung aus deutscher Sicht
Das ist unverantwortlich, selbst wenn wir zu 99 Prozent sicher sind, dass keine infizierten Konserven auf den deutschen Markt gelangt sind. Wenn doch ein Vergiftungsfall auftritt, ist unser ganzer Ruf dahin und ich bin obendrein noch persönlich haftbar!

Die Wahr-Nehmung aus französischer Sicht
Der Mann hat kein Format! Versteckt sich immer hinter Paragraphen und sonstigen Ausreden. Er hat sich an unsere Anweisung zu halten. Unglaublich, dass er sich darüber hinweggesetzt hat, aus lauter Angst um seine Haut. Dem kann man nicht mehr vertrauen.

Mögliche Problemlösung
Hier haben wir es natürlich mit einem heiklen Fall zu tun, bei dem sogar die Gesundheit von Menschen auf dem Spiel stand. Trotzdem, was hätte Napoleon mit einem General gemacht, der sich seinen Anweisungen widersetzte, weil er anderer Meinung war und Angst hatte, die Schlacht zu verlieren? Natürlich kurzen Prozess! Zwar gibt es für diesen Fall keine Patentlösung, aber er weist wieder ein klassisches Manko auf: Kannenmacher war ein sehr sachkompetenter Mann, der es allerdings nie schaffte, eine gute persönliche Beziehung zur den Verantwortlichen in der Muttergesellschaft aufzubauen. Daher herrschte auf französischer Seite, trotz guter Erfolge der Niederlassung, immer großes Misstrauen, zumal Kannenmacher sehr selbstbewusst auftrat und sich wenig in seine Geschäftspolitik reinreden lassen wollte.

In einer solchen Situation kann nur ein guter Draht zu den bestimmenden Personen der französischen Muttergesellschaft helfen. Ist das Vertrauen da, wird man dort auch offener sein für die – im Übrigen berechtigten – Sorgen Kannenmachers.

Auch sollten Sie vorbeugend tätig sein: Erzählen Sie anlässlich informeller Gespräche und Geschäftsessen mehr von den Usancen auf dem deutschen Markt, geben Sie plastische Beispiele, aber nicht belehrend und sorgenvoll, sondern eher wie beiläufig. Motto: „Ach, Sie haben's gut in Frankreich: Sie brauchen sich nicht mit solchen sinnlosen Vorschriften herumzuschlagen!" Es ist nämlich oft erschreckend, wie wenig Verantwortliche in Muttergesellschaften (auch in deutschen) über Sitten und Gebräuche im anderen Land informiert sind. Wenn Sie dergestalt das Terrain vorbereiten, werden Sie in einer wesentlich besseren Ausgangsposition in ähnlichen Situationen sein.

Zum Nachlesen und Vertiefen

- Checkliste „Ich bin Chef einer französischen Filiale in Deutschland. Was gibt es besonders zu beachten?" (Kapitel 10.11, S. 358 f).

10.11 Checklisten zu Management/Organisation

Entscheiden und Ziele setzen

Entscheidungen sind in Frankreich Sache des Chefs. Die Mitarbeiter erwarten daher auch klare Stellungsnahmen von „oben". Ziele gelten in Frankreich in der Regel eher als motivierende „Wunschziele" denn als verpflichtende „Plan- bzw. Sollziele". Französische Chefs geben meistens 120 Prozent vor, um *globalement* 80 Prozent zu erreichen! Ihre angestrebten 100 Prozent müssen Sie also entsprechend verkaufen lernen.

1. Stellen Sie sich auf die richtige Wellenlänge ein

- Denken Sie daran, was „Management" in der französischen Business-Kultur bedeutet: Initiieren, Impulse geben, Richtungen weisen, Bezugspunkt sein, Mitarbeiter und Teams ständig motivieren (bzw. „mobilisieren"), für die Gruppe den Konsens formulieren (finden), als Schiedsrichter fungieren, kontrollieren, entscheiden, die Firma repräsentieren usw. Lesen und verinnerlichen Sie zu diesem Thema vor allem die Kapitel 5 , 7 und 8.
- Setzen Sie alles daran, so viel wie möglich über die Führungskultur Ihres Vorgängers zu erfahren. Ihr (neuer) Stil wird nur greifen, wenn Sie vorher die Macht- und Informationsstrukturen im Unternehmen gut kennen und die wichtigsten Machteinheiten und Meinungsträger auf Ihre Seite bekommen.
- Seinen Sie sich bewusst, dass Sie Ihre französischen Mitarbeiter dort „abholen" müssen, wo sie sind. Germanische Führungsprinzipien mit Franzosen einzuführen ist unter Umständen möglich, aber immer ein langer Lernprozess.
- Ihre Grundeinstellung sollte sein: Umfeld, Ziele und Ablauf werden sich ändern. Ich muss damit rechnen und mich darauf einstellen können.
- Stellen Sie sich im Vorfeld folgende Fragen:
- Bin ich mir im Klaren, was ich *globalement* will? (Wenn Sie es nicht wissen, verunsichern Sie Ihre Mitarbeiter!)
- Auf wen kann ich besonders zählen? (Der hat die Fähigkeiten, der will es mir beweisen, der träumt schon lang davon ...)
- Wer könnte mir bei der Erreichung der Ziele hinderlich sein?

2. Setzen Sie emotionale Ziele

- Ihre Zielvorgaben sollten eher einen politischen und strategischen denn wirtschaftlichen Charakter haben. Verpacken Sie Vernunfts- und Rentabilitätsziele emotional. Positivieren Sie, entfachen Sie Begeisterung.

- Überwinden Sie unbedingt das Gefühl, unrealistische Vorgaben zu machen. *Impossible n'est pas français!* (Unmöglich ist nicht französisch). Bauen Sie auf französische Grundwerte und Feindbilder auf (die Nummer eins oder Vorbild werden, „besser als" sein usw.)

3. Bleiben Sie global und flexibel

- Weisen Sie Richtungen, und geben Sie Direktiven vor. Legen Sie nur wenige globale Ziele und gegebenenfalls Meilensteine fest.
- Seien Sie sich bewusst, dass Ziele und Entscheidungen je nach Reaktion (wait and see, Test oder Revolte) angepasst werden müssen.

4. Erzeugen Sie Druck

- Setzen Sie Ihr Team (künstlich) unter (Zeit-) Druck. Franzosen brauchen Druck, um ihre wahren Fähigkeiten zu entfalten.
- Sie haben dadurch zwei Vorteile: Bei richtiger Motivation werden Ihre Mitarbeiter aufgrund des Drucks nichts mehr in Frage stellen, und Sie haben eine gewisse Pufferzeit, um auf Veränderungen zu reagieren, bzw. Ihre Vorgaben anzupassen.

5. Bleiben Sie glaubwürdig

- Glaubwürdigkeit hat wenig mit Vernunft zu tun, Ihre Mitarbeiter müssen fühlen, dass Sie selbst voll dahinter stehen. Wenn Sie selbst Ihre Vorgaben als unrealistisch empfinden, bleiben Sie lieber „deutsch", als den Franzosen zu spielen.

6. Seien Sie „patron"

Bestehen ungeregelte Konflikte oder Meinungsverschiedenheiten, so erwarten Ihre Mitarbeiter ein schnelles Eingreifen des Chefs.

- Verlangen Sie bei Problemen oder einer Entscheidungsvorbereitung die Ausarbeitung von Alternativen. Entscheiden Sie sich für diejenige, die Ihnen am besten erscheint, oder gar für Ihre eigenen Vorstellungen. Ein Patron in Frankreich genehmigt nicht, er entscheidet!
- Rechtfertigen Sie nie eine Entscheidung, Sie sind der Patron!

Delegieren

Franzosen sind es eher gewohnt, Ziele und Macht delegiert zu bekommen denn Aufgaben und Verantwortung. Deutsch-französisches Management besteht in der Delegation von Zielen und Verantwortung.

1. Delegieren Sie das „WAS“

- Verantwortungen delegieren ist meist schwer: Franzosen sind es gewohnt, die Entscheidung von oben zu holen (Rückdelegation). Das ist meistens ein langer Lernprozess.
- Aufgaben (das „WIE“) abzuarbeiten demotiviert Franzosen. Delegieren Sie daher Ziele und „Rollen“ (das „WAS“). Lassen Sie Freiraum in der Ausführung (*„Débrouillez vous!“* = „Schauen Sie, wie Sie zurechtkommen!“).

2. Nie wegdelegieren, aber Freiräume lassen

- Nie „wegdelegieren“. Achten Sie ständig auf die Motivation („LiFo“-Syndrom). Erklären Sie, welche Zusammenhänge gerade wichtig sind. Ein Franzose möchte immer wissen, warum gerade das jetzt aktuell ist.
- Nie Probleme auf Spezialisten „abladen“, ohne eine klare Meinung dazu zu äußern. Hören Sie zunächst aus Randgesprächen heraus, wie die Einstellungen sind, und treffen Sie dann Ihre „globale“ Entscheidung.
- Delegieren Sie zuerst mündlich, dann erst schriftlich (besser gar nicht schriftlich). Holen Sie sich dann ständiges Feedback (siehe Management 3: Kontrolle).
- Lassen Sie Freiraum bei der Ausführung, und machen Sie oft „den Punkt“ (siehe Kontrolle). Passen Sie Ihre Entscheidungen den neuen Gegebenheiten an.

3. Setzen Sie auf Menschenverstand

- Setzen Sie nicht auf Funktionen, sondern auf Menschen!
- Delegieren Sie Entscheidungsmacht nur an absolute Vertrauenspersonen.
- Sie sollten Ihre Mitarbeiter mit ihren Stärken und Schwächen gut kennen (Welches Argument greift bei wem? Wer ist schnell demotiviert? usw.).
- Delegieren Sie eher an denjenigen, der sein Team am besten im Griff hat, als an den Sachkompetenten.

Französischer und deutscher Führungsstil

Französischer Führungsstil und was er bezweckt	Deutscher Führungsstil und was er bezweckt
1. Furcht: „Wenn ich das tue, gehe ich zu weit." 2. Druck: „Wenn ich das nicht tue, krieg ich einen drauf." 3. Stolz: „Mein Ansehen steht auf dem Spiel." 4. Herausforderung: „Denen werden wir es zeigen!" 5. Anreiz: „Es macht mir Spaß, das zu tun." 6. Bewunderung: „Ich werde im Mittelpunkt stehen." 7. Sympathie: „Für den tue ich das gern." ◆ Autorität durch Persönlichkeit ◆ Motivation durch emotionale Anreize ◆ Druck durch Drohen	1. Furcht: „Ich darf mir keine Fehler leisten." 2. Gruppendruck: „Wenn ich das nicht tue, hat das negative Folgen für alle!" 3. Wir-Gefühl: „Gemeinsam schaffen wir's!" 4. Nutzen: „Das ist vernünftig und überzeugend." 5. Anreiz: „Was kann ich dabei verdienen?" 6. Anerkennung: „Meine Sachkompetenz wird anerkannt." 7. Respekt: „Von dem kann ich noch einiges lernen." ◆ Autorität durch Kompetenz ◆ Motivation durch materielle Anreize ◆ Druck durch Ansprache des Gewissens und des Gemeinschaftsgeistes

Kontrollieren

Der reine Soll-Ist-Vergleich wirkt auf Franzosen wie persönliches Misstrauen. In Frankreich wird Kontrolle offen praktiziert oder, was besser ist, geschickt als Motivationsmaßnahme „verpackt". Hauptziel des kontrollierenden Managers ist, seine Prioritäten klarzustellen und Demotivation zu vermeiden. Ein Franzose erwartet von seinem Chef in erster Linie Motivationsschübe, und zwar täglich (Stichwort Motivationskurve)! War zum Beispiel die ISO 9002-Zertifizierung eine (gelungene) Herausforderung, so bedingt die Notwendigkeit, sich an das Prozedere zu halten, dauernde weitere Impulse!

1. Seien Sie permanent wachsam

- Geben Sie möglichst allen, aber unbedingt Ihren engsten Mitarbeitern morgens die Hand. Das gibt Ihnen die Gelegenheit, den Puls zu fühlen (*prendre la température*) und bei Bedarf sofort etwas zu unternehmen.
- Jeder Spielraum wird ausgenutzt. Sie als Chef sind der Maßstab für die Toleranzgrenze. Ziehen Sie klare Grenzen, aber seien Sie großzügig, wo Sie können.
- Behalten Sie immer den Abstand und den Überblick. Vermeiden Sie jedoch unbedingt den Eindruck, dauernd auf Fehlersuche zu sein. Damit zeigen Sie wenig Format und sogar Unsicherheit.

2. Kontrollieren Sie übergreifend

- Seien Sie ständig präsent, indem Sie das „Management by walking around" praktizieren.
- Halten Sie das "LiFo"-Syndrom in Grenzen: Geben Sie bei jeder Gelegenheit zu verstehen, was Ihre Prioritäten sind.

3. Was Sie kontrollieren sollten

- Kontrollieren Sie „dynamisch": Berücksichtigen Sie die sich ständig verändernden Umstände, anstatt nur einen „statischen" Soll-Ist-Vergleich vorzunehmen. Die Franzosen fühlen sich sonst auf der Anklagebank.
- Franzosen arbeiten bevorzugt mit einem *tableau de bord* („Bordkontrolltafel" mit „Warnleuchten"). Dieses enthält nur die wesentlichen Schlüsselindikatoren, die rasch zu ermitteln sind und eine schnelle Reaktion ermöglichen.
- Kontrollieren Sie keine Details. Dafür sind andere zuständig. Sonst können Sie Angst auslösen: Der Chef hat keinen Überblick! Wenn Sie allerdings mangelhafte Details „zufällig" sehen, lassen Sie dies wissen: „Aha, der Chef sieht alles!"

3. Wie Sie kontrollieren sollten

- Verpacken Sie Kontrolle immer als Motivationsschub. Haken Sie *by the way* nach. Legen Sie sich dafür eine Liste an (oder nutzen Sie Ihren PC) mit delegierten Aufgaben. Schauen Sie kurz darauf, wenn ein Mitarbeiter kommt und sagen Sie: *„Alors, ça avance ce dossier?"* („Na, wie geht es vorwärts mit dem Vorgang X?")
- Machen Sie ständig, auch auf dem Flur mit Ihren Mitarbeitern „den Punkt" (*faire le point*): Stimmen Sie sich kurz und informell ab, indem Sie sich die *synthèse* geben lassen. Erwägen Sie Alternativen, und passen Sie Vorgaben gegebenenfalls an die neue Situation an.

- Vorsicht: Die Einführung des in Frankreich unbekannten „Vier-Augen-Prinzips“ wird meist als Misstrauen ausgelegt.

4. Wenn Sie Fehler entdecken

- Vermeiden Sie es, jemandem „den Prozess“ vor allen anderen zu machen. Mehr als Deutschland gilt es in Frankreich, das Gesicht zu wahren. Also: Respektieren Sie den (National-)Stolz, rügen Sie möglichst immer unter vier Augen, und beachten Sie dabei die nachfolgenden Punkte.
- Sie können ruhig einmal aus der Haut fahren: Das ist menschlich! Sagen sie aber, was Sie gerade empfinden, anstatt die Person anzuklagen. Zeigen Sie die Konsequenzen des fehlerhaften Verhaltens auf.
- Gehen Sie bei geringeren Vergehen das Gespräch eher locker nach dem Motto „Ich habe dich durchschaut“ an. Machen Sie dann deutlich: „Bis dahin ist es o.k., aber weiter nicht!“
- Fehlverhalten breit walzen und Schuldgefühle auslösen greift in Frankreich nicht! Wenn möglich, „positivieren“ Sie, indem Sie aus der Behebung des Übels eine Herausforderung machen. Dadurch beweisen Sie, dass der Betroffene Ihr Vertrauen immer noch hat.
- Bei schwerwiegenden Fehlern müssen Sie jedoch absolut hart sein, als Signalwirkung für die anderen Mitarbeiter.

5. Loben Sie!

- In Frankreich gilt die Regel: „Kein Lob ist ein Tadel.“ Gute Leistungen sind keine Selbstverständlichkeit. Ein ehrlich gemeintes Lob vom Chef wirkt stark motivierend!
- Drücken Sie Ihre Zufriedenheit aus, wenn ein Verhalten korrekt war oder die gesteckten Ziele erreicht wurden.

Organisieren

Ausschlaggebend für das Gelingen eines Vorhabens mit Franzosen ist nicht die Organisationsstruktur, sondern die Motivation. Diskussionen und Verhandlungen über Strukturen und Prozeduren dienen vor allem anfangs ausschließlich als Kraftprobe für die Machtverteilung und dem Testen der Absichten des Partners.

1. Nur die Praxis zählt

- Bewerten Sie die Verbindlichkeit, bzw. Bedeutung von geschaffenen Strukturen und Prozeduren nicht über. Seien Sie sich bewusst, dass vorgegebene Strukturen und Organigramme für Franzosen zunächst Theorie sind! Maßgeblich sind die inoffiziellen Hierarchiewege (heimlichen

Regeln), die in der Praxis vor allem von den Vorgesetzten (vor-) gelebt werden.

2. Schaffen Sie klare Machtverhältnisse

- Solange keine Klarheit über die Machtverteilung besteht, wird nur taktiert anstatt kooperiert. Ohne weitreichende Befugnisse ist kein „patron" glaubwürdig.
- Die kollegiale Geschäftsführung verunsichert Franzosen: „Wenn's heikel wird, muss einer sagen können, wo's langgeht!" Die Erfahrung zeigt: Mit gleichberechtigten Chefs klappt es praktisch nie, es sei denn, beide verstehen sich gut!
- Stark dezentralisierte Strukturen werden vom individualistischen Egoisten zu Eigeninteressen ausgenutzt. Diese sind also erst nach langem Lernprozess mit guten deutsch-französischen Führungskräften möglich.

3. Konzentrieren Sie sich auf das Wesentliche

- Halten Sie die betrieblichen Abläufe möglichst einfach. In Organigrammen bestimmt die Person die Funktion.
- Detaillierte Stellenbeschreibungen wirken einschränkend oder gar beleidigend („Ich bin nicht nur ein Kästchen!"). Dies gilt auch für Kurzbezeichnungen („Ich bin keine Ref. Nr.!"). So etwas (wenn es sein muss) nur behutsam einführen. Seien Sie geduldig: Solche Maßnahmen greifen erst nach längerer Zeit.
- Sehr genau abgegrenzte Zuständigkeiten und Verantwortlichkeiten ziehen Franzosen aus der Verantwortung. Genauso irritiert Franzosen die entsprechende Abschottung in deutschen Strukturen: „Kein Ansprechpartner hat den Überblick, und jeder sagt: ‚Dafür bin ich nicht zuständig!'"

4. Die Organisation bestimmt der „patron", nicht die Vorschriften

- Schriftliche Organisationsanweisungen sind sinnlos! Setzen Sie eher einen kompetenten und motivierten Franzosen für deren Einführung ein.
- Maßstab sind SIE: Führen Sie daher die wesentlichen Regeln mit harter Hand ein, und greifen Sie bei Vergehen hart durch.
- Verkaufen Sie umfangreiche Organisationsmaßnahmen, wie z. B. die Zertifizierung nach ISO 9000, möglichst als Herausforderung, verbunden mit einem Feindbild.
- Grundsätzlich gilt: Je weniger Prozeduren und Regeln, umso besser. Sie werden als Zwangsjacken und „Eingriff in die Freiheit" empfunden. Übrigens: „Spielregeln" hört sich besser an als „Organisationsmaßnahmen".

5. Bleiben Sie bei der Planung „global"

- Je detaillierter eine operative Planung, desto weniger wollen sich Franzosen festlegen. Oder: Je eingeengter sie sich fühlen, desto weniger halten sie sich daran!
- Bestimmen Sie einen Projektmanager, der die Rolle des *homme orchestre* (Dirigenten) übernimmt. Er steuert das Zusammenspiel der individualistischen Egoisten innerhalb der globalen Vorgaben und passt dieses den aktuellen Gegebenheiten an.
- Für strategische Planungen sind Franzosen immer offen: Schaffen Sie möglichst nur einen einzigen *„plan directeur"* („Planleitfaden"). Denn je mehr Sie mit Franzosen planen, desto mehr werden Sie Zeit verlieren. Sie programmieren sich nur Eigenstress vor!
- Statten Sie offizielle Ablauf- bzw. Zeitplanungen immer mit verdeckten Pufferzeiten aus, damit Ihnen genügend Spielraum bleibt, um zu reagieren und zu berichtigen.

6. Verknüpfen Sie deutsche und französische Strukturen

- Die unterschiedlichen Funktionen und Organisationsstrukturen müssen unbedingt für beide Seiten transparent gemacht werden. Erst wenn hüben wie drüben Verständnis für die verschiedenen Erwartungen und Gewohnheiten vorhanden ist, können Sie Akzeptanz für deutsche Organisationsformen bei den Franzosen erwarten.
- Aufgrund der unterschiedlichen Hierarchiestrukturen und Zuständigkeiten ist es nahezu unmöglich, Kompetenz- und Hierarchiestufen auf beiden Seiten anzugleichen. Französische Chefs und Generalisten brauchen unbedingt, insbesondere bei fachlicher Verknüpfung, einen Ansprechpartner im deutschen Unternehmen, der hierarchisch hoch angesiedelt ist und die globalen Entscheidungen treffen kann.
- Daher sollte es bei dem deutschen Partner bzw. in den Mutterhäusern möglichst eine koordinierende Anlaufstelle für das Tagesgeschäft geben und nicht nur für Teilbereiche zuständige Sachbearbeiter. Diese Position sollte mit übergreifenden Entscheidungsbefugnissen ausgestattet sein.
- Für das Funktionieren deutsch-französischer Strukturen in der Praxis gilt auch hier wieder: Vor allem muss die Beziehungsebene zwischen den Schlüsselpersonen, und insbesondere mit dem Verantwortlichen der Anlaufstelle, stimmen. Bereiten Sie Arbeitsgruppen daher unbedingt auf die Unterschiede vor, und lassen Sie diese in gemeinsamen Trainings selbst eine Form der Zusammenarbeit finden, welche den Stärken beider Kulturen Rechnung trägt.

Informieren und informiert werden

In Frankreich ist Information keine Bringschuld, sondern in der Regel eine Holschuld. Besprechungen dienen eher dem Informationsaustausch denn der Entscheidung. Die informellen Wege sind weitaus wichtiger denn die offiziellen.

1. Spielen Sie das „Spiel" der Holschuld mit

- Gehen Sie „Informationen fischen" (*„aller à la pêche à l'information"*), indem Sie jede Gelegenheit nutzen, um Partner und Kollegen nach Neuigkeiten zu fragen, sei es am Telefon, bei der Begegnung auf dem Flur, beim Mittagessen, abends nach 18 Uhr, wenn der Stress des Tagesgeschäfts abflaut, usw. Achten Sie dabei auf das Implizite, denn Wichtiges wird meistens zwischen den Zeilen übermittelt.
- Bauen Sie ein verlässliches Informationsnetz auf, und pflegen Sie es (Stichwort: „Eine Hand wäscht die andere"). Bleiben Sie vor allem mit den Schlüsselpersonen ständig in Kontakt.
- Wenn wichtige Informationen nicht bis zu Ihnen, dem Chef, hochgeleitet werden, müssen Sie die Verantwortlichen sofort sanktionieren, sonst verlieren Sie an Autorität. Ein Chef in Frankreich weiß immer alles ... !

2. Inoffizielle Informationen sind wichtiger als offizielle

- Informelle Sitzungen, Vorbesprechung und Nachbesprechung sind für Franzosen relevanter als offizielle und turnusmäßige Sitzungen.
- Gerüchte sind noch lähmender als in Deutschland: Sie gewinnen sehr schnell an Bedeutung, wenn Sie nicht schnellstens glaubwürdige Gegenmaßnahmen ergreifen.

3. Informieren Sie persönlich und mündlich

- Benutzen Sie so wenig Papier wie möglich. Wenn nötig, beschränken Sie sich auf das Wesentliche. Faustregel: Je länger der Text, desto weniger wird er gelesen!
- Besprechungen und Telefonate bewirken mehr als Aktennotizen und Faxe! Denn zum einen können Sie über Papier keine Emotionen rüberbringen, zum anderen wirken kurze und knappe Anweisungen schnell barsch oder beleidigend.
- Treten Sie als Chef bei wichtigen Angelegenheiten immer persönlich auf. Franzosen schätzen insbesondere einmal jährlich eine große Betriebsversammlung (*grand-messe*), in welcher der „patron" Preise verteilt und die Belegschaft für das neue Jahr motiviert.

- Rufen Sie allerdings nicht nur bei offiziellen Anlässen Ihre Mitarbeiter zusammen, sondern teilen Sie mit Ihnen laufend positive und negative Ereignisse. Das schweißt zusammen.
- Das „BIRÜ“-Prinzip ist unbekannt und bleibt daher meist ohne Reaktion. Notieren Sie sich besser den Vorgang, und haken Sie selbst nach.
- Halten Sie als Chef Ihre Tür immer offen, auch physisch. Das ermöglicht Ihren Mitarbeitern ein kurze Abstimmung zwischendurch. Stellen Sie auch selbst Ihre „Antennen“ immer auf Empfang, um zu merken, was vorgeht.

4. Glaubwürdigkeit der Information ist eine Frage der Form

- Franzosen bringen Sie nicht durch überzeugende Sachkompetenz auf Ihre Seite, sondern durch die Art und Weise, wie Sie die Message vermitteln: Ihre Mitarbeiter müssen fühlen, dass Sie mit Herz und Seele dahinter stehen!
- Sprechen Sie bei schlechten Nachrichten zunächst die Emotion und erst dann den Verstand an:
  1. „Ich verstehe was Sie empfinden: ...“
  2. „Ich teile diese Gefühle mit Ihnen ...“, „Ich empfinde das auch so.“
  3. „Sie fragen sich sicher: Wie kommen wir aus dieser Situation wieder heraus? ...“
- Halten Sie sich an das Wesentliche, Details wirken einschläfernd.

Ich bin zum neuen Chef in Frankreich ernannt worden. Wie gehe ich vor?

Sie sind dabei, dieses Handbuch zu lesen. Gut so, aber es geht noch besser: Verinnerlichen Sie es, indem Sie es mehrmals durcharbeiten! Je mehr Sie die elementarsten Grundregeln der französischen Business-Kultur beherrschen, umso größer ist Ihre Chance, die gängigsten Fauxpas von vornherein zu vermeiden. Außerdem werden Sie eher die richtigen Entscheidungen treffen, anstatt erst einen schmerzhaften und kostspieligen Lernprozess durchzumachen.

Als neuer Chef in Frankreich sollten Sie zunächst Ihre ganze Energie auf die Optimierung der Beziehungseffizienz konzentrieren (erst danach kommt die Akzeptanz Ihrer Kompetenzen!):

1. Lernen Sie Französisch

- Auch wenn die Sprache nicht das größte Hindernis ist: Alle erfolgreichen deutschen Manager in Frankreich werden Ihnen bestätigen, dass die Beherrschung des Französischen für eine Führungskraft ein absolutes Muss ist. Zunächst ist es wichtiger, zu verstehen, was vorgeht, denn zu sprechen.

- Bevorzugen Sie Sprachkurse, die spielerisches Lernen anbieten, wie sie zum Beispiel von der Sprachschule G.I.T.-Seminare in Bergisch Gladbach angeboten werden, die mit sehr gutem Erfolg arbeiten. Dort werden Sie in gut dosierten Einheiten und – was wichtig ist – unter Einbeziehung der interkulturellen Unterschiede, fit für den täglichen Sprachgebrauch gemacht. Grammatik und Feinheiten können Sie *on the job* erlernen.

2. Informieren Sie sich über die Machtstrukturen im Unternehmen

- Nutzen Sie die Vorbereitungszeit vor allem dazu, über zuverlässige Mittelsleute (dortige deutsche Kollegen, ehemalige Entsandte, Zulieferer, Kunden usw.) diskret Auskünfte über die französischen Schlüsselpersonen im Unternehmen zu erhalten. Das sind diejenigen, die entweder über die meisten Machteinheiten verfügen oder wichtige Meinungsbildner sind. So nutzen Sie die Zeit wesentlich effektiver als mit der Einführung neuer Organisationsmaßnahmen oder -strukturen.

3. Stellen Sie sich persönlich vor

- Vereinbaren Sie zunächst einen informellen Termin mit diesen Schlüsselpersonen, um sich persönlich vorzustellen. Hängen Sie Ihren Besuch nicht an die große Glocke, sondern gehen Sie quasi inkognito in die Firma.
- Bei diesen ersten Gesprächen geht es nur darum, den Puls zu fühlen und sich selbst als Mensch zu zeigen, um dem Bild des „typischen Deutschen" entgegenzuwirken. Lassen Sie auch erkennen, dass Sie Frankreich und seine Kultur schätzen (aber nur, wenn es wirklich stimmt!). Aber seien Sie nicht zu locker: Sie sind der neue Chef! Und ein Chef ist in Frankreich nicht kumpelhaft.

4. Lassen Sie sich alles zeigen

- Bekunden Sie beim Rundgang Interesse. Seien Sie ruhig neugierig, und fragen Sie nach, vor allem bei außergewöhnlichen Begebenheiten. Zeigen Sie sich beeindruckt von der neuen Maschine, dem extravaganten Stil des neuen Gebäudes, dem Trick 17, mit dem viel Geld gespart wurde, usw.

5. Gehen Sie taktisch vor

- Nachdem Sie so ein Bild über die bestimmenden Personen, die Unternehmenskultur und das Umfeld gewonnen haben, stellen Sie sich folgende Fragen:

- ➢ Mit wem habe ich mich am besten verstanden?
- ➢ Wer könnte meine rechte Hand werden, der mich über die Vorgänge im Unternehmen auf dem Laufenden hält, mich warnt, wenn ich etwas Wichtiges übersehe?
- ➢ Wer könnte einen Störfaktor darstellen?
- ➢ Kann ich diese Person(en) für mich gewinnen, oder ist es besser, gleich reinen Tisch zu machen?

6. Bereiten Sie ein *Concept* vor

- Bereiten Sie anhand der Checkliste „Wie bereiten Sie einen guten Vortrag vor" ein globales Konzept (= ein französisches *Concept*, welches mehrere motivierende Ideen und Leitlinien enthält) vor, wie Sie das Unternehmen zu führen gedenken und welche Ziele Sie setzen wollen.
- Testen Sie Ihr *Concept* zunächst im kleinen Kreis mit den identifizierten Vertrauenspersonen, und passen Sie es dem Feedback an. Lassen Sie eventuelle gute Ideen Ihrer Vertrauensleute einfließen.
- Versichern Sie sich der größtmöglichen Unterstützung der Machtinhaber und Meinungsbildner. Dazu sollten Sie es in jedem Fall vermeiden, die möglicherweise negative Vergangenheit breit zu walzen (nach dem Motto: „Meine Herren, bisher war's ja wohl nichts, jetzt zeige ich Ihnen mal, wo's langgeht!") Ein zuversichtlicher Blick nach vorne ist motivierend, ein Hinweis auf zurückliegende Fehler ist beleidigend!

7. Stellen Sie sich offiziell vor

- So abgesichert, können Sie endlich den offiziellen Schritt tun: Gehen Sie möglichst durch alle Abteilungen, und lassen Sie sich jeden Mitarbeiter vorstellen. Nehmen Sie sich Zeit, geben Sie jedem die Hand und wechseln Sie ein paar Worte.
- Dann sollten Sie noch am gleichen Tag oder kurz darauf in einer Betriebsversammlung Ihr *Concept* allen Mitarbeitern vorstellen. Dabei ist weniger der Inhalt wichtig, sondern Sie selbst, Ihre Persönlichkeit. Zeigen Sie, dass Sie an die Leute und das Potenzial der Firma glauben. Machen Sie aber wie beiläufig auch klar, dass Sie gegebenenfalls auch konsequent durchgreifen werden, um die Ziele zu erreichen.

8. Nehmen Sie Kontakt zu Kollegen auf

- Profitieren Sie von den Erfahrungen Ihrer Kollegen in anderen Unternehmen. Diese treffen Sie – vor allem in Paris – am einfachsten über die deutsch-französische Industrie und Handelskammer, die regelmäßig Unternehmertreffen veranstaltet.

- Auch eine Teilnahme am zweimal jährlich stattfindenden SYNTONIE-Workshop von JPB kann für Sie von unschätzbarem Wert sein: Dort treffen Sie nicht nur auf erfahrene Führungskräfte beider Länder, sondern können zudem Ihre Fähigkeiten im deutsch-französischen Management trainieren und sich ganz konkreten Rat holen!

Ich bin Chef einer französischen Filiale in Deutschland. Was gilt es, besonders zu beachten?

Die Tatsache, dass Sie dieses Handbuch durcharbeiten, ist schon die beste Voraussetzung, um oft aus Unkenntnis wesentlicher Unterschiede schwerwiegende Fauxpas zu vermeiden. Wenn Sie die folgenden Punkte geschickt umsetzen, so wird aus Ihnen – aus französischer Sicht – ein „treuer Leutnant“, den man auch immer mehr in strategische Überlegungen mit einbeziehen wird. Sie werden vom potenziellen Gegner zum „Partner“ im französischen Sinn!

1. Werden Sie Experte im „Frenchising“

- Sie sind in der strategischen Position des Interfaces und müssen, um die positiven und auch angenehmen Aspekte der Geschäftsbeziehungen mit Franzosen zu genießen, zur im Handbuch oftmals angesprochenen „Verführungskraft“ werden oder besser Experte im „Frenchising“ der Bedürfnisse Ihrer Niederlassung!

2. Machen Sie Lobbying ... für sich selbst

- Neben dem Tagesgeschäft sollte es für Sie absolute Priorität haben, Ihren französischen Chefs im Mutterhaus Ihre „geistige Loyalität“ und Ihre ständige Motivation zu beweisen. Nur so werden Sie es schaffen, dass das französische Management sein natürliches Misstrauen Ihnen gegenüber ablegt. Nehmen Sie dazu jede Gelegenheit wahr, die Beziehungsebene auf- und auszubauen.
- Besuchen Sie bei einer Reise zum Mutterhaus möglichst viele französische Kollegen, nicht nur Ihre direkten Ansprechpartner („Ich bin gerade da und wollte Ihnen nur kurz guten Tag sagen ...“). So zeigen Sie Präsenz und Interesse für die Personen und kommen wie nebenbei auch an wichtige Informationen heran.
- Kommt ein neuer wichtiger Mann, beispielsweise ein neuer Direktor für das Europa- oder Deutschlandgeschäft, ins Unternehmen, so investieren Sie möglichst schnell die nötige Zeit, um die Beziehungsebene aufzubauen.

3. Pflegen Sie die Kontakte

- Erzählen bei jedem Treffen oder Telefonat mit Ihren französischen Kollegen, was sich so bei Ihnen alles tut. Äußern Sie auch Gefühle, plaudern Sie über private Begebenheiten usw.

- Halten Sie mindestens wöchentlich mit den wichtigsten Ansprechpartnern Telefonkontakt! Denn wenn Sie über einige Zeit nichts von sich hören lassen, fehlt den Franzosen der emotionale Bezug zum Deutschlandgeschäft. Sie wittern dann schnell „Verrat" in Form von Unabhängigkeitsstreben. Und schon haben Sie die ein noch härteres Controlling oder gar die Revision am Hals!
- Sprechen Sie mit Ihren französischen Vorgesetzten nur über globale, strategische und politische Angelegenheiten. Damit beweisen Sie Format, denn Detaildiskussionen sind „Kleinkrämerei" (dafür gibt es die Intendanz!).

4. Nehmen Sie den Puls für neue Vorhaben

- Bei neuen Vorhaben nehmen Sie zuerst „den Puls", (*prendre la température*): Finden Sie heraus, wie die Verantwortlichen im Mutterhaus zu Ihrem Projekt stehen. Ist der Zeitpunkt richtig? Wer hat die meisten Machteinheiten für die Entscheidung? Wer wird Sie unterstützen? Wer wird Ihr Gegner sein? Mit welchem strategischen Schachzug können Sie eventuelle Gegner ruhig stellen?

5. Seien Sie positiv und gewieft

- Zeigen Sie immer ihren guten Willen! Streichen Sie den Ausdruck „Das geht nicht" aus Ihrem Vokabular (sagen Sie eher: „Das wird wohl äußerst schwierig sein!"). Stellen Sie Besonderheiten des deutschen Marktes und besonders diejenigen, die für Franzosen schwer nachvollziehbar sind (strenge Auflagen, Normen, Umweltgesetze, Mitspracherecht der Gewerkschaften etc.), nicht nur als unumgängliche Fakten dar, sondern *préparez le terrain*:
- Bereiten Sie die Franzosen so früh wie möglich auf diese Zwänge vor, und zeigen Sie, dass Sie sich etwas Schlaues einfallen lassen (*être astucieux*), um deren Auswirkungen auf Ihr Unternehmen auf ein Mindestmaß zu reduzieren. Wenn Sie das nicht glaubwürdig machen, wird man ebendiese Sachzwänge in der Zentrale als faule Ausreden empfinden.
- Vorsicht mit dem deutschen Sicherheitsdenken: Probleme hochspielen wird als Schwarzmalerei empfunden, „nur" realistische Zielsetzungen als mangelnder Ehrgeiz (oder Format) ausgelegt.

6. Nicht beweisen, sondern suggerieren

- Wenn Sie Konzepte vortragen, vermeiden Sie die „absolute Wahrheit"

(„Die Deutschen wollen uns wieder belehren!“). Denken Sie daran, der französische Chef muss immer an der Endentscheidung mitwirken!

- Falls Sie mal (wieder) Recht haben, vermeiden Sie das „Siehste“-Syndrom: Denken Sie daran, den Stolz Ihrer französischen Partner nie zu verletzen (sie sind – nebenbei gesagt – die Patrons)!

Suchen Sie sich *„la perle rare“*: die ideale Assistentin

Die richtige Assistentin ist, wie in Deutschland auch, Gold wert. In diesem Fall jedoch noch mehr, denn sie kann in manch schwieriger Situation Ihr Rettungsanker sein. Daher brauchen Sie unbedingt eine Sekretärin mit Format, denn diese muss unter anderem

- Sie abschirmen gegen lästige Anrufer und Besucher, die immer den Chef sprechen wollen,
- Sie sprachlich entlasten und unterstützen,
- Ihr „verlängertes Ohr“ sein, um Sie über Vorgänge und die Stimmung im Unternehmen auf dem Laufenden zu halten, wozu sie von den übrigen Mitarbeitern als eine der ihren anerkannt sein muss,
- Informationen über Sie, Ihre aktuelle Laune usw. geschickt gefiltert nach draußen weitergeben, um im Unternehmen weiterhin als Mittlerin zu gelten (und nicht als Spionin für den Chef),
- da sein, wenn Sie sie brauchen, also auch über den „Feierabend“ hinaus,
- wichtige Kunden und Besucher bei Laune halten können,
- den enormen Stress eines polychronen Umfeldes aushalten können (siehe Einführung für Problemlösungen „Arbeitsweise“),
- „ganz nebenbei“ noch das normale Tagesgeschäft einer Chefsekretärin abwickeln.

Achten Sie auf folgende Eigenschaften

- Bevorzugen Sie als Deutscher eine möglichst perfekt zwei-, besser dreisprachige Französin als Assistentin. Als Muttersprachlerin kann diese Ihnen am besten Sprache und Gebräuche vermitteln. Sie hat auch das notwendige kulturelle Gespür, das eine deutsche Assistentin nur nach vielen Jahren erlangen kann.
- Oft ist es besser, wenn Ihre Assistentin kein Deutsch kann, dafür aber selbstbewusst und beliebt im Unternehmen ist: Sie kann dann als Ihr verlängertes Ohr („Unterseeboot“) fungieren, Stimmungen ausloten und Sie vor Fauxpas schützen.

Zusammenarbeit mit Ihrer französischen Sekretärin

- Vorsichtig mit deutschen Gewohnheiten wie: Wegdelegieren, Autonomie in der Arbeitseinteilung, Wiedervorlage (unbekannter Begriff) und Managen Ihres Terminkalenders (sind die wenigsten gewohnt)
- Anrede: Eine französische Sekretärin ist es gewohnt, mit Vornamen und „Sie“ angeredet zu werden. Sie werden hingegen weiterhin mit „Monsieur“ angesprochen.
- Komplimente sind wichtig!
- siehe auch Checkliste Management „Delegieren“

Die wesentlichen Fettnäpfchen, die Sie als Chef von Franzosen vermeiden sollten

In Frankreich müssen Sie ständig am Ball bleiben. Die Rolle des Chefs: motivieren, Ziele setzen, kontrollieren.[1]

1. Seien Sie sicht- und spürbar

- Eilen Sie keinesfalls wort- und grußlos durchs Unternehmen, um sich schnellstens hinter einer verschlossenen Cheftür zu verschanzen. Aus der Ferne steuern und über Aktennotizen führen ist absolut zu vermeiden.
- Seien Sie ständig präsent im Unternehmen: entweder über Ihre rechte Hand während Ihrer Abwesenheit oder persönlich.
- Praktizieren Sie das „Management by walking around“: Gehen Sie in die Abteilungen, halten Sie ständig persönlichen Kontakt zu den wichtigsten Mitarbeitern. Diese wollen Ihre Persönlichkeit spüren, nicht Ihre Kompetenz!

2. Achten Sie auf Motivationsdefizite

- Lassen Sie Motivationsdefizite und Empfindlichkeiten nie unbeachtet, denn Sie wissen ja: Ein demotivierter Franzose tut bestenfalls nichts, oft macht er das Gegenteil!
- Seien Sie immer auf der Hut, und achten Sie auf Motivationsprobleme. Nehmen Sie schon morgens beim Händeschütteln den Puls (*prendre la température*).

3. Zeigen Sie keine Unsicherheit

- Das deutsche kollegiale Führungsprinzip funktioniert nicht! Mitarbeiter überzeugen bzw. Ihre Zustimmung einholen zu wollen löst aus: „Ein Chef, der sich rechtfertigt, ist kein Chef, er hat keine Autorität!“

[1] Vgl. auch unter Management die Checkliste „Entscheiden und Ziele setzen“, S. 346 f.

- Auch der gemeinschaftliche Ansatz: „Ich habe da ein Problem: Wie würden Sie das lösen?“ bewirkt: „Der Chef weiß nicht, wo es langgeht, er hat keinen Überblick“ bzw.: „Vorsicht, der Chef will mich testen!“

- Wenn Sie sich nicht sicher sind, holen Sie die Meinung in Form einer Diskussion von Ihren Vertrauensleuten ein, und zwar unter vier oder sechs Augen.

4. Delegieren Sie das Ziel – kontrollieren Sie die Fortschritte

- Machen Sie globale Vorgaben, kümmern Sie sich weniger um die Mittel zur Umsetzung. Motivierte Franzosen sind es gewohnt und stolz, trotz fehlender Mittel ein Ziel zu erreichen, im Gegensatz zu Deutschen, die erst gar nicht anfangen, wenn sie die Mittel nicht haben. Ein typischer Chefausspruch ist: *„Débrouillez vous!“*, was auf gut Deutsch heißt: „Schlagen Sie sich durch!“

- Sie können nicht wegdelegieren. Denn wenn Sie sich offensichtlich nicht ständig um ein delegiertes Ziel kümmern, denken Ihre französischen Mitarbeiter: „Das hat keine Priorität mehr, sonst würde er ja nachfragen!“

- Kontrollieren Sie daher die Fortschritte unaufdringlich, wenn Sie jedem Mitarbeiter morgens die Hand geben. Fragen Sie zum Beispiel: *„Quoi de neuf?“ „Alors, le projet avance?“* („Was gibt es Neues?“ „Na, geht das Projekt gut voran?“). Das heißt im Klartext: „Die Sache ist mir immer noch wichtig!“ und: „Ich habe den Überblick!“ An der Art und Weise der Antwort erkennen Sie, wie weit Sie nachhaken sollen.

- Tauchen Fragen und Probleme auf, so machen Sie sich erst ein Bild aufgrund der Schilderung Ihrer Mitarbeiter. Wägen Sie kurz die Alternativen ab, und entscheiden Sie möglichst auf der Stelle, damit Ihr Team sich nicht in endlosen Problemdiskussionen verliert.

5. Kümmern Sie sich nicht selbst um Kleinigkeiten

- Nehmen Sie auch kleine Probleme ernst, aber kümmern Sie sich nicht selbst um deren Lösung. Sie würden nur an Glaubwürdigkeit verlieren. Delegieren Sie die Lösung des Problems, und haken Sie nur von Zeit zu Zeit nach, damit alle wissen, dass Sie auch Details ernst nehmen.

6. Wahren Sie eine gewisse Distanz

- Machen Sie sich nicht „die Finger schmutzig“, indem Sie z.B. selbst mitanpacken. Bis auf wenige Ausnahmen in bestimmten Branchen, Unternehmenskulturen oder im Mittelstand bleibt ein Chef in seiner Rolle und hält die hierarchische Distanz (gleichbedeutend mit Respekt) aufrecht.

- Zeigen Sie sich nie kumpelhaft, betrunken oder zu vertrauensselig, auch nicht nach Feierabend. Sonst ist der Respekt verspielt!

7. Seien Sie „profranzösisch"

- Treten Sie nicht als verlängerter Arm des Mutterhauses auf. Zeigen Sie im Gegenteil, dass Sie auf die Franzosen setzen, Risiken für sie eingehen und für sie im Mutterhaus bürgen. So geben Sie zu verstehen: „Er versteht uns, er schätzt uns! Er steht also auf unserer Seite." So erreichen Sie Offenheit!
- Lassen Sie den Verantwortlichen aus der Zentrale bei einer profranzösischen Entscheidung des Mutterhauses möglichst Ihren entscheidenden Einfluss herausstellen: „Ihr Chef (also Sie) hat uns die Entscheidung abgerungen." Damit sitzen Sie aus Sicht der Franzosen in deren Boot!

8. Setzen Sie klare Grenzen

- Verständnis für Empfindlichkeiten hat Grenzen. Lassen Sie sich also nicht „auf den Füßen herumtrampeln", nur weil Sie befürchten, das Dampfwalzensyndrom auszulösen. Franzosen testen laufend, wie weit sie bei ihrem Chef zu weit gehen können. Also zeigen Sie ganz klar Flagge. Sie sind der Chef!

9. Loben Sie die Person – tadeln Sie das Verhalten

- In Frankreich gilt: „Kein Lob ist ein Tadel." Beglückwünschen Sie jedoch nur außergewöhnliche Leistungen, und drücken Sie Ihre Zufriedenheit aus, wenn ein Verhalten korrekt war oder die gesteckten Ziele erreicht wurden.
- Tadeln Sie ein Fehlverhalten, indem Sie genau die daraus entstehenden Konsequenzen aufzeigen. Drücken Sie ruhig Ihre Verärgerung und Ihre Enttäuschung aus, aber vermeiden Sie persönliche Anschuldigungen („Sie sind unfähig!" usw.). Hören Sie gut zu, welche Erklärungen Ihnen gegeben werden.

11 Problemlösungen zur Strategie

11.1 Die wesentlichen Unterschiede

Dass Franzosen große Strategen sind, haben wir ausführlich besprochen. Globale Strategien unter Analyse der geopolitschen Situation zu entwickeln und flexibel auf die aktuelle Situation anzupassen ist eine der nobelsten Aufgaben eines französischen Patrons. Er wird daher in Verhandlungen und Joint Ventures immer darauf bedacht sein, die Zügel in der Hand zu behalten und nicht alle Karten auf den Tisch zu legen. Dies schafft eine erste Verwirrung bei den deutschen Widerparts, die gerne eine möglichst präzise Strategie mit ihrem Partner festlegen und dann umsetzen möchten. Dieses verdeckte Vorgehen, ja Pokern der Franzosen, wird als verdächtig und nicht partnerschaftlich empfunden. Wir wissen aber jetzt, dass der Franzose eine Partnerschaft unter ganz anderen Vorzeichen angeht als ein Deutscher und daher ein solches Verhalten absolut normal für einen individualistischen Egoisten ist, solange es auf der Beziehungsebene blitzt und donnert. Unabhängig davon, und das ist spürbar, selbst wenn die Chemie stimmt, wollen sich Franzosen nicht präzise festlegen, weil sie dies als Einengung und als Behinderung ihrer größten Stärke, nämlich ihrer Reaktionsfähigkeit, empfinden.

Franzosen sind immer darauf bedacht, die Zügel in der Hand zu behalten und nicht alle Karten auf den Tisch zu legen.

Ein weiterer Spannungspunkt ist die Finalität des Handelns. Wir wissen aus der Analyse der Motivationsfaktoren bzw. der Grundwerte beider Business-Kulturen, dass Franzosen immer die Machteinheiten im Auge haben und das daraus folgende Prestige. Gleiche Absichten interpretieren sie permanent in deutsche Partner hinein und vermuten hinter seiner sehr nutzen- und gewinnorientierten Argumentation wieder eine Strategie, deren Sinn sie allerdings oft nicht begreifen. Verfolgt der Deutsche in der Partnerschaft meistens das Ziel der Kostenreduzierung und der Risikoteilung, so macht sie für den Franzosen in der Regel nur Sinn, wenn er dadurch seine Machtposition (Leadership) ausbauen kann.

Franzosen halten die Machteinheiten im Auge und das Prestige.

Franzosen sind Eroberer.

Bleibt als letzter wichtiger Punkt bei der gemeinsamen Definition einer Strategie: das Vorgehen selbst. Da, wo deutsche Unternehmen marktbesetzend oder gar marktabschottend (Motto: „Nicht zu viele Wellen schlagen!“ oder: „Besser zehn Prozent Marktanteil und Gewinn machen, als 50 Prozent und Verlust!“) vorgehen, tritt der Franzose meist offen als Markt erobernd auf. So hat er sich in den letzten Jahren auch als einer der größten Firmenaufkäufer vor allem in Deutschland gezeigt. Es passt besser zu seiner Mentalität, bestehende Firmen und deren Marktanteile aufzukaufen, um dann aus einer Machtposition heraus im Markt zu operieren, denn sich langsam über Marktnischen systematisch einen festen Kundenstamm aufzubauen.

11.2 Ausgefeiltes Kooperationskonzept bleibt ohne Reaktion

Die Situation:
Nach gegenseitigen Firmenbesichtigungen zwischen zwei mittelständigen Firmen derselben Branche sind die Geschäftsführer Bernd Berger und Henri Frileux übereingekommen, sich Gedanken zu machen, wie eine Kooperation konkret aussehen könnte. Jeder sollte sich auf seiner Seite ein Konzept überlegen und sich dann wieder melden. Zehn Tage nach seinem Rückflug nach Köln schickt Berger ein erstes Kooperationskonzept an Frileux nach Lyon. Dieses enthält: einleitende Grundgedanken, Auflistung der Vor- und Nachteile für beide Seiten, Vorschlag eines Aktionsplans mit Akquisitionsmaßnahmen, den geschätzten Zeitablauf und sogar einen groben Budgetplan über fünf Jahre. Nachdem er über einen Monat nichts gehört hat, ruft Berger in Lyon an. Trotz mehrfacher Versuche bekommt er seinen französischen Partner nicht ans Telefon!

Die Wahr-Nehmung aus deutscher Sicht
Am Ende unseres letzten Treffens war Frileux richtig begeistert. Ich habe ihm ein erstes Konzept als Arbeitsgrundlage mit einem Angebot geschickt, das er gar nicht ablehnen kann. Aber jetzt bin ich's leid: Dreimal schon haben wir auf unsere Bitte um Stellungnahme als Antwort: „Es wird ihm ausgerichtet“, „Er war auf Reisen“ und „Er wird sich bald melden“ bekommen. Was soll das?

Typische Aussagen: „Man macht sich viel Mühe und arbeitet ein vernünftiges Konzept aus, und dann kommt nicht mal eine Antwort!"

Die Wahr-Nehmung aus französischer Sicht
Was stellt sich dieser Berger eigentlich vor? Das soll wohl eine Partnerschaft sein, in der ich nur noch „Ja und Amen“ sage? So was Arrogantes! Macht der sich überhaupt Gedanken darüber, wie ich die Sache sehe? Außerdem verspricht er mir da so viel, da ist wohl irgendetwas faul. Da lasse ich lieber die Pfoten weg. Ich lasse mich einfach verleugnen, dann wird er schon merken, was ich von seinem Plan halte!

Mögliche Problemlösung

Dies ist ein Paradebeispiel für ein Riesenmissverständnis, das in einem einzigen Wort begründet ist: „KONZEPT". Frileux übersetzte „Konzepte überlegen" mit *„réfléchir à des concepts"*. Für einen Franzosen heißt das, sich Gedanken über globale Ideen, und Ansätze zu machen, über die man dann gemeinsam diskutiert, um sich möglicherweise über einige Grundprinzipien zu einigen. Ein Franzose wird sich weigern, in die Diskussion über das „WIE" einzusteigen (das Prozedere, das Umsetzen), bevor man sich *globalement* über das „WAS" einig ist. Eine Partnerschaft in Erwägung zu ziehen bedeutet für Frileux, sich zuerst über Alternativlösungen (Joint Venture, gegenseitiger Vertrieb, Zusammenlegung einer Produktion etc.) zu unterhalten. Damit will er sicherstellen, dass der Partner auf der gleichen Wellenlänge und damit auch motiviert ist!

Hier gibt es nur eine Lösung: einen Trick finden, um an ihn heranzukommen, und ihn über dieses Missverständnis aufklären, am besten während eines neuen Treffens. Erklären Sie, was Sie unter „Konzept" verstehen, und sichern Sie Ihrem französischen Partner zu, dass Sie durchaus bereit sind, mit ihm gemeinsam erst einmal ein grundsätzliches *concept* zu entwerfen. Seien Sie in jedem Fall immer vorsichtig bei Erstgesprächen und neuen Projekten: Überfallen Sie Ihre Partner nicht zu schnell mit ausgefeilten Konzepten, sondern finden Sie zunächst gemeinsam eine *idée fédératrice*, eine zündende und verbindende gemeinsame Idee!

Zum Nachlesen und Vertiefen

- Checkliste „Falsche Freunde" unter „Konzept" (Kapitel 9.14, S. 328 ff).
- Problemlösungen „Unsere Konzeptpräsentation bleibt ohne Resonanz" (Kapitel 12.14, S. 417 ff) und „Die Franzosen wollen unser bewährtes Konzept nicht übernehmen" (Kapitel 12.10, S. 411 f).

11.3 Gemeinsames Konzept wird immer wieder umgestoßen

Die Situation:

Deutsche und Franzosen haben ein gemeinsames Marketingkonzept entwickelt. Bei der Umsetzung halten sich Franzosen nicht an den Plan.

Die Wahr-Nehmung aus deutscher Sicht

Zunächst wurde mit den französischen Kollegen gemeinsam ein Marketingkonzept entwickelt. Dann haben wir uns im Detail geeinigt über das Prozedere sowie die Verantwortlichkeiten, Rollenverteilung und den Aktionsplan mit Fristen festgelegt. Jetzt halten sich die Franzosen nicht an das vereinbarte Konzept, ändern vieles eigenwillig und informieren uns nicht mal, wenn die Fristen überschritten werden.

Typische Aussagen: „Getroffene Vereinbarungen werden in Protokollen anders zusammengefasst, nicht aufgrund von sprachlichen Missverständnissen, sondern weil die Franzosen ihre Meinung geändert haben."

„Absprachen werden nicht eingehalten, sondern heimlich umgangen, ohne dabei ein Schuldbewusstsein spüren zu lassen."

Die Wahr-Nehmung aus französischer Sicht
Zwei Möglichkeiten:

1. Die französischen Partner sind motiviert: Über das „*Concept*" besteht Grundeinigkeit, aber das detaillierte Prozedere stört. Man nimmt die Wünsche der deutschen Seite höflich zur Kenntnis (*„Pas mal"*, *„Pourquoi pas?"*), ist aber insgeheim fest entschlossen, das „Konzept" den – sich natürlich ändernden – Gegebenheiten anzupassen. Dabei machen sie sich keine Gedanken darüber, ob die deutschen Kollegen mit dieser Vorgehensweise Schwierigkeiten haben könnten: „Wir haben Projekt und Ziel *globalement* im Griff, nun muss die Praxis zeigen, was nötig und unnötig ist."

2. Die französischen Partner sind nicht motiviert: Besprechung lief unter dem typischen „Si-vous-voulez"-Syndrom: „Wir machen sowieso was wir wollen und werden es denen zeigen! Das machen wir besser und intelligenter. Vielleicht sogar ganz anders! Die werden staunen ...."

Mögliche Problemlösung
Typische Ursachen können sein:

1. Missverständnis über das Wort „Konzept" und die damit verbundenen Handlungsabläufe

2. Die unterschiedliche Art, Projekte anzugehen: lange, präzise Planungsphase, gefolgt von gezielter Umsetzung auf deutscher Seite – kurze, globale Planung, gefolgt von flexibler Umsetzungsphase bei den Franzosen

3. Demotivation aufgrund unklarer Machtverhältnisse

4. Vernachlässigung französischer Motivationsfaktoren
Zur nächsten Besprechung fuhr der deutsche Chef persönlich hin und machte sich ein Bild von der Lage („den Puls fühlen"): Er stellte fest, dass die ständigen Faxe, gespickt mit Vorwürfen, die Franzosen tief gekränkt

hatten: Die Mitarbeiter fühlten sich permanent auf der Anklagebank. Der Ausweg bestand hier zum einen in der Aufarbeitung der Vergangenheit, der Aufklärung über die unterschiedlichen Arbeitsabläufe, um das interkulturelle „Ohrfeigensyndrom“ zu stoppen und das konkrete Coaching der wichtigsten täglich in Kontakt stehenden Mitarbeiter (Key Players). Beide Seiten kamen sich stark näher, nahmen künftig mehr Rücksicht aufeinander und fanden eine Arbeitsweise, welche beiden kulturellen Stärken und Gewohnheiten entgegenkam.

Zum Nachlesen und Vertiefen

- Checkliste „Falsche Freunde“ unter „Konzept“ (Kapitel 9.14).
- Problemlösung „Kritischer Aktenvermerk schlägt wie eine Bombe in Frankreich ein“ (Kapitel 9.12, S. 315 ff).
- Einführung „Problemlösungen zur Arbeitsweise“ (Kapitel 12, S. 397 f).

11.4 Vereinbarungen werden nicht respektiert

Die Situation:
Deutsche Konzernmanager hatten sorgfältig ein Konzept ausgearbeitet, um die Verantwortlichen einer vor kurzem übernommenen französischen Firma von der wirtschaftlich notwendigen Stilllegung einer Produktionseinheit zu überzeugen. Aufgrund des damit verbundenen Arbeitsplatzabbau rechneten sie mit monatelangen Diskussionen. Verblüfft stellten sie jedoch fest, dass die Franzosen nach der Vorstellung des Konzeptes beinahe ergeben „Oui“ sagten. Auch der gut gemeinte Ratschlag von deutscher Seite, das Ganze erst mal zu überschlafen, um dann nochmals zu diskutieren, führte zu keiner Reaktion. Als es jedoch daranging, die Stilllegung konkret anzugehen, stellten die deutschen Manager mit Schrecken fest, dass die Franzosen keine der vor Monaten beschlossenen Maßnahmen angegangen waren: Weder der Sozialplan war ausgearbeitet noch waren die Mitarbeiter informiert worden. Befragt wieso, antwortete der französische Chef lediglich: »Wir haben nicht geglaubt, dass es wirklich so weit kommt!«

Die Wahr-Nehmung aus deutscher Sicht
Wir haben uns extra im Vorfeld noch viele Gedanken gemacht, wie wir den Franzosen unumstößlich beweisen können, dass die Entscheidung unumgänglich ist. Auf alle möglichen Einwände waren wir vorbereitet, doch es kam ja nie was. Auch auf unsere direkten Fragen hin wurden keinerlei Bedenken geäußert. Wir konnten also nur davon ausgehen, dass wir uns einig waren. Als wir dann nach vier Monaten feststellten, dass keine der vereinbarten Maßnahmen auch nur ansatzweise eingeleitet waren, haben

wir natürlich mit der Brechstange reingehauen. Das haben sich die Franzosen selbst zuzuschreiben.

Typische Aussagen: „Nach langer Diskussion wurde eine Entscheidung getroffen, die Franzosen, die vor der Entscheidung nicht einverstanden waren, haben am nächsten Tag die Entscheidung nicht umgesetzt."

Die Wahr-Nehmung aus französischer Sicht

Was wollen die noch lange mit uns diskutieren, die Entscheidung ist doch sowieso schon getroffen. Es gäbe zwar eine ganze Menge zu sagen, aber die ersticken ja schon jegliche Diskussion durch ihre detaillierten Zahlen. Wir können nur versuchen, das Unumgängliche so lange wie möglich hinauszuzögern, vielleicht geschieht doch noch ein Wunder.

Anscheinend haben die es gar nicht so ernst gemeint, denn es kommen gar keine Nachfragen mehr aus Deutschland zu dem Thema. Wahrscheinlich haben die genug mit sich selbst zu tun. Was für ein Glück!

Wir haben's ja gewusst: Vier Monate später kommen sie zurück und machen uns hier klein, bloß weil wir angeblich nichts unternommen hätten. War doch alles nur Heuchlerei, dieses angebliche „gemeinsame Durchstehen einer schwierigen Situation". Denkste, die wollten uns die Dreckarbeit machen lassen und hätten ihre Hände in Unschuld gewaschen. Nun sieht wenigstens jeder, dass es stimmt: Mit der deutschen Dampfwalze ist Diskutieren sinnlos.

Mögliche Problemlösung

Typisch ist hier der Grundkonflikt zwischen gemeinschaftlichem und individualistischen Egoisten: Ersterer will alle ins gleiche Boot mit sachlichen Argumenten bekommen, Letzterer misstraut natürlich dem „Braten", weil die Macht ja auf der „anderen" Seite liegt und er über keinerlei Druckmittel verfügt, um die gleiche Anzahl von Machteinheiten zu kommen. Bleibt also nur abwarten und hoffen, dass es doch nicht so schlimm kommt.

Die Problemlösung kann hier nur vor der Situation liegen, denn jetzt ist alles zu spät: verhärtete Fronten, Ausbruch von Streiks, keine Geduld und kein Vertrauen mehr auf deutscher Seite usw. Vor solch heiklen Entscheidungen wie Fabrikschließungen und Ausarbeitung von Sozialplänen gilt: strategisch denken und durch Lobbying verhandeln.

Das heißt konkret:

1. sich Zeit nehmen, um die einflussreichsten Personen auf der französischen Seite kennen zu lernen und deren Machtspektrum einschätzen zu können

2. mit den Schlüsselpersonen vorher einzeln verhandeln

Meist sind nämlich die eigentlichen Besprechungen, wo nach deutscher Ansicht Entscheidungen gefällt werden sollen, nur für die „Galerie". Die „Claims" sind bereits im Vorfeld abgesteckt, und jeder weiß, wie er am besten und ohne Gesichtsverlust aus der Sache herauskommt. In jedem Fall müssen die französischen Verantwortlichen das Gefühl haben, an der Entscheidung mitgewirkt, oder diese zumindest mitbeeinflusst zu haben. Sachliche Erläuterungen, warum diese Entscheidung unumgänglich war, klingt in den Ohren eines individualistischen Egoisten wie eine Entschuldigung, die man sich als „Machtinhaber" schenken kann.

Zum Nachlesen und Vertiefen

- Teil I, Kapitel 4 „Der grundlegende Unterschied im Sozialverhalten", S. 106 ff.
- Checklisten „Vier Punkte, die eine deutsche Muttergesellschaft unbedingt beachten sollte" (Kapitel 11.15, S. 389 f).

11.5 Blockade bei der Vertragsverhandlung

Die Situation:
Die deutsche Seite, angereist mit einem Generalbevollmächtigtem und dem Länderbereichsleiter sowie zwei Juristen, besteht auf der detaillierten Ausarbeitung des Vertrages, in dem jede mögliche Situation vorhergesehen sein soll, damit es bei Streitigkeiten keine Interpretationsschwierigkeiten gibt. Die französische Seite, repräsentiert durch den PDG und dessen Exportmanager, reagiert ablehnend und fordert immer wieder, sich auf die wesentlichen Vertragspunkte zu konzentrieren.

Die Wahr-Nehmung aus deutscher Sicht
Wir müssen für alle Fälle gewappnet sein! Besser im Vorfeld alles abklären, denn im Nachhinein lange Prozesse in Kauf zu nehmen.

Typische Aussagen: „Bei Vertragsverhandlungen haben wir selten kompetente Gesprächspartner vor uns. Meistens handelt es sich um die obersten Bosse, die keine Ahnung von den Details haben und immer nur über strategische Ziele und Maßnahmen reden wollen."

Die Wahr-Nehmung aus französischer Sicht
Man kann doch nicht alles in einem Vertrag vorsehen. Diese Deutschen sind wirklich kleinlich und misstrauisch. Reisen gleich mit zwei Juristen an, obwohl wir noch mitten in der Vorverhandlung stehen. Wir wissen noch gar nicht, was wir wollen, und sollen uns schon im Detail festlegen. Im Übrigen: Wenn man sich gut versteht, braucht man sich nur über das Prinzipielle einig sein. Wenn 's dann doch nicht klappt, muss man sich eben versuchen, außergerichtlich zu einigen.

Die Deutschen weigern sich, auch nur das Geringste zu tun, was nicht im Vertrag vorgesehen war. Für uns zählt das Ergebnis. Natürlich kann man nicht alle Unabwägbarkeiten vorher vertraglich festlegen!

Mögliche Problemlösung
Hier haben wir es mit einem typischen „Rahmenproblem" zu tun: Während man auf deutscher Seite versucht, möglichst präzise zu sein (den Rahmen zu setzen), da man später auch die Absicht hat, alle Vereinbarungen in dieser Form umzusetzen (aber auch nicht darüber hinauszugehen), will der Franzose generelle Regeln (Prinzipien) aufstellen, von denen man später alle Einzelfälle ableiten kann.

Zunächst einmal gilt (wie immer): Stimmt die Beziehungsebene, wird der französische Partner auch mehr Bereitschaft zeigen, auf Details einzugehen, falls er vorher mit Ihnen die globalen Zusammenhänge definieren konnte. In jedem Fall ist es sinnvoll, die unterschiedlichen Vorgehensweisen noch vor der eigentlichen Verhandlung offen anzusprechen, damit keine Hintergedanken (s.o.) aufkommen. Bei ersten Gesprächen sollten sie auf keinen Fall Juristen mitnehmen, denn dem Franzosen geht es erst einmal um das Prinzip (die Juristen werden sich nachher schon um die Details kümmern ...!). Sein Ziel ist, den *„Esprit du Contrat"* zu definieren, den „Geist des Vertrages", der alles zusammenhält oder der alles von vornherein zum Scheitern bringt, wenn er nämlich nicht stimmt ...

Übrigens: Wenn ein Franzose sich in Vertragsverhandlungen immer mehr aufs Detail versteift, ist Vorsicht angebracht: Dies ist meist ein Zeichen von großem Misstrauen. In der Regel stimmt die Beziehungsebene nicht, und die Ausgangsposition für diese „Partnerschaft" ist denkbar ungünstig.

Zum Nachlesen und Vertiefen
- Status von Juristen
- Problemlösung „Ausgefeiltes Kooperationskonzept bleibt ohne Reaktion" (Kapitel 11.2, S. 365 f).

11.6 Reklamationen bei der französischen Muttergesellschaft durchsetzen

Die Situation:
Eine französische Niederlassung in Deutschland aus der Lebensmittelbranche hatte Schwierigkeiten mit einem ihrer Hauptumsatzträger, da der deutsche Verbraucher die neue Verpackung unpraktisch fand. Alle Argumente haben die Verantwortlichen in Frankreich nicht überzeugen können, trotz des großen Umsatzvolumens, das auf dem Spiel stand. Sogar eine neutrale Kundenumfrage, die als Beweis angeführt wurde, hat die Franzosen nicht zu einer Änderung ihrer Meinung veranlasst.

Die Wahr-Nehmung aus deutscher Sicht
Wenn wir nicht sofort etwas tun, brechen wir mit dem Umsatz total ein! Die müssen doch im Mutterhaus einsehen, dass wir Recht haben. Selbst wenn sie noch so stolz sind auf ihre neue Verpackung, sie ist einfach unpraktisch und stößt auf Ablehnung. Aber selbst die härtesten Fakten überzeugen nicht. Als ob wir einfach die Verpackung aus Spaß an der Freude ändern wollten ...

Die Wahr-Nehmung aus französischer Sicht
Unsere deutsche Niederlassung will uns wieder zeigen, dass sie es besser weiß. Weltweit gibt es keine Schwierigkeiten mit der neuen Verpackung. Im Gegenteil, wir haben in Frankreich Marktanteile hinzugewonnen. Nur die deutschen Besserwisser wollen wieder mal etwas Besonderes. Interessanterweise führen sie diesmal keine Gesetzesauflagen an, sondern eine Meinungsumfrage von einem so genannten „unabhängigen“ Institut. Da werden wir gleich mal die Kosten unter die Lupe nehmen!

Mögliche Problemlösung
Französische Muttergesellschaften haben immer den Eindruck, ihre deutsche Niederlassungen würden Schwarzmalerei betreiben und sich hinter Sachargumenten verstecken. Daher ihre meist sehr ablehnende Haltung auf deutsche Änderungswünsche (diese ist in der Regel noch unerbittlicher als bei allen übrigen Muttergesellschaften der Welt!).

Bei dem nächsten Treffen mit dem Produktleiter in Lyon zeigte ihm der deutsche Verkaufsleiter ein auf dem deutschen Markt neues Konkurrenzprodukt des größten Wettbewerbers mit einer Verpackung wie seit Monaten von Deutschland aus gewünscht. Er formulierte die Zauberformel: „Wenn die das geschafft haben, müssen wir es noch besser schaffen können! Da steht nicht nur unser Marktanteil, sondern auch unsere Ehre auf dem Spiel!“ Die

Grundwerte „Herausforderung" und „Bewunderung" zeigten die erhoffte Wirkung: Wenige Monate später kamen die Franzosen mit einem absolut revolutionären Verpackungssystem auf den Markt, das nicht nur die deutschen Anregungen berücksichtigte, sondern noch darüber hinausging. Der deutsche Produktmanager war in dieser Zeit allerdings wenig in seinem Büro oder bei seinen Kunden anzutreffen: Er flog, sooft es ging, in die Zentrale, um seine französische Freunde tatkräftig zu unterstützen und anzufeuern. Schließlich war ja ein gemeinsamer Feind aus dem Feld zu schlagen ...!

Zum Nachlesen und Vertiefen

- Teil I, Kapitel 5, S. 146 ff.
- Teil II, Kapitel 6.2 „Sicherheit versus Herausforderung", S. 208 ff.

11.7 Die französischen Kooperationspartner greifen Vorschläge nicht auf

Die Situation:

In einem deutsch-französischen Joint Venture kommt es wiederholt zu Unstimmigkeiten, auf welche Produktionsstätten die neue Fertigung aufgeteilt werden soll. Der Personalentwickler Alfred Kopp möchte den Zusammenhalt zwischen den Partnern vergrößern. Von seinem Vorstand erhielt er grünes Licht für die Initiative, gemeinsame Aus- und Fortbildungsveranstaltungen ins Leben zu rufen. Kopp möchte sogar einen Auszubildenden austausch ins Leben rufen. Mittlerweile haben mehrere Treffen zwischen Kopp und den französischen Personalmanagern ohne konkretes Ergebnis stattgefunden.

Die Wahr-Nehmung aus deutscher Sicht

Die Franzosen sind jedes Mal ausgesprochen höflich, aber stellen keine konkreten Fragen, nicht einmal zum Lehrlingsaustausch. Wenn ich die Initiative ergreife, gehen sie nicht darauf ein. Ich frage mich, ob sie die Zusammenarbeit wirklich wollen!

Typische Aussagen: „Die Initiativen gehen immer von uns aus, lösen aber meistens nur höfliche Zustimmung aus, die ohne konkrete Folgen bleiben."

Die Wahr-Nehmung aus französischer Sicht

Was geben die sich mit Kleinigkeiten, wie dem Austausch von Mitarbeitern, ab, obwohl wir uns über wichtige Grundsatzfragen noch nicht einig sind. Solange da nichts passiert, geben wir ihnen zu verstehen, dass alle anderen Maßnahmen warten müssen. Wir stellen uns einfach taub! („*On va faire la sourde oreille!*")

Mögliche Problemlösung

Aus französischer Sicht sind die eigenen Signale ganz eindeutig, allerdings versteht man weniger die deutsche Seite. In diesem Fall vermutete die französische Führungsriege, dass die Deutschen von den eigentlichen Problemen ablenken und Zeit schinden wollten, um günstigere Umstände für die wichtigen Verhandlungen abzuwarten.

In einem anderen Fall, einem seit längerem gut funktionierenden Joint Venture mit 50-prozentiger deutscher Beteiligung, reagierten die Franzosen trotz des Erfolges mit dem gleichen höflichen, aber passiven Verhalten auf deutsche Vorschläge. Sie fragten sich: „Wie schaffen wir es, den wachsenden Einfluss der Deutschen auf unsere Organisation, die Ergebnisse und Entscheidungen in Grenzen zu halten?"

In beiden Fällen kann die Lösung nur von oberster Ebene kommen. Solange die Machtverhältnisse nicht eindeutig geklärt sind, insbesondere bei vitalen Fragen wie der Aufteilung der Produktion und Märkten, sind alle anderen Initiativen verlorene Zeit. Die Franzosen werden nicht das WIE besprechen wollen, solange das WAS nicht geklärt ist. Der Vorstand muss die Sache unbedingt selbst in die Hand nehmen und keinesfalls wegdelegieren. Wenn Sie derartige Signale von französischen Partnern erhalten, sollten Sie die Situation kritisch wie folgt hinterfragen:

Stellen Sie sich folgende Fragen:

- Welche vitalen Fragen sind noch nicht geregelt?
- Könnte es sein, dass unser französischer Partner den Eindruck hat, dass wir zu viel Macht ausüben wollen?
- Vor welche Probleme stellt diese Zusammenarbeit unsere französischen Partner?
- Stehen wir Deutsche in der Öffentlichkeit zu weit im Vordergrund?

Zum Nachlesen und Vertiefen

- Einführung Problemlösung „Strategie" (Kapitel 11, S. 364 f).
- Grundwerte „Geld versus Macht" (Kapitel 6.4, S. 216 ff).

11.8 Was für eine Partnerschaft wollen die Franzosen?

Die Situation:

Dr. Liefert ist Mitglied des Vorstands eines deutschen Chemiekonzerns. Vor kurzem wurde beschlossen, die Kooperation mit einem französischen Chemieunternehmen durch einen Kapitalaustausch zu besiegeln. Während die

Franzosen 10 Prozent des deutschen Kapitals erstanden, kaufte sich Dr. Liefert mit 30 Prozent beim französischen Partner ein. Darüber hinaus wurde ein Protokoll verabschiedet, wonach dem deutschen Konzern die Möglichkeit zugebilligt wird, innerhalb der nächsten fünf Jahre die Beteiligung auf über 50 Prozent zu erhöhen. Dr. Liefert feiert dies als strategischen Erfolg und veranlasst sogleich die Zahlung der Beteiligung. Allerdings muss er Monate auf die französische Überweisung warten. Sogar nach mehrmaliger Anmahnung zahlen die Franzosen nur zögernd. Inzwischen fahren die Franzosen eine sehr expansive Strategie: Besonders in Amerika und Asien lassen sie kaum eine Gelegenheit aus, um günstig Filialen zu erwerben. Dr. Liefert versucht bei den turnusmäßigen Besprechungen vergeblich, mit den Franzosen die Strategien abzustimmen, um so ein realistisches Übernahmeszenario für die nächsten fünf Jahre zu entwickeln. Der Tagesordnungspunkt wird immer elegant umgangen.

Die Wahr-Nehmung aus deutscher Sicht
Die wollen doch nur unser Geld, um schnell zu wachsen und uns nachher im Regen stehen zu lassen!

Typische Aussagen: „Auf Franzosen ist kein Verlass! Man muss unglaublich auf der Hut sein, um nicht hereingelegt zu werden."

Die Wahr-Nehmung aus französischer Sicht
Super, unsere Strategie ist voll aufgegangen: Wir haben die nötigen Mittel fur unsere Expansion bekommen und gleichzeitig genügend Zeit, um uns etwas einfallen zu lassen, wie wir den deutschen Einfluss auf das Minimum reduzieren können!

Mögliche Problemlösung
Leider stimmt in diesem Fall die Wahr-Nehmung auf deutscher Seite: Man ist auf den französischen „Filou" voll hereingefallen, weil diese Beteiligungsangelegenheit zwar fachmännisch auf der Sachebene angegangen wurde, jedoch geradezu stümperhaft auf der Beziehungsebene. Die deutschen Konzernchefs schickten nur ihre Spezialisten zum Verhandeln, nachdem intern die Grundsatzentscheidung gefallen war, die Beteiligung einzugehen. Die Franzosen, vertreten durch einen gewieften Patron, der keine besondere Zuneigung gegenüber den Deutschen im Allgemeinen, aber auch nicht gegenüber seinen Verhandlungspartnern hegte, hatten sich von vornherein auf eine „Partner-schafft"-Strategie eingeschworen und konsequent durchgezogen („Das ist guter Krieg!").

Sie hatten leichtes Spiel mit den arglosen deutschen Spezialisten, die zu keinem Zeitpunkt Lunte rochen. Ein frankreicherfahrener deutscher Manager hätte einige Zeit mehr in persönliche Mittagessen mit dem Patron investiert. Aus dem ganzen Verhalten seines Gegenübers hätte er gespürt, dass die Absichten nicht partnerschaftlich waren, wie es die deutsche Seite sich einredete. In seltenen Fällen kann es sogar zu einer Annäherung kommen, während dieser der französische Verhandlungspartner seine Meinung (und Strategie) revidiert, weil er wesentlich mehr Vorteile darin sieht, diesen gewieften und sogar sympathischen Deutschen zum Alliierten denn zum Gegner zu haben.

Im vorliegenden Fall kann die Problemlösung nur in der ganz klaren Ansprache des Problems liegen, selbst auf die Gefahr hin, als deutsche Dampfwalze aufzutreten. Vorher sollten Sie sich aber Ihrer Stärken und Schwächen klar bewusst sein, damit Sie mindestens mit den gleichen Machteinheiten gegenüber Ihrem französischen Widerpart auftreten können. Stellen Sie sich folgende strategische Fragen, denn auch Sie sind jetzt in einer Logik des „guten Krieges“:

Stellen Sie sich folgende Fragen:

- Wo ist meine Machtposition und wie kann ich sie nutzen?
- Wo sind die Schwächen der Gegenseite?
- Welche mittel- und langfristigen Ziele kann die Gegenseite verfolgen, die unseren Interessen zuwiderlaufen?
- Bei welchem französischen Partner stimmt die Beziehungsebene am ehesten, damit wir an die richtigen Informationen herankommen?
- Wer von meinen deutschen Kollegen wäre am besten geeignet, auf der Beziehungsebene tätig zu werden?
- Was wollen wir mindestens erreichen und in welche Zusatzforderungen können wir das verpacken?

Zum Nachlesen und Vertiefen

- Teil I, Kapitel 4: „Der grundlegende Unterschied im Sozialverhalten“, S. 106 f.

11.9 Glatte Erpressung!

Die Situation:
Verhandlung in einem Joint Venture. Die Deutschen wollen Entscheidungsgrundlagen erarbeiten, die Franzosen entscheiden. Die Franzosen wurden immer emotionaler angesichts der angeblichen deutschen Zauderei. Als die Deutschen die Sitzung vertagen wollten, schloss der Chef der französischen

Delegation die Tür des Besprechungszimmer ab und warf den Schlüssel zum Fenster hinaus. Dabei brüllte er regelrecht: „Keiner verlässt den Raum, bevor wir diese Grundsatzfrage nicht geklärt haben!"

Die Wahr-Nehmung aus deutscher Sicht
Wir sind lediglich zum Meeting gekommen, um uns abzustimmen, Entscheidungsgrundlagen zu erarbeiten. Die Franzosen wollen uns zu Entscheidungen zwingen, die jeglicher vernünftiger Grundlage entbehren. Glatte Erpressung!

Die Wahr-Nehmung aus französischer Sicht
Unsere deutschen Kollegen haben immer wieder Detailfragen und vorgeschobene Rücksprachen als Alibi, um nicht entscheiden zu müssen. Das ist alles nur Taktik. Der Chef war dabei, also waren das offensichtlich faule Ausreden. Wenn er der Chef ist, müssen wir endlich zur Grundsatzentscheidung kommen. Also blieb mir nichts anderes übrig, als ihn zur Entscheidung zu zwingen, bevor wir uns trennen!

Mögliche Problemlösung
Der deutsche Manager war so verärgert und der Vorfall so eigenartig, dass es auf Vorstandsebene eine Auseinandersetzung gab, die in diesem Fall, dank guten Willens auf beiden Seiten, ein Aufklärungsprozess über die unterschiedlichen Entscheidungswege zur Folge hatte! Immer wieder kommt es vor, dass ein Franzose nicht nachvollziehen kann, dass er den deutschen Verantwortlichen nicht nur überzeugen, sondern ihm auch die Argumente liefern muss, um seine deutschen Kollegen im Nachhinein im kollegialen Verfahren zu überzeugen. Im französischen Umfeld findet sich immer das Streben, den „Entscheidungsmächtigen" (*Celui qui a le pouvoir de décision*) in die Besprechung zu bekommen. Sonst denkt sich der Franzose: „Auch wenn ich ihn überzeuge, genügt es, dass er seinem Chef eine Frage nicht beantworten kann, und die Sache geht baden!" Im Übrigen ist es durchaus üblich, dass französische Manager in wichtigen Fällen beschließen, so lange in Klausur zu gehen, bis Einigkeit erzielt ist. In einem Joint Venture zwischen Siemens und Framatome nennt man das: *Conclave*!

Zum Nachlesen und Vertiefen
- Teil I, Kapitel 4.6 „Auswirkungen auf das Management", S. 130 ff.

11.10 Die Franzosen wollen ihr Know-how nicht weitergeben

Die Situation:
Rheinard Thomalla, Spartenleiter in der Deutschlandniederlassung eines französischen Chemiekonzerns, ist außer sich: Noch vor ein paar Wochen glaubte er, in Frankreich mit Erfolg dafür geworben zu haben, einen neuen, recyclebaren Kunststoff in Deutschland herstellen und vermarkten zu können, der derzeit nur auf dem französischen Markt verkauft wird. Doch bleibt ein konkretes Echo aus: Nicht einmal die Basisinformationen, um die notwendigen Zulassungen auf dem deutschen Markt zu erhalten, lässt man ihm zukommen. Bei Anfragen weiß anscheinend niemand Bescheid.

Die Wahr-Nehmung aus deutscher Sicht
Der Markt ist da, und die Vorteile einer Produktion in Deutschland liegen klar auf der Hand. Was gibt es denn da noch zu zögern? Da weiß wieder mal die rechte Hand nicht, was die linke tut. Typisch französische Organisation!

Typische Aussagen: „Auf unsere konkreten Vorschläge kommt nie eine Antwort! Die Franzosen wollen immer alles von uns wissen, rücken aber nie selbst mit Informationen raus.“

Die Wahr-Nehmung aus französischer Sicht
Das könnte den Deutschen so passen: alles selbst machen, um noch mehr Autonomie zu haben. Wir können den deutschen Markt genauso gut von Frankreich aus beliefern. Die haben schon genug Know-how mit ihrer jetzigen Produktion. Außerdem: Wer was wann macht, bestimme immer noch ich, der Chef!

Mögliche Problemlösung
Das ist ein absoluter Klassiker: Selbst die deutschen Niederlassungen in Frankreich wollen manchmal der Muttergesellschaft gegenüber ihr Know-how nicht preisgeben, weil man fürchtet, damit „Machteinheiten“ zu verlieren oder der „Gegenseite“(in diesem Fall die Muttergesellschaft) wichtige Mittel in die Hand zu geben, die nachher gegen einen verwandt werden. Ganz schlimm wird es natürlich, wenn Verdacht besteht, man wolle Arbeitsplätze abbauen oder gar Schließungen vornehmen. Hier haben wir es dann allerdings mit einem allgemeinen Kooperationsmechanismus zu tun.

In diesem Fall wollte der Chef in Frankreich alle Fäden in der Hand behalten. Außerdem hatte ihn die zu sachliche Argumentation von Thomalla nicht angesprochen. Da Vernunftargumente nicht greifen werden, liegt die Problemlösung liegt auch hier wieder im strategischen Denken.

Stellen Sie sich folgende Fragen:
- Welches könnten die Gründe der Franzosen sein, das Know-how zu behalten?
- Unter welchen Voraussetzungen würden sie wahrscheinlich von dieser Haltung abweichen?
- Wie kann ich diese Voraussetzungen schaffen?
- Welche Verbündete brauche ich dazu?
- Kann ich eine Herausforderung oder Feindbilder schaffen und diese Argumentation glaubwürdig vertreten?

Die Wirkung Ihrer Argumentation sollten Sie zunächst in Einzelgesprächen mit verschiedenen französischen Kollegen unauffällig testen, damit es nicht gleich dem Chef weitererzählt wird. Ist dies nicht möglich, auf jeden Fall zunächst mit dem Entscheider und „Machtinhaber" unter vier Augen sprechen und nicht vor versammelter Mannschaft. Sie wissen ja: Der entscheidende Teil der Besprechungen findet immer vorher oder nachher statt.

Zum Nachlesen und Vertiefen
- Teil I, Kapitel 4: „Der grundlegende Unterschied im Sozialverhalten", S. 106 ff. und besonders Kapitel 4.5. „Auswirkungen auf die Zusammenarbeit", S. 126 ff.
- Kapitel 10.11, Checkliste „Ich bin Chef einer französischen Filiale in Deutschland. Was gilt es besonders zu beachten?, S. 358 ff.

11.11 Das Image einer französischen Tochtergesellschaft in Deutschland: ein Wettbewerbsnachteil?

Die Situation:
Elmar Horn, deutscher Geschäftsführer einer französischen Filiale in Deutschland, kämpft um die deutsche Identität seiner Niederlassung. Die Konkurrenz nutzt nämlich die französische Herkunft zum Rufmord. Motto: „Ihr wollt doch nicht etwa mit unzuverlässigen Franzosen Geschäfte machen?" Die französische Muttergesellschaft hingegen ist stolz auf ihre weltweite Präsenz und legt gerade in Deutschland Wert auf die Herausstellung des französischen Namens. Dieser erscheint auf Pressekonferenzen, Weihnachtskarten, Visitenkarten. Horn hat hingegen durch Initiativen wie

eigene Weihnachtskarten, Interviews mit Journalisten etc. in Paris für Aufsehen und Misstrauen gesorgt, da er in allen Fällen die französische Herkunft herunterspielte oder gar verleugnete.

Die Wahr-Nehmung aus deutscher Sicht
Warum lässt man uns nicht eigenständig handeln und so auftreten, wie es auf dem Markt am vorteilhaftesten ist? In unserer Branche muss man das „Made-in-France"-Image sehr subtil verkaufen. So sind wir in Deutschland heute in bestimmten Bereichen sogar größer und einflussreicher geworden als die Franzosen! Verglichen mit den anderen Auslandsfilialen sind unsere Jahresergebnisse jedes Jahr unter den besten. Trotzdem wird immer mehr in Paris am grünen Tisch entschieden, ohne unsere Argumente zu berücksichtigen. Deren Misstrauen wächst ständig: Wir bekommen permanent irgendwelche Controller zu Besuch und meistens noch ohne Ankündigung!

Die Wahr-Nehmung aus französischer Sicht
Bei jeder Gelegenheit versucht Horn sich eigenständig in der Öffentlichkeit darzustellen und die Angehörigkeit an unsere Gruppe zu vertuschen. Irgendetwas ist im Busch. Er strebt ganz klar nach Unabhängigkeit, lässt sich nichts sagen, weiß immer alles besser. Da die Ergebnisse stimmen, erlaubt er sich ständig Eigeninitiativen und lässt nichts von sich hören. Die Deutschen werden uns zu mächtig, wir müssen herausfinden, was da unterschwellig läuft, sonst geben wir nachher die Zügel ganz aus der Hand.

Mögliche Problemlösung
Wir haben es hier mit dem ganz normalen „gesunden Misstrauen" des individualistischen Egoisten zu tun. Französische Konzerne üben in der Regel ein viel strafferes Controlling in ihren Niederlassungen aus als deutsche. Motto: „Je weiter weg, desto größer die Chance, dass da etwas Faules getrieben wird!" Eigenständigkeit zu gewähren ist demnach gleichzusetzen mit Blauäugigkeit, es sei denn, beim Niederlassungsleiter handelt es sich um einen *homme de confiance* (Vertrauensmann). Dazu kommt noch die sehr typische französische Tendenz zur Strategie der Markteroberung: Man passt sich nicht den Marktgegebenheiten an, das tun die „schwachen Mitläufer", man setzt sich durch!

Was könnten Sie als Geschäftsführer tun?

Der wichtige Schritt besteht darin, zum *homme de confiance* zu werden, und zwar nicht auf der Grundlage guter Geschäftsergebnisse, sondern durch ständigen Kontakt. Ihre Zentrale muss mindestens einmal in der Woche von Ihnen persönlich hören, nicht lesen! Machen Sie statt Aktenvermerken täglich telefonisch *le point* mit Ihrem französischen Vorgesetzten, indem Sie ihn laufend auf dem letzten Stand halten, und stimmen Sie sich kurz (*globalement*) ab. Dadurch vermitteln Sie ihm die Gewissheit, dass Sie ein treuer Leutnant sind. Geben Sie immer diskret zu verstehen, dass Sie persönlich zu den Zielen stehen (in diesem Fall eine europäische Gruppe zu bilden). Argumentieren Sie mit einer ausgefeilten Taktik und besonderen Maßnahmen, mit denen Sie den Konkurrenten (Feindbild!) in den Rücken fallen!

Stellen Sie sich folgende Fragen:

- Bin ich mindestens einmal in der Woche im Kontakt mit meinem französischen Chef (bzw. Partner)?
- Sehe ich meine französischen Partner und Kollegen häufig genug, um mit ihnen eine persönliche Vertrauensbasis aufbauen zu können?
- Gebe ich genügend strategische Informationen, oder könnten meine französischen Partner glauben, ich verberge etwas?
- Berichte ich auch mal (mit Begeisterung) von ausgefallenen Ideen und schlauen Lösungen, die wir uns in Deutschland haben einfallen lassen?

Zum Nachlesen und Vertiefen

- Checkliste „Ich bin Chef einer französischen Filiale in Deutschland. Was gilt es, besonders zu beachten?“ (Kapitel 10.11, S. 358 f).
- Teil I, Kapitel 4, S. 106 ff.
- Einführung „Problemlösung zur Strategie“ (Kapitel 11.1, S. 364 f).
- Einführung „Problemlösung zur Arbeitsweise“ (Kapitel 12.1, S. 397 f).

11.12 Kauf einer französischen Firma: Die erste Verhandlung geht daneben

Die Situation:
Louis Messager ist der französische Patron einer deutschen Niederlassung in Frankreich. Er hat im Auftrag des Mutterhauses Kontakte zu einem französischen Mitbewerber aufgenommen, der ergebnismäßig schlecht dasteht, um das Interesse an einer mehrheitlichen Übernahme zu erkunden. Nach erfolgversprechenden Rückmeldungen von Messager fliegen deutsche Vorstände, begleitet von Messager, zur ersten Verhandlung mit den Inhabern der französischen Firma. Die deutsche Seite hatte im Vorfeld klare Ziele mit der beabsichtigten Übernahme und erwartet konkrete Ergebnisse nach der ersten Besprechung. Die Franzosen legen zwar Zahlen auf den Tisch, scheinen jedoch gar nicht zu wissen, was sie wollen.

Die Wahr-Nehmung aus deutscher Sicht
Messager hat uns gesagt, es bestehe Interesse an einer Übernahme. Also sind wir gekommen, um Nägel mit Köpfen zu machen! Wir wollen zumindest klare Teilergebnisse erzielen und uns Klarheit verschaffen über die Absichten bzw. Ziele der Franzosen. Außer den letzten Bilanzen ist uns nichts Konkretes gesagt worden. Immer nur *il faut voir*, *c'est une idée*, *il faudrait y réfléchir*, *c'est une éventualité*, *pourquoi pas?*, (mal schauen, das ist eine Idee, man müsste darüber nachdenken, warum nicht?). Sogar Messager war uns keine Hilfe mit seinen Landsleuten, er schaute nur verlegen durch die Gegend! Wir haben keine Zeit zu verlieren. Sind die Franzosen bereit offen zu verhandeln oder nicht?

Typische Aussagen: „Bei Franzosen weiß man nie genau, wo man dran ist!“

Die Wahr-Nehmung aus französischer Sicht
Wir waren wirklich für jeden Vorschlag offen. Aber diese arroganten Deutschen scheinen sich ja schon in erobertem Land zu fühlen. Fallen direkt brutal mit der Tür ins Haus. Bevor wir unser Unternehmen an diese Deutschen verkaufen, müssen wir wirklich kurz vor dem Ende stehen.

Mögliche Problemlösung
Franzosen entwickeln beim Erstkontakt im Vorfeld selten genaue Zielvorstellungen. Die positive Rückmeldung von Messager war als erste offene Tür zu deuten, nach dem Motto „Wir sind bereit, uns mal zu beschnüffeln“, und nicht mehr. Die Franzosen wissen natürlich, welche heiklen Punkte sie vermeiden wollen, ergo machen sie sich Gedanken über mögliche Alternativen. Erstes Ziel ist, die Verhandlungspartner zu spüren (Persönlichkeit, Sympathie, Verständnis, Motivationen). Die Verhandlungsposition der Franzosen vor dem potenziellen Käufer ist meistens zum Anfang *wait and see*, kommen lassen, den anderen möglichst die Karten aufdecken lassen und situationsbedingt zu reagieren. Konkrete Vereinbarungen und Aussagen ergeben sich folglich selten aus der ersten Besprechung.
Die verhandelnden Personen sollten mit Einfühlungsvermögen vorgehen und sich vor allem nicht unter den Stress erster Ergebnisse stellen. Im obigen Fall hätte Messager erst einmal den persönlichen Kontakt ausbauen sollen, bevor die geballte deutsche Delegation (Dampfwalze) mit ihrem Ergebnisstress anreiste.

Nach dieser ersten, schlecht verlaufenen Besprechung wird es schwierig sein, die Franzosen wieder an den Verhandlungstisch zu bekommen. Es sei denn, eine einfühlsame „Ver-Führungskraft“ schaffte es, den Fauxpas wieder gutzumachen!

Zum Nachlesen und Vertiefen

- Einführung „Problemlösungen zur Beziehungsebene“ (Kapitel 8.1, S. 271).
- Checkliste: „Wie Sie ein diplomatisches ‚Ja‘ von einem aufrichtigen ‚Ja‘ unterscheiden können“ (Kapitel 9.14, S. 325 f).

11.13 Auftreten des neuen Geschäftsführers nach der Übernahme

Die Situation:
Dr. Reinhard Preuss übernimmt erstmals die Leitung einer Niederlassung im Ausland, und zwar einer neu erworbenen Firma in Nantes mit 500 Mitarbeitern. Er bereitet eine Rede vor, wie er mit wenig Risiko und bewährter Vorgehensweise die klar identifizierten Schwächen, die zur derzeitigen schlechten Lage geführt haben, zu beseitigen gedenkt. Gleich bei seiner Antrittsrede stellt Preuss die neue Unternehmensstrategie der versammelten Belegschaft vor. Er wird ausgepfiffen, und in den kommenden Wochen brechen wilde Streiks aus.

Die Wahr-Nehmung aus deutscher Sicht
Um überzeugend zu sein und Vertrauen zu erwecken, habe ich mit Fakten und Zahlen aus unseren bisherigen Übernahmeerfahrungen beweisen wollen. Konkret habe ich von vornherein einige Entscheidungen angekündigt, um etwas Ordnung in das Unternehmen zu bringen. Mir ist unverständlich, warum klare, vernünftige mehrfach erprobte Maßnahmen solche Emotionen auslösen konnten.

Die Wahr-Nehmung aus französischer Sicht
Da kommt ein selbstsicherer Deutscher, der uns gar nicht kennt, und beleidigt uns eine halbe Stunde lang, indem er unsere angeblichen Schwächen breit walzt! Bevor er sich überhaupt mit unserem Unternehmen vertraut gemacht hat, trifft er schon Entscheidungen, die unrealistisch sind. Dem werden wir zeigen, dass seine Methoden vielleicht bei anderen funktionieren, aber nicht bei uns!

Mögliche Problemlösung
Preuss verkörpert mit seinem Auftritt die Karikatur des arroganten Besserwissers, der die Außergewöhnlichkeit, die jeder Franzose mehr oder weniger für sich in Anspruch nimmt, ignoriert und den Stolz der Belegschaft eklatant verletzt. Somit verbünden sich die egoistischen Individualisten gegen ein neues Feindbild: Dr. Reinhard Preuss.

Wenn Sie in eine solche Situation kommen, sollten Sie sich keinesfalls gleich offiziell festlegen und neue Maßnahmen rechtfertigen. Ein Chef hat sich nicht zu rechtfertigen. Man erwartet von ihm Gespür für die Situation, Überblick und Format bzw. eine Vision. Gespür und Überblick kauft man Ihnen jedoch nicht ab, wenn Sie die Umstände vor Ort nur vom Hörensagen kennen können!

Empfehlenswert ist, zunächst inkognito anzureisen. Führen Sie in kleinen Büros Einzelgespräche mit den Schlüsselpersonen, um „den Puls zu fühlen" (*prendre la température*). Es geht zunächst darum, zu spüren, wer Ihnen als Vertrauensperson dienen könnte. Gleichzeitig vermitteln Sie den Mitarbeitern so das Gefühl, dass Sie sich für ihre Sicht der Dinge interessieren und sich bemühen, die Unternehmenskultur besser kennen zu lernen. Greifen Sie Vorschläge aus der Belegschaft auf, wenn Sie in Ihre Strategie passen, und weisen Sie darauf in Ihrer Einführungsansprache hin (Wertschätzung). Wichtig ist auch, sich nicht nur den Führungskreisen vorzustellen: Jeder Mitarbeiter muss seinen neuen Chef für sich erleben und wahrnehmen. Ihr Vortrag kann dann hart und bestimmt sein, aber er muss „positivieren", d.h. auf das erkannte Potenzial der Mitarbeiter (und nicht Strukturen, Zahlen und Fakten) aufbauen. Besser ist auch, Stärken zu entfalten, als nur Schwächen abzubauen. Fordern Sie die Belegschaft heraus, denken Sie an die Grundwerte „Originalität", „Herausforderung", „Wechsel", etc.

Übrigens: Nach einem Auftritt à la Preuss ist die beste Lösung, gleich einen Nachfolger zu benennen ...!

Zum Nachlesen und Vertiefen

- Checkliste „So bereiten Sie einen guten Vortrag vor" (Kapitel 9.14, S. 321 ff).
- Checkliste „Ich bin zum neuen Chef in Frankreich ernannt worden. Wie gehe ich vor?" (Kapitel 10.11, S. 355 ff).
- Problemlösungen zur Kommunikation „Eine mobilisierende Rede halten" (Kapitel 9.13, S. 317 f).

11.14 Verhandeln, wenn man in der schwächeren Position ist

Die Situation:

Die Gunz AG, ein international tätiges Dienstleistungsunternehmen, strebt eine Partnerschaft mit einem französischen Mitbewerber, der viel größer ist, an. Es besteht keine direkte Konkurrenz. Trotz aller Bemühungen der deutschen Seite zeigt der französische Partner keinerlei Bereitschaft, von seiner Machtposition abzuweichen und einen Schritt auf die Deutschen zuzugehen.

Die Wahr-Nehmung aus deutscher Sicht
Die Franzosen müssten doch einsehen, dass es für die Zukunft vernünftig wäre, unsere Kräfte zu bündeln. Wir hätten eine größere Durchschlagskraft, könnten bei entsprechender Vorbereitung in der Zukunft den europäischen Markt abschotten. Zudem könnten wir bei jeder Anfrage entscheiden, wer die besseren Karten hat. Gemeinsam sind wir stärker! Warum zaudern die Franzosen so? Sie bieten nicht einmal einen konkreten Gegenvorschlag!

Die Wahr-Nehmung aus französischer Sicht
Wir sind in Frankreich Marktführer und erobern auch den europäischen Markt durch Mehrheitsbeteiligungen. Wozu brauchen wir die Gunz AG? Im Übrigen wollen die nur von unserer Marktposition profitieren. Das „gemeinsame Auftreten“ zielt nur darauf, in unsere Märkte einzudringen. Darauf fallen wir nicht herein!

Mögliche Problemlösung
Deutsche Firmen begehen als gemeinschaftlichen Egoisten sehr häufig den Fehler, ihre Strategie auf reine Vernunftargumente aufzubauen. Das "Wir sollten-doch-gemeinsam“ hört sich für individualistische Egoisten, die alles in Machteinheiten umrechnen und für die Partnerschaft erst mal ein notwendiges Übel ist, heuchlerisch an.

Folglich müssen Sie eine andere Strategie, aufbauend auf den vier Voraussetzungen, um den Individualisten zum Partner zu gewinnen, einschlagen:

1. Druck kann in der schwachen Position nicht ausgeübt werden.
2. „Du brauchst mich, um dein Ziel zu erreichen“ gekoppelt mit
3. einem gemeinsamen Feindbild zieht meistens am besten, vorausgesetzt:

- Sie ziehen die Sache geopolitisch auf (visualisieren Sie beide Unternehmen auf dem internationalen Schachbrett), denken Sie sich strategische Schachzüge aus (schlauer, schneller, gewiefter als ...).
- Tragen Sie diese Argumente jedoch nicht als schlüsselfertiges Konzept vor. Legen Sie sich lieber auf Punkt 2 und 3 aufbauende Argumente zurecht, und ziehen Sie diese in der Diskussion geschickt aus dem Ärmel, wenn sich die Gelegenheit dafür ergibt. Dies ist eine gemeinschaftliche *Concept*-Entwicklung *à la française*!

4. Wenn Sie dazu noch auf Sympathie bauen können, haben Sie die besten Chancen, es sozusagen *globalement* in der Tasche! Schicken Sie daher vor allem diejenigen an den Verhandlungstisch, die nicht nur Sach-, sondern vor allem Menschenverstand besitzen.

Zum Nachlesen und Vertiefen

- Teil I, Kapitel 4 „Der grundlegende Unterschied im Sozialverhalten", S. 106 ff.
- Teil I, Kapitel 4.10 „Vier Wege, wie man einen Franzosen als Partner gewinnt", S. 141 ff.
- Problemlösung „Ausgefeiltes Kooperationskonzept bleibt ohne Reaktion" (Kapitel 11.2, S. 365 f).
- Problemlösung „Unsere Konzeptpräsentation bleibt ohne Resonanz" (Kapitel 12.14, S. 417 ff).

11.15 Checklisten zur Strategie

Gekonnt verhandeln

Verhandlungsrunden sind für individualistische Egoisten „Spiel-Runden“. Es geht weniger darum, ein vernünftiges Ergebnis zu erzielen, als sicherzustellen, dass man sich am Schluss (auch) als Gewinner fühlt oder sich bei Kompromissen trotzdem als solcher darstellen kann! Spielt der „vernünftige“ Deutsche das Spiel nicht mit, verliert er aus Naivität das Spiel, oder die Positionen verhärten sich bis hin zum Abbruch der Verhandlungen.

WICHTIG: Die folgenden Vorgehensweisen gelten allerdings nur für Verhandlungen, bei denen die Beziehungsebene (noch) nicht stimmt und Vorsicht, bzw. Misstrauen vorherrscht. Stimmt die Beziehungsebene, wird nahezu „augenzwinkernd“ verhandelt.

1. Bereiten Sie sich strategisch vor

- Üben Sie Schachspielen, denn Sie haben es mit „Strategen“ zu tun. Als Taktiker auf dem Schachfeld vermeiden Sie einen Stellungskrieg auf dem „Schlachtfeld“.

Stellen Sie sich folgende Fragen:

- Was ist für mich (uns) unabdinglich?
- Was will ich (wollen wir) auf keinen Fall?
- Was will ich (wollen wir) mindestens erreichen?
- Nehmen Sie eher einfühlsame, erfahrene deutsche Kollegen mit in die Verhandlung, oder stellen Sie diese den Fachleuten zur Seite.

2. Werden Sie zum Taktiker

- Verlangen Sie immer (viel) mehr (120–180 Prozent), um genügenden Spielraum zum „Nachgeben“ zu haben. Ihre französischen Verhandlungspartner müssen Sie spürbar herunterhandeln können, sonst wird man ihnen nachsagen, dass sie sich über den Tisch haben ziehen lassen.
- Außerdem sind Ihre Verhandlungspartner überzeugt, dass Sie genauso viel Spanne drin haben, wie sie selbst ...

Daher brauchen Sie einige „Bonbons“, die Sie nach Ihrer Scheinverteidigung „großzügig“ überlassen, bzw. gegen Zugeständnisse der anderen Seite eintauschen können.

- Überlegen Sie sich vor allem, wie Sie von Ihren Schwachpunkten ablenken können. Diese offen auf den Tisch legen geht nicht, denn damit geben Sie sich eine Blöße. Daher ist es wichtig, nicht auf diesem Feld in die Enge getrieben zu werden.

3. Seien Sie reaktiv

- Bleiben Sie während der Verhandlung möglichst immer reaktiv: Spielen Sie den Ball zurück (*renvoyez la balle*), indem Sie

  1. die Verhandlungspartner so viel wie möglich sprechen lassen (selbst Monologe vermeiden),

  2. deren passenden Aussagen aufgreifen und darauf aufbauen,

  3. Ihre eigenen Ansätze einfühlsam als Versuchsballon einbringen (*lancer un ballon d'essai*) und je nach Reaktion ausbauen,

  4. nach und nach Eigenposition einfließen lassen.

4. Meistern Sie die Gratwanderung zwischen hart und höflich

- Vermeiden Sie die „sachliche Auseinandersetzung“, denn sie wirkt auf Franzosen als arrogante und manchmal brutale Rechthaberei! Eine harte Position elegant und höflich zu verstehen zu geben wird hingegen anerkannt bzw. sogar geschätzt.

- Eine Position nur sachlich zu verteidigen ist heikel und unglaubwürdig, denn viele Sachargumente werden als Vorwand eingeordnet. Franzosen geht es um den Geist des Vertrages (*l'esprit du contrat*): Sie wollen spüren, ob man sich mit dem Partner über den tieferen Sinn einig ist und daher in unvorhergesehenen Situationen mit einem fairen Reagieren des Partners rechnen kann. Daher gilt präzises Festlegen als kleinlich bzw. als Ausdruck von Misstrauen.

5. Positivieren Sie, statt zu brüskieren

- Trainieren Sie Ihr Gespür für die Syntonie: Stimmt die Wellenlänge, so erhalten Sie eher „Erlaubnis“, Ihre Positionen zu vertreten, als wenn die Atmosphäre von Spannungen beherrscht ist.

- Lernen Sie, durch die Blume „NEIN“ zu sagen („Ich fürchte, es wird schwierig sein“, „Das müsste man sich genau überlegen“, siehe Checkliste „Wie Sie ein diplomatisches ‚Ja‘ von einem aufrichtigen ‚Ja‘ unterscheiden können“).

- Sprechen Sie heikle Punkte wenn möglich mit Humor an: Das lockert die Stimmung auf und schafft Verbundenheit. Damit beweisen Sie Eleganz und Souveränität, was Ihnen wertvolle Pluspunkte einbringt.

6. Achten Sie auf das Nichtgesagte

- Üben Sie, ein „Höflichkeits-JA" von einem „Zusage-JA" zu unterscheiden. Achten Sie bei unklaren, doppeldeutigen Formulierungen eher auf die Art, wie es gesagt wurde, als auf das, was gesagt wurde.
- Denken Sie bei blumigen und verschnörkelten Formulierungen oder Andeutungen „individualistisch egoistisch": „Was steckt dahinter?" Haken Sie einfach nach: „Wie meinen Sie das genau?" Gegebenenfalls können Sie es auch humorvoll versuchen: „Wir Deutsche brauchen eben das Tüpfelchen auf dem ‚i'!"
- Bewerten Sie den höflichen, respektvollen oder manchmal sogar scherzhaften Umgangston nicht als Herzlichkeit. Es geht „um die Wurst", und vor der Unterschrift ist man auf jeden Fall noch Gegner („*C'est de bonne guerre!*")!

Vier Punkte, die eine deutsche Muttergesellschaft unbedingt beachten sollte

1. Achtung: andauernde Verluste demotivieren

- Oft weisen insbesondere die reinen Vertriebsniederlassungen in Frankreich aus steuerlichen Gründen nur magere Ergebnisse oder gar Verluste aus. Dies demotiviert Franzosen in Regel sehr stark, weil der individualistische Egoist nicht nach der Regel „Es geht sowieso alles in den gleichen Topf!" denkt und handelt, sondern seine eigenen Erfolgserlebnisse braucht.
- Einerseits kann dies dann schamlos ausgenutzt werden, weil der Bezug zur erbrachten Leistung und zum realen Kosten-Ertrags-Verhältnis verloren geht („Wir machen sowieso Verluste, da fällt diese Ausgabe gar nicht ins Gewicht!"). Hier müssen Sie klare (Spiel-)Regeln aufstellen und notfalls Druck machen. Denn auch für Sie gilt die Regel: *C'est de bonne guerre!* (Das ist guter Krieg!)
- Andererseits fehlt den Franzosen berechtigterweise ein objektives Bewertungskriterium, wenn trotz guter Leistungen und Umsatzsteigerung weiter Verluste ausgewiesen werden. In solchen Fällen kann auch nur schwierig Kritik geübt werden, denn alle Vergleiche hinken.
- Stellen Sie daher möglichst klare Vergleichs- und Bewertungskriterien auf, die auf beiden Seiten als fair anerkannt werden. Sonst sollten Sie auf jeden Fall motivierende Ziele setzen, die den Blick von der Bilanz ablenken.

2. Involvieren Sie Ihren Mann in Frankreich

- Vertrauen Sie nie blind auf den „guten Mann in Frankreich" nach dem

Motto: „Toll, von dem hört und sieht man nichts, und am Jahresende bringt er die Ergebnisse!“ Ein französischer Manager will einerseits autonom sein, braucht andererseits jedoch die ständige Interaktion, den Austausch und damit den emotionalen Bezug zu den Verantwortlichen mit dem Mutterhaus. Nur nach Vorgaben und für ein Jahresergebnis zu arbeiten ist für ihn nicht motivierend. Wenn Sie ihn also ständig alleine in seiner Ecke lassen, könnte Ihnen Ihr „guter Mann“ eines Tages abspringen, oder schlimmer noch, anfangen, auf eigene Rechnung zu arbeiten. Gelegenheiten gibt es immer, und wenn es gar keine emotionale Bindung gibt ...

3. Bestimmen Sie einen kompetenten Koordinator

- Französische Anfragen sollten im deutschen Mutterhaus nicht bei Sachbearbeitern abblitzen, die nur ihren Aufgabenbereich kennen. Das führt zu starken Frustrationen in der französischen Filiale. Wenn irgend möglich, sollte es eine Person in der Zentrale geben, die als koordinierte Anlaufstelle für das Tagesgeschäft dient. Diese Person sollte Franzosen mögen und des Weiteren ihr Verständnis für die Bedürfnisse der französischen Kollegen zumindest über dieses Handbuch, und möglichst auch durch Seminare, vertieft haben!

4. Übernehmen Sie Gutes, und reden Sie darüber

- Wenn Sie gute Vorschläge seitens der französischen Filiale oder dort entwickelte Verfahren übernehmen, hängen Sie dies möglichst „an die große Glocke“! Nichts freut (motiviert) Franzosen mehr, als ein offizielles Lob aus Deutschland, mit dem sie als vorbildlich herausgestellt werden.

Zehn Maßnahmen, die Sie nach der Akquisition einer französischen Firma unbedingt treffen sollten

1. Wirken Sie umgehend den Vorurteilen entgegen

- Die neuen deutschen Chefs sollten sich frühzeitig vor versammelter Mannschaft persönlich zeigen und vorstellen, um gegen die Angst, „eine deutsche Struktur hat uns aufgefressen“, anzugehen und das Bild menschlich zu gestalten.

2. Sorgen Sie schnellstens für Transparenz

- Lassen Sie die französischen Mitarbeiter nicht für längere Zeit ohne klare Spielregeln, sondern sorgen Sie schnellstens für Transparenz. Ansonsten wird trotz gegenteiliger Entscheidungen auf den befürchteten Überfall gewartet („Das sind nur Manöver, um unsere Wachsamkeit zu täuschen“). Es gibt in einer solchen unklaren Phase nur *collaborateurs* und *résistants*! Wollen Sie in dieser Situation „Sach"-Probleme lösen, wird Ihr Gegenüber nur um Machtpositionen taktieren!

- Denken Sie daran: Kritik am Konzept eines neuen Chefs würde nach französischem Hierarchieverständnis „Meuterei" bedeuten! Daher Vorsicht vor dem Syndrom: „Lassen wir die Deutschen doch auflaufen! Sie werden schon merken, dass sie falsch liegen." Das ist eine typische französische Art zu zeigen, dass man nicht einverstanden ist!

3. Setzen Sie nur beziehungskompetente Deutsche an die Spitze

- Wenn Sie einen Deutschen an die Spitze oder in das Direktionsgremium der französischen Gesellschaft setzen, dann ist seine Beziehungskompetenz und seine positive Einstellung zur französischen Kultur viel ausschlaggebender für den Erfolg als seine Sachkompetenz. Wenn die französischen Kollegen und Mitarbeiter das Gefühl haben, dass Ihr deutscher Chef sie nicht mag oder ernst nimmt, ruft das unweigerlich Mauern und Boykott hervor. Und zwar bedeutend mehr, als bei einem französischen Chef, auch wenn sie sich damit „ins eigene Fleisch schneiden".

4. Beziehen Sie die Franzosen frühzeitig mit ein

- Tragen Sie den Franzosen nicht sofort ein schlüsselfertiges „Übernahmekonzept" vor. So werden Sie praktisch nur *résistance* aufbauen. Die französischen Führungskräfte sollten im Gegenteil in die Konzepterstellung so früh wie möglich mit eingebunden werden, damit sie persönlich hinter dem Konzept stehen. Wichtig: Die Vertrauensbasis mit den Schlüsselpersonen muss dafür unbedingt stimmen!

5. Seien Sie unerbittlich mit Ihren Gegnern

- Französische Führungskräfte, die nicht hinter diesem Konzept stehen, müssen vor die Wahl gestellt werden, mitzumachen oder zu gehen. Sonst riskieren Sie, Ihre Energien zur Bekämpfung der *résistance* einsetzen zu müssen, anstatt für die Umsetzung der beschlossenen Maßnahmen. Außerdem hat die französische Belegschaft das Gefühl, dass ihr Chef – als Maßstab aller Dinge – die Dinge nicht richtig in der Hand hat oder gar selbst nicht daran glaubt.

6. Lassen Sie den französischen Chefs genügend Machteinheiten

- Wenn Sie Franzosen an der Spitze Ihrer Filiale belassen, müssen Sie diese einen entsprechend großen Autoritätsspielraum belassen. Sonst verlieren die Führungskräfte ihre Glaubwürdigkeit gegenüber ihren eigenen Mitarbeitern („Mein Chef ist nur noch eine Marionette des deutschen Mutterhauses"). Die Folge: Keine Autorität mehr vor Ort und alles läuft aus dem Ruder!

7. Beachten Sie die französischen Hierarchiegewohnheiten

- Umgehen Sie nie ohne Vorabsprache die französische Hierarchie. Wenn Sie beispielsweise bei französischen Sachbearbeitern direkt Informationen anfordern, ohne deren französische Vorgesetze in Kenntnis zu setzen, geben Sie gleich neuen Gerüchten Nahrung: „Achtung, unsere Chefs sind entmachtet!"
- Vorsicht bei der Einführung kollegialer Führungsprinzipien! Es müssen klare Machtverhältnisse herrschen, sonst greift schnell das lähmende „Wait-and-see"-Syndrom um sich (siehe Checkliste Management „Organisieren").

8. Investieren Sie in Kommunikations- und Teambuilding-Maßnahmen

- Erstellen Sie zusammen mit erfahrenen Beratern einen Kommunikationsplan, der zum Ziel hat, die neue Situation aufzuzeigen und die Unternehmensziele und -werte sowie die Machtverhältnisse so klar wie möglich darzustellen. Dies gilt sowohl unternehmensintern als auch gegenüber den Kunden und Partnern, zu denen ja ebenfalls ein Vertrauensverhältnis besteht und gepflegt werden sollte.
- Die Qualität der täglichen Zusammenarbeit mit Ihrer französischen Tochter hängt in allererster Linie von der Qualität der Beziehungen zwischen den Mitarbeitern ab, die direkt miteinander in Kontakt stehen. Daher empfiehlt es sich, gleich zu Beginn der Zusammenarbeit Maßnahmen zur Tandem- und Teambildung einzuleiten. Denn je mehr Vertrauen die Beteiligten zueinander haben, desto besser läuft die grenzüberschreitende Kooperation ab. Nur so kann es zu wirklichem Zusammen-Wirken kommen.

9. Bilden Sie eine neue Unternehmenskultur

- Um eine möglichst weitgehende Identifikation der französischen Mitarbeiter mit der neuen deutschen Führung zu gewährleisten, ist es besonders für die französischen Mitarbeiter ausschlaggebend, sich innerhalb der neuen Struktur wohl zu fühlen. Die Unternehmenskultur muss also gleichzeitig sowohl deutschen als auch französischen Ansprüchen genügen.
- Leider passen in den seltensten Fällen die beiden Kulturen der kaufenden und der gekauften Firma so gut zusammen, dass diese Bedingung von vornherein erfüllt ist. Vielmehr ist es in der Regel unumgänglich, eine neue, gemeinsame Unternehmenskultur für beide Seiten herauszubilden. Der systematisch gemachte Fehler, der gekauften Firma die eigene Kultur überzustülpen, führt zu Abwehrreaktionen und Blockaden der französischen Belegschaft, die immer horrende Kosten, Zeit- und Energieverluste zur Folge haben.

10. Etablieren Sie ein Kooperationsmanagement

- Die beiden häufigsten Fehler bei Firmenakquisitionen sind, die Eingliederung der neuen Firma quasi nebenbei zu betreiben und nur in die Lösung der Sachaspekte zu investieren (Eisbergsyndrom). Manager, die neben dem Tagesgeschäft auf einmal noch eine Firma eingliedern sollen, werden zweifach überfordert: Erstens, weil sie nur an den Ergebnissen des Tagesgeschäfts gemessen werden und ergo die Kooperationsbedürfnisse hintanstellen, und zweitens, weil sie auf die ganze Tragweite der interkulturellen Problematik nicht vorbereitet sind.
- Stellen Sie daher qualifizierte Manager und Mitarbeiter ab oder ein, deren ausschließliche Aufgabe das schnellstmögliche Zusammenwachsen der beiden Strukturen ist. Geben Sie diesen die nötigen Mittel, Ausbildung und Entscheidungsvollmachten an die Hand, um ein professionelles Kooperationsmanagement aufziehen zu können. Lassen Sie sich dabei von kompetenten Spezialisten beraten und unterstützen.

So verhandeln Sie effizient mit französischen Gewerkschaften

Das Thema „Sozialkonflikte“ ist eines der heikelsten im französischen Management. Selbst auf alles vorbereitete deutsche Spitzenmanager erleben meist ihr Waterloo bei Verhandlungen mit französischen Gewerkschaften. Denn sie müssen parallel mit mehreren hochpolitisierten *Syndicats* verhandeln, die untereinander in Konkurrenz stehen, mit dem *Inspecteur du Travail* (Gewerbeaufsichtsinspektor) und mit dem *Délégué du personnel* (Vertreter des Personals). Bei Maßnahmen, die politische Konsequenzen haben, muss zusätzlich noch mit Ministerien, der Präfektur und den *Renseigements Généraux* (staatlicher Nachrichtendienst) verhandelt werden.

Übrigens, wenn Sie einige der folgenden Hinweise schockieren sollten, so ist das eine Reaktion, die aus Ihrem gemeinschaftlich programmierten Autopiloten kommt! Uns geht es nicht darum, für die eine oder andere Seite Stellung zu beziehen, sondern Ihnen die harte Realität des „guten Krieges“ (*C'est de bonne guerre!*) aufzuzeigen, nämlich die Rituale beider Seiten, um sich letztlich zu einigen. Dabei behandeln wir eher die „Patronatsseite“, also die Position, die Sie als Muttergesellschaft eines neu gekauften französischen Unternehmens oder Ihrer Filiale einnehmen.

Wenn Sie in einem französischen Unternehmen in Deutschland sind, können Sie besser verstehen, unter welchem Blickwinkel Ihre französischen Chefs derartige Verhandlungen angehen und wie fremd Ihnen das deutsche partnerschaftliche Verhandeln ist.

1. Denken Sie daran: Sie sind im Land der individualistischen Egoisten

- Im Land der individualistischen Egoisten gelten vollkommen andere Maßstäbe: Der Verhandlungspartner ist hier ein Verhandlungsgegner. Die Parteien haben größte Schwierigkeiten, sich einig zu werden, ohne dass dabei eine Seite das Gesicht verliert. Grundsätzlich gilt: Auf Vernunftbasis verhandeln wollen wird sofort als Schwäche ausgelegt, und die Fronten verhärten sich.
- Ein Kompromiss gilt als Schwäche bzw. als Gesichtsverlust. Selbst wenn es letztlich einer ist, wird er nie so genannt. Man spricht allerhöchstens von *consensus*, aber in der Regel erklären alle Parteien am Ende, warum sie als Sieger hervorgegangen sind. In seltenen Fällen, wenn die Beziehungsebene zwischen dem Patron und den Arbeitnehmervertretern stimmt, kann man sich schon vorher einigen, wie die Verhandlungen verlaufen sollen (z.B. über durchgeführte Aktionen oder die Streikdauer), damit beide Parteien als „Sieger" dastehen.

2. Bleiben Sie gelassen

- Sie gehen also nicht in eine Auseinandersetzung nach deutscher Art, sondern in eine Konfrontation. Sie müssen sich vor allem in Geduld und Gelassenheit üben. Hören Sie sich zuerst alle Parteien an, sogar die oft brutal gestellten unrealistischsten Maximalforderungen und Ultimaten. Lassen Sie sich nicht beeindrucken. Es handelt sich hierbei nämlich um ein Ritual, bei dem es nicht um den Inhalt, sondern um das Abwägen von Machteinheiten geht, sozusagen eine Art Kriegsgeheul, um den Gegner zu beeindrucken.

3. Gehen Sie taktisch vor, um Zeit zu gewinnen

- Jetzt heißt es Schach spielen! Sie müssen Zeit gewinnen, um zu erkennen, wer auf wen Einfluss hat. Spielen Sie geschickt die meist untereinander verfeindeten Parteien gegeneinander aus. Erfahrene französische Patrons lassen ganz bewusst die Wogen hoch schlagen, damit die Emotionen sich ausleben können. Im Überschwang der Bewegung begehen nämlich die Gegenparteien oft Fehler, die sie dann per Gerichtsvollstrecker feststellen lassen.

4. Bleiben Sie im Hintergrund

- Wie Sie sicherlich bereits erkannt haben, ist es besser, für Deutsche nahezu unmöglich, einen solchen Balanceakt souverän zu meistern. Wir raten Ihnen daher konkret: Halten Sie sich als deutscher Chef im Hintergrund! Machen Sie es wie der französische Staatspräsident, der seinen Premierminister als „Puffer" an der Front kämpfen lässt und selbst als ausgleichendes Element auftritt.

5. Engagieren Sie einen französischen „Feldherrn“

- Engagieren Sie einen erfahrenen französischen „Feldherrn“, der Psychologe und Pragmatiker ist (keinen brillanten Theoretiker wie so manchen *grand patron*) und dem Sie absolut vertrauen können. Um ein glaubwürdiger Verhandlungspartner zu sein, muss dieser einerseits „sanfte Härte“ zeigen können (*„ferme dans un gant de velours“*) und andererseits im Besitz aller Vollmachten (*les pleins pouvoirs*) sein. Selbst wenn ein solcher Mann einiges kostet, das ist nur ein Bruchteil dessen, was wochenlange Streiks oder betriebsinterne Sabotage an Kosten und Energieverlusten nach sich ziehen.
- Das Heikle an der Aufgabe des französischen Chefs liegt im gestörten Verhältnis der Franzosen zur Macht: Einerseits brauchen die Mitarbeiter das Gefühl, einen starken Chef zu haben, um ihn zu respektieren, und andererseits auch das Gefühl, am Ende der Auseinandersetzung nicht als Verlierer (demotiviert) dazustehen!
- Lesen Sie unbedingt dazu in Teil I, Kapitel 4.4 „Auswirkungen auf das Konfliktverhalten“, S. 125 f.

Die zehn Todsünden bei deutsch-französischen Fusionen und Joint Ventures

Die folgenden zehn Punkte haben wir im „manager magazin“ 9/93 „Spiel ohne Grenze“ veröffentlicht. Konkrete Maßnahmen, die Sie in Joint Ventures treffen sollten, können Sie auch der Checkliste „Zehn Maßnahmen, die Sie nach der Akquisition einer französischen Firma unbedingt treffen sollten“ entnehmen.

1. Unterschiedliche Ziele stillschweigend übergehen
Den Deutschen geht es um Geld, den Franzosen um die Macht.

2. Argumentieren wie in der eigenen Managementkultur
Deutsche wollen überzeugt, Franzosen verführt werden.

3. Sich auf den Wortlaut von Verträgen verlassen
Die deutschen halten sich ans Komma, die Franzosen an den Geist der Abmachungen.

4. Zu viele faule Kompromisse schließen
Deutsche akzeptieren Kompromisse aus Vernunftgründen. Franzosen werden demotiviert und brechen bei erster Gelegenheit aus.

5. An die Verbindlichkeit von Organigrammen glauben
In Deutschland bestimmt die Funktion die Person, in Frankreich die Person die Funktion.

6. Arbeitsgruppen unvorbereitet ins kalte Wasser werfen
Ohne Vorbereitung auf die andere Managementkultur sind Misshelligkeiten programmiert: Die Deutschen werden durch französische Improvisation verunsichert, die Franzosen fühlen sich durch deutsche Systematik und Planung eingeengt.

7. Spezialisten mit Generalisten zusammensetzen
Sachkompetente Deutsche empfinden Franzosen als substanzlos, brillante französische Generalisten dagegen halten deutsche Spezialisten für kleinkarierte Fachidioten.

8. Machtverhältnisse absichtlich offen lassen
Der Deutsche hat Angst, vom Franzosen übervorteilt zu werden, der Franzose fürchtet, vom Deutschen überrollt zu werden.

9. Einen Deutschen und einen Franzosen zu Chefs machen
Beide arbeiten gegeneinander: der deutsche Fachmann, der sein Konzept durchzieht, und der französische Stratege, der Schach spielt.

10. Sich blind auf Sprachkenntnisse verlassen
Wenn die emotionale Basis nicht stimmt, helfen auch die besten Sprachkenntnisse nichts.

12 Problemlösungen zur Arbeitsweise

12.1 Die wesentlichen Unterschiede

Hier werden in der Regel die meisten interkulturellen Ohrfeigen[1] ausgeteilt, da die unterschiedlichen Mentalitäten in der konkreten, täglichen Projektarbeit oder in der Zusammenarbeit im Büro logischerweise direkt und für jedermann spürbar aufeinander prallen.

Der erste Schock besteht in dem präzisen, methodischen Vorgehen der deutschen Seite mit dem erklärten Ziel, einen möglichst hohen Präzisionsgrad zu erreichen. Dieses prallt auf das französische *learning by doing*, also dem Bestreben, zunächst einmal ein Gespür für die Aufgabe zu bekommen und sich langsam an die optimale Lösung heranzutasten. Die optimale Lösung liegt allerdings für Franzosen nicht in der Perfektion und der präzisen Zielerreichung („So gut wie möglich!"), sondern in dem Gefühl, das optimale Ergebnis mit dem geringstmöglichen Aufwand erreicht zu haben („So gut wie nötig!")! Daher streben sie immer wieder intelligente Lösungen an, die oft bereits Erreichtes oder Vorbereitetes wieder in Frage stellen. Wenn ein Franzose sagt: „Das könnte man doch besser machen!", meint er damit intelligenter, also mit geringerem Aufwand das Gleiche, wenn nicht sogar etwas Besseres zu erreichen!

„So gut wie möglich" gegen „So gut wie nötig"!

Für weitere Verwirrung in der Zusammenarbeit sorgt das unterschiedliche Zeitempfinden: Franzosen sind nach dem amerikanischen Anthropologen und Vater der interkulturellen Kommunikation E.T. HALL[2] den so genannten polychronen Kulturen zuzurechnen, in denen die Zeit ein dehnbarer Anhaltspunkt ist und kein fester, präziser, wie in der deutschen Kultur, die den monochronen zuzurechnen ist. Menschen in polychronen Kulturen (in der Regel eher südliche Länder) zeichnen sich dadurch aus, dass sie in der Lage sind, mehrere Dinge gleichzeitig zu tun. Dieses wird natürlich von Menschen in monochronen Kulturen als „unseriös" wahrgenommen, lernt man doch dort, dass man immer nur eine Tätigkeit nach der anderen verrichten sollte. Klar, dass der polychrone Franzose von seinen deutschen Kollegen oft als „hektisch" und „verwirrend" empfunden wird, wohingegen dieser wiederum Deutsche als „unflexibel" und „monoton" wahrnimmt.

Franzosen sind in der Lage, mehrere Dinge gleichzeitig zu tun.

Eine kleine Anmerkung zum Thema Planung: Vorsicht, in vielen Chefetagen französischer Konzerne wird die *planification* groß geschrieben. Dabei geht es jedoch nicht darum, das Prozedere mit Meilensteinen usw. festzule-

[1] Siehe Teil I, Kapitel 1.1 „Erhalten Sie gerne Ohrfeigen?", S. 27.

[2] Siehe Liste der lesenswerten Bücher im Anhang (ab S. 428).

gen, sondern eher um Denkszenarien, mit welchen man sich im Vorfeld in das Projekt einfühlen kann. Meilensteine sind also in Frankreich keine unumgänglichen Gateways, sondern mehr Richtwerte, die in der Umsetzung den Gegebenheiten angepasst werden.

In Frankreich gelten „Richtlinien", die flexibel auf die Situation angepasst werden.

Bleiben die berühmten „Prozeduren", auf denen die ganze deutsche Organisationsstruktur beruht. Würde ohne diese und deren selbstverständliches Einhalten in Deutschland fast alles zusammenbrechen, so bevorzugen die Franzosen ihre „Richtlinien" , die flexibel auf die Situation angepasst werden. Deshalb ist es auch für ein deutsches Unternehmen nahezu unmöglich, in Frankreich „System reinzubekommen". Der ganze Stolz der Franzosen beruht darauf, ein System immer so weit zu verbessern, dass es möglichst nie zweimal nach dem selben Schema abläuft!

Niedrigtouriger, robuster Dieselmoter gegen hochtourigen, sensiblen Ferrarimotor

Kurzum, ein Deutscher, der in Frankreich arbeitet, hat das Gefühl, dass alles zu schnell, unbedacht und unsystematisch abläuft. Es ist, als ob ein robuster Dieselmotor ständig übertourig drehen müsste. Ein Franzose fühlt sich in Deutschland hingegen wie ein Löwe im Käfig: Eingeengt in Prozeduren und Gesetze dreht er sich wie im Kreis, und kann seine Energie weder nutzen noch freisetzen. Das ist wie ein Ferrari, der nie über 80 km/h fahren darf.

12.2 Ständige Qualitätsprobleme in Frankreich

Die Situation:
Ein deutscher System- und Anlagenbauer hat in Frankreich seit Jahren handfeste Qualitätsprobleme. Immer wieder müssen Ingenieure aus Deutschland den Karren aus dem Dreck ziehen. Der Geschäftsführer ist schon zweimal gewechselt worden, doch geändert hat sich nichts.

Die Wahr-Nehmung aus deutscher Sicht
Die Franzosen können nicht vernünftig und systematisch arbeiten. Es ist zum Verzweifeln, obwohl wir ihnen doch so genaue Vorgaben machen. Sie brauchen nur genau das gleiche erfolgreiche System wie wir hier in Deutschland anzuwenden.

Die Wahr-Nehmung aus französischer Sicht
Die Deutschen verstehen einfach nicht, dass der französische Markt anders ist! Wir müssen hier jede Menge Änderungen vornehmen, damit die Anla-

gen installiert werden können. Und dann schicken sie uns direkt ihre Ingenieure, weil sie nicht von ihrem Standard abweichen wollen, anstatt uns machen zu lassen. Die brauchen dann dreimal so lange wie wir, und der Kunde ist noch saurer!

Mögliche Problemlösung
Egal, aus welchem Grund Qualitätsprobleme mit Franzosen auftauchen, sie haben meistens den gleichen Auslöser: Die vom deutschen Mutterhaus oder Partner vorgegebenen Richtlinien lassen den französischen Mitarbeitern und Partnern nicht genügend Spielraum, um selbst kreativ tätig zu sein. Sie fühlen sich lediglich als „ausführende Organe", die nichts von ihrer eigenen Intelligenz mit einbringen können. Ergebnis: Die besten Kräfte verlassen das Unternehmen wieder, und es bleiben die Mittelmäßigen, die noch dazu demotiviert sind.

Hier müssen Sie sehr kreativ werden, um die eigenen Ansprüche und Richtlinien mit dem Bedürfnis der Franzosen, sich mehr einbringen zu können, zu verknüpfen. Hier gilt es zunächst, sicherzustellen, über wirklich kompetente Fachkräfte zu verfügen. Parallel dazu muss die negative Fokussierung auf die „Deutschen" und ihre Richtlinien auf ein anderes gemeinsames Feindbild gerichtet werden. Sie müssen es schaffen, die Qualität zu einer großen Herausforderung zu machen. So setzt Renault zum Beispiel beim Qualitätsmanagement auf das Feindbild Japan und Deutschland! Damit geben Sie der Tätigkeit Ihrer französischen Mitarbeiter einen anderen Sinn als das einfache Abarbeiten zur Erfüllung von Auflagen. Wenn Sie das schaffen, werden genau diese bisher als einengend empfundenen Prozedere von den Franzosen nicht nur eingehalten, sondern sogar verbessert!

Stellen Sie sich folgende Fragen:

- Haben wir kompetente Mitarbeiter und vor allem einen Chef in Frankreich, der seine Leute motivieren kann?
- Welches sind die häufigsten Vorwürfe, die uns die Franzosen machen?
- Egal, ob gerechtfertigt oder nicht, welche Bedürfnisse stecken hinter diesen Vorwürfen?
- Wie können wir die Bedürfnisse erfüllen, ohne von unseren eigenen Vorgaben zu sehr abweichen zu müssen?
- Können wir eine Herausforderung oder ein gemeinsames Feindbild schaffen?

Zum Nachlesen und Vertiefen

- Teil I, Kapitel 5.3 „Der fundamentale Unterschied in der (De-) Motivation zwischen einem Franzosen und einem Deutschen“, S. 154 ff.
- Teil I, Kapitel 5.6 „Die französischen Grundwerte“ unter Grundwert „Herausforderung“, S. 171 ff.
- Teil II, Kapitel 6.2 „Sicherheit versus Herausforderung“, S. 208 ff.

12.3 Ihr französischer Vertriebspartner nimmt Sie nicht zu seinen Kunden mit

Die Situation:
Michel Méfiant, Handelsvertreter eines deutschen Mittelständlers in Lyon, unterhält persönlich die Kontakte zu den wichtigsten Kunden in Frankreich. Im deutschen Unternehmen hat man soeben den Prototyp eines neuen Produkts fertig gestellt. Daher schlägt Exportleiter Klaus Hauser seinem französischen Kollegen vor, ihn bei einer Reihe wichtiger Kundenbesuche zu begleiten, um die Reaktion der Kunden hautnah erleben zu können.

Herr Méfiant reagierte erst überhaupt nicht. Nach mehrmaliger Anfrage ließ er mitteilen, dass die geplanten Besuche ins Wasser fielen. Die Terminplanung hätte sich geändert. Die neuen Reisetermine legte Méfiant während der Hannover-Messe, so dass für Hauser keine Möglichkeit bestand, ihn zu begleiten.

Die Wahr-Nehmung aus deutscher Sicht
Ich habe immer mehr in Verdacht, dass Méfiant mich systematisch von der französischen Kundschaft fern halten will. Was für ein Kindskopf! Ich will ihm ja nur helfen, besser argumentieren zu können, und mir ein Bild davon machen, wie seine Kunden auf unseren Prototypen reagieren.

Die Wahr-Nehmung aus französischer Sicht
Einmal waren wir zusammen auf Tour, und Hauser hat meinen Kunden Fidèle mit Argumenten zugeschüttet, die ihn gar nicht interessierten. Dazu hat er noch versucht, Fidèle zu beweisen, er hätte unrecht mit seinen Sonderwünschen. Ich brauchte drei Monate, um Fidèle wieder für uns zu gewinnen. Hauser hat kein Gespür für die besonderen Bedürfnisse meiner Kunden. Ich kenne sie genau und weiß, wie man sie anpacken muss! Außerdem ist es oft unklug, ausdrücklich darauf hinzuweisen, dass unsere Produkte aus Deutschland kommen. Und wer weiß, vielleicht will Hauser mich ja auch kontrollieren!

Mögliche Problemlösung

Grundsätzlich ist ein Kunde für einen individualistischen Egoisten „*Chasse gardée*“ (mein Revier). Also lässt er andere nur an seinen Kunden, wenn er nicht anders kann (z.B. seinen Chef)! Da Akquisitions- und Verkaufsgespräche in Frankreich in der Regel weniger sachlich ablaufen, fürchten französische Verkäufer meistens taktisches Ungeschick von deutschen Kollegen, die z.B. Preise direkt ansprechen. Tatsächlich gibt es nahezu keine Regel: Bei manchen Kunden tastet man sich erst vorsichtig an heikle Themen ran (Preise, Lieferbedingungen usw.). Andere wiederum kommen knallhart direkt zur Sache, weichen aber im Verlauf des Gespräches von der Linie ab, und neue (Verkaufs-)Chancen tun sich auf. Das hat ein guter Verkäufer zu spüren.

Falls Ihr Verkaufschef oder Handelsvertreter zusätzlich noch den Verdacht hegt, dass Sie ihm misstrauen oder selbst etwas unsicher ist (Sie könnten ja feststellen, dass er seine Kunden nicht ganz im Griff hat), greift sofort das „Was-steckt-dahinter“-Syndrom!

Lösung: Falls das Verhalten von Méfiant ausschließlich auf Mangel an Vertrauen in Ihr Einfühlungsvermögen beruht, sollten Sie ihm folgende Spielregel vorschlagen: „Sie führen das Gespräch, und ich greife ausschließlich auf Abruf ein.“ Dann müssen Sie sich allerdings auch daran halten, egal, wie schwer es Ihnen fällt! Im Laufe der Zeit werden Sie lernen und spüren, wann Sie komplementär eingreifen können. Ihr französischer Partner wird diese deutsch-französische Synergie zu schätzen wissen!

Wenn allerdings die Beziehungsebene nicht stimmt und auch nicht aufgebaut werden kann, bestehen wenig Chancen für ein konstruktives Verhalten Ihres französischen Partners. Die Zusammenarbeit wird immer schwerer werden und seine Erfolge aufgrund mangelnder Motivation wahrscheinlich immer geringer. In solchen Fällen ist es besser, sich zu trennen.

Zum Nachlesen und Vertiefen

- Teil I, Kapitel 4: „Der grundlegende Unterschied im Sozialverhalten“, S. 106 ff.
- Einführung „Problemlösungen zur Beziehungsebene“ (Kapitel 8.1, S. 271).

12.4 Ständige Improvisation bei der Auftragsabwicklung

Die Situation:

Dr. Scharnhorst, Länderbereichsleiter eines Maschinenbauunternehmens, hat es satt: Ständig gibt es Reibereien zwischen den Stabsabteilungen in der

Muttergesellschaft und der französischen Vertriebsniederlassung aufgrund deren chaotischer Auftragsabwicklung. Spezifikationen werden unvollständig und erst nach vielen Rückfragen eingereicht. Dr. Scharnhorst lässt daher eine detaillierte Auftragscheckliste für den französischen Vertriebschef Paul Négligeant anfertigen. Trotzdem tritt keine Änderung ein. Im Gegenteil: Die Checklisten werden entweder nicht oder nur *globalement* ausgefüllt.

Die Wahr-Nehmung aus deutscher Sicht
Kann Négligeant denn keine Checkliste vernünftig ausfüllen? Bei jedem Auftrag läuft dasselbe ab: Wir müssen im Werk laufend umdisponieren, fertig gestellte Bauelemente anpassen, Teile müssen bei der Montage vor Ort angepasst werden. Das kostet alles Zeit, Geld und Frust.

Unsere Mitarbeiter haben Négligeant alle sechs Monate bei unserem internationalen Firmentreffen auf dem Kieker: Sie machen ihn zu Recht für die missglückten Vorgänge verantwortlich.

Ist Négligeant überhaupt der richtige Mann für uns?

Ich schätze eigentlich Improvisation, aber muss es auch dann sein, wenn genügend Zeit zu angemessener Organisation im Vorfeld da war? Damit könnten Hektik und enorme Reibungsverluste vermieden werden!

Die Wahr-Nehmung aus französischer Sicht
Diese deutschen Nörgler wollen einfach nicht verstehen, dass sich ein französischer Kunde bei vielen Details erst nach und nach festlegt. Beim letzten Auftrag kam z.B. der Architekt und änderte kurzfristig die Versorgungsanschlussstellen in der Halle. Da muss man eben flexibel sein!

Die Deutschen stellen sich das einfach vor: Man fülle eine Checkliste aus, ein Jahr vor der Lieferung, und der Auftrag ist so gut wie abgewickelt. Der Kunde würde mich rausschmeißen!

Und zusätzlich stellen die mich noch bei jedem Semestertreffen an die Wand. Klar, die wollen mir nur zeigen, wer Herr im Hause ist. Mit ihrer tollen Checkliste können sie mich so richtig schön festnageln!

Mögliche Problemlösung
Hier steht das deutsche „Prozederedenken" dem französischen „Flexibilitätsstreben“ gegenüber: Während man auf deutscher Seite nur effizient arbeiten kann, wenn die Organisationsabläufe und Anforderungen eindeutig geklärt sind, lieben es die Franzosen geradezu, dem Kunden ihre Anpassungsfähigkeit (Flexibilität = Intelligenz) unter Beweis zu stellen.

Improvisation heißt nicht automatisch dilettantisch arbeiten. Im französischen Umfeld ist es in der Tat oft so, dass ein Kunde vieles erst nach und nach festlegt und von Partnern die entsprechende Flexibilität erwartet (französische Zulieferer wissen das und kalkulieren diesen Mehraufwand für zu erwartende Änderungen von Anfang an mit ein).

Checklisten werden von Franzosen gern als *guide-couillon* (Idiotenführer) bezeichnet. Mit anderen Worten: So etwas ist gut für die unteren Chargen, aber nicht für Leute von Format! In diesem Fall war Herr Négligeant in der Tat beleidigt und demotiviert, da er sich einfach nicht verstanden und respektiert fühlte.

Dr. Scharnhorst dachte nach der misslungenen Checklistenlösung an einen letzten Motivationsversuch mit geldlichem Anreiz. Nach einem interkulturellen Seminar wurde ihm klar, dass materielle Lösungen nichts bringen würden.

Er nahm sich zunächst Zeit, um sich mit Négligeant während eines ausführlichen Geschäftsessens unter vier Augen auszusprechen. Dabei stellte er fest, dass diesem nicht bewusst war, dass im deutschen Werk, dessen Abläufe Négligeant kaum kannte, Montage und Disposition mittlerweile ausschließlich gemäß der Auftragscheckliste arbeiteten.

So kam Négligeant für vier Tage nach Deutschland und lernte erstmals, nach fünfjähriger Zugehörigkeit zum Unternehmen, seine deutschen Kollegen und deren Organisation und Arbeitsweise richtig kennen. Er baute insbesondere zu einem Kollegen ein vertrauensvolles Verhältnis auf. Dieser ist daher seitdem auch sein Koordinator im deutschen Werk.

Durch die verbesserte Beziehungsebene und das emotionale Einbeziehen in die Bedürfnisse spürte Négligeant, dass er von den deutschen Kollegen weiterhin respektiert wurde. Die Auftragsabwicklung läuft seitdem natürlich nicht perfekt, aber Négligeant setzt sich gewissenhaft durch Druck auf seine Mitarbeiter und auf die Kunden dafür ein, dass die Spezifikationen möglichst frühzeitig und präziser kommen. Die Checkliste wurde im Übrigen gekürzt und in gemeinsamer Abstimmung den französischen Verhältnissen angepasst.

Zum Nachlesen und Vertiefen

- Checkliste „Falsche Freunde“: „Improvisation“ (Kapitel 9.14, S. 328 ff).

12.5 Termine werden nicht eingehalten

Die Situation:
Anton Scherer, Einkäufer in einem deutschen Automobilkonzern, hat ständig Probleme mit der Termineinhaltung seiner französischen Zulieferanten. Bereits bei der Angebotsabgabe hapert es, denn ein Zulieferer faxt sein Angebot nahezu immer erst in letzter Minute oder gar nach dem Entscheidungstermin. In den letzten beiden Tagen vor Fristablauf stellt Scherer immer eine unglaubliche Hektik bei den Franzosen fest, obwohl diese vorher genügend Zeit gehabt hätten.

Die Wahr-Nehmung aus deutscher Sicht
Wir haben feste Zeitpläne, nach denen wir uns alle richten müssen. Wir können nicht laufend auf die Herren Franzosen Rücksicht nehmen. Die sollen sich gefälligst besser organisieren.

Absprachen, vor allem terminlicher Art, werden sehr oft nicht eingehalten, Vereinbarungen nicht bestätigt.

Die Wahr-Nehmung aus französischer Sicht
Diese unflexiblen Deutschen! Machen auf einmal so einen Druck wegen eines Termins, der vor sechs Monaten festgelegt wurde. Die wollen uns nur maßregeln!

Mögliche Problemlösung
Dieses Problem ist ein absoluter Klassiker, entspricht es doch bereits dem Vorurteil vom „unpünktlichen" Franzosen. Ursache ist hier das unterschiedliche Zeitempfinden und der Umgang mit der Zeit. Zur Lösung sind zwei Faktoren nötig:

1. Eine Änderung der Einstellung auf beiden Seiten: Franzosen stufen das deutsche Bestehen auf striktes Zeiteinhalten oft als Schikane ein, zumal wenn keine persönlichen Beziehungen bestehen. Sie sind meistens sehr überrascht, wenn sie die Organisationsabläufe, das „verzahnte Arbeiten" in der Praxis vorgeführt bekommen. Nehmen Sie sich also Zeit, Ihren französischen Partnern den Ablauf und das Warum eines strikten Termins zu erklären. Binden Sie diese möglichst emotional mit ein, indem Sie den Kontext erklären. Wichtig ist aber auch eine gelassenere Einstellung auf deutscher Seite: Sie wissen ja, dass Franzosen nach dem LiFo-Prinzip[1] arbeiten und immer den letzten Moment abwarten, bevor sie tätig werden. Seien Sie sich also bewusst, dass Franzosen Zeitpunkte als Zeiträume verstehen, also als flexibel zu handhabende Richtlinien.

---

[1] LiFo = Last in – First out.

2. Taktisches Vorgehen: Wollen Sie sicher sein, dass eine Ware oder ein Angebot zu einem für Sie wichtigen Termin ankommt, so setzen Sie Termine vor der eigenen Deadline. So machen es französische Kunden fast aller Branchen auch. Daher gehen Ihre französischen Partner auch davon aus, dass in Ihrer Terminsetzung noch Luft ist. Andernfalls wäre dies aus ihrer Sicht schlechtes, weil unrealistisches Management. Aus diesem Grund reagieren sie auch meist erst auf Anruf, anstatt möglichst lange vorher mitzuteilen, dass der Liefertermin nicht eingehalten werden kann. Des Weiteren sollten Sie, sooft es geht, nachhaken, sozusagen „am Ball bleiben" und Ihre französischen Zulieferanten unter Spannung halten. Aber bitte nicht vorwurfsvoll, sondern mehr nach dem Motto: „By the way, wie steht's eigentlich mit unserem Angebot?"

Zum Nachlesen und Vertiefen

- Teil II, Kapitel 7.4 „Wie Sie das Vertrauen Ihrer französischen Partner gewinnen", S. 258 ff.

12.6 Französische Sonderwünsche werden deutschem Werk aufgezwungen

Die Situation:
Martina Haupt ist als Verkaufschefin eines Zulieferers für die Kosmetikindustrie und auch für die französische Filiale verantwortlich. Sie beklagt sich über die ständigen Sonderwünsche der Franzosen: „Überall in der Welt verkaufen wir unsere Produkte mit unseren Standards, nur die Franzosen wollen immer alles anders!"

Die Wahr-Nehmung aus deutscher Sicht
Wenn der französische Kunde etwas will, wird das ohne Wenn und Aber von unser Filiale gemacht. Die französischen Verkäufer zwingen uns die Extrawürste ihrer Kunden auf. Sie wagen es einfach nicht, dem Kunden „Nein" zu sagen.

Die Wahr-Nehmung aus französischer Sicht
Die Deutschen verstehen nicht, dass man in Frankreich nicht einfach den deutschen Standard verkaufen kann. Unsere Kunden haben immer speziel le Wunsche, und gerade unsere Flexibilität und Anpassungsfähigkeit ist ein Verkaufsargument, da wir als deutsche Filiale ja sowieso teurer sind als die meisten unserer Mitbewerber. Außerdem machen gerade die Sonderbestellungen besonders Spaß. Gerade da kann man dem Kunden zeigen, was man kann!

Mögliche Problemlösung
Hier haben wir es mit zwei vollkommen unterschiedlichen Ansätzen des Marketings zu tun: Der deutsche Kunde weiß in der Regel genau, was er will, und verlangt nach fachmännischer Beratung, in der seine Fragen beantwortet werden. Ein französischer Kunde hat zwar meistens eine mehr oder weniger ausgeprägte Vorstellung, ist aber viel mehr bereit, Neues auszuprobieren und sich „verführen" zu lassen. Außerdem ist er misstrauisch gegenüber allen vorgefertigten Lösungen. Er möchte gemeinsam mit dem Verkäufer sein spezifisches Problem lösen. Er vertraut meist eher dem Verkäufer als dem anbietenden Unternehmen. Geschickte Verkäufer bauen eine starke emotionale Bindung zum Kunden auf und nehmen so bei einem Firmenwechsel wesentlich mehr Kunden zum neuen Unternehmen mit als vergleichbare deutsche Kollegen.

Ein Patentrezept gibt es (auch) hier nicht: Deutsche und Franzosen müssen sich in Workshops und informellen Begegnungen näher kommen, um die Probleme und Denkwelt des jeweils anderen besser zu verstehen. Bauen Sie also ein Vertrauensverhältnis zu den französischen Kollegen auf, investieren Sie Zeit, um ein Gefühl für deren Vorgehen und deren Markt zu bekommen. Seien Sie bei französischen Kunden eher Beobachter denn aktiv. Laden Sie Ihren französischen Partner einmal zu einem längerem Abstecher nach Deutschland ein, damit er sich emotional mit seiner Muttergesellschaft bzw. seinem Partnerunternehmen verbundener fühlt. Dann sollten Sie es zu einer gemeinsamen Herausforderung erklären, in einem Workshop eine Vorgehensweise zu finden, welche die Stärken und Erfordernisse beider Seiten berücksichtigt.

Zum Nachlesen und Vertiefen
- Teil I, Kapitel 5, S. 146 ff, und Teil II, Kapitel 6, S. 204 ff.
- Problemlösung „Ihr französischer Vertriebspartner nimmt Sie nicht zu seinen Kunden mit" (Kapitel 12.3, S. 400 f).
- Problemlösung „Deutsche Angebote übertreffen eigentliche Bedürfnisse" (Kapitel 12.9, S. 409 f).

12.7 Hansdampf in allen Gassen

Die Situation:
Endlich hat Daniela Herberts es geschafft: Claude Touchatout, Finanzchef eines französischen Technologieunternehmens, hat die Bankerin um eine Präsentation ihrer Dienstleistungspalette gebeten. Touchatouts rechte Hand soll ebenfalls an dem Gespräch teilnehmen, hat aber eine leichte Verspätung

angekündigt. Irritiert nimmt Daniela Herberts zur Kenntnis, dass Touchatout seine Bürotür offen lässt. Kaum hat sie sich vorgestellt, da schreiten zwei Kollegen Touchatouts herein, die sich mit ihm zum Essen verabreden wollen. Zur gleichen Zeit geht das Telefon wegen einer dringenden Abstimmung über die Preisgestaltung für ein wichtiges Angebot. Als er auflegt, schaut Touchatouts rechte Hand herein und will sich kurz über den Verlauf der Besprechung informieren, er müsse aber gleich wieder gehen. Zwei seiner Mitarbeiter bräuchten dringende Entscheidungen von ihm. Daniela Herberts atmet auf, als Touchatout sich ihr endlich wieder zuwendet. In diesem Moment kommt dessen Sekretärin mit einem eiligen Fax ...

Die Wahr-Nehmung aus deutscher Sicht

Welch „Chaotenladen". In einem solchen Umfeld kann man ja gar nicht vernünftig arbeiten. Außerdem finde ich das jetzt reichlich respektlos. Wenn das so weitergeht, komme ich zu spät zum nächsten Termin. Zudem bringt der mich mit seinem Wirrwarr ganz aus dem Konzept.

Typische Aussagen: „Es werden 100 Sachen angefangen und nur wenige zu Ende geführt. Ein französischer Manager bei der Arbeit: Er diktiert seiner Sekretärin einen Brief. Gleichzeitig kommt unangemeldet ein Mitarbeiter ins Büro, um Informationen zu erhalten, und daneben klingelt das Telefon."

Die Wahr-Nehmung aus französischer Sicht

Das Tagesgeschäft hat Vorrang. Schließlich will die mir was verkaufen, dann muss sie sich auch die Zeit nehmen. Na ja, ein bisschen viel ist es heute schon, aber was soll ich machen? Ich werde mich wenigstens bei ihr entschuldigen.

Mögliche Problemlösung

Hier haben wir den typischen Fall eines französischen Managers, der noch keine emotionale Beziehung zu seinem Gegenüber, und damit auch nicht zu dessen Dienstleistungen, hat. Solange dies nicht der Fall ist, wird er, je nach Persönlichkeitsstruktur, mehr oder weniger stark nach dem „LiFo-Prinzip"[1] handeln. Da er polychrones Arbeiten gewohnt ist, das heißt, mehrere Tätigkeiten nebeneinander zu machen, hat er keine Schwierigkeiten mit den ständigen Unterbrechungen. In solchen Situationen sollten Sie unbedingt Ruhe bewahren und sich, wenn möglich, wie ein amüsierter (Achtung: nicht überheblicher!) Beobachter zurücklehnen. Das bedingt natürlich, dass Sie sich nicht in ein Zeitkorsett gepresst haben, das Ihnen ein solches Abstandnehmen unmöglich macht.

[1] LiFo = Last in – First out.

Termine sollten Sie daher, insbesondere bei Erstkontakten, nie zu eng setzen. Zwischen 15 Minuten und vier Stunden ist alles möglich! Nach einer gewissen Zeit wird es auch Ihrem französischen Gegenüber zu bunt. Je gelassener Sie bleiben, umso peinlicher wird ihm die Situation. Irgendwann wird er sich dann jede weitere Störung verbieten. Falls Sie diesen Punkt nicht erreichen, sollten Sie einfach Ihrem Gegenüber, indem Sie Ihr „Verständnis für die unvorhersehbaren heutigen Ereignisse“ ausdrücken, einen neuen Termin vorschlagen. Dann wird er sich entscheiden müssen: für „LiFo“ oder für Sie!

Zum Nachlesen und Vertiefen

- Teil I, Kapitel 7.2 „Intensität der Motivation im Laufe der Zeit“, S. 253 ff.

12.8 Franzose macht eine Rieseninszenierung, bevor er klar sagt, was er will

Die Situation:
Die französischen Außendienstmitarbeiter rufen immer bei Vertriebsleitern im deutschen Mutterhaus an, um für ihre wichtigen Kunden eine schnellere Lieferung zu erreichen. Dabei bauschen sie ihre Probleme gewaltig auf.

Die Wahr-Nehmung aus deutscher Sicht
Warum rufen die mich dauernd an und erzählen mir lange Geschichten, warum und wieso ihre „wichtigen“ Kunde ganz dringend die Lieferung X brauchen? Als hätte ich nichts anderes zu tun! Es würde doch reichen, mir per Fax die genauen Angaben wie Bestellnummer, Menge, Lieferanschrift zu geben. Und überhaupt, warum eigentlich immer eine Sonderbehandlung für die „Herren Franzosen“? Da kann einem schon der Kragen platzen!

Die Wahr-Nehmung aus französischer Sicht
Warum reagiert der so unwirsch? Zwar hat er keinen Grund, sich um mein Anliegen besonders schnell zu kümmern. Deshalb wollte ich ihm mein Problem im Kontext schildern und ihn ein bisschen motivieren („Nur Sie können mir in dieser höchst wichtigen Angelegenheit helfen!“ „Das ist ein besonders wichtiger Kunde!“...). Statt mein Anliegen als Priorität zu bearbeiten, sagt er mir, ich solle ihm ein Fax schicken. Na dann kann ich den Auftrag abschreiben! Diese sturen, prozederehörigen Deutschen!

Mögliche Problemlösung
Wenn die betroffenen Personen auf deutscher Seite in diesen Situationen weiterhin ungehalten reagieren, verärgern und demotivieren sie die französischen Vertriebsleute stark und bestätigen wieder einmal mit Bravour das

Vorurteil vom „unflexiblen und unwirschen Deutschen“. Da in Frankreich Prioritäten nach dem „LiFo-Prinzip“ gesetzt werden, ist es für Franzosen ganz normal, alle Beteiligten so lange emotional aufzuladen, bis das eigene Anliegen auch deren Priorität wird. Hier hilft nur eins: in den eigenen Reihen Aufklärung betreiben und den Franzosen zu erkennen geben, dass sie mit einem normalen Fax genauso viel (oder wenig) erreichen, allerdings mit weniger Aufwand. An diesem Beispiel können Sie sehen, wie schwierig es ist, von einem Franzosen etwas zu erhalten, wenn dieser nicht emotional eingebunden ist. Denn: Per Fax oder per Brief kann man schlecht Emotionen auslösen. Also immer daran denken: Werden Sie zur „Ver-Führungskraft“!

Zum Nachlesen und Vertiefen

- Teil I, Kapitel 7.2 unter „Intensität der Motivation im Laufe der Zeit“, S. 253 ff. und besonders im gleichen Kapitel zu „LiFo-Syndrom, S. 255.

12.9 Deutsche Angebote übertreffen eigentliche Bedürfnisse

Die Situation:

Der Exportleiter des Maschinenbauers Herrmann AG hat es satt: Die französische Filiale verlangt immer wieder Angebote für Sonderanfertigungen.

Die Wahr-Nehmung aus deutscher Sicht

Mal wieder eine Anfrage für eine Extrawurst. Wie gewöhnlich, haben unsere französischen Verkäufer es sich leicht gemacht und dem Kunden nach dem Mund geredet, als ihn zu überzeugen, dass unsere Standardausführung für ihn genauso günstig ist. Immer dieser Aufwand für eine Preiskalkulation, die dann doch nichts bringt! Wie üblich wird Herrmann France wieder über unsere Geschäftsführung Druck machen, als könne man einen vernünftigen Preis so aus dem Arm schütteln. Und meistens kommt es dann doch nicht zur Bestellung. Und selbst wenn, werden wieder mehrere Änderungswünsche nachgereicht, und wir müssen mangels genügenden Spezifikationen dauernd nachfassen. Wir fühlen uns einfach nicht respektiert.

Die Wahr-Nehmung aus französischer Sicht

Jedes Mal ist es das Gleiche: Unser Kunde will nur einen *enveloppe budgétaire* bzw. eine *fourchette de prix* (d.h. Budgetgrößenordnung bzw. Preisspanne) im Vorfeld, bevor er sich für eine Lösung entscheidet. Wenn wir ihm das nicht schnell geben können, gelten wir als unflexibel und fliegen raus! Die Deutschen sind wieder einmal dabei, ein Zehnseitenangebot mit 1.000 Varianten und Hypothesen zu erstellen, wo jede Schraube aufgeführt wird. Inzwischen hat der Kunde den Eindruck, dass wir uns nicht um ihn kümmern, weil er uns nicht wichtig genug ist! Wir brauchen dringend ein pauschales Angebot, sonst ade Auftrag! Es wird wieder wie jedes Mal: Die Deutschen wollen uns beweisen, dass es entweder unmöglich oder zu teuer ist! Mit anderen Worten: Sie wollen nicht! So kommen wir bei dem wichtigen Kunden nie rein!

Mögliche Problemlösung

Ein typischer Mutter-Tochter-Konflikt! Hier kann nur gegenseitiges Bewusstsein über die unterschiedlichen Denk- und Arbeitsweisen Klarheit schaffen, damit sich die Fronten nicht weiter verhärten:

- Franzosen müssen mehr an die Rentabilität des Unternehmens denken, als das Unmögliche möglich zu machen (mehr Mut, das Standardprogramm zu vertreten, bzw. den Standard dem Kunden gegenüber als Sonderlösung darstellen).
- Deutsche müssen akzeptieren, dass es viel schwieriger ist, dem individualistischen Egoisten ein Standardprodukt zu verkaufen. Dieser hat sein einzigartiges Problem! An dem Standardprodukt verdient der Verkäufer eine gute Provision, ohne viel zu tun, und er bekommt nicht das für seine Bedürfnisse bestmögliche Produkt!

Viele deutsche Unternehmen müssen auch lernen, von Ihrem Sicherheits- und Perfektionsdenken Abstriche zu machen. Schnelle, überschlägige Preiskalkulationen sind gefordert, die mehr auf Erfahrungswerte aufbauen, auf die man eine durchschnittliche Sicherheitsspanne draufschlägt für zusätzliche Leistungen. Durch das Festhalten an deutschen Grundwerten wie „Nutzen“, „Rentabilität“, „Sicherheit“ und „Perfektion“ gehen der deutschen Wirtschaft sehr viele Aufträge in Frankreich verloren.

Zum Nachlesen und Vertiefen

- Teil I, Kapitel 5.6“ Die französischen Grundwerte unter Grundwert „Originalität“, S. 168 ff.
- Teil II, Kapitel 6.1 „Nutzen/Rentabilität versus Originalität“, S. 204 ff.
- Teil I, Kapitel 5.7 „Die deutschen Grundwerte“ unter Grundwert „Sicherheit“ und Grundwert „Perfektion“, S. 192 f und 196 f.
- Problemlösung „Franzose will immer den obersten Chef sprechen“ (Kapitel 10.2, S. 332 f).
- Teil I, Kapitel 5.7 „Die deutschen Grundwerte“ unter Grundwert „Nutzen/Rentabilität“, S. 190 f.

- Problemlösung „Französische Sonderwünsche werden deutschem Werk aufgezwungen“ (Kapitel 12.6, S. 405 f).

12.10 Die Franzosen wollen unser bewährtes Konzept nicht übernehmen

Die Situation:
Dietmar Herzog, Projektmanager eines Unternehmens der Nahrungsmittelbranche, bietet seinen französischen Kollegen ein Vertriebskonzept für den Einzelhandel an, das sich bereits in zwölf Ländern sehr bewährt hat. Auf Checklisten ist alles praxisgerecht aufbereitet, Sonderfälle inklusive. Trotzdem reagieren die Franzosen eher verhalten. Alles Nachhaken nutzt nichts, sie machen keine Anstalten, das Konzept auch nur ansatzweise zu übernehmen.

Die Wahr-Nehmung aus deutscher Sicht
Drei Mal haben wir versucht, den Franzosen unser Konzept schmackhaft zu machen. Sie bräuchten es nur umzusetzen, ein Selbstläufer! Risikolos und lukrativ noch dazu. Es wird zur Kenntnis genommen, und dabei bleibt's! Wir können uns das einfach nicht erklären!

Die Wahr-Nehmung aus französischer Sicht
Das funktioniert vielleicht woanders, aber bei uns nicht! Dazu ist es einfach zu simpel. Unsere Kunden haben andere Bedürfnisse. Im Übrigen, Checklisten sind *Guide-couillons* (Idiotenführer), da soll sich die „Intendanz“ mit rumschlagen. Wo ist denn da der Reiz? Man braucht sich ja gar keine Gedanken mehr zu machen! Einfach nur Umsatz machen, ohne sich selbst einzubringen, das kann wohl nicht das Ziel sein!

Mögliche Problemlösung
Grundsätzlich sind Franzosen stolz darauf, eine *exception culturelle* zu sein! Motto: Wenn etwas überall gültig ist, so gilt das noch lange nicht für Frankreich. Also, erster wichtiger Hinweis für Sie: Vermeiden Sie das Argument „Es ist bewährt und läuft überall“!

Für hochkarätige Manager ist es geradezu erniedrigend, ein Konzept einfach zu übernehmen, ohne einen eigenen Input dazu beigesteuert zu haben. Folgen Sie daher am besten dem Beispiel guter französischer Chefs, die ihre Ideen und Vorgehensweisen ihren Mitarbeitern und Partnern „in die Bronchien einpusten“ („*souffler dans les bronches*“). Gehen Sie dazu wie folgt vor: Verpacken Sie Ihr Konzept geschickt, indem Sie von der originellen, außergewöhnlichen und einzigartigen Seite her argumentieren. Besser noch, bauen Sie auf ein Argument der Franzosen auf: „Toll, was Sie gerade sagten, das bringt mich auf eine Idee, man könnte dies und jenes so machen: ...!" Machen Sie weiter, bis Sie merken, dass Ihre Argumente ziehen. Wenn Sie das Gefühl haben, die Syntonie erreicht zu haben (auf der gleichen Wellenlänge zu sein), dann können Sie behutsam Ihr Konzept einfädeln: „Da fällt mir gerade ein, wir haben da mal etwas gemacht, vielleicht könnte man davon etwas übernehmen ...!" Vielleicht werden Sie dieses „Ver-Führungskraft"-Spielen als lästig und uneffizient empfinden. Das ist ein normales Signal Ihres Autopiloten. Denken Sie immer daran: Sie können zwar effizient sein, indem Sie weitermachen wie gehabt, aber letztlich nicht effektiv! Also: Spielen Sie das Spiel einfach mal mit! Das Einzige, was Sie riskieren, ist, das es nicht klappt. Dann haben Sie das gleiche Ergebnis wie oben, aber zumindest Spaß dabei gehabt!

Zum Nachlesen und Vertiefen

- Teil I, Kapitel 1.2 unter „Der Unterschied zwischen Effizienz und Effektivität", S. 41 ff.
- Teil I, Kapitel 5.6 „Die französischen Grundwerte" unter Grundwert „Originalität" S. 168 ff.
- Teil II, Kapitel 6.1 „Nutzen/Rentabilität versus Originalität", S. 204 f.

12.11 Brillanter französischer Manager passt nicht ins deutsche Team

Die Situation:

Die französische Partnerfirma einer deutschen Versicherung verfügt über ein spezielles Know-how in einer Marktnische, die auch in Deutschland ausgebaut werden soll. Sie entsendet Marc Lavedette, einen brillanten französischen Eliteschulabsolventen, für zwei Jahre nach Frankfurt, um gemeinsam diesen neuen Markt zu entwickeln. Zwar werden erste gute Ergebnisse erreicht, aber Lavedette findet keinen richtigen Zugang zu seinen deutschen Kollegen, obwohl er gut Deutsch spricht: Er handelt eigenständig und lässt sich nichts sagen. Außerdem eckt er mit seinen Bemerkungen über die Rückständigkeit der deutschen Kollegen an. Diese fühlen sich übergangen und abfällig behandelt.

Die Wahr-Nehmung aus deutscher Sicht

Lavedette ist ohne Zweifel kompetent, nur will er dauernd sein eigenes Süppchen kochen. Es ist schwer, ihm klarzumachen, was „Teamarbeit" heißt: Diskussionen sind kaum möglich, er vertraut kaum einem Kollegen und will immer alles selbst machen. Außerdem will er viel zu schnell vorgehen: Wenn er etwas erklärt, kann man ihm kaum folgen! Und warum muss er immer die angebliche Überlegenheit des französischen Konzeptes hervorheben. Welche Arroganz!

Die Wahr-Nehmung aus französischer Sicht
Ich schätze sehr die Offenheit der deutschen Kollegen, ihre Hilfsbereitschaft, speziell als ich ankam hier in Deutschland. Aber mir geht es auf die Nerven, dass sie mir dauernd einen abstellen, der mir auf die Finger schaut und mich kontrolliert. Wir haben in Frankreich ein bereichsspezifisches Know-how entwickelt, mit dem wir weltweit an der Spitze liegen. Meine deutschen Kollegen sind sich gar nicht bewusst, wie primitiv ihre Software und Computertechnologie noch ist. Wir sind da schon zwei Generationen weiter! Ich soll hier helfen, transnationale Synergien zu entwickeln, und nebenbei beschere ich ihnen damit einen Riesenumsatz. Soll ich ihnen zusätzlich etwa noch mein ganzes Know-how schenken?

Mögliche Problemlösung
Hier haben wir es mit der typischen Wahr-Nehmung eines individualistischen Egoisten zu tun: Originalität (neueste Computergeneration), Herausforderung („transnationale Synergien"), Bewunderung („Wir sind weit voraus!"), Macht (Know-how wird nicht ganz geteilt). Als Absolvent einer Eliteschule ist er zudem speziell auf schnelle Auffassungsgabe, mit Hochdruck arbeiten und Wettbewerbsdenken getrimmt. Bewährte deutsche Prozedere und Arbeitsweisen empfindet er als langatmig und überholt. So lässt er seine „plumpen" deutschen Kollegen spüren, wie viel eleganter und schneller man in Frankreich arbeitet.

Wenn die deutschen Kollegen keinen persönlichen Zugang zu ihm finden, wird man weiter nebeneinanderher kooperieren. Im vorliegenden Fall tauschte die deutsche Geschäftsleitung zwei sachkompetente, aber inzwischen verzweifelte Spezialisten gegen zwei aufgeweckte und kontaktfreudige Vertriebsleute aus. Diese schafften es, mit dem Lavedette eine *complicité* aufzubauen, indem sie teils nächtelang mit ihm debattierten und gemeinsam neue, noch bessere Lösungen fanden. Die Einstellung von Lavedette änderte sich radikal. Er gab nicht nur sein komplettes Know-how preis, sondern half sogar aktiv mit, die fehlende Erfahrung aufzuholen. Er bot sogar an, nach dem Ende seiner Deutschlandmission weiterhin telefonisch für Tipps zur Verfügung zu stehen („... weil wir doch zusammenhalten müssen!").

Merke : Vor einem Jahr meinte er mit „wir" noch „wir Franzosen". Jetzt versteht er darunter „unser Team"!

Zum Nachlesen und Vertiefen

- Teil I, Kapitel 5.6 „Die französischen Grundwerte", S. 165 ff.
- Teil I, Kapitel 4.2 „Das französische Schulsystem", S. 116 ff.
- Für *complicité* siehe Checkliste „Falsche Freunde" (Kapitel 9.14, S. 328 ff).

12.12 *Grande catastrophe*! Wir brauchen einen Monteur!

Die Situation:

Etienne Turbolent, Vertriebsleiter der Frankreichniederlassung, ruft in der Münchner Zentrale an: Der technische Leiter müsse auf der Stelle mit einem Monteur zum wichtigen Kunden ADEPANNER in Versailles kommen. Die gerade gelieferte Maschine sei defekt und der nächste Großauftrag in Gefahr, wenn die Panne nicht innerhalb kürzester Zeit behoben würde. Eine Katastrophe! Ein Anruf bei ADEPANNER ergab jedoch, dass ein Bedienungsfehler der Grund für die Panne war. Mittels einer Checkliste konnte das Problem pragmatisch und ohne großen Aufwand gelöst werden. Turbolent war jedoch stocksauer: Wie konnten ihn die deutschen Kollegen so bloßstellen!

Die Wahr-Nehmung aus deutscher Sicht

Diese Anrufe aus Frankreich sind typisch. Die Situation wird emotional aufgebauscht. Was soll denn diese kindische Aufregung? Appelle an die Vernunft nutzen nichts, sie wollen immer erst vor Ort sehen, was zu machen ist. Was das kostet! Und wenn man dann die Sache schnell regelt, sind sie auch noch sauer!

Typische Aussagen: „In Frankreich herrscht permanenter Notstand! Jedes Fax ist superdringend, jede Kundenreklamation hat Vorrang!"

Die Wahr-Nehmung aus französischer Sicht

Die Deutschen haben kein Gespür für unsere wichtigen Kunden. Anstatt im persönlichen Gespräch vor Ort die Panne zu beheben und damit unsere permanente Einsatzbereitschaft und Zuverlässigkeit unter Beweis zu stellen, unterstellen sie dem Kunden einen Bedienungsfehler und ziehen sich aus der Verantwortung! Noch dazu alles hinter meinem Rücken! Wie stehe ich denn jetzt da vor meinem Kunden?

Mögliche Problemlösung

„Der Kunde muss fühlen, dass wir sein Problem ernst nehmen!" (*„Il faut tout de suite dépanner notre client!"*) Ein typisches LiFo-Syndrom: Wenn ein guter Kunde anruft, mit dem man sich noch zudem gut versteht, wird alles stehen und liegen gelassen, um dessen Problem zu lösen. Zudem bauscht dieser natürlich sein Problem emotional auf, um wirklich die höchste Priorität bei seinem Lieferanten zu erreichen. Jedes Zögern des deutschen Partners wird daher interpretiert als „nicht Ernstnehmen des Problems". Monsieur Turbolent fühlt sich zudem bloßgestellt vor seinem Kunden, weil er natürlich als *Chef d'orchestre* (Dirigent) die Sache höchstpersönlich in die Hand nehmen und überwachen wollte.

Solche Situationen können nur gelöst werden, wenn Verständnis füreinander und eine Vertrauensbasis zwischen den Beteiligten geschaffen wird:

- Die deutsche Seite muss verstehen, dass die erste Priorität darin besteht, den französischen Kunden emotional zu beruhigen. Dann kann man erst die Sache pragmatisch und sachlich angehen. Sie wissen ja: In Frankreich ist es meistens eine Frage des Spürens und des Fühlens. Wenn nämlich die Frankreichfiliale spürt, dass auch das Mutterhaus das Problem des Kunden ernst nimmt, werden sie sich mehr Mühe geben, die notwendige Bestandsaufnahme – selbst auf Checklistenbasis – durchzuführen.
- Die französische Seite muss – bei aller Emotion – sich nach und nach bewusster werden, wie man gleichzeitig den Kunden beruhigt und pragmatisch und kostenbewusst handelt. Dies benötigt allerdings einen längeren Lernprozess und viel Einfühlungsvermögen der Manager sowohl vor Ort, als auch bei der Muttergesellschaft.

Zum Nachlesen und Vertiefen

- Kapitel 7.2 „Intensität der Motivation im Laufe der Zeit", S. 253 ff.

12.13 Kundendienst mit deutsch-französischer Synergie

Die Situation:
Heiko Mahler, Chef der französischen Niederlassung eines deutschen Maschinenbauers, hat Sorgen mit seinem Kundendienst: Seine französischen Mechaniker führen die routinemäßigen Wartungsarbeiten oft mangelhaft durch, so dass es immer wieder zu vermeidbaren Ausfällen beim Kunden kommt. Obwohl sämtliche Wartungsarbeiten nur nach Checklisten abgearbeitet werden brauchen, tritt keine Besserung auf. Allerdings sind seine Mechaniker in der Behebung der Pannen sehr schnell und gewandt.

Die Wahr-Nehmung aus deutscher Sicht
Einfacher geht's nun wirklich nicht: Es brauchen nur die 57 Punkte der Checkliste überprüft zu werden, und die Arbeit ist getan. Stattdessen schau-

en die Mechaniker immer nach den Teilen, bei denen Probleme auftreten könnten, und vernachlässigen den Rest!

Typische Aussagen: „Franzosen Routinearbeiten durchführen zu lassen ist ein Ding der Unmöglichkeit!"

Die Wahr-Nehmung aus französischer Sicht
Was gibt es Öderes, als eine Checkliste abzuarbeiten. Wir kennen genau die Schwachstellen der Maschinen. Es ist effizienter, dort vorzubeugen, als stundenlang Teile zu warten, die nie ausfallen. Und wenn sie mal ausfallen, kriegen wird das auch schnell in den Griff!

Mögliche Problemlösung
Hier haben wir es wieder mit dem Problem der Checklisten zu tun: Die gleiche Checkliste, die einem Deutschen das Gefühl der Sicherheit und der Systematik gibt, schreckt den Franzosen ab: Hier ist ja schon alles vorgedacht, und er braucht keinerlei eigene Intelligenz mehr einzubringen. Daher ist eine typische französische Verhaltensweise, Checklisten *globalement* zu überfliegen, und dann lieber die Punkte zu überprüfen, die möglichst nicht auf der Checkliste stehen. Mit anderen Worten: Die Herausforderung besteht darin, schlauer als die Checkliste zu sein!

Kurzum: Routinemäßige Wartungsarbeiten durchzuführen ist nicht gerade eine Stärke französischer Wartungsteams, es sei denn, Sie schaffen es, daraus wieder eine Herausforderung zu machen, das heißt, diese Aufgabe emotional aufzuladen.

In diesem Fall fand Heiko Mahler eine geniale Lösung, die allerdings nicht immer leicht umzusetzen ist: Für die routinemäßigen Wartungsarbeiten setzt er deutsche Teams ein, die in bewährter Manier die Inspektion durchführen. Dadurch ging die Anzahl der Pannen auf ein Normalmaß zurück. Die französischen Techniker schickt er als Task-Force-Team besonders zu solchen Pannen, die schnell behoben werden müssen. Anstatt drei Tage auf das vorschriftsmäßige Ersatzteil aus Deutschland zu warten, gelingt es diesen immer wieder mit ihrem typischen Improvisationstalent, die Maschinen in Gang zu bringen, bis das Ersatzteil eintrifft. Alle sind mit dieser Regelung zufrieden und fühlen sich aufgewertet, da die jeweiligen Stärken zum Einsatz kommen: Die Deutschen setzen alles dran, dass die Maschinen nicht ausfallen, und die Franzosen, diese zu schnell wie möglich wieder in Gang zu bringen.

Weil es so schön ist, hier ein Beispiel für interkulturelle Synergie bei einem Produzenten von Baumaschinen: In diesem Unternehmen steuern die Italiener die meisten Erfindungen bei, die Deutschen machen ein Produkt daraus, die Holländer übernehmen die Vermarktung, während die Franzosen die Vorschläge für neue Anwendungsbereiche liefern!

Zum Nachlesen und Vertiefen

- Problemlösung „Ständige Improvisation bei der Auftragsabwicklung" (Kapitel 12.4, S. 401 ff).
- An diesem Beispiel ist besonders hervorzuheben, dass 80 Prozent der in Teil I behandelten Grundwerte hier Anwendung finden.
  Daher: Teil I, Kapitel 5.6 „Die französischen Grundwerte", S. 165 ff. und 5.7 „Die deutschen Grundwerte", S. 188 ff.

12.14 Unsere Konzeptpräsentation bleibt ohne Resonanz

Die Situation:
Erstes operatives Treffen eines Joint Ventures im Pharmabereich. Es geht darum, dem Partner die geplante Strategie für die weltweite Markteinführung eines neuen Produktes mit dem Ziel vorzustellen, sich baldmöglichst auf die beste gemeinsame Lösung zu einigen. Während der deutschen Präsentation bringen die Franzosen keine konstruktiven Beiträge, plaudern ununterbrochen und gehen ständig raus und rein. Der Vortragende wird mit Bemerkungen unterbrochen, die nichts mit dem Gesagten zu tun haben. Die Franzosen wollen die Diskussion auf eine ganz andere Basis stellen. Nach einer Weile verlässt der französische Delegationsleiter ohne Begründung den Raum.

Die Wahr-Nehmung aus deutscher Sicht
Wir wollten besonders überzeugend sein, da uns der Konsens und die aktive Mitarbeit unserer Partner in diesem Projekt sehr wichtig ist. Unser Konzept haben wir bis ins Detail vorbereitet, Charts angefertigt und waren uns unserer Sache sicher. Je weiter wir mit unserem Vortrag kamen, desto weniger hörten unsere französischen Kollegen zu. Anstatt konstruktive Kritik zu unserem Konzept zu bringen, stellen sie alles in Frage und geben vage Äußerungen von sich, wie man die Sache anders angehen könnte. Wir wurden immer fassungsloser und fühlten uns regelrecht missachtet.

Die Wahr-Nehmung aus französischer Sicht
Wir kamen in die Besprechung, um mögliche strategische Ansätze zu diskutieren. Unsere deutschen Partner präsentieren uns stattdessen eine schlüssel-

fertige Lösung, die jeder Grundlage entbehrt. Eine Unverschämtheit! Das ist keine Kooperation, sondern ein „Diktat"![1] Außerdem sind die sich so sicher, als wären sie im Besitz der absoluten Wahrheit. Typisch deutsche Arroganz!

Mögliche Problemlösung

Hier haben wir es wieder mal mit entgegengesetzten Erwartungshaltungen zu tun: Die Franzosen wollen ein Brainstorming machen, die Deutschen wollen konstruktive Kritik an ihrem Konzept. Eins muss deutschen Partnern unbedingt klar sein: Ein Franzose wird sich so lange davor hüten, sich im Detail mit einem Konzept auseinander zu setzen, wie er noch nicht über das Prinzip einverstanden ist. Ein detailliertes Konzept am Anfang der Besprechung schreckt Franzosen ab. Sie sind frustriert über diese vermeintliche deutsche Überheblichkeit, alles bereits schon bis ins Detail besser zu wissen. Daher setzen sie ihre ganze Energie darein, einen groben Denkfehler zu finden, der das ganze Konzept über den Haufen schmeißen könnte. Wenn wir Franzosen das deutsche Konzeptdenken erklären, kommt spontan folgende Aussage: „Aber wenn ich anfange, über Details zu diskutieren, bedeutet das, dass ich schon mit dem Prinzip einverstanden bin! Damit habe ich überhaupt keine Möglichkeit mehr, irgendwelche anderen Ansätze einzubringen, und ich überlasse den Deutschen vollkommen *„la maîtrise du projet"* (frei übersetzt: „die Schlüsselgewalt über das Projekt)[2]!" Merke: Je mehr Sie mit Konzepten überzeugen wollen, umso größeren Widerstand bauen Sie auf! Zuerst müssen Sie sich über das Prinzip einigen, sonst werden Ihre französischen Partner bei jeder Gelegenheit ein Schlupfloch suchen.

In diesem Fall kommt noch hinzu, dass es sich bei dieser Besprechung um Strategie handelt. Oft sind Franzosen enttäuscht über deutsche Strategievorstellungen und sagen: „Das ist ja nur ein operativer Plan!"

Die Lösung kann nur darin bestehen, dem Partner diese grundsätzlichen Missverständnisse zu erklären. Wenn Sie die Situation mit Humor meistern, schaffen Sie eine gute Grundstimmung für die nächste Besprechung.

Auf jeden Fall gelten folgende Faustregeln:

1. „Konzept-los-lassen". Das heißt:

- Ihr Konzept zunächst loslassen! Diskutieren Sie prinzipielle Dinge und versuchen Sie, nach und nach Ihr Konzept einzufädeln.
- die Franzosen erst mal „konzeptlos" lassen! Spielen Sie das Brainstorming über alternative Ansätze mit, ohne „Killerargumente" wie „Das geht nicht"!

---

[1] Das deutsche Wort wird oft in Frankreich benutzt. Ursprung ist „Le Diktat" der Versailler Verträge von 1871.

[2] (Stichwort: Strategie- und Machtdenken)

2. Frühes Einbeziehen: Je mehr Sie zunächst im „stillen Kämmerlein" alleine Ihr Konzept ausarbeiten, desto weniger partnerschaftlich wird Ihr französischer Partner mitziehen!

Zum Nachlesen und Vertiefen

- Problemlösung „Chaotische, konzeptlose Besprechungen ohne konkrete Ergebnisse" (Kapitel 9.3, S. 298 ff).
- Problemlösung „Ausgefeiltes Kooperationskonzept bleibt ohne Reaktion" (Kapitel 11.2, S. 365 f).
- Checkliste „Falsche Freunde" unter „Konzept/concept" und „Strategie" (Kapitel 9.14, S. 328 ff).
- Checkliste „So bereiten Sie einen guten Vortrag vor" (Kapitel 9.14, S. 321 ff).

12.15 Fehlender Teamgeist zwischen deutschen Spezialisten und französischen Generalisten

Die Situation:

In einer deutsch-französischen Kooperation arbeiten Ingenieurteams beider Länder gemeinsam an einem Millionenprojekt. Bei den routinemäßigen Besprechungen stellen die Deutschen immer wieder fest, dass die Franzosen eigenmächtig Änderungen von Vereinbarungen vornehmen und neue Erkenntnisse und Informationen nicht weitergeben. Auf die Beschwerden der deutschen Seite antworten die Franzosen immer wieder das Gleiche: „Ihr Deutschen habt keinen Teamgeist, denn ihr verschwindet immer in euren Büros, ohne euch darum zu kümmern, welche Probleme wir zu lösen haben!" Das stößt wiederum auf Unverständnis bei den Deutschen, die den Franzosen genau umgekehrt mangelndes „Wir-Gefühl" vorwerfen, da sie ständig Änderungen vornehmen, ohne vorher zu informieren.

Die Wahr-Nehmung aus deutscher Sicht

Das machen die extra, weil sie uns nicht mögen. Anstatt zusammenzuarbeiten, kochen die ihr eigenes französisches Süppchen. Wozu haben wir denn die turnusmäßigen Besprechungen, wenn nicht um uns abzustimmen und die Aufgaben zu verteilen?

Typische Aussagen: „Franzosen haben kein ‚Wir-Gefühl'! Man muss laufend auf der Hut sein, dass sie Vereinbarungen eigenmächtig ändern."

Die Wahr-Nehmung aus französischer Sicht

Das ist wieder mal typisch deutsch: Einmal getroffene Entscheidungen werden einfach durchgezogen, ohne auf neue Umstände Rücksicht zu nehmen. Und will man mal mit einem deutschen Kollegen kurz ein Problem besprechen, so muss man sich praktisch eine Woche vorher anmelden. Das lösen wir in unserem Team viel einfacher und schneller! Und außerdem muss man noch deren „Feierabend" beachten, während wir am Wochenende durcharbeiten. So etwas nennen die „Teamgeist"!

Mögliche Problemlösung
Deutsch-französische Teams auf die gleiche Wellenlänge zu bringen gleicht fast einer Quadratur des Kreises. Das wird aus der Analyse der obigen Situation klar. Die Gründe für die beiderseits en masse verteilten interkulturellen Ohrfeigen sind gleich auf mehreren Ebenen zu suchen:

Motivation: Die Deutschen gehen vernunftbezogen an ein Projekt heran, die Franzosen viel emotionaler: Sie müssen sich bekanntlich mit dem Projekt „verheiraten" (*„épouser une cause"*). Daher sind die deutschen Ingenieure aus französischer Wahr-Nehmung viel zu trocken und wenig involviert, das entnehmen sie alleine schon der Tatsache, dass die Deutschen freitags um 14 Uhr nach Hause gehen. So ist es auch frappierend, Ingenieure beider Seiten über ihr Aufgabengebiet zu befragen: Der Franzose erzählt von seiner Maschine, die er in- und auswendig kennt, und den komplexen Zusammenhängen, die man beherrschen muss. Dessen deutscher Kollege gibt nüchtern eine Arbeitsplatzbeschreibung und redet von der Maschine.

Arbeitsweise: Schon aufgrund der unterschiedlichen Schulausbildung haben wir es hier einerseits mit Generalisten zu tun, die gelernt haben, die wesentlichen Zusammenhänge schnell zu erfassen und Probleme schnell zu lösen, wenn sie auftreten. Dem gegenüber stehen deutsche Spezialisten, unschlagbar in ihrem Detailwissen, die ihren ganzen Stolz darein legen, Probleme zu lösen, bevor sie auftreten.

Kommunikation: Franzosen einigen sich in Besprechungen über das Wesentliche, machen dann mehrmals täglich auf dem Flur oder vor der Kaffeemaschine „den Punkt" (*„faire le point"*) und nehmen gegebenenfalls gemeinsam Anpassungen vor. Es ist also nicht verwunderlich, dass sie bei der nächsten turnusmäßigen Besprechung mit angepassten Vereinbarungen aufwarten, während die deutschen Spezialisten, jeder auf sich alleine gestellt, ihre Aufgaben wie vereinbart durchgezogen haben.

Beziehungsebene: Das französische Team ist meistens sehr viel jünger als das deutsche und pflegt einen relativ unkomplizierten Umgang miteinander. Bis hoch zur Chefebene wird sich oft geduzt, in einem gut funktionierenden

Team gibt es eine starke Verbundenheit (*complicité*) untereinander. Das deutsche sachbezogene Verhalten, wo sich die meisten Teammitglieder siezen und erst nach Feierabend emotionaler (sprich menschlich aus französischem Empfinden) werden, fördert geradezu das französische Cliquendenken. Da die Beziehungsebene nicht stimmt, haben die Franzosen auch keine Lust, irgendwelche Informationen und Ideen zu teilen.

Management: Der deutsche Teamleiter ist meistens in seinem Büro anzutreffen, der französische in der Diskussion auf dem Flur oder im Büro eines seiner Teammitglieder. Als typisch französischer Chef ist er zugleich Motivator, Anhaltspunkt, Informant und Schlichter. Der deutsche Chef ist aus französischer Wahr-Nehmung dagegen nur ein Bürokrat, der keinen Überblick über die Abläufe und Probleme in seinem Team hat, da er angeblich nur wartet, bis man ihn aufsucht.

Die Lösung kann nur in einer Sensibilisierung der Teammitglieder für die Unterschiede liegen und in der Aufarbeitung der Kooperationsvergangenheit. Dem anschließen muss ein konkretes Training, in welchem beide Seiten lernen, ihre unterschiedlichen Arbeitsweisen konkret zu nutzen. Alleine schon die Sensibilisierung und Aufarbeitung hat in obigem Fall zumindest zum Einstellen des „Ohrfeigen"-Syndroms geführt. Allerdings haben beide Teams nie richtig zusammengefunden, da sie es aus eigener Kraft nicht schafften, die Unterschiede zu überbrücken, geschweige denn zu nutzen!

Zum Nachlesen und Vertiefen

- Teil I, Kapitel 4.2 „Das französische Schulsystem", S. 116 ff und 4.1 „Das deutsche Schulsystem", S. 110 f.
- Checkliste „Falsche Freunde" unter „Komplize" (Kapitel 9.14, S. 328 ff).
- Teil I, Kapitel 5 „Motivation", S. 146 ff.

Autoren

Jochen Peter Breuer (Jahrgang 1956) und Pierre de Bartha (Jahrgang 1955) sind geschäftsführende Gesellschafter der Unternehmensberatung JPB – CONSULTING Sarl mit Sitz in Paris/La Rochette. Die Firma hat seit der Gründung im Jahre 1984 Beratungs- und Mediationserfahrung in mehr als 30 Branchen und mit über 10.000 deutschen und französischen Managern und Ingenieuren gesammelt. Die JPB-Berater wenden heute ihr im deutsch-französischen Kontext erworbenes Know-how auch in anderen – insbesondere europäischen – Kulturen an.

Kernkompetenz: die „mentale Fusion", das heißt durch eine starke Vertrauensbasis Unternehmen und Teams in den Köpfen der Beteiligten zu einer Einheit zusammenzuschweißen. Dazu gehört die Unterstützung zur Einrichtung eines professionellen Managements der immateriellen Faktoren einer Kooperation bzw. Fusion: Beherrschen interkulturell bedingter Spannungsauslöser, Schaffen einer gemeinsamen Unternehmenskultur, Erarbeiten gemeinsamer Visionen und Strategien, Team- und Tandembuilding, Coaching und Supervision von Topmanagern usw.
JPB CONSULTING erhielt in Frankreich den „Grand Prix de la Performance Commerciale". Dieser mit 30.000 Euro dotierte Preis wurde von dem französischen Industrieministerium sowie dem französischen Industrie- und Handelstag für die beispielhafte und innovative Dienstleistung verliehen. Peat Marwick und die FAZ-Informationsdienste zeichneten JPB mit dem „Großen EKS-Preis" aus.

Jochen Peter Breuer

Jochen Peter Breuer absolvierte eine Ausbildung als Bankkaufmann in einer deutschen Großbank. Dort war er insgesamt neun Jahre tätig, davon vier Jahre in deren Pariser Filiale, in der er insbesondere Tochtergesellschaften deutscher Unternehmen in Frankreich betreute. In dieser Zeit schloss er ein außerberufliches Studium in Strategie und Marketing (EKS) ab. Seit 1986 absolvierte er mehrere Aus- und Weiterbildungen in Psychologie und Therapieformen: Transaktionsanalyse, Gesprächstherapie nach Carl Rogers, Gruppendynamik, NLP (Neurolinguistische Programmierung), Coaching.

Pierre de Bartha

Pierre de Bartha ist Diplomkaufmann (European Business School) und baute nach Abschluss des Studiums sieben Jahre lang die französische Filiale eines deutschen Unternehmens der Baubranche auf. Danach war er zwei Jahre in Deutschland als Unternehmensberater und als Geschäftsführer einer französischen Tochtergesellschaft tätig. Gemeinsam mit Jochen Peter Breuer ist er Autor zahlreicher Fachveröffentlichungen über deutsch-französisches Management.

Kontakt:
E-Mail: jpb@jpb.fr
Homepage: www. jpb.fr

Stichwortverzeichnis

Abbildungsverzeichnis

Teil I Grundlagen: Interkulturelle Kommunikation, Sozialverhalten, Motivation

Literaturempfehlungen

Deutsche und englischsprachige Publikationen

- Ammon, Günther, Der französische Wirtschaftstil, (Eberhard Verlag), München 1994
  Umfassender Einblick in die geschichtliche Entwicklung der französischen Wirtschaft
- Birkenbihl, Vera F., Erfolgstraining, (mvg-Verlag), München 1999
  Stroh im Kopf?, (mvg-Verlag), München 1989
  Wege zur erfolgreichen Persönlichkeit von Deutschlands bekanntester Managementrainerin
- Blickensdörfer, Hans, Bonjour Marianne, (Bastei Lübbe Verlag), Bergisch Gladbach 1988 (im Buchhandel nicht mehr erhältlich)
  Französischer Alltag unter vergnüglicher Lupe
- Breuer, Jochen Peter; de Bartha, Pierre, Vive la différence, in: Harvard Business Manager, 2/1993
- Christadler, Marieluise; Uterwedde, Henrik (Hrsg.), Länderbericht Frankreich (Bundeszentrale für politische Bildung) Bonn 1999
- Coelho, P., Der Alchemist, (Diogenes Verlag), Zürich 1996
  Ein wunderbares Buch für alle, die den Weg zu sich selbst suchen. Weltbestseller; in Frankreich „Buch des Jahres"
- Engelkes, Heiko, Bonjour Paris, (Bastei Lübbe Verlag), Bergisch Gladbach 1999
- Freitag, E., Kraftzentrale Unterbewußtsein, (Goldmann Verlag), München 2000
  Zeigt die Dimension des ungenutzten menschlichen Potenzials auf
- Frey, Siegfried, Die nonverbale Kommunikation, (SEL-Stiftung, Bd.1),
  Studie über unbewusste Kommunikation
- Große, E.U.; Lüger, H.H.; Thieriot, G., Frankreich verstehen, (Primus), Darmstadt 2000
  Orientierungswissen
- Hall, E.T.; Hall, M.R., Verborgene Signale, (Gruner & Jahr), 1984, (evtl. noch bei der AHK Paris verfügbar)
  Ratgeber für erfolgreiche Kommunikation mit Franzosen im Geschäftsleben vom Urvater der interkulturellen Kommunikation

- Hall, E.T., Hall, M.R., Understanding Cultural Differences, (Intercultural Press), Yarmouth, Maine 1990
  Klassiker der interkulturellen Literatur
- Hall, E.T., Beyond Culture, (Anchor Books/Doubleday), New York 1977
  Klassiker der interkulturellen Literatur
- Herterich, Klaus W., Führungskräfte in Frankreich, (Deutsch-Französische Führungs- und Personalberatung), Paris 1994
  Suche, Auswahl und Führung von französischen Führungskräften
- Herterich, Klaus W., Unternehmensführung in Frankreich, (Deutsch-Französische Führungs- und Personalberatung), Paris 1991
  Führung von Franzosen und französischen Unternehmen
- Illies, Florian Anleitung zum Unschuldigsein. Das Übungsbuch für ein schlechtes Gewissen, (Argon Verlag), Berlin 2001
- JPB Consulting, Studie über deutsch-französisches Management, Le Vésinet 1990
  Auf Basis einer Umfrage bei 218 deutschen und französischen Mutter- und Tochtergesellschaften
- Leenhardt, Jacques; Picht, Robert, Esprit/Geist. 100 Schlüsselbegriffe für Deutsche und Franzosen (Serie Piper), München 1993
  Die unterschiedlichen Bedeutungen von 100 Schlüsselbegriffen des Denkens, der Kultur, der Geschichte beider Länder
- Mc Knight, Mel, Management mit Herz, (Ch. Falk Verlag), Seeon 1995
  Suche nach den Werten von morgen
- Medina, Paul, Französisch wie es nicht im Wörterbuch steht, (Bastei Lübbe), Bergisch Gladbach 1981
  Sprach- und Fremdenführer als Einführung in die französische Lebensart
- Sauzay, Brigitte, Die rätselhaften Deutschen, (Verlag Bonn Aktuell), 1990 (im Buchhandel nicht mehr erhältlich)
  Das Buch einer Intimkennerin (der Dolmetscherin von François Mitterrand)
- Schmid, Klaus-Peter, Gebrauchsanweisung für Frankreich, (Piper), München 1990
  Humorvolle Einführung in den französischen Lebensstil
- Sprenger, Reinhard K., Mythos Motivation, (Campus Verlag), Frankfurt/Main 2002,
  Der Bestseller der 90er Jahre

- Stewart, Ian; Joines, Vann, Die Transaktionsanalyse, (Verlag Herder), Freiburg/Breisgau 2000
- Wickert, Ulrich, Frankreich – Die wunderbare Illusion, (Heyne Verlag), München 1999
  Ein vielschichtiges und amüsantes Porträt Frankreichs und der Franzosen
  Und Gott schuf Paris, (Heyne Verlag), München 1995
- Wickert, Ulrich, Vom Glück, Franzose zu sein. Unglaubliche Geschichten aus einem unbekannten Land, (Heyne Verlag), München 2001

Französische Publikationen

- Ardagh, John, Ces drôles de Français, (Belfond), 1989
  Voyage au coeur de la France profonde (pendant du livre cidessus)
- Ardagh, John, Les Allemands, (Belfond), 1988
  Approche concrète de la vie quotidienne et du mode de pensée en R.F.A. et ex-RDA
- Bollinger, D.; Hofstede, G., Les différences culturelles dans le management, (Ed. d'Organisation), 1987
  Étude (sur 50 pays) basée sur une enquête réalisée au sein d'une multinationale
- Bommensath, Maurice, Secrets de réussite de l'entreprise allemande, (Ed. d'Organisation), 1991
  L'environnement, le fonctionnement, les enseignements
- Breuer, Jochen Peter; de Bartha, Pierre, La médiation interculturelle au secours des partenariats franco-allemands, dans: Gérer & Comprendre, Annales des Mines, N° 30, 3/93
  Comment réussir une joint-ventures franco-allemand
- Breuer, Jochen Peter; de Bartha, Pierre, Français et Allemands, écoutez votre différence, dans: Harvard L'Expansion, N° 68, 1993
  L'impact de la structure de la personnalité dans la communication interculturelle
- Casse, Pierre, Les outils de la communication efficace, (Chotard), 1984
  S'entraîner à mieux communiquer entre les hommes et les cultures
- Casse, Pierre; Deol, S.P.S., La négociation interculturelle, (Chotard), 1987
  Outils, conseils, tests, ...

- Hall, E.T., Les différences cachées, (Gruner & Jahr), 1984, evtl. disponible à la CFACI Paris
  Comment communiquer avec les Allemands dans le monde des affaires
- JPB-La Synergie Franco-Allemande, Etude sur le management franco-allemand, Le Vésinet 1990
  Étude basée sur une enquête menée auprès de 218 maisons mères et filiales des deux pays
- Laborde, Génie, Influencer avec intégrité, (Inter-Edition), 1987
  La programmation neurolinguistique dans l'entreprise
- Le challenge du nouveau marketing en Allemagne (Gruner & Jahr Paris), 1989
  Comment comprendre le consommateur, le marché et les médias d'Outre-Rhin
- Leenhardt, Jacques; Picht, Robert, Au jardin des malentendus, (Actes Sud, Hubert Nyssen Editeur), 1990
  Les significations respectives de 100 notions clé de la pensée, de la culture et de l'histoire des deux pays
- Mutabasi, Altmann, Klesta, Poirson, Management des ressources humaines à l'international, Eyrolles 1994
  Tirer profit des différences culturelles. Très pragmatique, avec cas réels à l'appui
- Sauzay, Brigitte, Le Vertige allemand, (Olivier Orban), 1986
  L'Allemagne vue par une intellectuelle française (et interprète de François Mitterrand)
- Sulger, François, Les gestes de vérité, (Sand), 1986
  Les secrets du langage nonverbal
- Untereiner, Gilles, Le marché allemand – Stratégie pour un challenge, (Ed. d'Organisation), 1990
  Analyse sociomarketing de la dynamique économique allemande, mode d'emploi pour l'action commerciale
- Zeldin, Théodore, Les Français, (Fayard), 1983
  Comment comprendre et aimer les Français

KOSTENLOSER TELEFON - CHECK-UP

- ❑ **JA, ich möchte die Gelegenheit nutzen, einen kostenlosen Telefon-Check-Up meiner Kooperation zu machen. Ich bitte um Rückruf eines JPB-Spezialisten.**

Im direkten Dialog beantworten wir u.a. folgende Fragen :

- ✓ Ist unsere Mutter-Tochter-Beziehung optimal gemanagt ?
- ✓ Wie können wir das Vertrauen der französischen Muttergesellschaft gewinnen ?
- ✓ Welches ist der richtige Ansatz, um eine Integration professionell zu managen ?
- ✓ Welche Rolle kommt dabei dem Integration-Manager zu ?
- ✓ Welches Persönlichkeitsprofil sollte er besitzen ?

Weiterführendes Informationsmaterial

Bitte senden Sie mir kostenlos und unverbindlich:

- ❑ **Die ausführliche JPB-Unternehmensdarstellung.**
- ❑ **Informationen über SYNTONIE-Workshops für deutsche und französische Führungskräfte.**
- ❑ **Informationen über Programme in Zusammenarbeit mit der AHK-Paris**
- ❑ **Informationen über das JPB-Coaching-Programm "Die ersten 100 Tage erfolgreich gestalten".**
- ❑ **Ich habe ein Projekt und bin an einer internen Beratungsmaßnahme interessiert. Bitte rufen Sie mich zurück.**

NAME / Nom : ....

VORNAME / Prénom: ....

STAATSANGEHÖRIGKEIT / Nationalité : ....

STELLUNG / Fonction : ....

FIRMA / Société : ....

ADRESSE : ....

....

TEL. : .... **FAX :** ....

E-Mail : ....

Fax-Rückantwort : +33 (0) 1 64 37 67 64

Oder einfach in Umschlag stecken und senden an:

JPB Consulting SARL
41, Chemin de Halage
F-77000 La Rochette